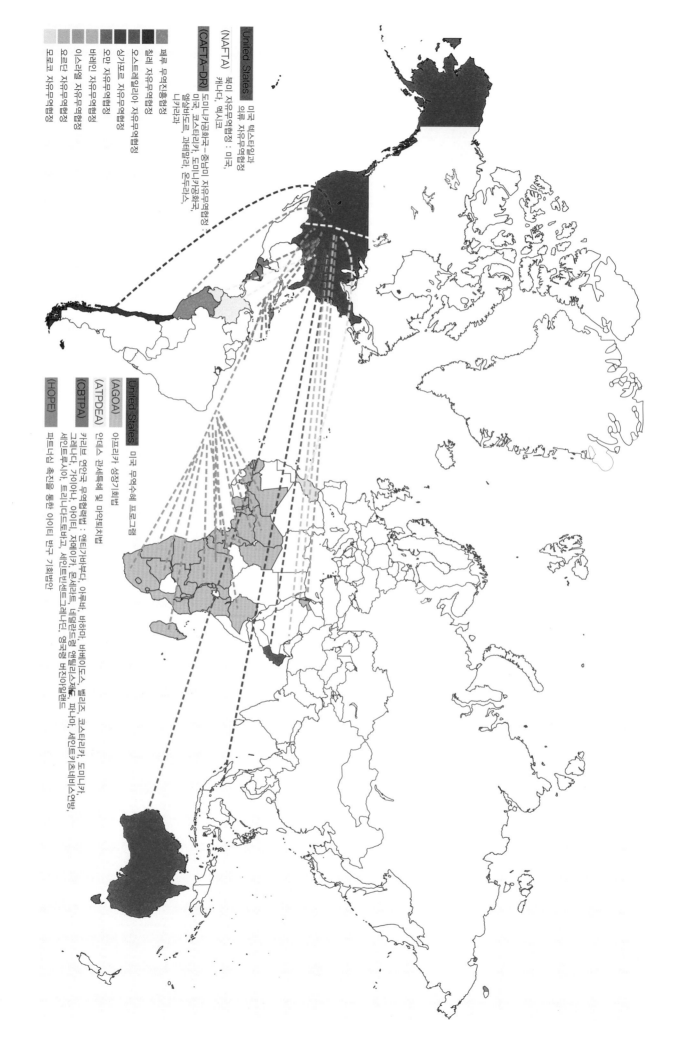

United States 미국 텍스타일과
(NAFTA) 의류 자유무역협정

북미 자유무역협정 : 미국,
캐나다, 멕시코

(CAFTA-DR) 도미니카공화국-중미의 자유무역협정:
미국, 코스타리카, 도미니카공화국,
엘살바도르, 과테말라, 온두라스,
니카라과

페루 무역진흥협정
칠레 자유무역협정
오스트레일리아 자유무역협정
싱가포르 자유무역협정
오만 자유무역협정
바레인 자유무역협정
이스라엘 자유무역협정
요르단 자유무역협정
모로코 자유무역협정

United States 미국 무역수혜 프로그램

(AGOA) 아프리카 성장기회법

(ATPDEA) 안데스 관세특혜 및 마약퇴치법

(CBTPA) 카리브 연안국 무역협력법 : 앤티가바부다, 아루바, 바하마, 바베이도스, 벨리즈,
그레나다, 가이아나, 아이티, 자메이카, 네덜란드령 앤틸리스제도, 파나마, 도미니카,
세인트루시아, 트리니다드토바고, 세인트빈센트그레나딘, 영국령 버진아일랜드

(HOPE) 파트너십 촉진을 통한 아이티 반구 기회법

패셔노믹스

FASHIONOMICS

패셔노믹스

Donna W. Reamy, Deidra W. Arrington 지음

유지현, 신수연, 박혜정, 임성경, 김민경 옮김

Σ 시그마프레스

패셔노믹스

발행일 | 2014년 2월 28일 1쇄 발행

저자 | Donna W. Reamy, Deidra W. Arrington
역자 | 유지헌, 신수연, 박혜정, 임성경, 김민경
발행인 | 강학경
발행처 | ㈜시그마프레스
편집 | 우주연
교정·교열 | 류미숙

등록번호 제10-2642호
주소 서울특별시 영등포구 양평로 22길 21 선유도코오롱디지털타워 A401~403호
전자우편 sigma@spress.co.kr
홈페이지 http://www.sigmapress.co.kr
전화 (02)323-4845, (02)2062-5184~8
팩스 (02)323-4197

ISBN 978-89-6866-132-7

FASHIONOMICS

역자 서문

패셔노믹스(*fashionomics*)는 버지니아 코먼웰스대학교 의류학과 교수인 Donna W. Reamy와 Deidra W. Arrington이 패션업계 원리와 경제 원리를 접목시킴으로써 패션을 경영학적 · 경제학적 관점으로 설명한 최초의 서적이다.

패셔노믹스는 총 12장으로 구성되어 있다. 제1장과 제2장에서는 패셔노믹스의 이해를 도모하기 위한 패션의 역사와 패션의 기본 개념을 통한 패션의 전반적인 이해를 다루고 있다. 제3장부터 제12장까지는 패션을 경영 · 경제학적 관점으로 접근하고 있다. 제3장에서는 패션 마케팅 또는 글로벌 패션 마케팅을 이해하는 데 기본이 되는 수용과 공급 등의 기본적 경제 원리를 다루고 있으며, 제4장과 제5장에서는 패션 유통업체 동향 분석과 바이어의 관점에서 본 패션업계의 운영방식에 관한 내용이 서술되어 있다. 제6장에서는 패션업계의 경쟁요인과 주식시장의 원리, 공기업의 재무 건전성에 관한 내용, 제7장에서는 패션업계에 대한 정부의 개입 현황과 패션산업에 미치는 정부 정책의 긍정적 · 부정적 의미를 다루고 있다. 제8장에서는 패션산업을 여성복 등 총 7개 카테고리로 나누어 설명하고 있으며, 제9장에서는 국내 패션 소비자와 해외 패션 소비자들의 성향 조사 내용이 포함되어 있다. 제10장에서는 세계 4대 패션센터 소개와 지역 및 세계 경제에 미치는 영향, 제11장에서는 국제적 규모의 패션산업에 관한 내용을 포함하고 있으며, 제12장에서는 최신 패션에 영향을 미치는 패셔노믹스의 트렌드를 경제학적 관점에서 소개하고 있다.

패셔노믹스는 각 장이 시작되기 전에 학습 목표를 두어 각 장에서 다룰 총체적 내용을 미리 알려주고 각 장의 끝에는 그 장의 내용을 간단히 요약하여 이해를 도모하였다. 핵심 용어를 선정하여 각 장에서 꼭 기억해야 할 단어들을 다시 한 번 상기시켰으며, 비판적 사고를 통해 독자(학생, 수강생)들로 하여금 읽은 내용에 대한 이해와 더불어 사고능력을 향상시키고자 하였다. 또한 각 장에서는 기본 용어들에 대한 개념 설명과 익숙한 패션업체들의 사례를 상자글에 설명하고 있다.

또한 패션에 대한 기본 개념부터 역사, 국내외 패션업계의 경제적 측면까지 포괄적으로 다룬 교재로, 기존의 패션학과 경제학을 접목시켜 패션 학문의 새로운 영역을 개척하였다는 데 의의가 있으므로 패션을 전공하는 학부 또는 대학원생들뿐만 아니라, 패션에 관심이 있거나, 패션에 대한 전반적인 지식을 얻고자 하는 모든 이들에게 훌륭한 길잡이가 될 것이라고 생각한다.

패 셔노믹스(*fashionomics*)는 학생들이 경제 원리의 기본을 이해하고 이를 패션업계의 원리와 의사결정 과정에 직접 적용할 수 있도록 하는 학문이다. 본 교재는 패션이라는 과정을 경영학적 · 경제학적 관점에서 설명하였다.

본 교재는 경제적 개념에 대해 소개하는 한편, 이 개념이 섬유 및 의류산업에 미치는 영향에 대해 설명한다. 우선, 산업 혁명이 패션업계에 미친 영향을 살펴본 후, 수요와 공급 등의 경제 원리를 살펴본다. 또한 주식시장, 기업 인수합병, 경제 및 기타 지표, 경영활동 계획을 위한 산업 전문가들의 금융 정책, 국내 소비자들과 해외 소비자들의 차이점의 중요성, 패션업계에 대한 정부의 역할 등의 다양한 주제를 다루고 있다. 또한, 패션업계의 다양한 동향에 대한 논의와 기술혁신과 관련된 많은 부문을 다루고 있다.

본 교재의 제1장과 제2장에서는 패션의 기본 개념에 대해 설명하고 있다. 제1장은 패션의 역사를 다루었으며, 제2장에서는 문화권별 패션 양식을 분석하였다. 제3장부터는 오늘날의 국내 패션업계와 세계 패션업계를 경영학적 관점에서 살펴보았다.

제3장에서는 패션과 관련된 경제학적 견해에 대해 논의하고, 패션시장에서 발생하는 희소현상, 스필오버 효과, 한계분석, 한계효율, 수요와 공급의 상호작용을 설명하고자 사례를 소개하였다.

제4장과 제5장에서는 소매업체에서 나타나는 패션 동향을 심층 분석하였으며, 전통적 소매상 모델(예 : 백화점, 할인점, 전문점)과 현대적 소매상 모델(예 : 팝업 스토어, 키오스크, 프랜차이즈)의 사례를 살펴보았다. 제5장에서는 제품

가격 책정, 6개월 상품계획, 바이어 성향 등에 대해 논의함으로써 패션업계의 운영방식을 바이어의 관점에서 분석하였다.

패션산업은 경쟁이 매우 치열한 산업이므로, 제6장에서는 하버드대학교의 Michael Porter 교수가 고안한 경쟁 모델을 바탕으로 패션업계의 경쟁요인을 살펴보았다. 패션업체들은 경영전략 및 방향을 설정하기 위해 거시경제적 환경과 미시경제적 요인이 매출에 미친 영향을 고려하는 경향이 있다. 또한 제6장에서는, 기업이 올바른 전략을 실행하더라도 소비자의 신뢰도가 낮으면 해당 기업의 상품을 구매할 확률이 낮아지며, 이에 따라 기업의 수익창출 가능성이 감소하여 주가가 하락한다. 주식시장을 살펴봄으로써 학생들은 주식시장의 원리를 이해할 수 있으며, 연례 보고서를 통해 공기업의 재무 건전성을 파악할 수 있다.

제7장에서는 패션업계에 대한 정부의 개입 현황을 공개하였다. 그 예로 미국의 금융정책을 정의 · 설명하였으며, 이 정책에 따른 실업률 및 물가 상승률 통제 효과를 설명하였다. 실업률과 물가 상승률은 소비자들의 재량소득에 영향을 미치며, 소비자들은 재량소득을 사용하여 패션제품 구입에 사용하는 만큼 재량소득은 패션산업의 핵심 요소이다. 본 교재를 통해 정부 정책이 호경기, 불경기 시 패션산업에 미치는 긍정적, 부정적 의미를 파악할 수 있다.

제8장에서는 패션산업을 여성복, 남성복, 아동복, 인티밋어패럴, 화장품, 액세서리, 홈패션 등의 부문으로 구분하였다. 여기서는 정부가 이들 각 부문에 대한 정부 보고를 위해 각 분류에 대한 통계 정보를 보관하는 방법에 대해 설명하

였다. 또한 각 부문이 다르면서도 비슷한 방법으로 운영된다는 사실을 이해할 수 있다.

제9장에서는 국내 패션 소비자와 해외 패션 소비자들의 성향을 조사하였다. 제조업이나 판매업에 종사하는 업체들은 소비자들의 선호, 구매특성, 구매동기를 반드시 이해하여야 한다. 이 장에서는 소비자들의 결정을 좌우하는 인구통계학적, 지리학적, 심리학적 요소에 대해 설명하였다.

제10장에서는 세계 4대 패션센터를 소개하였으며, 이들이 패션 분야의 세계적 무대로 성장한 역사적 배경을 살펴보았다. 또한 이들 센터가 지역 및 세계 경제에 미친 영향에 대해서 논의하였다. 이 장에서는 패션쇼를 패션과 경제 분야 모두에서 다양한 목적을 달성하는 수단으로 정의하였다.

제11장에서는 패션산업을 세계적 규모에 따라 소개하였다. 오늘날 세계 패션산업은 끊임없이 발전하고 있으며, 이 장에서는 세계 패션산업의 구조를 알기 쉽게 설명하였다. 또한 무역수혜 프로그램, 무역지원 프로그램, 무역기관들에 대해 소개하여, 국제적 규모의 패션산업에 대해 더욱 깊이 이해할 수 있도록 하였다.

제12장에서는 최신 패션에 영향을 미치는 트렌드를 경제학적 관점에서 소개하였다. 패션의 변화는 소셜 미디어의 발전에서 미국인들의 체형 변화와 고객의 다양한 성향에 이르기까지 여러 특성을 반영한다.

5 수익＝성공 | 127

6 경쟁, 주식시장, 재무 상태 평가 | 159

7 패션에 미치는 정부 정책의 영향 | 191

패셔노믹스

패션의 역사

학습 목표

● 패션의 중요성을 평가한다.

● 패션에 대한 정의 및 관점을 설명한다.

● 19~21세기의 패션을 조사한다.

1

패션은 거의 모든 것에 존재하므로 중요하다.
−Alfred H. Daniels(1951)

'패션은 모든 것에 존재하므로 중요하다' 는 Mr. Daniels의 말은 오늘날에도 그대로 적용되고 있다. 패션은 우리 주위에서 쉽게 발견할 수 있는 개념이며, 심지어는 과학, 장례의식, 경영학 등 패션과 무관해 보이는 분야에서도 패션이 적용되고 있다. 패션은 의류나 장신구뿐 아니라 다양한 상품에도 나타나는 현상이며, 사회와 일상생활에서도 광범위한 분야에 영향을 미치고 있다(Miller, McIntyre, and Mantrala, 1993). '패션 경제학(Economics of Fashion)' 의 저자인 Paul Nystrom은 '패션은 현대 생활에 가장 큰 영향력을 발휘하는 것 중의 하나이다' 라고 주장하였다. 이 책은 80여 년 전에 발행되었지만, 이 주장은 오늘날에도 그대로 적용되고 있다.

Sproles(1979)는 **패션**(fashion)이란 '특정 사회 집단 구성원의 상당수가 시대와 상황에 적합하다고 판단하는 행동양식을 일시적으로 수용하는 것' 이라고 정의하였다. 즉, 패션은 특정 시대에 대부분의 사람들이 수용하는 옷차림, 사용법 또는 양식을 의미한다. 패션은 우리가 누구이고, 어느 집단에 속해 있으며(그림 1.1은 다양한 사회 집단에 속한 사람들을 보여준다.), 사회적 위치가 어떠하며, 우리에게 익숙하고 윤리적으로 여기는 것이 무엇인지를 세상에 나타내는 방식이다. 우리가 운전하는 자동차의 종류, 집을 장식하는 방식부터 우리가 입는 옷에 이르기까지 패션은 우리 생활의 모든 면에 영향을 미치고 있다.

그림 1.1 패션은 우리가 누구인지를 세상에 알리는 수단이다.
출처 : Shutterstock

패션은 사회적 영향으로 인해 발생하는 소비자 구매행동에 영향을 미치는 중요한 요소이다. 인간은 본질적으로 집단을 형성하고 특정 집단에 속하고자 하는 한편 다른 집단에 속한 사람들은 멀리하고자 하는 경향이 있다. 따라서 사람들은 자신들이 선망하는 집단에 들어가고자 하는 반면, 거부감을 가지고 있는 집단은 피하려는 성향이 있다. 주위로부터 인정을 받는 집단의 행동양식을 모방함으로써 이 집단에 속해 있다는 것을 나타내고자 한다. 반면, 주위로부터 무시를 당하는 집단의 행동양식과 취향을 거부함으로써 우리는 이 집단과 거리를 두는 경향이 있다. 패션은 역동적이며 우리의 자아상, 사회적 위치, 우리가 선망하는 대상에 대한 감정을 표현하는 방법이라고 할 수 있다.

패션은 본질적으로 개념에 기반한 예술이다. 일각에서는 패션을 아름다운 조각물로 간주하여 분석하고 있다. [그림 1.2]는 일본 디자이너 Yohji Yamamoto의 2008년 F/W 컬렉션에 나온 드레스이다. Yamamoto의 작품에는 조각에서 주로 사용되는 단어들인 '오버 사이즈(oversized)', '프리-플로잉-실루엣(free-flowing silhouettes)'이라는 수식어가

그림 1.2 Yohji Yamamoto의 2008/9 F/W 컬렉션
출처 : Alamy

그림 1.3 Issey Miyake의 2009 S/S 컬렉션
출처 : Newscom

붙으며, 그들이 입은 옷들의 디자인, 재질, 디테일이 정교하게 표현되어 있다. [그림 1.3]은 Issey Miyake의 2009년 S/S 컬렉션을 보여준다. Miyake는 '바이어스 재단의 여왕'으로 유명한 패션 디자이너 Madeleine Vionnet의 디자인 개념을 자신의 작품에 적용하였다(Baudot, 1996, p. 82). Miyake의 작품이 미술관 캔버스에 전시되었다면, 단순한 드레스가 아닌 예술작품으로 간주되었을 것이다. 한편, 스페인의 패션 디자이너 Mariano Fortuny 역시 패션을 예술에 접목한 디자이너로 평가되고 있다. Francois Baudot는 자신의 저서 패션: 20세기(*Fashion: The Twentieth Century*)에서 "이러한 작품들은 고도의 기술을 바탕으로 제작되어 상징주의, 기억, 미래 이상향에 기반하는 예술작품이며, 이들 작품에 '패션'이라는 개념을 사용하는 것은 적절하지 않다."라고 평가하였다.

패션의 역사적 관점

인류 역사가 시작된 이래 패션은 사회, 경제, 문화, 정치 운동에서 표현의 수단으로 사용되어 왔다.

> 사회, 정치, 경제적 동향과 전쟁 및 평화 주기는 모두 서로 관계가 있으며, 그 시대의 문화 패턴과 패션에 영향을 미치고 이를 반영하는 역할을 한다. 따라서 모든 기업은 투철한 역사의식을 갖추어야 하며, 과거를 분석, 이해함으로써 지혜를 얻을 수 있다(Klein, 1963).

패션산업과 패션산업이 경제에 미치는 영향을 이해하기 위해서는, 시대에 따른 패션의 진화 과정을 이해하여야 한다.

산업 혁명

산업 혁명(industrial revolution)이 시작되기 전, 텍스타일(textiles)은 수작업으로 제작되었다. 당시 조면기(cotton gin), 역직기(power loom), 지니 방적기(spinning jenny), 재봉틀(sewing machine) 등이 발명되어 텍스타일의 제작 속도를 향상시켰다.

1793년, 미국의 Eli Whitney는 목화씨를 제거할 목적으로 조면기(cotton gin)를 발명하였다. 이듬해에는 영국의 James Hargreaves가 지니 방적기(spinning jenny)를 개발하였다(그림 1.4). Hargreaves는 물레가 계속해서 도는 현상을 이용하여, 여러 가닥의 실을 한 번에 돌리는 기능을 갖춘 기계를 개발하여 수평 베틀을 개량하였다(Little, 1931). Joseph-Marie Jacquard는 자카드 룸(Jacquard loom)을 개발하여, 복잡한 무늬도 정교하게 장식할 수 있도록 하였다. 1785년, Edmund Cartwright 목사는 세계 최초로 방직기(power loom)를 발명하였는데, 이 방직기는 증기로 작동하도록 고안되었다. 1830년에는 Barthelemy Thimonnier가 최초의 실용적인 재봉틀을 개발

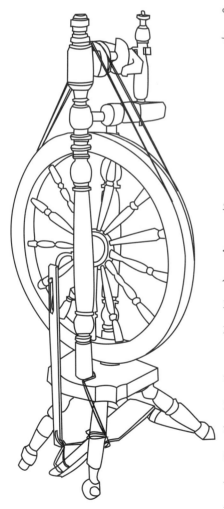

그림 1.4 James Hargreaves가 1794년에 개발한 물레

출처 : Hawa Stwodah

그림 1.5 Isaac Singer는 페달을 장착한 재봉틀을 개발하였다.
출처 : Hawa Stwodah

하였다. 이후 Elias Howe가 개량품을 발명하여 1846년에 최초의 미국 특허를 취득하였다. 또한 Isaac Singer는 재봉틀에 페달을 장착하여 가정용 재봉틀의 보편화에 기여하였다(그림 1.5). 또한 1870년에는 저렴하고 변색되지 않는 합성염료가 출시되어 기존의 식물성 색소를 대체함으로써 색소 공급이 크게 증가하였다. [표 1.1]에는 패션제품의 생산 속도 및 생산량 향상에 공헌한 발명 및 개발 사례가 소개되어 있다.

위의 발명을 통해, 과거 가내 수공업 수준에 머물던 패션산업이 대규모로 확장되었다. 이에 따라 치수의 규격화, 미국 국민들의 취향 단순화, 기성복 시장 확대 등의 현상이 나타났다. 또한 의류의 생산 및 출시 속도가 증가하면서, 유행 주기도 점점 단축되었다.

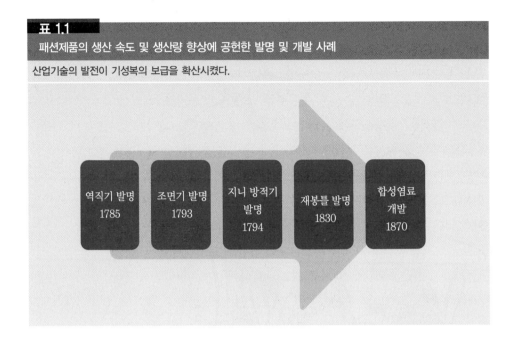

표 1.1

패션제품의 생산 속도 및 생산량 향상에 공헌한 발명 및 개발 사례

산업기술의 발전이 기성복의 보급을 확산시켰다.

| 역직기 발명
1785 | 조면기 발명
1793 | 지니 방적기
발명
1794 | 재봉틀 발명
1830 | 합성염료
개발
1870 |

19세기 패션

제국주의 시대(1800~1825년)

1789년 프랑스 혁명 이후 **제국주의 시대**(Empire Period)가 시작되었다. 혁명 이전에는 프랑스의 사회적 · 경제적 위치가 유럽의 패션을 상징하고 주도하였다. 혁명 이후, 면 소재의 드레스가 큰 인기를 끌었다. 높은 허리선을 가진 직선 실루엣의 패션은 1804년 노트르담 성당(Cathedral of Notre Dame)의 나폴레옹 황제 대관식에서 나폴레옹의 첫 황후 조세핀이 입은 드레스 스타일을 본뜬 것이 특징이었다. [그림 1.6]은 나폴레옹 황제의 대관식 장면이며, [그림 1.7]은 면으로 만든 슈미즈 드레스(chemise dress)이다. 이 드레스는 대관식 가운을 그대로 본떠서 제작되었다. 나폴레옹 황제 부부는 당대의 패션 경향에 주된 영향을 미쳤으며, 세련되고 다양한 의상을 종류별로 정리하여 보유하고 있었다. 당시 나폴레옹은 황궁에 주둔하던 Duroc 장군에게, 50벌의 셔츠와 손수건, 구두 24켤레 등 다양한 패션 아이템을 보관할 수 있는 정교하게 장식된 옷장을 요청하였다. 조세핀 황후 역시 겨울 드레스 600벌과 여름 드레스 200벌이 넘는 많은 옷을 가지고 있었다. 나폴레옹은 프랑스 국민들의 의류에 대한 수요를 증대시킴으로써 프랑스 경제를 발전시키고자 하였다(Tortora, Eubank, 2005, pp. 264~266).

프랑스 패션은 고대 그리스의 조각 작품을 연상시켰으며, 프랑스 혁명의 정신이었던 그리스 민주주의 이상향을 반영하였다. 각 스타일은 영국, 동양, 고대 로마의 스타일을 따랐다. 또한 부드럽게 주름진 보디스(bodice)가 인기를 끌기 시작했으며, 몸을 지나치게 타이트하게 조이는 **코르셋**(corset)을 찾는 사람들은 줄어들었다.

1800년경 여성복은 더욱 가벼운 소재를 사용한, 어깨와 가슴 윗부분을 드러내는 데콜타지(décolletage) 스타일이 유행하기 시작하였다. 드레스는 바닥 길이로 짧은 퍼프

그림 1.6 나폴레옹 황제 대관식
출처 : Art Source

(puff) 소매와 높은 허리선을 가졌으며, 분리된 트레인(train)이 달린 스타일도 나타났다. 리본과 레이스로 장식된 보닛 형태의 모자가 유행하였다. 유행의 변화에 따라 헴 라인(hem line), 넥 라인(neck line) 등의 디테일도 변모하였다. 드레스는 발목 전체가 드러날 정도로 짧아졌으며, 무릎에서 헴 라인에 이르는 부분은 레이스(lace) 또는 아플리케(appliqués)로 장식하기 시작하였다. 허리선은 폭이 넓은 버클이 달린 벨트로 더 선명하게 드러내었다. 소매는 계속 퍼프 소매를 유지하되, 소매단은 장식 처리되었다. 여성들은 보닛을 계속 착용하였지만, 챙이 넓으며 꽃, 깃털, 리본 등으로 장식한 더 큰 모자가 등장하였다. 1830년까지 보디스(bodice)는 몸에 밀착된 스타일이었지만, 소매는 매우 풍성한 스타일로 소매단에서 타이트하게 조이도록 하였다. 스커트 역시 안에 페티코트(petticoat)를 입는 스타일로 풍성하였다. [그림 1.8]은 1800년대에 유행한 여성복의 모습이다.

남성들은 허리가 높고 어깨 부분은 둥글고 불룩하며 소맷부리로 갈수록 좁아지는 커터웨이 코트(cut away coat)와, **판탈롱**(pantaloons), 비버 해트(beaver hat)가 유행하였다. 대부분의 남성들은 **크라바트**(cravat)와 주름 셔츠를 착용한 후 커터웨이 코트를

그림 1.7 대관식에서 조세핀 황후가 착용한 것과 유사한 면으로 만들어진 슈미즈 드레스
출처 : Hawa Stwodah

그림 1.8 1800년대 여성복의 예
출처 : Shutterstock

입었다. 셔츠의 깃은 뺨까지 올라올 정도로 높게 디자인되었다. 당시 남성용 코트는 그 종류가 다양하였다. Beau Brummel 패션을 기초로 한 코트는 사각형의 뒷자락을 장착한 스커트 형태를 가졌다. **쉬르트**(surtout : 그레이트 코트의 일종)는 싱글 브레스티드(single breasted) 단추 형태의 코트로, 어깨에서 가슴까지 패드를 넣은 제품이다. **프록코트**(frock coat)는 1줄 또는 2줄의 단추들로 이루어진 인기 있는 스타일이었다. [그림 1.9]는 1800년대의 전형적인 남성 옷차림의 모습이다.

또한 1800년대 초에 이르러서는 미국 여성들이 경제활동에 참여하기 시작하였다. 이들은 재봉사, 세탁부 또는 점원 등 다양한 직업에 종사하기 시작하였다. 공장에서 남성과 여성을 위한 의류를 생산하였다. 사람들은 친교활동, 노동, 일상생활 등의 다양한 목적을 위하여 옷을 구매하였다.

낭만주의 시대(1825~1835)

이 기간은 역사에서 중요한 시기이다. 패션 분야는 더욱 빠르게 변화하였고, 새로운 양식이 등장하기 시작하였다. Baran Fançois Gerard의 그림 'Cupid and Psyche'는 낭만주의 시대 패션에 지대한 영향을 미쳤다(그림 1.10). 이 그림의 인물들은 나체로 표현되었으며, 영원한 사랑을 상징함으로써 낭만주의 시대를 대표하였다. 또한 인물들의 피부는 흰색으로 나타내어 도자기처럼 창백한 이미지를 강조하였다.

여성복은 다시 코르셋을 통해 허리선을 강조한 제품이 많이 출시되었다. 소매는 어깨 부분이 부풀고 소맷단으로 갈수록 좁아지는 **지곳**(gigot)이나 레그 오브 머튼(leg of mutton) 스타일이 유행하였다. [그림 1.11]은 지곳이나 레그 오브 머튼 소매를 나타낸다. 여성들은 발목까지 내려오는 풍성한 스커트를 착용하였으며, 그 안에는 패티코트를 착용하였다. 또한 스커트의 무릎 부위에서 발목단까지 장식을 하였다.

이 기간, 패션 디자이너는 물론 연예인들도 패션발전에 영향을 미쳤다. 패션에 대한 수요는 유럽 및 미국 식민지 모두에서 급증하였다. 레이스 등의 장식은 고급 기법을 사용하여 제조되었다. 코르셋 및 기타 속옷을 제외하면, 여성 의류는 대부분 가내 수공업 형태로 생산되었다.

남성 패션은 여성 패션과 차이를 보였다. 유럽에서는 남성들이 몸에 꽉 끼는 바지를 입었으며, 발 밑으로 가죽 끈을 걸어 바지를 고정하였다. 또한 프록코트나 **르댕고트**(redingote)를 착용하였다(그림 1.12). 르댕고트는 벨트가 있어 허리 부분이 타이트하며, 좁은 소매, 퍼지는 스커트 모양, 벨벳 깃이 특징이었다. **피터샴 프록코트**(petersham

그림 1.9 1800년대의 전형적인 남성복
출처 : Hawa Stwodah

그림 1.10 낭만주의 시대의 Baran Fançois Gerard의 그림 Cupid and Psyche
출처 : Alamy

그림 1.11 1800년대 말에 유행한 레그 오프 머튼 소매
출처 : Alamy

그림 1.12 남성들이 착용한 르댕고트 또는 프록코트
출처 : Alamy

frock coat)는 단추가 두 줄로 되어 있으며 소매가 좁고 길이가 짧은 풍성한 코트로, 낭만주의 시대에 큰 인기를 끌었다. 셔츠의 깃은 여전히 뺨에 닿을 정도로 높은 것이 특징이었다. 웨이스트코트(waistcoat)는 겉옷 안에 입는 소매 없는 의복이었다. 남성들은 운동을 하거나 일을 할 때에는 **색코트**(sack coat)를 착용하였다. 남성들은 이전 시대보다 긴 헤어스타일을 유지하였으며, 세련된 디자인의 모자들을 착용하였다. 또한 보우 타이(bow tie)보다 더 우아한 보석 핀이 박힌 애스콧(ascot)을 착용하였다.

미국 식민지에서는 유럽과 다른 스타일의 패션을 선호하였다. 미국 본토에 정착한 **선구자**(pioneer)들은 유럽인들보다 단순한 디자인의 옷을 착용하였다. 이들은 농사, 탐험 등에 적합한 데님 소재와 같은 편안한 옷을 착용하였다. 사람들의 선호도가 바뀌면서, 의류산업에 대한 경제적 영향도 변화하기 시작하였다.

유럽 지역에서 시작된 패션 수요는 미국 식민지로 급격하게 전파되었다. 유럽과 미국 정부들은 관세 도입 등을 통해 자국 기업을 보호함으로써 패션산업의 성장을 위한 기회로 삼았다. 1700년대 중반, 미국은 경제 발전 과정에서 모직, 리넨 등 수입 물품에 대해 관세를 부과하여 홈스펀 인더스트리(homespun industry)를 보호하기 위해 노력하였다. 미국과 유럽의 홈스펀 인더스트리는 실을 원단으로 가공하는 사업이 주종을 이루었다. 무역과 문화 교류를 통해 세계 경제가 연결되는 **세계화**(globalization)의 진행에 따라 유럽의 패션산업에서도 세계화가 시작되었다.

1835~1850년

과거와 달리, 로열티(royalty)는 교역의 장벽이 되지 않았다. 신 산업주의 도입에 따라 자본가들이 등장하기 시작하였고, 경제 발전, 철도 건설이나 증기 에너지 사용 등 발명의 활성화를 통해 제조 및 물자 수송업이 발달하였다. 또한 산업화 이후 기업들이 설립되었으며, 이들은 양복, 구두 등의 품질 개선을 위해 노력하였다. 기업가들은 선망의 대상이 되었으며, 재봉틀의 보급으로 생산성이 향상되어 유럽과 미국에서 의류의 대량생산이 가능해짐으로써 대다수의 일반인들도 패션제품을 손쉽게 구할 수 있게 되었다.

여성 드레스는 이전과 마찬가지로 발목 길이였으며, 스커트의 무릎 부위에서 발목 부위까지 프릴(frill) 장식을 하였다. 주름을 넣어 부풀린 퍼프(puff) 소매가 유행하였으며, 모자는 꽃, 깃털, 리본 등으로 장식하였다. 높은 목선은 큰 칼라로 장식하였다. 한편, 허리 부분은 커다란 벨트로 조여주었다. 1830년경에는 네크라인이 낮아지기 시작하였지만 여전히 패티코트를 착용한 폭이 넓은 스커트를 착용하였다. 단, 1800년대 초반부터 유행했던, 스커트의 무릎에서 발목 부위까지 하던 장식은 자취를 감추기 시작하였다. 소매는 많이 부풀려진 **부팡**(bouffant) 형태를 띠었으며, 보닛(bonnet)이 유행하였다. 1850년에는 **바스퀸 보디스**(basquin bodice)[1]가 등장하였다(그림 1.13). 소매는 종의 형태를 띠었으며, 스커트는 바닥까지 닿았다. 이 당시에도 여성들은 보닛과 장갑을 착용하였다.

한편, 남성들은 여전히 프록코트, 르댕고트, 피터샴 프록코트, 웨이스트코트를 착용하였으며, 뒷자락이 있는 코트가 유행하였다. 바지는 허리 부분은 풍성하고 밑으로 갈수록 좁아지는 형태로, 발 밑의 끈으로 바지를 고정하였다. 그러나 몸에 딱 붙는 바지는 여전히 유행하였다. 셔츠의 깃은 뺨에 닿을 정도로 높게 디자인되었으며, 톱 햇(top hat)이 인기를 끌었다. 1840년경에는 콧수염과 턱수염을 기르는 남성들이 증가하였다.

1850~1900년

1850년대 말, 여성들은 폭이 더욱 넓은 스커트를 입기 시작하였다. Nystrom은 *Economies of Fashion*에서 다음과 같이 설명하였다.

> 전형적인 여성들의 의복 형태는 레이스로 장식된 긴 속바지, 플라넬(flannel)로 만든 패티코트를 입고, 그 위에 다른 패티코트, 보다 더 스커트 폭을 확대시키기 위해 허리에서 무릎까지 고래수염과 말털의 첨가물을 뭉쳐서 견고하게 만든 패티코트를 입었다. 그 위에 흰색 풀을 먹인 패티코트를 입은 뒤 두 벌의 모슬린 패티코트를 더 껴입은 뒤에야 마지막으로 스커트를 입는 것이 유행하였다.

레이스와 리본으로 장식된 보닛과 모자를 착용하였다.

풍성하고 견고한 속옷인 **크리놀린**(crinoline)의 발명은 스커트 안에 여러 겹의 속옷을 입지 않아도 되어 여성들로부터 각광을 받았다(그림 1.14). 스커트의 폭은 착용자의 부를 상징하였지만, 크리놀린을 입은 상태에서 문을 통과하는 데 불편을 겪었으며, 따라서 크리놀린을 입은 여성들이 수월하게 통과할 수 있도록 문의 폭을 넓히기 시작하였다. 당시 의상은 정교하고 화려한 장식이 대세를 이루었으며, 이러한 장식은 실내 장식가들이 주로 선호하는 **타피시어**(tapissier : 실내 장식업자) 스타일에 해당하였다(Baudot, 1996).

1850~1860년대에 발행된 패션지는 일반 대중이 당시의 패션 경향을 더욱 깊이 이해할 수 있도록 다양한 패션을 소개하였다. [그림 1.15]는 1852년 창간된 무역 잡지인 *Dry Goods*

그림 1.13 바스퀸 보디스의 예
출처 : Hawa Stwodah

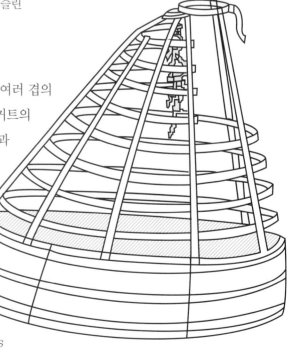

그림 1.14 크리놀린은 속옷을 여러 겹 겹쳐 입는 것의 대체품으로 여성 패션의 특징이 되었다.
출처 : Hawa Stwodah

---

1) 허리에 절개선 없이 허리선을 연장한 여성용 보디스로, 1850년대에 착용하였다. 출처 : Fashion Dictionary, 패션큰사전편찬위원회, 1999, p. 202

*Economist*의 표지이다. *Dry Goods Economist*에는 당시의 섬유와 패션산업에 대한 개념이 소개되어 있으며, 패션산업 종사자들의 판촉 전략이 알기 쉽게 설명되어 있다.

　당시 패션 분야에서 유명한 패션인 중의 한 명이 Charles Fredrick Worth(그림 1.16은 Worth의 초상화)이다. 영국 출신인 Worth는 프랑스로 건너가서, 직물류, 기성복, 섬유제품을 판매하던 유명 직물상 가즐랭(Gagelin)의 점원으로 입사하여 패션업계에 첫발을 내딛었다. 그는 당시 모델 역할을 하면서 판매를 보조하던 Marie Vernet와 결혼하였다. Worth는 Vernet의 의상 디자인을 담당하였으며, 이후 Worth가 디자인한 의상의 가치를 평가한 고객들의 요청을 받아 이들의 의상 디자인도 담당하기 시작하였다. 1858년에, Worth는 파리에 'House of Worth'를 설립하였다(1870년부터 1971년까지는 1년간 휴업을 함). 그는 단순한 재단사가 아닌 쿠르티에(courtier)로 정의되었다. Worth는 여성복에 주로 사용되었던 레이스와 프릴 장식을 줄이는 대신 금과 은의 구슬 장식을 사용하였으며, 모든 작업은 쿠튀르(couture)의 디자이너들이 작업하였다. 또한 Worth는 제도공, 재단사, 재봉사, 자수업체, 점원, 여점원(vendeuses), 모델 등을 양성하여 파리

그림 1.15 1800년대 중반에 창설된 섬유, 패션, 인테리어에 대한 무역 잡지인 *Dry Goods Economist*의 표지
출처 : Hawa Stwodah

그림 1.16 오트 쿠튀르의 선구자 Charles Fredrick Worth
출처 : Alamy

지역의 패션산업 발전에 기여하였다. Worth는 파리식 고급 양장인 **오트 쿠튀르**(houte couture)를 도입한 사람으로 전 세계에서 인정을 받고 있다.

Worth는 최신 유행 스타일에 대한 디자인 기법과 뛰어난 마케팅 방식을 활용하여 '오트 쿠튀르의 선구자'라는 칭호를 얻었다. 그는 주문을 받아 제작하는 모든 의류제품에 최고급 원단과 호화로운 장식만을 사용하였다. 또한 **마네킹**(mannequin)이라고 불린 당시 모델들이 Worth의 디자인을 착용하였다. Worth는 자신의 패션을 홍보하고 잠재적 고객들과 인맥을 구축하기 위해 이들을 자택으로 직접 초청하여 파티를 개최하였다. 이러한 방식의 디자인 및 마케팅 기법은 놀라운 성과로 이어졌고, 이후 다른 패션디자이너들도 Worth의 기법을 도입하였다. Worth는 이후에도 Eugenie 공주 등의 왕족, 예술가, 부호 등의 상류층 고객들을 위해 특수 의상을 제작하였지만, 그가 제작한 디자인의 의상은 중류층 사람들도 즐겨 입었다. Worth는 당시 세계 대부분의 패션 잡지에 소개되었으며, 그가 디자인한 의상은 많은 부유층 고객들이 파리를 직접 방문하여 구입할 정도로 큰 인기를 끌었다.

20세기

1900년대

1900~1914년은 **라 벨 에포크**(La Belle Époque : 심미주의 시대)로 알려져 있다. 당시 파리는 여전히 세계 패션을 주도하고 있었지만, 미국이 그 자리를 위협하고 있었다. 세계여행은 매우 인기를 끌었다. 부유층들의 해외여행은 증가하였으며, 19세기 후반에 유행하던 과도한 스타일 대신 효율적이고 부드러워 보이는 '현대적 스타일'의 의상이 등장하였다. 이제 디자이너는 판매 촉진과 참신한 디자인 개발이라는 두 가지 과제를 병행해야 했다(Baudot, 1996). 또한 19세기 말경에 대량생산 체계가 구축되어 의류 생산이 증가함으로써 더 많은 사람들이 다양한 의류를 부담 없이 구입할 수 있게 된 한편 더욱 효율적인 유통체계가 요구되었다.

> 1850년대 중반에서 19세기 말까지 백화점의 등장은 비즈니스는 물론 사회 전반에도 큰 혁명을 가져왔다. 백화점은 이제까지 있었던 다른 모든 혁명과 마찬가지로 세계 경제와 소비자들에게 크고 광범위한 영향을 미쳤다(Tamilia, 2002).

[그림 1.17]은 파리에 있는 세계 최초의 백화점 봉 마르쉐(Bon Marche)의 사진이다. 백화점이 등장하면서 소매업이 크게 성장하였다. 봉 마르쉐 백화점은 공급 체인의 활성화를 통해 매장 자체, 쇼핑 체험, 제품의 종류와 유용성, 신용 정책, 가격 인식 체계, 미디어 및 홍보기법 등의 다양한 분야에서 변화를 주도하였다(Tamilia, 2002). 당시까지는 패션이 이윤 창출의 수단보다는 예술의 형태로 이용되던 시절이었지만, 패션용품의 생산 및 유통이 증가하면서 수익성이 향상되었다.

19세기 초, 귀부인들은 호화로운 드레스로 자신들의 지위를 과시하였다. 가슴 부분은

그림 1.17 세계 최초의 백화점 봉 마르쉐
출처 : Alamy

더욱 도드라지게 나타내고, 허리 부분은 매우 잘록하게 표현하여 기괴한 S라인을 나타내었으며(그림 1.18), 허리 아랫부분부터 드레스 하단까지는 평평하게 처리하여 균형 잡힌 디자인을 연출하였다(Buxbaum, 1999, p. 14). 상체와 하체는 코르셋으로 장식된 허리 부분을 기준으로 구분되었다. 1870년부터 1900년까지는 여성 패션에 변화가 거의 나타나지 않았다.

이 기간 남성들은 허리 윗부분에 단추가 달린 타이트한 슈트(suit)와 조끼, 커프스가 달린 허리선이 높은 바지를 착용하였다. 또한 더스트 코트(dust coat)를 입고 귀 덮개가 있는 모자를 쓰는 '모토링 코스튬(motoring costumes)' 스타일이 유행하였다. 흥미로운 사실은, 당시 남성 패션에 대해 비판적 시선이 많았다는 사실이다. 이는 기성복 선호도가 증가하면서, 맞춤형 옷을 착용한 남성들은 패션 감각이 부족한 사람으로 간주되었기 때문이다.

Worth의 제자 Paul Poiret는 20세기 초의 유명 패션 디자이너로 활약하였다. 그의 인기는 현대 패션과 더불어 급성장하였다. 그는 뛰어난 예지력을 바탕으로, 기존의 패션과 전혀 다른 스타일의 패션제품을 개발하여 세계를 놀라게 하였다. Poiret는 세계 각국을 순회하면서 자신의 패션 작품을 전 세계에 홍보하였으며, Worth와 마찬가지로 자신이 개발한 제품을 호화 파티에서 마네킹을 통해 선보였다.

1910~1919년 동안 미국 경제의 산업화가 더욱 빠르게 진행되었다. 또한 미국은 전례 없이 빠른 속도로 의류를 대량생산하기 시작하였다. 미국이 1917년에 제1차 세계대전에 참전할 당시, 여성들은 과거 남성들이 종사하던 직업 분야에 진출하기 시작하였다. 여성들은 그들에게 강요되었던 위치와 전통적 역할에서 벗어나기 시작하면서, 패티코트와 꽉 조이는 코르셋을 벗어 버렸다. 여성들은 고등 교육을 받고, 스포츠에 직접 참여하며, 직업을 가지기 시작하였으며, 정치적 견해를 표현하는 등 많은 변화를 주도하였다. 또한 이 시기에는 사상 최초로 작업복이 나타났다. 국가 자원이 전쟁의 승리를 위해 집중적으로 투입되면서 패션산업도 정체되었다. 이 무렵 사람들은 편안하고 실용적인 옷을 선호하였다. 공장의 여성 노동자들은 작업복을, 간호사들은 간호사복을, 우체국에서는 우체국 유니폼을 입는 등 직업에 맞는 옷을 입기 시작하였다. 당시 여성들은 물론 어린이들도 직업 전선에 투입되었다. 많은 사람들이 과중한 노동과 적은 보수에 시달렸으며, 이로 인해 건강 상태가 악화되었다. 또한 전사자들이 속출하면서 장례식에 필요한 짙은 색 옷에 대한 수요가 증가하였다. 당시 여성들을 위한 짙은 색과 단색 옷이 처음 개발되었다. 한편, 헐렁한 옷이 유행하였으며, 발목 위로 올라오는 치마가 처음으로 등장하였고 이후 종아리 중간 부분까지 올

그림 1.18 S 커브 형태로 단단하게 조인 코르셋을 착용한 여성
출처 : Hawa Stwodah

라오는 스커트가 나타났다. 또한 여성의 투표권 요구 등 남녀평등에 대한 요구는 여성의 생활방식과 옷차림에도 영향을 미쳤다.

제1차 세계대전 당시, 유럽의 디자이너들은 예술적 자유를 박탈당했다는 좌절감에 매장의 문을 닫거나 패션업계를 떠나거나 미국으로 이주하였다. 세계 최고의 실력을 갖춘 것으로 알려져 있던 영국 출신 재단사들도 남성 및 여성 고객층이 고루 분포되어 있는 미국으로 이주하였다.

1920년대

제1차 세계대전이 끝나면서 패션업계에는 새로운 바람이 불기 시작하였다. 사람들의 의생활과 전반적 생활양식은 변화되었으며, 1920년대의 패션은 당시의 세계적 긴장 완화 현상을 반영하였다. 미국에서는 기성복의 대량생산 기법을 활용하여 생산기법의 개량

에 박차를 가하였다. 생산 속도 향상으로 새로운 세대의 근로여성들의 욕구를 충족할 수 있었으며, 이에 따라 기성복 시장은 계속 급성장한 반면 맞춤형 의상업계는 사양길을 걷기 시작하였다.

제1차 세계대전 당시 유럽 지역의 디자이너들은 일자리를 찾아 영국 및 미국으로 이주하였다. 이에 따라 미국에 유럽 출신 재단사 수는 포화 상태에 도달하였다. 유럽 디자이너들은 면과 비슷한 특성을 지닌 다목적 인조섬유 레이온(rayon)을 미국에 도입하였다. **레이온(rayon)**은 프랑스의 화학자이자 발명가 Loius-Marie-Hilaire Bernigaud Comte de Chardonnet가, 당시 누에 폐사로 인한 견직물 산업 침체에 따라 1890년대 후반 실크를 대체할 소재로 개발한 신소재이다.

여성복 업계에는 약간의 남성성을 가미하여 중성적 특징을 가진 의류가 개발되었다. 당시 파리의 고급의상 디자이너들은 이러한 스타일을 거부하였으나, 1925년에 이르자 하나의 유행으로 자리를 잡았다. 여성들은 가슴과 허리 부분이 도드라지지 않는 옷을 선호하였으며, 이러한 패션을 **'아르 데코(Art Deco)'**라고 하였다(Baudot, 1996). 한편, 할리우드가 대중 패션에 처음으로 영향을 미쳤다. 그러나 이러한 스타일의 패션은 1929년 미국 대공황이 발생하면서 사라지고 말았다.

1920년대에는 미니스커트, 봅 헤어(bob hair), 화려한 래쿤 코트(raccoon coat), 찰스턴 춤(Charleston dancing)이 유행하였다. [그림 1.19]는 세상일에 무심한듯 흥겨운 모습으로 찰스턴 춤을 추는 **플래퍼**(flapper)의 모습을 나타내고 있다. 짧은 스커트가 등장하면서 스타킹이 필요하기 시작하였으며, 이에 따라 실크 스타킹 제조 기술이 발달하였다. 또한 여우의 머리, 발톱과 꼬리가 부착된 스톨, 클로슈 햇(cloche hat), 코트 슈즈(court shoes) 등의 액세서리로 멋을 내었으며, 가죽 장갑과 핸드백이 유행하였다. 1929년 대공황이 시작될 때까지 긴 스커트를 입는 여성들의 수가 다시 증가하였다. 한편, 옷을 구입할 여력이 되지 못하는 여성들은 재봉틀을 사용하여 옷을 직접 제작하였다. 한편, 1920년대의 남성들은 단추가 두 줄로 달린 리퍼 재킷(reefer jacket)과 일자형 바지로 구성된 애프터눈 라운지 슈트(afternoon lounge suit)와 로퍼(loafer)를 주로 착용하였다. 정장 재킷 주머니에 손수건을 넣고 다녔고 투톤 슈즈가 유행하였다.

1930년대

1930년대의 세계 대공황은 재미를 추구하던 1920년대 젊은이들에게도 큰 영향을 미쳤다. 1929년 미국에서 발생한 대공황의 여파는 전 세계로 급속하게 퍼져 나갔다. 서구 세계 역사상 유례를 찾을 수 없는 이 불황은 10년간 지속되었으며, 높은 인플레이션과 실업률로 인해 사람들은 소비 절약을 통해 위기를 극복하고자 노력하였다. 이들은 불필요한 지출을 줄이면서,

그림 1.19 1920년대 이러한 스타일의 의복을 입은 여성을 플래퍼라고 하였다.
출처 : Alamy

가지고 있는 것을 최대한 활용하였다. 당시 Franklin Delano Roosevelt 미국 대통령은 불황으로 고통받는 미국 국민들을 위해 다양한 구제 프로그램을 내놓았다. 그러나 이러한 노력에도 불구하고 실업난과 경제 불황은 계속되었다.

1930년대에는 실용적 패션이 유행하기 시작하였다. 또한 여성이 스포츠를 즐기기 위한 기성복이 출시되었다. 유럽에서는 Coco Chanel과 Elsa Schiaparelli 등의 유명한 디자이너들이 활약하였다. 특히 Gabrielle Coco Chanel은 여성 패션계에 지대한 영향력을 발휘하였다. Chanel은 '리틀 블랙 드레스(little black dress)', '저지 드레스(jersey dress)'와 '샤넬 재킷(chanel jacket)' 등을 개발하였다(그림 1.20). 또한 여성들을 위해 편리하면서도 여성스러운 느낌을 살린 다양한 간편복을 개발하였다. Elsa Schiaparelli는 Salvador Dali와 Jean Cocteau 등의 예술가, Madeleine Vionnet 등의 패션 디자이너와 현대적 디자인으로 유명한 스페인 디자이너 Cristobal Balenciaga 등에게 지대한 영향을 미쳤다. 한편, 미국의 디자이너 Mainbocher는 파리 패션업계에서 단단한 입지를 구축하였으며, 영국의 Windsor 공작부인의 총애를 받은 바 있다(Stone, 2009).

1930년대 미국에서는 암울한 일상을 탈피하기 위한 수단으로 영화산업이 발달하기 시작하였으며, 이에 따라 미국 영화업계는 패션에 지대한 영향을 미쳤다. 이 기간 Mariene Dietrich, Greta Garbo, Joan Crawford, Katherine Hepburn, Jean Harlow 등이 패션 아이콘으로 등장하였고 그들은 Adrian Greenberg와 Mariel King의 패션을 착용하였다. [그림 1.21]은 당대의 패션 아이콘을 찍은 사진이다.

1930년대에는 새로운 형태의 섬유제품이 등장하였다. 1938년 개발된 나일론 스타킹(nylon stocking)은 일약 선풍적인 인기를 끌었다. 또한 고무 성분의 섬유인 **라스텍스**(lastex)의 등장으로 양방향 신축성이 가능한 속옷이 개발되어 대중화되었다(Stone, 2009). 인조 섬유를 사용한 의류 및 섬유제품의 제조능력 향상으로 의류 수요가 증가하였으며, 목재를 원료로 하여 제조한 레이온은 다양한 용도로 사용이 가능하여 인기를 끌었다.

1930년대 여성복은 높은 허리선, 긴 치마, 부드러운 세련미가 특징이었다. 실루엣은 몸에 딱 맞게 디자인되었으며, 어깨부터 손목까지 풍성하고 소맷단은 딱 맞도

그림 1.20 1954년에 클래식한 트위드 샤넬 재킷을 입은 Gabrielle Coco Chanel
출처 : Alamy

그림 1.21 1930년대 Joan Crawford 등의 유명 영화배우들이 패션 아이콘으로 등장하였다.
출처 : Newscom

록 제작된 비숍 스타일의 소매가 유행하였다. 또한 대부분의 여성들은 모자와 장갑을 착용하였다. 한편, 여가시간이 증가하면서 미국인들을 위해 다양한 레저복이 개발·판매되었는데, 여기에는 미국의 디자이너 Mainbocher의 공이 컸다.

남성들은 허리선이 허리보다 약간 높이 위치한 의복을 착용하였다. 재킷은 짧고 넓으며 대부분의 재킷은 단추가 두 줄로 달려 있었다. 어깨 부분이 각지고 소매가 좁은 재킷을 선호하였다. 헤링본(herringbone) 패턴과 하운즈 투스(houndstooth) 패턴으로 만들어진 커프스가 달린 바지가 유행하였다.

1940년대

1939년 제2차 세계대전이 시작되면서 유럽의 패션 중심지였던 파리는 1944년 프랑스가 해방되기까지 그 명맥이 끊어졌다. 일부 패션 매장들은 문을 닫았고, 다른 대부분의 매장들도 독일인들이 경영하였다. 파리의 패션 매장을 장악한 나치 군대는 파리의 패션 매장들을 장악하기 위해 이들 매장을 베를린과 빈으로 이전하여 독일에서 통제·소유하고자 하였다. "실제 목적은 제국의 패권을 위협하는 독점판매를 막고자 하는 것이다."(Baudot, 1996, p. 108). Lucien Lelong은 Madame Gres 등의 유대인 디자이너들을 제외하고, 파리의 다른 패션 매장들의 이전을 중단할 것을 독일인들에게 요청하였다. 전쟁으로 인한 자재 및 인력 부족 현상에 따라 의류 및 패션용품 제조 시 대체 자재가 사용되었다(Baudot, 1996). 일부 전문가들은 패션이 더 이상 진화하지 못할 것으로 전망하였다. Willett Cunningham 박사는 의복을 패션이라 부르기를 거부하였다. "패션은 선택의 자유를 암시하며, 국가가 세운 기준에 따라 생산되고 기능성에만 중점을 둔 제품은 패션제품이 아니다."라고 주장하였다(Ewing, 2001). 그러나 전문가들이 증명한 대로, 파리에서 패션제품에 대한 인기는 전쟁으로 인한 위기 속에서도, 전쟁이 끝난 후에도 건재하였다(Baudot, 1996).

1940년대의 남성복 역시 조잡하고 음침한 이미지가 강했다. 제2차 세계대전 종식 후 남성들은 전쟁 이전에 입던 옷이나, 값싼 원단으로 만든 엉성한 디자인의 '**복원복**(demob suit)'을 입기 시작하였다. 이 당시 남성복 중 유일하게 밝은 톤의 옷은 **주트 슈트**(zoot suit)였다(그림 1.22). 주트 슈트는 어깨가 지나치게 강조된 풍성한 형태의 밝은색 재킷과 허리선이 높으며 주름이 잡혀 있어 전체적으로 통이 넓은 바지가 특징이다. 바지는 힙 부분이 넓고 밑단 부분으로 갈수록 통이 점점 작아진다. 당대 남성들 사이에서 범죄자 또는 집단시위자와 같은 이미지가 강했다. 실제로 미국 경찰들은 주트 슈트 차림의 히스패닉 출신 이민자들을 불순분자로 간주하여 체포하기도 하였다(Hymowitz, 2008).

제2차 세계대전 당시, 파리에서는 의류를 제조할 때 사용 가능한 자재 공급량에 제한을 둔 '공급량 제한령(Limitation of Supplies Order)'을 발표하였다. 옷을 구입하기 위해서는 교환권을 제출하여야 했으며, 낡은 의류는 재활용되었다. 영국의 런던 패션 디

그림 1.22 남성용 주트 슈트는 값싼 원단으로 만들었으며, 엉성한 디자인을 띠고 있다.
출처 : AP Wideworld

자이너 협회(Incorporated Society of London Fashion Designers)에서 의류 제조 요건을 제정하였다. 또한 32개의 실용복의 가이드라인을 제시하였는데, 사용하는 옷감의 양과 디자인에 대해 설명하였다. 그 예로, 코트는 최대 13피트(3.9m) 길이에 해당하는 분량의 원단만 사용하고, 블라우스는 3피트(90cm) 이내의 길이에 해당하는 분량의 원단만 사용하도록 하였다(Baudot, 1996). 또한 스커트는 19인치(48cm) 길이로 무릎 위에 오도록 만들어졌으며, 하나의 옷에 달 수 있는 단추의 개수를 3개로 제한시켰으며, 바지나 소매에 커프스 장식을 금지시켰다. 1941년 미국이 제2차 세계대전에 참전하였을 당시 동일한 규정이 적용되었으며, 이로 인해 주름이 없고 통이 좁은 스커트인 밀리터리 룩(military look)이 등장하였다. 또한 여성들은 머리에 모자 대신 화려한 색상이나 프린트가 되어 있는 스카프를 두르는 것이 유행하였는데, 스카프는 모자가 아니었던 만큼 원단 사용량에 제한이 없었다. 한편, 여성들의 경제활동 참여 증가에 따라, 바지를 착용하는 여성이 이전 그 어느 때보다 증가하였다.

그림 1.23 새로운 여성 패션의 시대를 연 Christian Dior의 '뉴룩'
출처 : Alamy

제2차 세계대전이 끝난 후 패션산업이 전 세계적으로 성장하기 시작하였다. 유럽의 디자이너들은 패션 쇼에 작품을 다시 출품하는 등 왕성한 활동을 재개하였다. 1947년, 프랑스의 패션 디자이너 Christian Dior는 '뉴 룩(New Look)'이라는 새로운 스타일을 고안하여 여성 패션의 새 지평을 열었다(그림 1.23). 패션계에서 Dior는 프랑스의 고급 여성 패션을 재부흥시킨 주역으로 인정받고 있다. 뉴욕은 패션 중심지로 도약하고 있었으며, 미국은 이를 바탕으로 전 세계 틈새시장을 공략하였다. 위 사례는 패션이 전쟁과 가난 속에서도 끊임없이 발전한 사실을 나타내고 있다(Hymowitz, 2008).

1950년대

1950년대 이전의 패션은 상류층을 대상으로 제품을 생산·판매하였으며, 중산층 이하 계층을 위한 패션제품은 거의 전무하였다. 그러나 1950년대에 들어 패션계에 전례 없이 큰 변화가 일어났다. 이전과 달리 이 시기부터는 중산층에서도 고급 옷들을 구입할 수 있게 되었다. 미국의 소비자 단체와 여성들은 실용복 이외의 패션제품에 대한 관심이 증가하였다. 제2차 세계대전이 끝난 후 미국은 경제적 성장과 인구 증가 현상(베이비붐)이 가속화되었으며, 이에 따라 소비지상주의가 발달하였다. 미국의 생활필수품 수요가 증가하면서, 기존의 군수품 생산업체들은 가정용품 및 생활필수품 생산을 늘리기 시작하였다. 또한 미국에서는 도심에서 변두리로 이주하는 사람들이 증가하였으며, 이 과정에서 토스터, 오븐, 텔레비전, 장난감 등에 대한 수요가 급증하였다. 미국인들은 긍정적이고 새로운 방식으로 삶을 영위하기 시작하였다.

1950년대에는 '10대'라는 용어가 등장한 시기이다. 이 기간 10대 청소년들은 패션 디자이너의 새로운 고객층으로 부상하였다. 20대 젊은 층은 유행에 민감한 성향을 가졌으며, 이들을 위한 패션 아이템은 수시로 변화하는 유행적 성격이 강하게 나타났다. 패션업계는 젊은 층을 적극적으로 공략하였다. 제2차 세계대전에 참전한 군인들 중 일부는 정부 연금을 받아 상급 학교에 진학함으로써 향후 보수가 더 높은 직업을 구할 수 있었다. 이에 따라 부모들은 가족을 위해 사용할 수입이 증가하였으며, 10대 청소년들도 더 많은 용돈을 받을 수 있게 되었다. 또한 텔레비전의 보급으로 청소년들은 유명 연예인들의 패션을 더욱 쉽게 접할 수 있었으며, 그들은 10대들에게 새로운 롤 모델로 떠오르게 되었다. 영화 역시 패션업계에 대한 영향력을 계속 확장하였다.

여성들은 폭이 넓은 스커트와 셔츠 블라우스를 착용하였는데, 모두 허리선을 강조하였다. 1950년대에 유행한 패션 아이템으로는 푸들 스커트(poodle skirt), 트윈세트 (twin set), 발레 슈즈, 포니테일(ponytail) 등이 있다. 야회복은 크리놀린이나 코르셋의 특성을 살린 실루엣이 유행하였다. 또한 스틸레토 힐(stiletto heel)이 등장하면서, 제2차 세계대전 당시 유행하던 투박한 구두는 자취를 감추었다. 특히 1950년대 후반에는 tent(텐트) 드레스로도 불리는 트라페즈(trapezo) 드레스가 유행하기 시작하였는데, 이것은 어깨에서 다리로 내려가면서 퍼지는 스타일이었다. 이후 1960년대가 도래하면서, 각선미를 강조한 다른 스타일의 제품이 출시되었다. 폭이 넓은 스커트와 트라페즈 스타일과 함께, Doris Day와 Sophia Loren 등의 유명 영화배우들이 즐겨 입은 슬림한 실루엣도 유행하였다. 패션 디자이너들은 나일론, 폴리에스터, 아크릴 등의 신소재를 사용한 제품을 출시하였으며, 특히 폴리에스터는 저렴한 가격과 뛰어난 내구성으로 각광을 받았다.

패션업계는 남성복에 관심을 갖기 시작하였다. 드레스와 블라우스보다 만들기 어려운 재킷과 바지가 출시되었으며, 어깨 부분이 넓은 재킷, 곧게 뻗은 바지, 꽃무늬 넥타이, 깃이 길고 포인트 된 밝은 색상의 셔츠 등이 등장하였다. 회색 모직 양복이 유행하였다. 또한 Marlon Brando와 James Dean 등의 유명 영화배우가 착용한 폭주족 스타일의 패션이 유행하였다(Baudot, 1996). 당시 인기를 끌던 단이 접힌 청바지, 흰 티셔츠, 검정 가죽 재킷은 반항적인 스타일이 강했다.

1960년대

1960년대는 세대차이, 반항, 자유연애, 자유로운 사고, 다양한 불만, 폭력 등의 현상이 표출된 시기였다. 이 기간 젊은이들은 사상 최초로 기성세대를 의식하지 않는 독자적 문화를 형성하였다. 10대에 이른 '베이비부머(baby boomer)'들은 독자적인 의견, 아이디어, 스타일을 표현하기 시작하였다. '사랑과 평화'를 모토로 한 히피 문화가 시작되고 영국의 Beatles가 전 세계적으로 인기를 끌기 시작한 것이 바로 이 시기였다. 또한 John F. Kennedy 미국 대통령, Martin Luther King 목사, Robert Kennedy가 암살된 후 미국에서는 대규모의 국가적 혼란이 발생하였다. 미국은 베트남 전쟁에 참가하여 큰 타격을 입었다. 1969년에는 미국 뉴욕 남동부 우드스톡(Woodstock)에서 뮤직 페스티벌이 개최되었으며, 인간이 사상 최초로 달에 착륙하는 등 굵직한 사건이 이어졌다.

1960년대 초반에는 보수적인 스타일의 여성복이 유행하였다. 당시 Jacqueline Kennedy는 패션 아이콘으로 부상하였으며, 많은 여성들은 그녀의 세련된 스타일을 모방하였다. Jacqueline은 필박스(pillbox)와 진주장식으로 클래식하면서도 우아함을 표현하였다. 1960년대 후반으로 가면서 사회적 불안이 가중되었고 패션도 이에 맞추어 진화하였다. 치마 길이가 점점 짧아지면서, 1966년에는 미니스커트가 유행하기 시작하였다. 젊은 여성들은 미니스커트를 입고 무릎까지 닿는 부츠를 신는 것이 유행하였는데, 흰색이 가장 최첨단 유행색으로 인식되었다. 반면, 자연의 색상, 기하학적 문양, 동

그림 1.24 1960년대의 전형적인 히피 스타일
출처 : Alamy

양적 스타일도 인기를 끌었다. 새로운 스타일의 나팔바지, 비키니, 베이비 돌 드레스(baby doll dress)[2]도 이 무렵 도입되었다. [그림 1.24]는 1960년대의 전형적인 히피 스타일을 나타내고 있다.

남성복의 경우, 쓰리 피스 세트는 기존의 스타일을 유지하되, 더욱 가벼운 소재로 만들어졌다. 남성용 셔츠는 밝은 색상으로 만들어졌으며, 다트 선이 있고 커다란 문양이 들어갔으며 바지의 허리선은 낮아졌다. 남성복은 전반적으로 이전보다 몸에 딱 맞게 출시되었으며, 이에 따라 남성들은 자신들의 체형에 더욱 많은 관심을 갖기 시작하였다. 이 기간 남성들 사이에서는 웨이브가 있는 장발이 유행하였으며, 청바지가 인기를 끌었다. 또한 외모에 관심을 갖는 남성들이 증가하였지만, 여성에 비해 그 비율이 낮은 것으로 나타났다.

런던은 1960년대 패션의 중심지로 성장하였다. Mary Quant, Rolling Stones, Beatles는 패션에 중요한 영향을 미쳤다. 카나비 룩과 킹 스트리트의 등장, 유니섹스 룩 등 10대 문화의 발달로 패션 분야의 판도가 완전히 바뀌었다. 비바 스타일은 당시 히피족들의 '낭만적 타락' 을 상징하였다. 이후 오늘날까지도 런던은 1960년대의 향수를 상징하는 도시로 남아 있다(Baudot, 1996).

파리의 패션업계 종사자들은 파리 디자이너들이 개발한 최신 유행 스타일을 보기 위해 1년에 두 번씩 모였고, 파리의 디자인은 점점 더 젊어지게 되었다(Ewing, 2001). 당시 유행하는 바지와 미니스커트는 대부분의 여성들 사이에서 유행하였다. 인류 최초로 달에 착륙할 무렵, Pierre Cardin은 '우주시대 컬렉션' 을 선보였다.

오트 쿠튀르(Haute couture)가 여전히 그 위상을 떨치고 있었으나, 미국에서는 패션제품에 대한 대량생산 체계가 구축되기 시작하였다. 미국은 패션제품의 대량생산에 주력하였으며, 신속한 배송 과정으로 튼튼한 유통망을 구축하였다. 또한 기술의 발전과 새로운 섬유소재 개발을 통해, 패션산업은 산업 혁명 당시 대량생산 체계가 도입된 후 가장 빠른 속도로 발전하였다.

---

2) 베이비 돌이란 '아기 인형' 이란 뜻이다. 하이 웨이스트의 헐렁한 실루엣으로 어딘지 모르게 유아복 이미지를 가진 디자인의 드레스이다. 나이트 가운에서도 베이비 돌 룩을 볼 수 있다. 출처 : 패션전문자료사전, 1997.8.25, 한국사전연구사

1970년대

1970년대에는 1960년대에 시작된 심각한 불황 및 사회 불안이 지속되었다. 베트남 전쟁은 계속되었고, 여성 및 소수 집단들은 권리 신장을 위한 투쟁을 계속하고 있었다. 이기간, 새로운 아이디어와 상품이 개발되어 패션산업은 더욱 빠르게 변화되었다. 무엇보다 개성 있는 옷차림이 대세를 이루기 시작하였다(Baudot, 1996). 또한 영화, 텔레비전 등을 통한 팝 문화 발달도 패션계에 큰 영향을 미쳤다.

1970년대는 다양한 유형의 패션이 등장하였다. 히피 문화는 여전히 인기를 끌고 있었으며, 남성용 정장과 여성용 정장 모두 세련된 스타일로 출시되었다. 또한 에스닉(ethnic), 디스코(disco), 프레피(preppy), 펑크(puck) 모두 1970년대 패션을 대표하는 특징이다. '펑크 문화의 어머니'인 Vivienne Westwood는 1970년대 중반에 패션에 펑크 문화를 도입하여 1980년대 초반에 이르러 상당한 영향력을 발휘하였다. Calvin Klein과 Anne Klein은 청바지를 비롯한 데님 제품을 개발하여 선풍적인 인기를 얻었다. [그림 1.25]는 Brooke Shields를 모델로 한 Calvin Klein 청바지 광고이다. 미국의 패션산업은 급속하게 발전하고 있었지만, 다른 국가들은 미국의 패션 스타일을 성급하

그림 1.25 14세의 Brooke Shields를 모델로 한 Calvin Klein 청바지 광고
출처 : Advertising Archives

그림 1.26 Diane Von Furstenberg가 1977년에 디자인한 클래식한 랩 드레스
출처 : Alamy

그림 1.27 영화 '토요일 밤의 열기'에서 레저 슈트 차림의 John Travolta
출처 : Alamy

게 모방하지 않았다. 1973년, 미국의 Richard Nixon 대통령은 중국과 국교를 맺었으며, 이후 동아시아 지역은 패션 의류 및 액세서리 생산의 중심지가 되어 패션계에 새로운 장을 열었다.

여성의 경우 패션의 강조점이 보디(body)에서 다리로 옮겨가면서 각선미를 강조한 제품이 더욱 많이 출시되었다. 스커트가 조금 길어졌으나, 미니스커트, 미디스커트, 맥시스커트 등 다양한 길이가 나타났다. 또한 스커트의 다양화로 혼란을 느낀 여성들은 바지를 입는 것을 선호하였다. Diane Von Furstenberg는 클래식한 랩 드레스(wrap dress)를 디자인하였다(그림 1.26). 1977년 4월호 보그(Vogue)에는 미국의 TV 스타 Farrah Fawcett이 운동화를 신은 채 스케이트 보드를 타는 사진이 수록되어 있다(Buxbaum, 1999). "이 운동화는 Nike에서 만든 '세뇨리타 코텍스(Senorita Cortex)' 러닝화로, 디자인이 단순한 Keds 제품이나 투박한 디자인의 Converses 제품과 달리 매우 세련된 디자인으로 독자들의 눈길을 끌었다."(Buxbaum, 1999, p. 109) 1970년대에는 영화배우 Jane Fonda에 의해 피트니스 열풍이 일어나면서 운동복 시장이 성장하기 시작하였다. 또한 스포츠에 직접 참여하는 문화가 발달하면서 남성과 여성을 위한 스포츠 패션이 주목을 받기 시작하였다.

1970년대에 들어 레저 슈트(leisure suit)라는 새로운 남성용 정장이 출시되었다. 폴리에스터 소재와 새로운 색상으로 만들어진 레저 슈트는 문양이 프린트된 폴리에스터 셔츠와 매치하여 입었다. 레저 슈트는 넥타이를 매지 않아도 되도록 디자인하였다. 레저 슈트의 진정한 멋은 영화 '토요일 밤의 열기(Saturday Night Fever)'에서 미국 영화배우 John Travolta의 모습에서 나타난다(그림 1.27). 1970년대에는 데님 제품이 인기를 끌기 시작하였으며, 특히 Calvin Klein 같은 유명 의류업체들은 청바지 뒷주머니에 자사의 상표를 부착하여 브랜드 이미지를 소비자들에게 각인시켰다. 또한 구레나룻을 기르는 것과 등 중간 부분까지 내려오는 장발이 여전히 유행하였다.

1980년대

Ronald Reagan은 1980년에 미국 대통령으로 당선되었다. 1980~1982년까지 미국은 인플레이션, 일본과의 경쟁 심화, 1970년대 석유 파동, Chrysler와 Lockheed의 정부 구제금융 신청 등으로 심각한 불경기에 시달리고 있었다. 이후 미국 경제는 수년간 다시 크게 성장하였으며, **소비주의**(consumerism)와 **과시적 소비**(conspicuous consumption)가 만연하였다. **'레이거노믹스**(Reaganomics)'라는 단어는 이러한 풍요와 호황을 상징하였다. 국민들은 다양한 패션제품을 구입하는 데 많은 돈을 소비하였으며, Nancy Reagan이 즐겨 입던 디자이너 슈트와 볼 가운(ball gown)은 80년대에 유행하였다. 그러나 1987년, 미국의 은행 및 대부업체들이 도산하고 주가는 폭락하여 미국은 다시 불황에 빠졌다.

1978년부터 1988년까지 10년 동안 파리의 패션 스타일이 유행하였다. 프랑스에서 활동하는 기존 및 신규 디자이너들은 전 세계에서 인정을 받았다. Christian Lacroix, Jean-Paul Gaultier, Thierry Mugler, Karl Kagerfeld는 화려한 패션제품 및 패션쇼를 선보였다. 1980년대에는 일본에서도 패션 붐이 일었다. Rei Kawakubo, Yohji Yamamoto, Kenzo Takada, Issey Miyake 등의 일본 디자이너들은 유럽 국가들을 방문하여, 당시 유행하던 스타일과는 조금 다르지만 향후 주목받을 가능성이 높은 스타일을 소개하였다. 그 당시는 진한 화장과 허리를 꽉 조이는 스타일이 유행하였는데, 화장하지 않은 민낯 얼굴, 플랫 슈즈, 단순한 스타일이 Kawakubo와 Yamamota의 작품에서 나타났다.

또한 1980년대에는 도시에 사는 젊고 세련된 고소득 전문직 종사자인 **여피족**(Yuppie)이 등장하였으며, 이들은 베이비붐 세대 중 이른 나이에 사회적으로 성공한 젊은이를 상징하였으며, 과시적 소비 집단으로 정의되었다. 이들은 옷, 자동차에서 커피에 이르기까지 외부로 나타나는 모습에 대해 큰 관심을 가졌으며, 사회적으로 크게 주목을 받는 주역으로 부상하고자 하는 야망이 있었다(Moore, 2008). 여피족은 '전문직 스타일의 의상'과 성공을 위한 패션인 **파워 드레싱**(power dressing)'을 선호하여, 자신의 성공을 과시하고자 하였다.

1980년대 중반의 여성복 스타일은 텔레비전, 영화, 팝 음악에 의해 많은 영향을 받았다. 당시 많은 시청자들의 사랑을 받은 TV쇼 'Dynasty'는 여성 패션 트렌드의 표준을 제시하였다. 파워 드레싱은 거대한 어깨 패드가 달린 테일러드 슈트(tailored shit)에 커다란 헤어스타일과 보석을 착용하였다. 슬림 스커트, 돌먼 슬리브(dolman sleeve), 우아한 블라우스, 웨지 드레스 역시 파워 드레스의 전형적인 형태였다. [그림 1.28]은 1980년대에 영향력을 끼쳤던 Reagan 대통령 부부이다. Nancy Reagan과 영국의 Diana 황태자 비의 패션은 미국 여성들에게 선망의 대상이었다. 당대의 유명 가수 Madonna는 보석에서 의류 장식에 이르기까지 수많은 액세서리가 달린 의상으로 눈길을 끌었으며, 많은 사람들에게 부의 상징으로 각인되었다.

1980년대는 남성들의 패션에 대한 관심이 어느 때보다 높은 시기였다. 또한 패션, 운동, 차림새 등 다양한 남성 관련 주제를 다룬 GQ, Cosmo Man 등의 남성잡지가 창간

그림 1.28 1980년대의 영향력 있는 커플인 Ronald Reagan 대통령과 부인 Nancy 여사

출처 : Newscom

그림 1.29 '월 스트리트'에서 Gordon Gekko가 개발
한 게코 셔츠
출처 : Alamy

되었다(Moore, 2008). 마이애미 바이스(Miami Vice)와 같은 TV쇼에서는 흰색 정장, 파스텔 톤의 티셔츠, 양말을 신지 않고 로퍼를 신는 패션 등이 유행하였다. 아울러 '탑 건(Top Gun)', '리스키 비즈니스(Risky Business)' 등의 영화를 통해 항공 재킷과 Ray-Bans 선글라스가 선풍적 인기를 끌면서 필수 아이템이 되었다. [그림 1.29]는 영화 월 스트리트(Wall Street)에서 Michael Douglas가 연기한 거물 금융인인 Gordon Gekko로부터 영감을 받은 흰색 칼라와 커프스를 가진 줄무늬 셔츠인 **게코 셔츠**(Gekko shirts)이다.

패션업체들은 임금이 낮은 중국 등의 개발도상국 및 저개발국에서 제품을 제조하여 생산 비용을 절감하였다. 이러한 **역외생산**(offshore production)으로 인해 미국의 제조 공장들은 문을 닫기 시작하였다. 이후 패션 디자이너들은 다양한 문화권의 사람들에게 친숙한 패션제품을 개발하기 시작하였고, 패션산업은 눈부신 성장을 지속하였다. 그러나 동성애를 비롯한 사회적 문란현상의 심화로 에이즈가 전 세계적으로 확산되었다. 에이즈는 처음에는 대도시와 도시 지역을 위주로 전파되었고 동성애자들 사이에서 발병률이 높았지만, 이후 이성애자들에게도 전파되었다. 이로 인해 많은 디자이너들이 목숨을 잃었고, 패션업계도 적지 않은 타격을 입었다.

1990년대

2000년대가 다가오면서 IT 기술의 발전으로 빠른 속도로 서로 반응하게 되면서 세계는 더욱 가까워졌다. 이전의 어느 세대보다 뛰어난 기술력으로 무장한 X세대 젊은이들이 사회에 진출하기 시작하였으며, 미국 주가는 152%나 상승하고 국민들의 소득은 증가하는 등 놀라운 경제 성장을 기록하였다. 또한 소련 공산주의의 붕괴로 냉전체제가 종식된 후 미국은 세계 유일의 초강대국으로 부상하였다(Moore, 2008).

1990년대에는 사람들이 더욱 간편한 옷차림을 선호하였다. 이에 따라 청바지, 티셔츠, Nike 러닝화 등이 일상복으로 인기를 끌었다. 1991년 미국 펜실베이니아 주 피츠버그에 본사를 둔 알루미늄 회사 Alcoa는 캐주얼 복장으로 출근하는 것을 허용하였다. Alcoa를 시작으로, 미국 전역의 기업들은 주 1회 이상 캐주얼 복장으로 근무하는 것을 허용하는 제도를 채택하였다. 이제는 고급스럽지만 실용성이 떨어지는 프랑스의 고급 패션 대신, Casual Corner나 Ann Taylor와 같은 간편하고 실용적인 캐주얼 제품이 큰 인기를 끌었다(Agins, 2000).

한편, 1990년대에는 세계 곳곳에서 힙합(hip-hop) 패션이 등장하였지만, 힙합이라는 개념은 패션의 의미보다 1980년대의 음악 산업과 행인들의 이미지를 더욱 많이 내포하고 있었다. 1990년대에는 고급 의상에도 힙합 패션이 가미되기 시작하였다. 헐렁한 옷으로 대표되는 힙합 패션은 본래 빈민층 및 소외계층들의 일상복으로부터 아이디어를

얻어 탄생하였으며, 1940년대의 주트 슈트(zoot suit)와 연관이
있었다. 이후 미국 흑인들과 10대 청소년 사이에서 유행하였다
(Tortora and Eubank, 2005, p. 415). 1990년대에는 계층과
관계없이 젊은 층에서 각광을 받기 시작하였다. [그림 1.30]은
전형적인 힙합 패션을 나타내고 있다.

힙합은 '대체 음악(alternative music)'으로서 음악의 주요
트렌드이며, 시애틀, 워싱턴에서 시작하여 미국 전역에서 선풍
적인 인기를 끌었다. Nirvana, Soundgarden, Pearl Jam 등
의 밴드는 팝 음악에서 하드 록으로 전향한 대표적인 밴드이다.
힙합 패션은 '그런지 룩(grunge look)'으로 헐렁한 셔츠와 청
바지, 길고 헝클어진 머리가 특징이며, 사회에 대한 불만을 표
출하는 수단으로 애용되고 있다.

한편, 이 시기에는 **라이크라**(lycra)가 등장하였다. 면이나 모
등 기타 직물에 라이크라를 혼합하여 신축성을 높였으며, 라이
크라가 혼합된 옷은 몸에 잘 맞았으며, 특히 라이크라가 함유된
데님 제품이 소비자들 사이에서 선풍적 인기를 끌었다. 1960년
대와 마찬가지로 1990년대에도 패션이 빠르게 진화하였다.
Lynn Schnurnberger는 1991년에 집필한 저서 *Let There Be
Clothes*에서 "유행은 수백 년이 아닌 한 세대만 지나면 돌아오
는 속성을 가지고 있다. 이는 1990년대 유행 패턴이 1960년대
와 비슷한 것과 일맥상통한다."라는 주장을 펼쳤다. 또한 혁신
과 기술 발전으로 창의성과 생산성이 동시에 향상되었다.

그림 1.30 힙합 패션의 전형을 보여주는 Eminem
출처 : AP Worldwide Photos

1990년대 초반, 여성들은 소박하면서도 심플한 패션을 선호
하였고, 80년대의 거대한 실루엣과 달리 보다 날씬해 보이는 스타일을 착용하였다. 여
성들은 스커트나 바지 위에 재킷, 조끼, 블라우스 등의 겉옷을 겹쳐 입었다. 이 시기는
헐겁고 부드러운 스타일의 옷과, 슬립 드레스가 대세를 이루었다. 다양한 기능이 있는
천들이 개발되면서 운동복이 활발히 개발되었다. 요가, 달리기, 에어로빅 등 각 종목에
맞는 다양한 운동복이 생산되었다. 경제 호황이 지속되면서 패션에도 세련되고 쾌활한
스타일이 각광을 받았다.

남성복은 일정한 형태가 없었으며, 검은색이 각광을 받았다. 이 시기에는 단추가 목
부분까지 달려 있는 흰색 와이셔츠를 넥타이 없이 입는 것이 유행하였다. Nike 운동화
가 인기를 끌면서 남성 구두도 Dr. Martens처럼 두껍고 투박한 것이 주로 생산 · 판매
되었다. 또한 스트리트 패션이 크게 유행하면서, 디자이너들은 스트리트 패션제품 개발
에 박차를 가하였다(Baudot, 1996).

과거에는 패션은 축제였으나, 21세기가 다가오면서 패션은 상업적 수단으로 변모하

였다. 이러한 상업주의로 인해 유능한 신규 및 기존 디자이너들의 재능과 혁신이 제대로 활용되지 못하는 경우도 증가하였다. 패션 디자이너들의 독자적 입지는 감소하였으며, 금융 전문가들은 패션업계의 위험성과 취약성에 대해 연구를 실시하였다(Baudot, 1996).

2000년부터 현재까지

21세기가 시작되고 미국의 George W. Bush 대통령이 취임하였다. 2001년 미국에서 9.11 테러가 발생하였다. 이로 인해 미국인들은 극도의 심리적 불안감에 빠졌으며, 자신들이 가진 것들을 잃지 않으려는 방어적인 태도를 견지하거나 **은둔형 생활**(cocooning)을 하는 사람들이 늘어났다. 이 시기, 기업의 급속한 세계화는 장점과 단점을 동시에 제공하였다. 또한 PC, 휴대전화, 인터넷 등이 생활 곳곳에 침투하였으며, 마이스페이스(Myspace), 페이스북(facebook) 등의 소셜 네트워크 서비스를 통해 언제, 어디서든 타인과 연락이 가능하게 되었다.

패션산업 역시 수작업, 가내공업의 재래식 생산방식에서 글로벌 재벌기업의 대량생산 방식으로 변화하였다. 대기업들은 다양한 유형의 고객의 취향에 맞추어 제품을 생산하였다. 오늘날에는 글로벌 패션산업이 경제적으로 중요한 영향을 미치고 있으며, 세계 대부분의 국가는 서구 국가들의 패션 트렌드를 기준으로 하고 있다.

시장 출시 기간(speed to market), **패스트 패션**(fast fashion), **신속 대응**(Quick Response)은 아이디어를 제품으로 변환하여 소비자들에게 신속하게 전달하기 위한 중요한 전략이다. 신속 대응(QR)은 현재의 패션 동향을 최대한 빠르게 반영하여 제품을 생산 · 판매하는 방법이다. 기업들은 신속 대응 전략을 돕는 소프트웨어를 사용하고 있다. 스페인 패션 소매업체 Zara는 새로운 트렌드가 시작되면 이 트렌드에 맞는 제품을 3주 이내에 출시할 수 있는 것으로 유명하다. 패스트 패션의 경제학적 측면과 패스트 패션을 활용하는 소매업체와 제조업체 사례에 대해서는 본 교재의 후반에서 더욱 자세히 소개할 것이다.

2000년 이후, 비율은 여성 의류의 핵심 요소로 간주되고 있다. 짧은 상의에 긴 하의, 또는 긴 상의에 슬림한 바지를 입는 것 등이 그 예이다. 또한 여성들은 튜닉 스타일의 상의, 베이비 돌 드레스, 스키니 진을 즐겨 입기 시작하였다. 디자이너들은 1970~1980년대의 패션을 현재의 추세에 맞게 변형한 복고 패션을 제시하였다. 영화 'Sex and the City'를 통해 디자이너 Manolo Blanik과 Jimmy Choo가 인기를 끌었다.

21세기에도 캐주얼 의상과 도회적 패션이 유행하였지만, **메트로섹슈얼**(metro-sexual)이 새롭게 부상하였다. 메트로섹슈얼은 도시에 살면서 패션, 쇼핑 등에 관심이 많은 현대의 남성을 의미한다(동성애자들과 관련된 특성이기도 함). 섬세한 스타일의 옷차림과 어깨와 허리를 강조하는 이탈리아 슈트 스타일이 특징이다. 남성들은 여성들보다는 패션에 대한 적극성이 여전히 낮지만, 과거 그 어느 때보다 패션에 대해 깊은 관심을 가지고 있다. 또한 미국 및 유럽 디자이너들은 일상생활에서 주류 패션에 영향을 미치고 있다. 또한 남성잡지 및 유명 연예인들을 통해 일반 남성들도 외모에 더 많은 관심을 가지기 시작하였다.

요약 summary

본 장에서는 제국주의 시대부터 현재까지의 패션의 변천사를 소개하였다. Charles Worth와 같은 디자이너들의 활약과, 조면기 등의 도구 발명으로 패션산업이 발전하였으며 산업 혁명이 패션산업의 발전에 지대한 영향을 미쳤다. 무엇보다 산업 혁명은 오늘날 패션제품의 대량생산 능력 구축의 기반이 되었다.

핵심용어 terms

게코 셔츠(Gekko shirts)

과시적 소비(conspicuous consumption)

라 벨 에포크(La Belle poque)

라스텍스(lastex)

라이크라(lycra)

레이거노믹스(Reaganomics)

레이온(rayon)

르댕고트(redingote)

마네킹(mannequin)

메트로섹슈얼(metrosexual)

바스퀸 보디스(basquin bodice)

복원복(demob suit)

부팡(bouffant)

산업 혁명(industrial revolution)

색코트(sack coat)

선구자(pioneer)

세계화(globalization)

소비주의(consumerism)

쉬르트(surtout)

시장 출시 기간(speed to market)

신속 대응(Quick Response)

아르 데코(Art Deco)

여점원(vendeuses)

여피족(Yuppie)

역외생산(offshore production)

오트 쿠튀르(houte couture)

은둔형 생활(cocooning)

제국주의 시대(Empire Period)

주트 슈트(zoot suit)

지곳(gigot)

코르셋(coset)

크라바트(cravat)

크리놀린(crinoline)

타피시어(tapissier)

파워 드레싱(power dressing)

판탈롱(pantaloons)

패션(fashion)

패스트 패션(fast fashion)

프록 코트(frock coat)

플래퍼(flapper)

피터샴 프록코트(petersham frock coat)

복습문제 questions

1. Paul Nystrom은 누구인가? 그의 명언은 무엇이며, 이 것이 오늘날의 패션 세계와 관계가 있는 이유는 무엇인 가?

2. 다음 시대를 패션 및 경제 분야의 관점에서 설명하여라. 제국주의 시대, 낭만주의 시대, 1800년대, 1900년대

3. 패션 잡지가 처음 발간된 시기는 언제이며, 패션 잡지 가 과거와 현재의 패션에서 갖는 의미는 무엇인가?

4. 과거 패션 발전에 기여한 유명 디자이너 두 명에 대해 논의하여라.

5. 제2차 세계대전 중 유럽의 디자이너들이 폐업을 한 뒤 미국으로 이주한 이유는 무엇인가?

6. 폴리에스터와 레이온의 사용이 급증한 연대는 언제인 가? 이 두 종류의 섬유가 경제 발전에 미친 영향은 무엇 인가?

비판적 사고 thinking

1. 패션이 정치, 경제, 사회, 문화 분야에 영향을 미쳤다고 생각하는 이유는 무엇인가(분야별로 설명하여라)? 또한 패션을 통해 경제적으로 어떠한 결과가 발생했는가?

2. 일각에서는 패션을 필요가 아닌 욕구에 기반한 호화 산 업으로 간주하고 있다. 이 의견에 동의하는가? 그 이유 는 무엇인가? 동의하지 않는다면 그 이유는 무엇인가?

인터넷 활동 activities

• 과거에 활동했던 디자이너 한 명과 현재 활동 중인 디 자이너 한 명을 서로 비교한 후, 이들이 각자 패션산업 과 경제에 어떠한 영향을 미쳤는지 연구하여 비교하여 라. 참고 사이트는 다음과 같다.

http://www.thebiographychannel.co.uk/biography.htm

• *The Devil's Blue Dye: Indigo and Slavery*를 읽은 후 다음 문제를 풀어라.

http://www.slaveryinamerica.org/history/hs_es_indigo.htm

• 남색의 근원은 무엇인가?

• 패션 및 경제 측면에서 남색이 패션산업에 중요한 색상 인 이유는 무엇인가?

참고문헌 bibliography

About the great depression.(n.d). Retrieved July 29, 2009, from modern American Poetry: http://www.english.illinois.edu/maps/depression/ about htm

Agins, T.(2000). *The end of fashion: How marketing changed the clothing business forever*. New York: Harper Collins.

Austin, S. S.(2000). Here's looking at you sire. *Christian Science Monitor*, 92: 30, p. 16.

Baudot, F.(1996). *A century of fashion*. New York: Universe Publishing.

Buxbaum, G.(1996). *The icons of fashion*. Verlag, Munich, Berlin, London, New York, Prestel Publishing.

Cassin-Scott, J.(2006). *The illustrated encyclopedia of costume and fashion from 1066 to the present*. London:

Cassell Illustrated.

Christopher M., & Miller, S. H.(1993).Toward formalizing fashion theory. *Journal of Marketing Research*, 30:2, pp. 142-157.

Economcexpert.com.(n.d). Retrieved August 23, 2009, from http://www.economicexpert.com/a/Late:eighties: recession.htm

Ewing, E.(2001). *History of 20th century fashion.* New York: Costume and Fashion Press.

Foley, C. A.(1893). Fashion. *The Economic Journal*, 3: 11, pp. 458-474.

Hymowitz, E.(2008). The forties. In *The Greenwood encyclopedia of clothing through world history.* Westport, CT: Greenwood Press, p. 148.

Klein, A. I.(1963). Fashion: Its sense of history. Its selling power, *The Business History Review*, 37, pp.1-2.

Little, F.(1931). *Early American textiles.* New York: Century.

Miller, C., McIntyre, S., & Mantrala, M.(1993). Toward formalizing fashion theory, *Journal of Marketing Research*, 30, 142-157.

Moore, J. G.(2008). The eighties. *In The Greenwood encyclopedia of clothing through world history.*

Westport, CT: Greenwood Press, p. 96.

Nystrom, P.(1928). *Economics of fashion.* New York: Ronald Press.

Schnurnberger, L.(1991). 40,000 *years of fashion: Let there be clothes.* New York: Workman Publishing.

Sproles, G. G.(1979). *Fashion: Consumer behavior toward dress.* Minneapolis: Burgess.

Stone, E.(2009). *The dynamics of fashion. 3rd edition.* New York: Fairchild Books.

Tamila, R. D.(2002). *The wonderful world of the department store in historical perspective: A comprehensive international bibliography partially annotated.*

Tortara, P., & Eubank, K.(1994). *Survey of historic costume,* 2nd edition. New York: Fairchild Publications.

Tortara, P., & Eubank, K.(2005). *Survey of historic costume: A history of western dress,* 4th edition. New York: Fairchild Publications, pp. 264-266.

Encyclopedia of the nations. Retrieved August 23, 2009 from http://www.nationsencyclopedia.com/Americas/United

패션의 언어

학습 목표

● 사람, 상품, 패션 비즈니스와 연관된 패션산업을 설명한다.
● 패션산업의 4대 분야를 이해한다.
● 패션의 원리를 설명하고 이해한다.

트렌드가 이어지지 않는 패션은 무엇인가?
패션은 천천히 점화하여 잠시 타오르다 서서히 사그라지는
불꽃과 같다.
−Francois Baudot(*A Century of Fashion*, 1999)

2

패션이란 그 자체로 언어이며, 패션산업은 패션을 표현함으로써 이해할 수 있다. 본 장에서는 패션업계에서 사용되는 용어를 소개하고자 한다. 이들 용어는 패션에 대한 의사소통을 용이하게 하는 역할을 한다. 일부 용어는 패션 잡지 등에 자주 등장하여 친숙한 반면, 어떤 용어는 의미가 모호하거나 패션 분야에서 새로운 의미로 해석되고 있다. 본 장에서는 패션 분야의 언어를 설명한 뒤 패션산업의 각 분야와 패션의 원리에 대하여 탐구하도록 한다.

패션 분야에서 사용되는 언어

어느 언어에서든 문맥과 의미는 의사소통의 필수 요소이며, 이는 패션 분야에도 동일하게 적용된다. 패션 분야의 종사자들과, 세계 각지에서 제조·판매되는 의류는 패션 언어를 사용하여 설명할 수 있다. 패션산업에는 다양한 의류 및 제품을 고객이 원하는 가격에 제공하기 위해 최선을 다하는 수많은 사람들이 종사하고 있다. 패션업계에서는 디자이너, 바이어(buyer), 소매업체, 도매업체, **조버**(Jobber)[1]들이 서로 협력하고 있다. 이들은 패션의 성공을 위해 상호 의존 관계를 구축하고 있다.

디자이너(designer)들은 자신이 고안한 디자인을 여러 패션업체에 판매하는 **프리랜서 디자이너**(freelancer designer)로 근무하거나, 브랜드 이미지를 홍보하고 판매시장을 공략하는 패션업체 직원으로 근무하면서 의류를 제작하고 있다. 일부 디자이너는 독창적인 아이디어를 제약 없이 제공할 수 있는 반면, 일부 디자이너는 고용주가 제시한 기준에 맞는 아이디어만 제공할 수 있다. 디자이너는 창의성과 통찰력을 바탕으로 제조업체에 새로운 아이디어를 제공하여 이를 상품화하고 판매할 수 있도록 돕는 역할을 하고 있다. 또한 디자이너는 제조되어 바이어들에게 판매된 후 소매상에 납품되어 최종 소비자들에게 판매될 수 있는 의류를 디자인하여야 한다.

바이어(buyer)는 제품을 분류한 뒤 이에 따라 구매 결정을 내린다. 또한 **자유재량 구입예산**(open-to-buy, 제5장에서 자세하게 설명)에 따라 예산을 관리한다. 바이어들은 공략하고자 하는 시장에 맞는 제품을 지역, 국가, 국제시장에서 검색하여 구매한다. [그림 2.1]은 네바다 주 라스베이거스의 MAGIC 의류박람회에 참가한 바이어들의 모습이다. 바이어들은 소비자들의 취향에 맞는 제품을 구비하는 것이 성공의 비결임을 잘 알고 있다. 바이어들은 디자이너의 아이디어와 창의성을 최종 소비자에게 전달하는 필수적인 역할을 한다. 모든 유형의 소매업체들이 미국 내외에서 바이어들을 고용한다.

소매업체(retailers)들은 제조업체가 생산한 제품을 매입하여 최종 소비자들에게 판매하는 역할을 한다. 소매업체들이 없으면 패션은 존재할 수 없다. 소매업체들은 제품을 도매가격으로 매입하여 소비자들에게 소매가격으로 판매한다. 소매업체들은 판매

---

1) 미국 의복업계를 말한 것인데, 주로 봉제부문을 하청공장에 보내는 어패럴 메이커를 뜻한다. 출처 : 패션전문자료사전, 1997.8.25, 한국사전연구사.

그림 2.1 라스베이거스의 MAGIC 의류박람회에 참가한 바이어

및 경영활동에 많은 노력을 함으로써 고객층을 확립하였다. 소매업체의 종류는 백화점, 전문점, 할인 체인점, 창고형 매장 등 다양하다(더 자세한 정보는 제4장에 소개되어 있다.).

바이어들은 주로 **도매업체**(wholesalers)로부터 제품을 매입한다. 도매업체들은 제조업체로부터 제품을 매입한 후 소매업체들에게 판매하는 중간 거래상의 역할을 한다. 제조업체들은 소매업체에 제품을 직접 판매하는 도매업체의 역할을 담당하기도 한다. 소매업체는 대부분의 제품을 매입 형태로 조달한다.

조버들도 상품을 소매업체에 판매한다. 패션용품 산업에서 '조버'라는 단어는 두 가지 의미가 있다. 우선, 위 문단에서 설명한 '도매업체'의 의미가 내포되어 있다. 구체적으로, 조버는 제조업체로부터 제품을 매입하여 이를 바이어에게 판매한다. 그러나 조버는 도매업자와 달리 제조업체를 위해 일을 하지 않는다. 예를 들어, 제조업체로부터 재킷을 매입하면 이에 대한 소유권도 조버에게 이전된다. 조버는 소매업체에 재킷을 판매하여 돈을 받으며, 소매업체는 소비자에게 재킷을 판매한다. 조버는 소매업체에 재킷을 판매함으로써 잠재 이익이 발생하며, 소매업체는 소비자들에게 재킷을 판매함으로써 잠재 이익이 발생한다. 따라서 조버로부터 제품을 구입하는 것은 또 하나의 유통 경로인 셈이다. 조버들은 제조업체로부터 제품을 매입한다. 조버들이 매입하는 제품은 대부분 주요 소매업체의 자사 브랜드 상품으로 판매된다. 또한 조버들은 이 자사 브랜드 상품을 제조

그림 2.2 2011년에는 품이 넉넉한 상의와 스키니 바지가 유행하였다.
출처 : Hawa Stwodah

업체로부터 직접 구입할 수 없는 매장에 재판매한다. 아울러 조버들은 제품을 소규모로 매입하여 소매업체에 판매한다. 한편, 바이어들은 도매업자 또는 조버로부터 제품을 구입할 때, 소비자들의 기호에 맞는 제품을 선택하기 위해 노력하고 있다.

패션(fashion)은 해당 시대에 적합하고 이상적인 양식의 특성을 가진 의류, 액세서리, 홈패션을 의미한다. 제1장에서 설명한 대로, 패션은 시대에 따라 변화를 반복하여 친숙한 개념으로 변모하였다. 2011년에는 통이 좁은 바지와 품이 넉넉한 상의가 유행하였다(그림 2.2). 향후 몇 년 동안, 바지의 폭이 넓어지고 상의는 기장이 짧아질 것으로 전망되고 있다. 패션은 집단·계층별로 차이가 있으며, 각 개인은 소속하고자 하는 집단의 패션을 모방하는 경향이 있다.

디자인(design)은 새로운 의류와 액세서리를 개발하기 위한 패션의 필수 요소이다. 디자인은 제조업체의 종류와, 제조업체가 공략하는 소비자의 유형에 따라 차이가 있다. 최신 유행 스타일은 전위적인 성향을 띤 반면, 대부분의 디자인은 과거에 인기를 끈 스타일을 현재의 트렌드에 맞추어 변형한 디자인이다. 소비자들은 다양한 패션 아이디어와 개인 취향을 감안하여, 자신들에게 적합하다고 판단되는 제품을 구입한다.

"**취향**(taste)에 대한 정의는 없다."라는 말은 사람마다 취향이 다름을 강조한 말이다. 취향은 지극히 개인적이어서, 어느 것이 좋은 취향인지 나쁜 취향인지를 정의하는 것은 쉽지 않다. 어느 시대에든, 좋은 취향은 패션의 적합성이나 매력을 의미한다. 그러나 관념이나 태도의 변화로 인해 패션이 변화하며, 따라서 좋은 취향의 개념도 변화한다. 예를 들어, 1970년에는 남성의 레저 슈트가 각광을 받은 반면(그림 2.3), 2010년대에는 우스꽝스러운 의상으로 평가되고 있어 더 이상 좋은 취향으로 인정되지 않고 있다.

개인의 옷은 패션과 가장 연관성이 높은 물건이며, 그 사람의 성격을 상징한다. 옷의 **스타일**(style)은 그 옷 특유의 모습을 나타내며, 다른 옷과의 차별성을 의미한다. 바지, 드레스, 셔츠는 각각 일정한 형태를 갖추고 있지만, 스타일의 종류는 소비자들의 요구에 따라 결정된다. 그 예로, 바지는 바지 고유의 스타일을 유지하고 있지만, 바지의 길이는 계속 변화할 것이다. 바지의 스타일은 밑위 높이(낮음, 중간, 높음) 길이(칠부 바지, 크롭트 팬츠, 긴바지), 폭(스키니, 스트레이트, 나팔바지, 통이 넓은 바지) 등에 따라 달라질 수 있다. 바지의 스타일은 그 시대의 유행에 따라 달라질 수 있다. **스타일 번호**(style number)는 스타일의 종류를 의미한다. 이 번호는 제조업체들이 결정하고 바이어들이 제품을 주문할 때 이 번호를 사용하므로, 스타일 번호는 주문 과정에서 반드시 필요하다.

그림 2.3 1970년대에 남성들의 인기를 끈 레저 슈트
출처 : Alamy

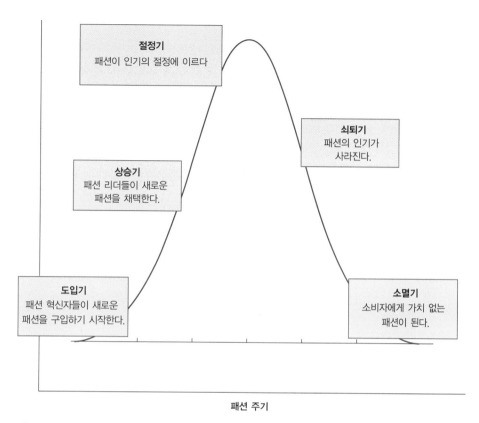

그림 2.4 패션 주기

패션은 일정 기간 동안 지속되며 주기적으로 변화한다. 패션은 일반적으로 종 모양의 **패션 주기**(fashion cycle)를 가진다(그림 2.4). 모든 패션제품은 출시와 동시에 도입기가 시작된다. 도입기에는 새로운 아이템이 소개되고 **패션 혁신자**(fashion innovators)들은 새 스타일의 옷을 구입하기 시작한다. 패션 혁신자들은 새로운 트렌드를 가장 먼저 경험하는데, 주로 젊고 부유한 사람들로 구성되어 있다. 다음 단계인 패션 상승기에는 **패션 리더**(fashion leaders)들이 옷을 구입하기 시작한다. 패션 리더들은 같은 부류의 사람들에 비해 가장 먼저 이 제품의 트렌드를 수용하여 옷을 구입하는 사람들이다. 옷의 인기는 절정기에 도달할 때까지 상승하는데, 이 시점이 되면 일반 대중들에게 이 스타일이 받아들여진다. 패션 선구자나 패션 리더들은 더 이상 구입하지 않는 대신에 패션 추종자들이 주 소비층을 이루게 된다. 절정기 이후 이 제품의 인기가 하락하며, 일부 소비자들은 이 제품을 구입하지만, 이 제품의 인기와 판매량은 소멸기에 이르기까지 지속적으로 감소한다. 소멸기에는 거의 대부분의 사람들이 이 제품을 구입하지 않는다. 유행 주기는 예측이 불가능하며, 제품별로 큰 차이가 있다.

패드(fad)는 단기적으로 일어났다 사라지는 유행의 형태이며, 한 시즌에서 다음 시즌까지 지속되는 경우는 드물다. 그러나 일시적 유행 역시 하나의 트렌드를 형성하고 있다. 일시적 유행은 매우 빠른 속도로 발생하고 소멸하는 특성이 있어, 존재 여부를 파악하기 어렵다. 1960년대 후반을 대표하는 일시적 유행으로는 '그래니 룩(granny look)'

그림 2.5 1960년대 그래니 룩의 상징으로서 'Ben Franklin' 으로도 불린 반무테의 그래니 안경
출처 : Hawa Stwodah

그림 2.6 클래식 풍의 검은색 미니드레스
출처 : Alamy

이 있다. 당시 자유분방하고 퇴폐적인 문화가 성행하였지만, 소박하고 단아한 특징의 그래니 룩은 큰 인기를 끌었다. 그래니 룩은 길이가 긴 프릴(frill)이 달린 꽃 무늬 드레스를 레이스 끈으로 묶는 구두와 함께 착용하는 스타일이다. 필요와 상관없이 누구나 'Ben Franklin 안경' 으로 알려진 코끝에 걸치는 반무테의 그래니 안경을 썼다(그림 2.5). 헤어스타일 역시 옛날 스타일이었는데, 이는 그래니 룩이 유행했을 당시가 정치 제도에 대한 젊은이들의 반감이 극에 달해 있었기 때문이다.

패드는 일정한 방향성을 갖추고 더 많은 소비자들이 이를 수용할 경우 **트렌드**(trend)로 발전할 수 있다. 트렌드와 패드는 어디서나 시작할 수 있으나, 트렌드는 패드와 달리 지속적 고객 수요를 바탕으로 형성되며, 이는 패드를 구분하는 기준이다. 트렌드는 생성, 성장의 과정을 거친 후 새로운 트렌드가 등장하면 쇠퇴하는 과정을 거친다. 여성들 사이에서 유행했던 코르셋은 1920년대에 자취를 감추기 시작하였다. 1960년대에는 짧은 치마가 유행하기 시작하였다. 1970년대에는 여성들도 바지를 즐겨 입게 되었으며, 1980년대에는 상류층 미국인들이 자신의 지위를 과시하기 위해 '파워 드레싱' 을 착용하였다.

클래식(classic)은 패션의 기본이라고 할 수 있다. 클래식은 오랜 기간에 걸쳐 다양한 스타일이 연출되어 왔다. 클래식 패션은 진화 속도가 상대적으로 느린 만큼 더욱 오래 지속되며, 일부 문화권에서는 수년간 지속되기도 한다. 검은색 미니드레스, 데님 바지, 남색 재킷들은 클래식 패션의 예이다. [그림 2.6]은 검은색 미니드레스를 착용한 모습이다.

실루엣(silhouette)은 옷의 윤곽 또는 모양을 의미한다. 디자이너들은 기본적인 실루엣 위에, 주머니, 트림(trim), 단추 또는 지퍼 등의 디테일로 장식한다. 패션 디자이너들은 기본 실루엣을 바탕으로 다양한 변화와 디자인을 표현함으로써 의상 디자인을 완성한다. 가장 기본적인 세 가지 실루엣으로는 직선형(straight), 종형(bell-shaped), 버슬형(bustle)이 있다. [그림 2.7]은 패션 디자인을 전공하는 학생들이 스케치할 때 배우는 기본 실루엣을 보여준다. 디자이너, 제조업체, 바이어는 옷의 실루엣 또는 스타일을 표현한다.

모조품(knockoff)은 가격이 높은 명품의 디자인을 모방한 제품이다. 오늘날에는 핸드백, 드레스, 스카프, 패션 의류, 액세서리 등 다양한 품목의 모조품이 속출하고 있다. 모조품의 기본적 디자인은 명품과 매우 유사하지만, 저가의 재료를 사용하고 전문가가 아닌 사람들

그림 2.7 패션 디자인과 학생들이 그리는 기초 실루엣
출처 : Hawa Stwodah

이 제품을 만든다는 점에서 명품과 차이가 있다. 모조품의 속출로 인해 디자이너와 고급 브랜드 업체들이 상당한 피해를 입고 있으며, 모조품 생산으로 인해 매년 막대한 손해가 발생하고 있다(제11장 참조).

오트 쿠튀르(haute couture)는 불어로 '고급의상'을 의미한다. 프랑스 의상조합(Chambre Syndicate)은 패션 관련 기준을 제정하고 오트 쿠튀르 업체 및 디자이너를 선발한다. 오트 쿠튀르 디자이너들은 프랑스 의상조합의 회원이다. 오트 쿠튀르의 의류는 수작업으로 만들어지며, 대부분 독창적인 디자인이 특징이다. 또한 우수한 품질로 각광을 받고 있으며, 매우 고가로 정평이 나 있다(자세한 사항은 제9장 참조).

제조업체들은 연 4~7개의 시즌에 따라 상품을 생산한다. 이들 시즌은 통상 봄 시즌 1, 봄 시즌 2, 여름 시즌, 가을 시즌 1, 가을 시즌 2, 휴가철, 휴양철 등으로 구분된다. 각 시즌에는 해당 시즌에 맞는 제품이 생산되며 분류된다. 아동복 생산 시즌은 1년에 4개에 불과한 반면, 여성복의 경우 최대 10개에 달한다. 마찬가지로, 남성복은 해당 시즌이 시작되기 훨씬 전에 출시되는 반면, 어린이용 스포츠웨어는 해당 시즌이 임박해서야 시장에서 볼 수 있는 등 제품 분야별로 출시 시점에 차이가 있다. 한 **라인**(line)에는 신제품만 출시되거나 신제품과 기존 제품을 개량한 제품이 함께 출시되기도 한다.

동일한 라인 내에서도 다양한 **제품 유형**(classification)이 존재한다. 제품 유형으로는 상의, 하의, 스포츠복, 액세서리, 드레스, 겉옷 등이 있으며, 판매업체와 제조업체에 따라 차이가 있다. 예를 들어, 한 소매업체의 주니어 코너에는 아동복이 상의, 하의, 드레스, 스포츠용 의복으로 구분된 반면 다른 소매업체의 주니어 코너에는 주니어복의 유형이 상의는 니트 상의, 직물 상의, 여성용 상의, 스웨터로, 하의는 바지, 스커트, 반바지, 청바지 등으로 더욱 다양하게 구분된 경우가 있다. 제품 유형을 구체적으로 구분함으로써 소비자들은 자신들이 구입하고자 하는 의상을 명확하게 결정할 수 있다. 예를 들어, 상의의 매출 실적이 좋은 어느 소매업체가 니트류 상의들이 직물 상의보다 더 많이 팔린다는 사실을 알지 못한다면, 바이어들은 니트류보다 직물로 만들어진 상의들을 더 구매할 수 있다. 제품 유형을 구체적으로 구분하여 매출을 집계한 상태에서는 부문별 매출 실적에 맞추어 향후의 제품 생산 계획을 수립할 수 있다. 제품 유형의 분류는 제조업체와 소매업체 모두에게 판매 실적이 좋은 제품의 생산과 판매를 증대시키고, 판매 실적이 낮은 제품은 생산·판매를 감축할 수 있다(제품 유형 구분에 대한 자세한 내용은 제8장 참조).

상품의 판매 실적은 **프라이스 포인트**(price point)에 따라 결정되며, 이는 소비자들이 해당 상품에 대해 지불하고자 하는 가격과 일치하여야 한다. 프라이스 포인트는 상품이 소매업체에서 판매되는 가격을 의미한다. 바이어들은 소매시장에서 제 가치를 하고 있는 상품이 무엇인지 반드시 파악하여야 한다. 소매업체들은 8가지의 프라이스 포인트 중 1개 이상의 가격을 바탕으로 판매원칙을 수립한다. 대부분의 매장에서는 실제 판매 가격과 프라이스 포인트 간에 차이가 있지만 그 차이는 심하지 않다. **디스카운트 프라이스 포인트**(discount price point)는 Walmart 같은 할인 체인점에서 대량 판매되는 저품질이나 1회용 제품에 적용된다. **버짓 프라이스 포인트**(budget price point)는 많은 소비자들이 선호하는 가격이다. 이 가격은 Sears 등의 매장에서 판매되는 제품 중 유행 주기의 절정기에 도달한 제품에 적용된다. **모더릿 프라이스 포인트**(moderate price point)는 대부분의 소비자들을 고려하여 책정되는 가격이며, Kohl's 등의 매장에서 판매되는 Levi's 같은 브랜드들에 적용되는 가격이다. **베터 프라이스 포인트**(better price point)는 Macy's와 Nordstrom 등의 매장에서 판매되는 Jones NY 같은 브랜드들에 적용되는 가격이다. **컨템포러리 프라이스 포인트**(contemporary price point)는 젊은 층과 패션감각이 높은 소비자들을 위한 최신 유행 제품에 적용되며, 베터 프라이스 포인트보다 가격이 조금 높다. **브릿지 프라이스 포인트**(bridge price point)는 베터 프라이스 포인트와 디자이너 프라이스 포인트 중간에 해당하는 가격이며, Donna Karan 등의 많은 디자이너 라벨들이 속한다. **디자이너 프라이스 포인트**(designer price point)는 대부분의 디자이너들이 기성복에 책정하는 프라이스 포인트이다. **쿠튀르**(couture)는 가장 높은 가격대이다(표 2.1은 다양한 가격대를 설명한다.).

패션업계에서는 오랫동안 **라이선싱**(licensing)이 사용되고 있다. 디자이너들과 유명인사들은 라이선스 수수료 또는 로열티를 받고 자신의 이름을 상표에 사용하는 것을 허용하고 있다. 제조업체들은 유명인사의 이름을 딴 상표의 제품을 시장에 출시하여 판매함으로써 수익을 창출할 수 있으며, 해당 유명인사에게도 수수료 또는 로열티 수입이 주어진다. 특히 소매업체들은 이 제품을 독점적으로 판매할 권한이 주어지는 경우가 많다. 그러나 라이선싱 제도는 장점뿐 아니라 단점도 따른다. 소비자들은 유명인사의 이름을 딴 상표의 제품을 해당 유명인사와 동일시하는 경향이 있다. 따라서 구입한 제품의 품질에 문제가 있는 것으로 판명되면, 소비자는 이 제품

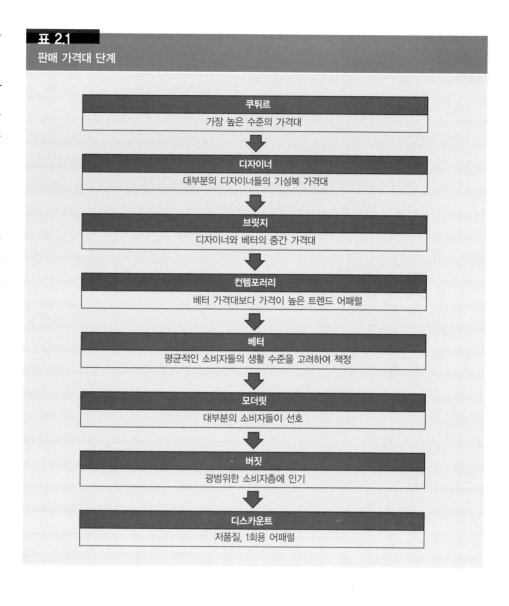

표 2.1
판매 가격대 단계

쿠튀르
가장 높은 수준의 가격대

⬇

디자이너
대부분의 디자이너들의 기성복 가격대

⬇

브릿지
디자이너와 베터의 중간 가격대

⬇

컨템포러리
베터 가격대보다 가격이 높은 트렌드 어패럴

⬇

베터
평균적인 소비자들의 생활 수준을 고려하여 책정

⬇

모더릿
대부분의 소비자들이 선호

⬇

버짓
광범위한 소비자층에 인기

⬇

디스카운트
저품질, 1회용 어패럴

을 제조한 업체보다는 해당 유명인사에 책임을 돌릴 가능성이 높다. 소비자의 신뢰를 잃은 디자이너나 유명인사의 이름을 딴 제품을 출시할 경우 수익이 감소할 수 있으며, 제조업체와 소매업체 모두에 막대한 비용이 초래된다. Christian Dior는 자신의 이름을 상품에 사용할 수 있도록 승인한 최초의 디자이너이다. 오늘날 많은 디자이너들과 유명인사들의 이름이 청바지에서 주방용품까지 다양한 상품에 사용되고 있다. 최근에는 이러한 제품이 특정 소매 아웃렛 매장에서 독점적으로 판매되는 경우가 많다. Daisy Fuentes 이름을 딴 상표의 제품을 판매하는 Kohl's와 Macy's의 Tommy Hilfiger가 그 예이다(그림 2.8).

프라이빗 레이블 상품(private label merchandise)은 특정 소매업체의 고객들을 위해 고안되고 생산된 제품이다. 프라이빗 레이블 상품을 개발함으로써 소매업체들은 특정 고객의 요구를 충족하고 자체상품의 브랜드명을 정할 수 있으며, 수익성을 높일 수 있다. 가격 경쟁 소매업체들은 타소매업체의 프라이빗 레이블 상품을 판매할 수 없으

그림 2.8 Kohl's의 Daisy Fuentes
출처 : Newscom

그림 2.9 대표적인 국민 브랜드인 Levi's
출처 : Alamy

며, 따라서 프라이빗 레이블 상품에 대한 가격 경쟁은 사실상 불가능하다. Macy's와 소매업체들은 디자인 팀을 구성하여 프라이빗 레이블 상품에 포함할 각 품목에 대한 개념과 디자인을 고안하고 있다. 디자인 팀을 구성하지 않는 소매업체들도 프라이빗 레이블 상품의 디자인 및 생산에 대해 제조업체에 도움을 요청한다. 티셔츠, 속옷, 양말, 수건, 시트, 바지 등의 상품은 프라이빗 레이블 상품으로 사용이 가능하다. Macy's에서 가장 인정받는 3대 프라이빗 레이블 상품은 International Concepts, American Rag, Charter Club이다.

Levi's, Ralph Lauren, Nautica는 **내셔널 브랜드**(national brand)의 대표적 예이다. 이들 브랜드는 각각 국내외에서 제품에 대한 생산 및 마케팅 활동을 전개하고 있으며, 각 브랜드는 고객의 생활방식과 구매력에 맞는 품질과 가격으로 고객의 구매를 유도하고 있다. 예를 들어, Levi's는 미국인들의 창의적이고 근면한 이미지를 연상하는 제품을 생산하고 있다. Levi's의 이러한 이미지는 내구성이 강한 데님 제품이 작업복으로 인기를 얻던 설립 당시부터 지속되었다. [그림 2.9]는 Levi's의 빨간 상표의 상징을 나타낸다.

패션산업의 분야

패션산업은 소재, 제조, 소매, 지원의 네 가지 분야로 구분되어 있다. 각 분야는 패션산업에 중요한 구체적 목적을 가지고 있다. 이들 분야는 독자적이면서 상호 의존적으로 운영되고 있다. 그러나 '지원 분야'는 나머지 세 가지 분야와 함께 동시에 운영된다. 여기서는 각 분야에 대해 더욱 자세히 살펴보도록 한다.

소재 분야

소재 분야(raw materials sector)로는 섬유 생산, 직조, 방적, 염색, 프린트, 마무리 단계가 있다. 패션 어패럴 및 액세서리에 사용되는 직물이나 원단 생산에 필요한 원료를 재배·생산하는 사람들도 포함된다. 아르헨티나의 목양업자, 중국의 양잠업자, 미국의 합성섬유 제조업체들은 모두 패션 용품을 제조하는 데 사용되는 원료를 생산하는 역할을 한다. 전 세계 소재 분야의 연 매출은 4,000억 달러를 상회하고 있으며, 매년 증가하고 있다.

20세기에 들어서는 섬유 생산방식에 변화가 일어났다. 제1장에서 설명한 대로, 산업혁명 당시 기계의 성능 향상을 통해 섬유 및 원단 생산의 자동화가 이루어졌다. 최근에는 컴퓨터 기술의 발달로 섬유 및 직물 생산 분야가 비약적으로 발전하였다. 또한 섬유

제품은 의류 외에 홈패션제품, 자동차 내부장식, 공업제품, 의학, 생명공학, 공업 등 다양한 분야에서 생산되고 있다.

제조 분야

제조업체는 전 세계 다양한 시장에서 소매업자들에게 여러 가지 패션제품을 제공한다. **시장**(market)은 관심사가 동일한 구매자 및 판매자들이 구매와 판매를 목적으로 모인 장소이다. 패션시장은 뉴욕, 로스앤젤레스, 애틀랜타, 파리, 밀라노, 런던 등 전 세계 대도시에 형성되어 있다. 바이어는 **마켓 위크**(market week)[2] 기간에 다양한 시장을 방문하여, 다음 시즌의 제품을 살펴보고 구입한다. 또한 무역박람회에 참석하거나 공급업체의 전시장을 방문하여 판매 대리업자들을 만나 다음 시즌의 제품을 살펴본 후, 국내 및 해외시장에서 제품을 구매한다. 판매 대리업자들은 바이어가 현장에서 제품 구매를 결정하는 경우가 드물다는 것을 인지하여, 바이어에 **제품 목록표**(line sheet)를 제공한다. 제품 목록표에는 바이어가 제품 발주에 필요한 모든 관련 정보(품목번호, 치수, 색상, 납품기일, 가격 및 비용)가 수록되어 있다. 바이어들은 마켓 위크 중 물품을 주문하거나, 본사로 복귀할 때까지 보류할 수 있지만, 제조업체들은 주문 기한을 설정하는 경우가 많다. 영업담당자들은 매장들과 바이어 직원들을 만나는 활동을 연중 진행한다. 한편, 바이어들은 업체를 직접 방문하기보다는 인터넷을 통해 상품을 검색하기도 한다.

소매 분야

소매 분야(retail sector)는 제조업체와 소비자를 서로 이어주는 역할을 한다. 소매업체들 없이 패션은 존재할 수 없다. 패션 소매 분야는 일반적인 오프라인 거래에서 통신판매, 인터넷 및 TV 홈쇼핑 사이트에 이르기까지 다양하다. 또한 기술의 발달로 패션제품에 대한 정보를 손쉽게 구할 수 있게 되어 더욱 편리하게 제품을 구입할 수 있게 되었다. www.bluefly.com과 같은 온라인 의류 소매업체나 www.zappos.com과 같은 온라인 신발 쇼핑몰에 접속하여 원하는 제품을 집에서 직접 받아볼 수 있으며, 무료 반품도 가능하게 되었다. 소비자들의 인터넷 쇼핑은 이미 일상생활로 자리를 잡은 지 오래이다. 소매업체들은 자체적으로 비즈니스 모델을 구축하여, 다양한 제품을 판매하며, 가격, 시장전략, 사이즈, 고객 서비스 체계를 수립하여 실행하고 있다.

일반적인 오프라인 소매업체들은 각각 독특한 형태를 띠고 있으며, 특정 유형의 소비자들을 위주로 판매활동을 진행하고 있다. 오프라인 소매업체에는 백화점, 전문점, 할인 체인점, 저가 판매점, 직매장, 공장 직영점, 카테고리 킬러(category killer)[3] 등이

---

2) 미국에서 시즌에 들어가기 약 4개월 전 미국 각지의 마트에서 열리는 의류업계 중심 견본시장을 말한다. 출처 : 네이버 지식백과(패션전문자료사전, 1997.8.25, 한국사전연구사)

있다. 무점포 소매상은 홈쇼핑 네트워크, 인터넷 사이트, 카탈로그, 통신판매회사 등이 있다. 제4장에서는 소매 유통에 대해 더 자세하게 소개되어 있다.

지원 분야

지원 분야(support sector)는 패션업계에 레지던트 바잉 오피스(resident buying office)[4], 패션 트렌드 예측, 업계지 등의 서비스를 제공하는 것을 포함한다. 지원 분야에서 제공하는 서비스로는 소비자 지원 서비스와 무역 지원 서비스가 있다. 소비자 지원 서비스는 *Elle, Cosmopolitan, Gentlemen's Quarterly, Vogue* 등의 소비자 패션 잡지를 통해 제공된다. 대부분의 패션 잡지사는 인터넷 홈페이지도 보유하고 있으며, 이들 홈페이지에는 패션 트렌드에 대한 정보와 블로그가 업데이트 되고 있다. 또한 'Project Runway', 'America's Next Top Model'과 같은 여러 가지 TV 쇼를 방영하는 등 패션 분야는 엔터테인먼트의 역할도 담당하고 있다. 이들 프로그램은 소비자들에게 패션용품을 직접 판매하지는 않지만 패션의 개념을 심어주는 역할을 함으로써 패션용품을 구매하도록 유도한다.

무역 지원 서비스는 패션업계에 종사하는 사람들을 지원하는 모든 형태의 서비스이다. 이러한 서비스는 광고 및 홍보, 매장 디자인, 시각 판촉, 패션 예측, 업계지 출판 등 다양한 형태를 띠고 있다. **업계지**(trade journal)는 패션업계에 종사하는 사람들을 위해 발행되는 정기 간행물이다. 이러한 잡지들은 패션산업에 관한 새로운 소식들을 알려준다. 업계지에는 패션 트렌드, 경제뉴스, 패션 기업 주가 정보, 수출입 정보, 유망 디자이너 및 제조업체 정보 등이 소개되어 있다. *Women's Wear Daily, Footwear News, Home Fashion News, Stores*들은 모두 특정 분야에 대한 잡지이다. 예를 들어, *Women's Wear Daily*는 패션업계의 '교과서'로 손꼽히고 있다. 표 2.2에는 패션산업의 4대 분야의 관계에 대해 소개되어 있다.

동업조합(trade association)은 패션업계 종사자 중 비슷한 관심사를 공유하는 사람들이 만든 집단이다. 이들은 해당 업계 종사자들을 대변하며, 회원들에게 법률, 통계, 산업동향 정보를 제공하며, 회원들을 위해 패션 트렌드 등의 다양한 주제와 관련된 세미나를 실시한다. 대표적인 동업조합으로는 미국 코튼(Cotton Inc.), 미국 의류 및 신발

---

3) 상품 분야별로 전문매장을 특화해 상품을 판매하는 소매점을 의미한다. 카테고리 킬러로는 한국의 가전제품 전문 매장인 하이마트, 미국의 스포츠 용품 전문점 스포츠 오소리티(Sports Authority), 유럽의 DIY 전문 매장 B&Q 등이 있다. 출처 : 네이버 지식백과(두산백과)

4) 뉴욕이나 로스앤젤레스 등 주요한 도시에서 전토에 퍼지는 회원점을 위해 매입의 대행을 목적으로 하는 기관. 소위 바잉 오피스 등인데 시대의 변화에 따라 그 기능이 다양화되어 매입의 대행기관뿐만 아니라 패션 트렌드 정보의 제공이나 소매점 바이어의 어시스턴트, 주문의 폴로, 프라이빗 브랜드의 개발, 패션쇼의 개최, 판매촉진이라는 것처럼 규모가 커진 유형을 이와 같이 부르고 있다. 생략하여 RBO라고 하며 대표적인 곳으로 AMC, IRS라는 기업이 있다. 레지던트는 '거주하는 · 주재하는 · 고유의'라는 의미로서, 외국 주재 사무관, 변리 공사라는 의미를 지녔다. 출처 : 네이버 지식백과(패션전문자료사전, 1997.8.25, 한국사전연구사)

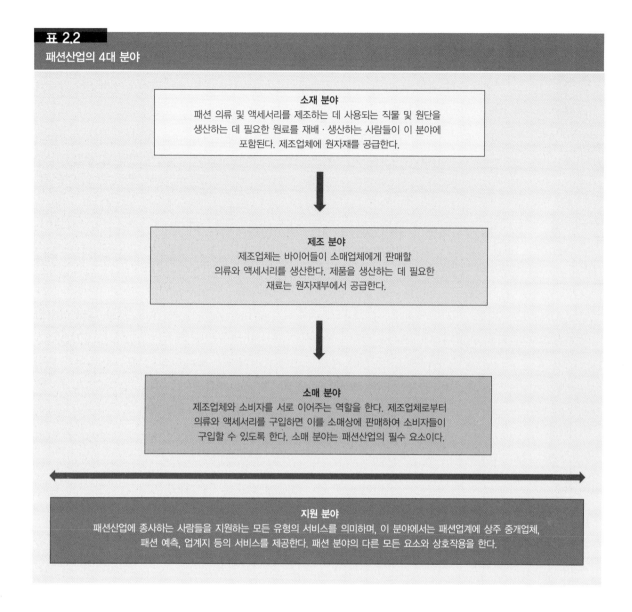

표 2.2
패션산업의 4대 분야

소재 분야
패션 의류 및 액세서리를 제조하는 데 사용되는 직물 및 원단을 생산하는 데 필요한 원료를 재배·생산하는 사람들이 이 분야에 포함된다. 제조업체에 원자재를 공급한다.

제조 분야
제조업체는 바이어들이 소매업체에게 판매할 의류와 액세서리를 생산한다. 제품을 생산하는 데 필요한 재료는 원자재부에서 공급한다.

소매 분야
제조업체와 소비자를 서로 이어주는 역할을 한다. 제조업체로부터 의류와 액세서리를 구입하면 이를 소매상에 판매하여 소비자들이 구입할 수 있도록 한다. 소매 분야는 패션산업의 필수 요소이다.

지원 분야
패션산업에 종사하는 사람들을 지원하는 모든 유형의 서비스를 의미하며, 이 분야에서는 패션업계에 상주 중개업체, 패션 예측, 업계지 등의 서비스를 제공한다. 패션 분야의 다른 모든 요소와 상호작용을 한다.

협회(American Apparel and Footwear Association), 미국 패션협회(Fashion Council of America)가 있다.

패션의 원칙

패션의 원칙은 패션 의류와 소비자 간의 관계에 대한 기본 개념이다. 오늘날, 패션의 네 가지 원칙에 대해 각각의 의미와 그들의 관계에 대해 설명하고자 한다.

패션은 시대상을 반영한다

패션은 시대에 따라 변화하고 진화하는 문화와 가치관을 반영한다. 옷과 그 용도는 그 옷을 입는 사람이 속한 문화와 현실을 대변하는 역할을 한다. 일부 문화권에서는 패션 취향보다 종교적 신념, 집단 소속의식, 지역 문화에 맞는 옷을 입기도 한다. 예를 들어,

짧은 치마를 입는 여성들은 세상에 대한 자신감과 자신에 대한 긍지를 의미한다. 반대의 경우도 마찬가지이다. 소비자의 환경이 보수적일수록, 그들이 입는 옷차림도 보수적이다. 일각에서는 개인의 패션 취향보다는 종교적 신념에 따라 개인의 옷차림이 좌우된다. [그림 2.10]에 나타난 이슬람 여성복 아바야(abaya)는 얼굴을 제외한 모든 신체부위를 가리는 옷이며, 이슬람교의 종교적 신념을 그대로 나타내고 있다. 패션은 끊임없이 변화하는 산업으로, 시대적 상황에 따라 큰 영향을 받으며, 본질적으로 소비자들의 수요와 공급에 반응한다.

그림 2.10 모든 신체부위를 가리는 이슬람 여성 복장 아바야
출처 : Hawa Stwodah

패션은 혁명이 아닌 진화를 거쳐 변화한다

소비자들은 시즌마다 모든 옷을 새로 사지는 않는다. 즉, 소비자들은 현재의 상황에 맞지 않거나 노후한 옷은 폐기하고 현재 상황에 맞는 새 옷으로 교체한다. 이와 같이 개개인이 의상 스타일을 상황에 맞게 조정함으로써 패션산업이 지속되고 있다. 많은 사람들은 유행이 급변한다는 인식이 강하지만, 그러한 경우는 드물다.

디자이너와 제조업자들은 다음 시즌에 출시할 제품을 디자인할 때 과거의 유행 패턴이나 품목들을 면밀하게 분석한다. 기존 스타일의 제품에 새로운 색상과 재질을 사용하여 업그레이드한 제품을 출시할 경우, 새로운 제품을 개발하지 않아도 소비자들로부터 각광을 받을 수 있으며 수익도 창출할 수 있다. 청바지는 색상, 바지 밑단의 너비, 바지 길이 등의 변화를 통해 소비자들의 선호와 취향에 따라 진화한 대표적인 제품이다. 청바지 중 일부는 장식이나 손질 없이 밋밋한 외관을 갖춘 반면, 일부 청바지는 자수, 호일처리, 글리터 장식, 페인트 등의 처리를 하여 전혀 다른 스타일을 연출한다. 즉, 청바지의 실루엣은 일정한 형태를 유지하되 청바지 제품에 사용되는 장식과 처리 방법은 진화한다. 시즌이 바뀔 때마다 소비자들은 새로운 재질, 색상, 장식의 옷을 기대하는 경향이 있지만, 실루엣은 패션 주기에 따라 통상 2~3년에 걸쳐 진화한다.

모든 패션은 절정에 이르면 끝난다

모든 패션 트렌드는 인기가 상승하여 정점에 이른 후 쇠퇴하는 특성이 있다. 트렌드가 형성되고 소비자들이 이 트렌드를 수용하는 과정에서 트렌드는 지속적으로 업데이트되며, 이러한 업데이트 과정은 트렌드가 쇠퇴기에 이를 때까지 지속된다. 즉, 트렌드는 절정기에 달할 때까지 계속 진화된다. 절정기에 달한 후에는 쇠퇴기로 접어들어 소멸할 때까지 쇠퇴가 진행된다. 예를 들어, 1960년대 초반에는 바지의 허리밴드가 점점 낮아지기 시작하여, 엉덩이 뼈에 걸쳐 입는 골반바지인 Hip-hugger 스타일이 되었다(그림 2.11). 이후, 허리밴드는 다시 올라가기 시작하였으며, 1970년대 후반에는 허리밴드가 매우 높은 바지도 출시되었다.

그림 2.11 1960년대에 유행했던 Hip-hugger의 허리선이 낮은 바지
출처 : Alamy

고객은 패션을 주도한다

디자이너는 매 시즌 새로운 스타일을 개발한다. 상품을 제조하는 업체들은 이 디자인을 수정하여 상품화가 가능하도록 한다. 이러한 디자인 및 편집 과정을 통해 상품이 개발되고 출시된다. 소매업체들은 소비자들의 필요 및 욕구와, 상품 및 브랜드의 과거 판매 실적을 바탕으로 구매 대상 품목을 선택한다. 소매업체들이 상품을 매입하여 소비자들에게 출시하면, 소비자들은 이 상품을 구입하거나 구입을 거부한다. 소비자들은 상품을 구입함으로써 상품 디자인을 '선택'하는 것이다. 반면, 소비자들이 거부한 상품은 이 시점에서 패션으로 발전하지 못한다. 일부 소매업체는 소비자들이 수용하기도 전에 새로운 상품을 출시하는 경향이 있다. 현명한 바이어들은 이들 상품이 시대를 지나치게 앞선 상품이며 향후 주목을 받을 수 있을 것으로 판단한다. 소매업체들의 역할은 상품 판매이며, 판매가 되지 않거나 판매 실적이 저조한 상품은 패션이라고 할 수 없다. 이러한 원리는 디자이너들이 패션을 주도할 수 없다는 것을 증명하고 있다. 상품의 실제 매출 실적이 이 상품에 사용된 디자인이 패션으로 발전했는지를 보여주는 유일한 지표이다.

오늘날 패션의 중요성

오늘날 패션업계에는 다른 어느 업계보다 많은 사람들이 종사하고 있다. 아시아 지역의 의류 제조공장, 과테말라의 방직공장, 인도의 실 공급업체, 유럽의 소매업체 등 세계의 거의 모든 나라들은 일정한 형태로 패션 관련 활동에 참여하고 있다. 또한 패션업계는 구매, 판매, 생산활동을 통해 패션 잡지 발행, 사진 촬영 및 출품, 패션 동향 예측 등의 지원 서비스를 발전시킬 수 있다.

1970년대 이래 미국 패션업체들은 자사제품을 해외에서 생산하고 있다. 이러한 역외 생산은 본래 인건비 절감이 목적이었으나, 오늘날에는 자사 브랜드와 소매업체들이 국제적 입지를 구축한 것에 그 원인을 두고 있다. 세계 각국의 산업화와 기반시설 현대화를 바탕으로, 국제협력절차는 더욱 간소해지고 있다. 미국과 세계 여러 국가들은 활발한 무역활동을 전개하고 있으며, 이를 통해 무역 규모가 지속적으로 증가하고 있다. 현재 미국은 세계 14개의 국가와 자유무역협정이 체결되어 있으며, 네 가지 무역특혜 프로그램을 추가로 시행하고 있다. 이들 협정과 특혜 프로그램은 각 기업이 국제 무대에서 활발한 사업활동을 전개하도록 장려하는 데 목적을 두고 있다. 또한 일부 국가와 거래할 때는 관세가 면제되거나 낮은 관세율을 적용하고 있다(제11장에서는 무역협정에 대해 더욱 자세하게 설명되어 있다.).

국내시장이 포화 상태일 경우 소매업체들은 해외시장을 공략한다. 이들은 카탈로그, 오프라인 거래, 인터넷 또는 기타 유통기법을 활용하여 신규시장을 구축할 수 있다. 또한 인터넷과 e-mail 등의 다양한 통신기술의 발달로 전 세계 어디에서든 짧은 시간 안에 제품에 대한 정보를 검색하고 제품을 손쉽게 주문, 구입하여 사용할 수 있다. 따라서 소비자들은 시간과 비용을 절약할 수 있으며, 소매업체들은 많은 비용을 들여 새로운 매장을 개장하지 않고도 고객을 유치할 수 있다.

summary
요약

패션은 독자적인 언어체계를 갖춘 글로벌 산업이다. 패션산업을 명확하게 이해하기 위해서는 패션 분야에서 사용되는 실무 언어를 이해하여야 한다. 또한 패션산업에서 사용되는 언어와 더불어, 패션산업의 4대 분야(원자재, 제조, 소매상, 지원)는 패션의 각 단계를 의미한다. 이들 분야는 각각 패션을 최종 소비자들에게 전달하는 데 필수적인 역할을 담당하고 있다.

본 장에서는 패션산업의 4대 원칙도 소개하였으며, 이들 패션은 다음과 같다. 1. 패션은 시대상을 반영한다. 2. 패션은 혁명이 아닌 진화를 거쳐 변화한다. 3. 모든 패션은 절정에 이르면 끝난다. 4. 고객은 패션을 주도한다. 마지막으로, 오늘날 패션은 국내 경제와 대외 무역에서 중요한 역할을 하고 있다는 사실도 설명하였다.

핵심용어

내셔널 브랜드(national brand)

도매업체(wholesalers)

동업조합(trade association)

디스카운트 프라이스 포인트
　(discount price point)

디자이너(designer)

디자이너 프라이스 포인트(designer
　price point)

디자인(design)

라이선싱(licensing)

라인(line)

마켓 위크(market week)

모더릿 프라이스 포인트(moderate
　price point)

모조품(knockoff)

바이어(buyer)

버짓 프라이스 포인트(budget price
　point)

베터 프라이스 포인트(better price
　point)

브릿지 프라이스 포인트(bridge
　price point)

소매 분야(retail sector)

소매업체(retailers)

소재 분야(raw materials sector)

스타일(style)

스타일 번호(style number)

시장(market)

실루엣(silhouette)

업계지(trade journal)

오트 쿠튀르(haute couture)

자유재량 구입예산(open-to-buy)

제품 목록표(line sheet)

제품 유형(classification)

조버(Jobber)

지원 분야(support sector)

취향(taste)

컨템포러리 프라이스 포인트
　(contemporary price point)

쿠튀르(couture)

클래식(classic)

트렌드(trend)

패드(fad)

패션 리더(fashion leaders)

패션 주기(fashion cycle)

패션 혁신자(fashion innovators)

패션(fashion)

프라이빗 레이블 상품(private label
　merchandise)

프라이스 포인트(price point)

프리랜서 디자이너(freelancer
　designer)

복습문제

1. 프라이빗 레이블 상품(private label merchandise)이란 무엇인가? 소매업체는 자가 상표 상품을 판매하여 어떠한 이득을 얻을 수 있나?

2. 도매업체와 조버(Jobber)의 차이점을 설명하여라.

3. 유행 주기란 무엇인가? 유행 주기의 각 단계를 설명하여라.

4. Macy's에서 판매하는 상품에는 어느 가격 포인트가 가장 적합한가? 그 이유는 무엇인가?

5. '라이선싱'과 '프라이빗 레이블 상품'의 차이점은 무엇인가?

6. 패션이 오늘날의 세계에 미치는 중요한 영향을 설명하여라.

7. 패션산업의 4대 분야는 무엇인가? 그중 어느 분야에서 패션과 고객을 연결하는 역할을 하는가? 어느 분야가 다른 세 분야와 동시에 운영되는가?

thinking
비판적 사고

1. 유명 백화점의 남성의류 코너를 방문하여, 다음 사항에 대한 보고서를 작성하라.

   a) 상품명

   b) 제품 종류(예 : 스포츠 셔츠, 청바지, 양복)

   c) 유행 주기 단계

   d) 가격 범위(25~50달러, 베터, 브릿지, 모더릿 등)

2. 본 장에서 제시한 패션 원칙들에 동의하는가, 동의하지 않는가? 동의한다면, 동의하지 않는다면 각각의 이유는 무엇인가?

activities
인터넷 활동

패션 블로그 2개를 찾아서 이들을 비교한다. 각 블로그는 무엇을 주로 다루고 있나? 어느 블로그가 트렌드에 대해 더 자세하게 설명되어 있나? 각 블로그에 대해 마음에 드는 점과 마음에 들지 않는 점은 무엇인가?

패션의 경제학

학습 목표

- 패션을 경제학적 측면에서 연구해야 하는 이유를 이해한다.
- 경제의 핵심 원리를 평가하고 해석한다.
- 중요한 경제학적 견해를 연구한다.
- 시장에서 수요와 공급 간의 상호작용을 파악한다.

패션에 대한 사랑이 경제를 발전시킨다.
−Liz Tilveris

3

패션산업은 최신 의류를 대량생산하는 한편 세계 경제 발전에도 공헌하여 전 세계의 주목을 받아 왔다. 패션산업은 규모가 방대하며 국내 및 세계 경제의 발전에 중요한 역할을 한다. 이에 따라 패션업체들의 경제적 의사결정은 패션산업뿐 아니라 다른 산업에도 다양한 영향을 미친다. 이것은 긍정적이거나 부정적일 수도 있고 또는 긍정적·부정적 영향을 동시에 미칠 수도 있다. 패션산업에는 'can't have it all(모든 것을 가질 수 없다)'이 적용된다. 따라서 소비자는 자신이 무엇을 가지고자 하는지를 결정하여야 하며, 이를 위해 포기할 것이 무엇인지를 판단하여야 한다. 본 장에서는 패션을 경제학적 관점에서 분석한 후, 모든 사업유형에 적용되는 경제 이론과 개념을 패션업체들의 사례를 인용하여 소개하고자 한다.

경제학(economics)은 사회와 개인의 무한한 욕구와 필요를 충족하기 위해 희소 자원(scarce resource)을 배분하는 방법을 연구하는 학문이다. 이러한 정의를 근거로, 경제학자들은 사람들이 경제 문제와 관련하여 내리는 결정 과정을 분석한다. 경제학은 각사회 또는 집단이 상품과 서비스를 생산·분배하기 위해 희소 자원을 관리하는 방법에서 시장의 자원과 자원 부족현상을 이해하는 것에 이르기까지 다양한 주제를 연구하는 사회과학이다. 경제학자들은 '미시경제학'과 '거시경제학'이라는 두 가지 관점에 따라 연구를 실시한다. 경제학은 소비자 행동, 수요와 공급, 정부 정책, 국제무역 정책, 비즈니스 사이클, 인플레이션 및 실업 증가의 원인, 금융제도, 저개발국·개발도상국·선진국의 경제 성장 등 다양한 주제를 중점적으로 다루는 학문이다. 미시경제학은 경제행위의 깊이와 폭, 소비자들과 기업들이 일상적으로 내리는 결정 등에 중점을 두고 있다. 반면, 거시경제학은 인플레이션, 예산, 무역 적자, 환율, 금리, 세금 제도, 정부 지출, 고용률 등 큰 규모의 주제를 다루는 분야이다. 본 장에서는 패션산업의 범위와 패션산업이 다른 산업에 미치는 영향에 대해 살펴보도록 한다.

미시경제학과 거시경제학

미시경제학

미시경제학은 영국의 경제학자 Adam Smith가 1776년 자신의 저서 *The Wealth of Nations*(1776)에서 처음 소개하였다. 그는 *The Wealth of Nations*에서 상품의 가격 형성방식, 토지·노동력·자본의 가치 책정방식, 시장 구조의 장점과 단점을 연구하였다(Lawson and Peck, 2004, p. 30). 현대 경제학자들은 **미시경제학**(microeconomics)을 개인·가정·기업·조직의 의사 결정에 따른 선택과 이러한 선택이 시장에 미치는 영향을 연구하는 학문으로 정의하고 있다. 미시경제학은 거시경제학에 비해 개인적인 관점을 중심으로 연구되고 있으며, 미시경제학에서는 제품의 가격에 따라 의사결정이 좌우된다. 이러한 개인적·단체적 의사결정은 상품 및 서비스 시장에 직접적인 영향을 미친다.

미시경제학에서는 판매자와 구매자 모두를 소규모로 간주한다. 즉, 쌍둥이 자녀가 있는 가정에 아동복 가격이 미치는 영향 등에 대해 연구하는 학문이다. 다른 소매업체들이 자리잡은 도시에 어떻게 Walmart를 오픈하여 운영시킬까? 2003년, 미국 버지니아주 리치몬드 시의 고위 공무원들은 '서로 10마일(16km) 이내의 거리에 위치한 쇼핑센터를 시 당국이 지원할 수 있는 방법'을 연구하였다. 이러한 질문들은 의사결정을 할 때 기업, 가정, 조직들에 요구되는 문제들이다. 패션산업의 경우 미시경제학은 소비자들의 태도를 구체적으로 살펴보는 데 사용되고 있으며, 소비자들의 태도는 패션제품에 필요한 재료를 제공하는 업체들과 패션제품을 판매하는 업체들에도 영향을 미친다.

거시경제학

거시경제학(macroeconomics)은 국가 경제의 불황여부, 경제 성장을 방해하는 요소, 최저임금 인상이 실업률에 미치는 영향, 국가 경제의 성장 원인 등의 광범위한 사항에 대해 연구하는 학문이다.

경제학자(economist)들은 소비자·기업·각급 정부가 내리는 결정에 관심을 가지고 있다. 이들은 1·2차 자료를 수집하여 이를 과학적으로 분석하고, 그래프와 도표를 사용하여 특징 간의 연관성과 상관관계를 도출한다. 또한 특정 가설을 바탕으로 한 모델을 사용하여 자료를 분석한다. 경제학자들은 자료와 모델을 사용함으로써 미래의 경제 상황, 향후 몇 년간의 물가 상승률, 2개월 후의 원유 가격, 이 두 지표가 폴리에스터와 기타 인조섬유의 가격에 영향을 미치는지에 대해 더욱 정확하게 예측할 수 있다.

본 장에서는 패션업계를 예로 들어 경제 원칙의 기본을 소개하고자 한다. 여기서 패션산업에 적용되는 경제학의 기초를 연구할 수 있다.

경제학의 핵심 원칙

경제 원칙(economic principle)은 소비자 행동과 기업에 대한 주장이나 일반 이론이다. 소비자 행동 연구를 근본으로 하는 경제 원칙은 시장에서 경제적 결정을 내리는 소비자들을 심리적 관점에서 연구하는 이론이며, 지속적 연구를 통해 경제행위를 증명하고 경제 법칙으로 자리를 잡는 이론이다. 경제학자들은 경제 원칙들을 경제행위 이론을 뒷받침할 수단으로 활용하는 경우가 많다. 경제이론의 한 예로, 수요가 증가하면 가격이 상승한다는 이론이 있다. 예를 들어, Nike의 시니어 매니저가 지난 6개월간 판매된 Nike 운동화 수를 가격에 따라 분석하였다. 그는 타사의 운동화 가격, 계절, 소비자들의 소득 수준 등의 변수는 고려하지 않은 채 단지 Nike 운동화의 가격과 판매 수만 고려하였다. 다음 번, Nike 운동화의 매출 실적을 살펴본 후 절약 문제라고 언급되는 문제가 검토되고, 이에 적합한 결정을 내린다.

절약 문제

절약 문제(economizing problem)는 경제적 욕구가 경제 자원의 분량을 초과할 경우 선택하여야 하는 상황을 의미한다. 소득은 유한하며, 따라서 모든 사람들은 지출 시 의사결정의 과정을 거친다. 일부 사람들은 의식주와 같이 기본적으로 필요한 상품을 원하는 반면, 다른 사람들은 고가의 자동차, 호화 여행, 고급 의류, 최신 브랜드 운동화와 같은 사치품에 대한 욕구가 강한 것을 볼 수 있다. 상품과 마찬가지로 서비스도 인간의 욕구를 충족할 수 있으며, 따라서 서비스를 구입할 때도 의사결정의 과정을 거쳐야 한다. 자원은 한정되어 있는 반면 인간의 욕구는 무한하며, 따라서 대부분의 사람들이 자신의 욕구를 완전히 충족시키는 것은 불가능하다. 따라서 효용성이 가장 높은 상품과 서비스를 선택하는 경제적 배분이 가장 중요하다. 앞서 언급한 Nike 매니저의 이야기를 다시 살펴보면, 금년 매출이 전년 동기에 비해 감소하였을 경우, 그 원인을 반드시 분석하여야 함을 알 수 있다. 한 가지 방법으로 소비자들의 태도를 연구하는 것이다. 소비자들의 입장에서는 Nike 운동화의 가격이 부담스럽거나, 디자인이 마음에 들지 않거나, 이번에는 Nike 운동화가 따로 필요하지 않았을 수 있다. 또는 Nike 운동화를 새로 구입하고 싶지만 가처분 소득이 부족하였을 수도 있다. 따라서 Nike는 매출을 증가시키고, 소비자들의 무한한 욕구와 필요를 이해하여 경제적 관점에서 이들의 구매를 유도하는 전략을 사용하여야 한다. 또한 시장경쟁상황, 가격책정방식, 제품 스타일, 기타 변수를 고려하여야 한다.

효용성

효용성(utility)은 소비자가 상품 또는 서비스를 사용함으로써 얻는 가장 높은 수준의 만족을 의미한다. 효용성은 소비자 행동이론과 관계가 있다. 소비자 행동이론은 소비자들이 특정 구매결정을 내리는 이유, 이들이 구매할 제품을 결정하는 방법과, 광고·역할모델·가격 등이 이들의 의사결정에 미치는 영향을 연구하는 이론이다. 중요한 점은 소비자들은 가장 높은 수준의 만족 또는 효용성을 얻기 위해 상품 또는 서비스를 구입한다는 사실이다. 효용성에 대한 다음 세 가지 중요한 사항이 있다. (1) 효용성과 실용성은 서로 다른 개념이다: 패션 감각이 뛰어난 사람들은 유명 디자이너가 제작한 구두를 매우 가치 있는 물건으로 간주하며 그 사람들에게는 효용성이 높은 반면, 패션에 대한 관심이 높지 않은 사람들에게는 효용성이 거의 없다. (2) 효용성은 주관적인 개념이다: 같은 물건이라도 사람에 따라 느끼는 효용성에는 차이가 있다. 예를 들어, 무도회용 드레스는 무도회에 참석하는 사람들이 입을 경우 효용성이 있지만, 바비큐 파티에 가는 사람들이 입을 경우 불편한 복장에 불과하다. (3) 효용성은 계량화하기 어려운 개념이다: 예를 들어, 최신 Nike 운동화의 효용성은 이 운동화를 신는 사람들이 느끼는 만족이다.

총효용과 한계효용

총효용(total utility)은 일정한 분량의 상품 또는 서비스를 사용함으로써 얻는 만족감의 총합을 의미한다. 패션업계에서는 특정 의복 또는 액세서리를 착용하여 얻는 만족의 총분량이 총효용에 해당된다. 같은 제품이라도 소비자 개인이 느끼는 만족의 수준은 천차만별이다. 패션 분야에서 총효용은 어떤 옷을 한 번만 입어도 달성할 수 있는 반면, 여러 번 입을 때 달성할 수도 있고, 오랜 기간에 걸쳐 많이 입어야 달성이 가능한 경우도 있다. 한 예로, 어느 소비자가 가방을 매우 좋아하고 크루즈 여행 때 가방을 가지고 다니기 위해 2011년 봄 컬렉션 Gucci 가방을 1,790달러에 구입하였다. 다른 소비자는 이 가방이 자신의 여름용 의상에 어울린다고 생각하여 이 가방을 사거나 다른 소비자는 가방 자체를 좋아하고 자신의 재정 수준에서 무리가 되지 않는다고 판단하여 이 가방을 구입할 수도 있다. 이 Gucci 가방을 구입함으로써 자신의 필요와 욕구가 충족되는 사람들에게는 효용성이 있지만, 그렇지 않은 사람들에게는 가격과 관계없이 효용성이 없다.

　한계효용(marginal utility)은 어떤 종류의 상품이 일정한 욕망을 채우기 위해 소비될 경우, 이 상품의 한 단위가 추가되었을 때 얻는 추가적 만족감을 의미한다. 예를 들어, 어느 소비자가 Nike 운동화를 처음 구입하여 착용하였을 때 높은 총효용을 기록하였으며, 이후 88에 도달할 때까지 지속적으로 증가하였다(그림 3.1, 표 3.1). 이 운동화를 착용한 횟수가 증가하고 유행에 뒤떨어져 갈수록 Nike 운동화의 한계효용은 감소하였다. 즉, 이 소비자는 처음 신었을 때 가장 높은 수준의 만족에 도달한 것이다. 이후 이 운동화를 다섯 번 더 착용하면서 소비자의 효용성은 점차 감소하였으며, 총효용도 함께 감소하였다. 새로운 Nike 운동화를 착용함으로써 느끼는 만족감은 최초 착용 후 줄어들지만, 한계효용은 일정 수준의 착용 횟수에 도달한 후 하락하는 것으로 나타났다. [그

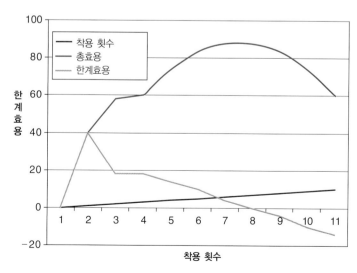

그림 3.1 총효용과 한계효용을 나타낸 그래프

표 3.1
한계효용의 감소

착용 횟수	총효용	한계효용
0	0	0
1	40	40
2	58	18
3	60	18
4	74	14
5	84	10
6	88	4
7	88	0
8	84	−4
9	74	−10
10	60	−14

림 3.1]을 통해, 한계효용은 이 운동화를 두 번째로 착용하였을 때 감소하기 시작하여, 일곱 번째로 착용하였을 때부터는 0 이하로 하락한 사실을 알 수 있다.

한계효용체감의 법칙(law of diminishing marginal utility)은 상품의 소비가 증가할수록 한계효용은 점점 더 감소한다는 법칙이다. 이에 따라 소비자는 가격이 하락할 경우에만 이 상품을 추가로 구입한다. 소비자는 효용성이 더욱 감소하면서 가격 하락에도 추가 구입을 중단한 후, 효용성을 제공하는 다른 제품을 더 높은 비용을 지불하고 구입한다.

생산과 관련된 수확체감

생산 과정에서 **수확체감의 법칙**(law of diminishing returns)은 생산에 필요한 생산요소의 투입량을 모두 일정하게 고정한 상태에서 특정 생산요소만 투입량을 늘리면, 특정 생산요소 1단위를 추가 투입하는 데 따르는 생산물 증가분은 차차 감소한다는 경제 법칙이다. [표 3.2]는 장비 및 공장 생산능력으로 인해, 9번째 생산직원이 배치되었을 때, 티셔츠의 생산량이 감소한 것으로 나타났다. 어패럴 제조업체는 티셔츠를 제조할 때 염색기, 재단기, 재봉틀 등의 제조시설은 고정된 수만 구비하였다. 생산직원을 1~2명만 고용할 경우 총생산량과 생산성(생산직원 1인당 생산량)이 매우 낮으며, 생산직원들은 전문화의 장점을 살리지 못한 채 여러 업무를 감당하여야 한다.

전문화(specialization)는 소량의 상품 및 서비스를 생산하기 위해 사용되는 특정 기술 또는 기능에 대한 지식을 집중하는 것을 의미한다. 전문화는 직원들의 업무를 변경하여 낭비되는 시간을 절감할 수 있으며, 제조 과정의 각 절차를 최대한 효율적으로 진행할 수 있다는 장점이 있다. 따라서 이 티셔츠 제조업체는 더 많은 생산직원을 고용하

표 3.2

티셔츠 생산에서 나타나는 수확체감의 법칙

생산직원의 수	티셔츠 총생산량
1	14
2	15
3	30
4	90
5	100
6	110
7	120
8	150
9	140
10	115

고 생산직원 개개인을 직무에 따라 교육하여 기계를 지속적으로 가동하고 생산성을 향상시키면 생산직원 개개인의 한계효용을 향상시킬 수 있다. 그러나 이러한 생산성 향상은 무한히 지속될 수는 없다. 제조업체가 생산직원을 계속 추가로 고용할 경우 과밀화가 발생하여, 생산직원들은 공장 기계를 사용하기 위해 줄을 서야 하는 상황이 발생한다. 따라서 생산직원들의 작업 능률이 감소하여 총생산량의 증가 속도가 둔화된다. 공장의 시설 규모가 고정되어 있는 상태에서 생산직원의 수가 증가하면 생산직원 개개인의 생산성은 감소하며, 생산직원의 수가 일정 수준을 초과하면 한계생산량이 0 미만으로 하락하여 결국 총생산량도 감소한다(Brue and McConnell, 2008).

표 3.3

모든 노동단위가 동일한 가치를 지닌다는 전제로 한 수확체감의 법칙

(1) 노동단위	(2) 총생산량	한계생산량 ((2)의 변화량/(1)의 변화량)	상태	평균생산물 ((2)/(1))
0	0	15		–
1	15	23	한계생산량	15.00
2	38	30	증가	19.00
3	68	21		22.67
4	89	15		22.25
5	104	7	한계생산량	20.80
6	111	0	감소	18.50
7	111	−7		15.86
8	104	−8	한계생산량	13.00
9	96	−10	0 미만	10.67
10	86			8.60

수확체감의 법칙에서는 모든 노동단위가 동일한 가치를 가지고 있다는 것을 전제로 한다. 즉, 새로 고용되는 직원들은 동일한 수준의 선천적 능력, 운동 협응력, 교육 수준, 실무 경력을 갖춘 것으로 간주된다. 시설 및 장비의 분량이 동일하고 직원의 수가 일정 수준에 도달한 상태에서 직원이 새로 고용되면 한계생산량이 감소하는데, 이는 추가로 고용되는 직원의 능력이 기존 직원들의 능력보다 적기 때문은 아니다(Brue and McConnel, 2008). [표 3.3]을 통해 수확체감의 법칙이 나타나는 현상을 알 수 있다.

경제적 부가가치

패션업체는 다음과 같이 다양한 방법으로 패션제품의 효용성을 향상시킬 수 있다. (1) 제품 제조방식 개량, (2) 제품에 단추나 트리밍 같은 장식 추가, (3) 고급 텍스타일 사용, (4) 전문점 또는 고급 백화점에 제품 납품, (5) 적절한 시기, 특히 수요가 높은 시기에 제품을 생산하여 판매업체에 납품, (6) 적절한 시기에 제품을 출시하거나, 납품량을 줄여 희소가치 증대, (7) 뉴스 매체, 패션쇼, 주요 행사 등에 제품 홍보를 통해서 효용성을 향상시킬 수 있다.

선택의 결과는 미래에 나타난다. 패션업체가 어떠한 결정을 내리든, 그 결정에 따른 결과는 반드시 나타난다. 한 예로, Rock & Republic은 2003년에 출시한 고급 데님 제품이 로큰롤의 영향과 뛰어난 착용감으로 커다란 인기를 끌었다. 2009년 가을에는 젊은 고객층을 대상으로 '플레인 랩(plain warp)'이라는 새로운 데님 컬렉션을 출시하였다. *Women's Wear Daily*는 Rock & Republic의 창업주 겸 광고제작가인 Michael Ball은 플레인 랩은 뛰어난 패션 감각과 지속적 매력을 겸비한 제품을 선호하는 소비자들의 관점에서 전략을 수립, 실행하였다고 평가하였다. 또한 각 제품에 제품명을 인쇄한 것도 성공적인 판매 전략으로 꼽히고 있다. 예를 들어, 모자가 달린 옷에는 영문으로 'HOODIE'를 새겨 넣거나, 하이힐 구두 측면에는 'STILETTO'를 인쇄한 것이 소비자들에게 강한 인상을 심어준 것이다. Rock & Republic은 이들 품목을 자사의 다른 품목보다 낮은 가격에 출시하여 고객층을 확장하였다. 이후 Rock & Republic은 2010년에 파산 신청을 하였으며, 같은 해 Vanity Fair Corporation에 인수되었다.

구매력

구매력(purchasing power)은 화폐를 가지고 구매할 수 있는 상품 및 서비스의 수량을 의미한다. 즉, 얼마를 구입할 수 있는지를 의미한다. **현실 원칙**(reality principle)[1]에서는 구매력이 화폐의 액면가보다 중요하다고 주장하고 있다. 구매하는 상품 또는 서비스의 양은 다른 모든 조건이 동일할 경우, 물가 수준과 반비례한다. 일반 물가 수준과 화폐 구매력 사이에는 '기브 앤 테이크(give and take)'의 원칙이 존재한다. 즉, 물가가

---

1) 환경의 불가피한 요구에 적응하여 작용하는 심리 과정의 원리를 의미한다. 출처 : Dong-a's Prime English-Korean Dictionary

상승할수록 돈의 가치는 감소한다. 반면, 물가가 하락할 경우 동일한 금액으로 살 수 있는 상품이나 서비스의 분량이 증가하여 돈의 가치가 증가한다. 물가 상승률이 생활필수품 가격 인상률을 따라가지 못할 경우, 연방준비제도이사회(Federal Reserve)는 인플레이션을 완화하면서 경제 성장을 촉진하는 정책을 펼쳐야 한다.

소비자의 구매력은 패션산업의 필수 요소이다. 통상적으로 소비자의 소득이 높을수록 의류를 구입하기 위해 드는 지출도 증가한다. 반면, 소비자의 소득이 낮을수록 의류 구입에 드는 지출은 감소한다. 2008년 7월 9일자 *Women's Wear Daily*는 2007년에 실시된 설문조사에서 부유층은 순자산이 10~15% 감소하면 사치품에 대한 지출을 줄일 것이라고 응답한 사실을 보도하였다(Seckler, 2008). 실제로 부유층의 순자산이 10~15% 감소하여 사치품에 대한 지출을 줄이면, 감소의 효과를 확실하게 느끼게 되므로 상품에 대한 지출을 줄일 것이다.

의식주는 가처분 소득으로 구입하는 생활필수품으로 인정하는데, 오늘날 미국에서는 모든 의류를 '생활필수품'으로 분류해도 무방한지에 대해 논란이 일고 있다. 의식주에 지출한 후 남는 소득은 가처분 소득으로 간주되며, 이 금액은 통상 생활필수품 구입 이외의 목적으로 사용된다. 생활필수품의 가격이 상승하면 가처분 소득의 규모는 감소한다. 따라서 일부 의류가 생활필수품이 아닌 것으로 분류될 경우, 패션제품에 대한 소비는 가처분 소득의 증가 또는 감소에 의해 좌우된다는 결론을 도출할 수 있다.

경제학의 중요한 관점

경제학의 기본을 정확하게 이해하면, 패션산업이 세계 경제에 미치는 영향을 더욱 정확하게 이해할 수 있다. 옷을 제조하고 패션 관련 서비스를 제공하기 위해서는 많은 의사결정이 필요하지만, 기본적으로 모든 의사결정은 '수익성'을 고려하여 진행된다. 바이어, 제품개발자, 패션 디자이너, 소매업체 매니저 등 패션제품 판매를 위한 의사결정 과정에 참여하는 사람들은 경제 상황, 과거 매출 이력, 현재 트렌드 등을 바탕으로 소비자들의 필요와 욕구를 파악하여야 한다. 본 장에서는 경제적 의사결정에 대해 소개하고자 한다.

경제적 선택

앞서 설명한 대로 경제학은 토지, 노동력, 자본, 기술, 사업 수완과 같은 생산요소 등의 제한된 자원을 선택하는 학문이다. 자원은 제한되어 있으며, 따라서 각 사회 또는 집단은 기회비용 등의 각종 비용과, 각 선택에 따른 편익과 **비용**(cost)을 고려하여 경제적 선택을 하여야 한다.

그림 3.2 UGG 부츠는 오늘날에도 많은 인기를 끌고 있다.
출처 : Alamy

희소성

희소성(scarcity)이란 우리가 원하는 모든 편익을 제한된 자원이 제공해 줄 수 없으며, 이러한 제한된 자원들이 다양한 방법으로 이용될 수 있음을 의미한다. 즉, 인간의 물질적 필요와 욕구에 비하여 그것을 충족하는 자원이 상대적으로 부족한 경우를 의미한다. 자원의 희소성으로 인해 인간의 선택은 제한을 받는다. 즉, 인간은 항상 시간, 돈, 서비스, 또는 기타 자원이 부족함을 느낀다. 소비자 시장에서는 식량, 의류, 케이블 텔레비전 등을 구입하기 위해 돈을 지불하여야 한다. 이를 위해 지불하여야 하는 돈을 **기회비용**(opportunity cost)이라고 한다(자세한 내용은 본 장의 후반 참조).

1979년, 서핑 선수 Brian Smith는 'UGG' 라는 브랜드명으로 양가죽 부츠를 개발하였다. 이 UGG 부츠는 오스트레일리아의 서퍼 서클뿐 아니라 캘리포니아 서핑 그룹에서도 선풍적인 인기를 끌기 시작하였으며, 1990년대에 들어서는 하나의 트렌드로 자리를 잡았고 매출은 계속해서 증가하였다(그림 3.2). 2003년에는 연예인들이 애용하는 브랜드로 알려지면서 더욱 큰 인기를 끌었다. 2006~2007년 휴가철에는 UGG 부츠를 상점에서 구매하기 어려웠다. UGG 부츠의 수요량을 과소 평가한 데다 당시 고급 양가죽을 비롯한 원자재의 공급 부족을 인식하지 못한 것이 주요 원인이었다. 그럼에도 불구하고 2007년 휴가철 당시 UGG 부츠의 소비자가격은 예년과 같이 110달러로 동결하였다. 대신 eBay 등의 세계 주요 인터넷 쇼핑몰 사이트에서는 수요와 희소성의 원리를 이용하여 UGG 부츠를 비싼 가격에 판매하였으며, 무려 400달러에 거래되는 경우도 발생하였다.

경제학자들은 소비자들의 필요와 욕구를 충족하기 위해 사용되는 자원이 부족하다는 것을 인식하고 있다. 모든 사회는 이러한 희소성의 문제를 안고 있으며, 무엇을 생산하고, 어떻게 생산하며, 누구를 위해서 생산하는지를 명확하게 파악하여야 한다.

생산요소

생산요소(factors of production)는 토지, 노동력, 자본을 말하며, 생산할 상품을 결정하기 위해서는 이러한 요소를 고려하여야 한다. 이들 요소가 없으면 생산활동은 불가능하다. 사업을 시작하고자 하는 사람들은, 자신의 사업 목적을 실현하기 위해서는 어떠한 생산요소가 필요하며 현재 자신이 활용할 수 있는 생산요소는 무엇인지 파악하여야 한다.

토지(land)는 모든 천연자원을 의미한다. 티셔츠를 제조하는 공장에는 면이 중요한 천연 생산요소이며, 아이스크림 회사에는 크림이 필수 천연 생산요소이다.

노동력(labor)은 생산을 위해 인간이 제공하는 육체적이며 정신적 노력이다. 급여를 받기 위해 장부 정리, 주택 도색, 사무실 청소, 법률 문서 작성 등의 활동을 하는 것은 노동력의 예이다(그림 3.3).

자본(capital)은 물적 자본과 인적 자본을 의미한다. **물적 자본**(physical capital)은 다른 결과물을 생산하기 위해 사용되는 것들이다. 건물, 제조기기, 차량, 종이, 컴퓨터, 전화기, 책상은 모두 물적 자본이다. **인적 자본**(human capital)은 사람들이 상품과 서비스를 생산하기 위해 획득한 지식과 기술을 의미한다. 인적 자원은 교육, 훈련, 경험을 통해 축적된다. 모든 근로자는 어느 정도의 인적 자본을 갖추고 있다. 새로운 디자인을 스케치하는 디자이너나 노동자들의 스케줄을 조정하는 매장 매니저든, 근로자가 업무에 사용하는 지식은 정보 또는 기술의 형태를 띠고 있다.

패션업체를 운영하기 위해서는 **인프라스트럭처**(기반시설 강화, infrastructure)와 자본이 있어야 한다. 인프라스트럭처는 국가의 원활한 운영을 위한 필수 요소이다. 인프라스트럭처는 교통수단으로 이용되는 도로, 철도, 항공로, 항로 등 다양한 물리적 시설을 의미한다. 사람과 상품을 이동하기 위해 필요한 이러한 교통수단은 원단 및

그림 3.2 Dhaka의 티셔츠 공장에서 일하는 방글라데시의 의류업체 종사자

출처 : Newscom

의류를 한 지역에서 다른 지역으로 이동하기 위해 필요하다. 예를 들어, 중국에서 제품을 생산한 후에는 이를 판매할 최종 장소나, 유통을 위해 보관할 창고로 이동하려면 선박, 열차, 트럭 등의 교통수단을 이용하여야 한다.

"무엇을 생산할 것인가?"에 대한 답은 해당 사회에 필요한 상품과 서비스라고 할 수 있다. 나이지리아 정부는 2006년 아시아 국가들보다 자국 텍스타일 산업의 경쟁력을 강화할 목적으로 텍스타일 산업 활성화 기금(Textile Revitalization Fund)을 지원하였다. 당시 나이지리아 국민들은 나이지리아의 국제 경쟁력을 강화하기 위해서 무엇을 생산할 것인지에 대해 의문을 제기하였으며, 이를 바탕으로 나이지리아의 활성화 기금 위원회(Revitalization Fund Committee)가 장기간에 걸쳐 연구한 결과, 나이지리아의 면 산업을 구축·장려하는 것이 가장 좋은 방법이라는 결론을 도출하였다. 이후 '생산 방법'에 대한 의문이 제기되었으며, 이에 대해서는 '인프라스트럭처'라는 방책이 수립되었다. 마지막으로, "누구를 위해 생산할 것인지"에 대한 의문이 제기되자 면 생산은 나이지리아의 텍스타일 사업에 부가가치를 주기 때문에, 국내의 텍스타일 산업 증진을 위해 면 생산을 하는 것이라는 해답들이 제시되었다.

경제적 성과는 패션산업의 핵심요소이다. 생산자들과 유통업자들은 패션산업의 향방을 좌우하는 결정을 내리며, 소비자들은 추상적인 이론보다는 현실에 맞추어 소비활

동을 전개한다. 패션이라는 개념은 경제학자들도 정의하기 어려울 정도로 유동적인 개념이라는 사실을 인지하여야 한다(Gick and Gick , 2007, p. 4). 세계 각국에서는 패션 분야와 관련하여 경제적 의사결정이 진행되고 있으며, 이러한 결정은 지역, 국가, 세계 경제에 적지 않은 영향을 미치고 있다. 텍스타일 제조업체가 노동력 확보를 위해 중국에 공장을 설립하려고 할 때 생기는 상품 배달 사항에 대한 의사결정을 하거나, 뉴욕 시에서 쇼핑하는 소비자가 겨울 코트를 Barney's, Saks Fifth Avenue, Macy's 중 어디에서 구매할지 결정하는 것은 모두 이러한 의사결정에 해당한다. Barney's, Saks Fifth Avenue, Macy's 모두 여러 가지 방법으로 세계 경제에 공헌하고 있다. 국내외 업체 중에는 여러 주주들이 지분을 소유한 업체가 있으며, 이들 주주는 자신이 지분을 소유한 업체들에 대해 기득권을 가지고 있는 동시에 이들 업체의 재정적 안정에 대해 깊은 관심을 가지고 있다. 새롭고 매력적인 상품 믹스는 업체의 성공에 매우 중요하다. 이들 업체는 경쟁업체들과의 차별화를 위해 전 세계에 걸쳐 아이템을 찾고 있다. 국내외에서 상품을 확보하면 원자재 판매, 제품 생산 및 유통 등의 활동을 바탕으로 세계 경제 발전에 공헌할 수 있다.

기회비용

경제학적 관점에서 보면 모든 선택에는 비용이 발생한다. 비용은 화폐, 소비된 시간, 선택되지 않은 제품들로 측정될 수 있다. 경제학에서 '공짜 점심이란 없다'는 표현을 사용한다. 자신이 점심 비용을 내지 않았어도 다른 누군가는 그것에 대한 비용을 지불한 것이다.

선택에 대한 기회비용은 단순히 돈으로만 환산되지는 않는다. 오히려 기회비용은 최고의 대안을 희생함으로써 얻은 결과물이라고 할 수 있다. 무엇이든지 하나를 얻기 위해서는 다른 것을 포기하여야 한다. 기회비용을 측정한다는 것은 선택하지 않은 상품이나 서비스의 가치의 총합을 측정하는 것이 아닌, 두 가지의 최선의 대안을 비교하는 것이다. 선택에는 반드시 기회비용이 수반된다.

뉴욕 패션센터(Fashion Center of New York City)의 기회비용에 대해 생각해 보자. 의류 및 액세서리 제조업체들이 해외로 이동하면서, 뉴욕 패션센터는 패션 비즈니스 활동에 전념할 수 있는 공간과 패션산업과 관련된 활동을 감축하였다. 뉴욕 시 당국은 주변 지역에 대해 개발 프로젝트를 계획한 상태였으며, 이에 따라 소기업 및 소매업체들의 사무실 입점 수요가 증가하였다. 그러나 www. fashioncenter.com은 사무실 사용 제한, 주거 개발 제한 및 소매업 침체 등 패션 지구(Fashion District)에 이미 존재하는 문제들로 인해 사업 수입의 감소와 도시 세금 수입 감소로 두 가지 측면 모두에서 상당한 기회비용이 발생하고 있다고 보고하였다.

또한 패션산업은 뉴욕 패션센터의 발전은 물론 뉴욕 시의 경제 성장에도 공헌할 수 있는 사업이다. 그러나 지역에 새로운 투자를 유도하고 도시 경제의 역동적인 성장 세그먼트를 유치하는 노력 없이는, 경제적 편익을 보장할 수 없다고 경고하였다. 패션 지구 사업에 대한 손실 소득과 도시의 세금 수익의 기회비용은 대부분 통제 밖의 문제이다.

기회비용의 다른 예는 많은 신입 디자이너들이 프리랜서 디자이너를 할 것인지 회사에 소속된 디자이너를 할 것이지를 결정하는 과정에서도 발생한다. 어떤 디자이너들은 뉴욕패션위크에 참가해서 그들의 작품을 보여주고 인지도를 높이기 위해 그들의 시간과 비용을 투자할 것이다. 다른 젊은 디자이너들은 기업체 보조 디자이너로 취업하여 수석 디자이너가 되기 위한 경력을 쌓는 것에 중점을 둘 것이다. 신입 디자이너들은 처음에 이러한 문제들에 대한 선택의 기로에 놓이게 될 것이다. 패션위크에 참가하는 것을 선택할 때, 기회비용은 기업체에 들어가서 경력을 쌓는 것을 포기하는 것이다. 경쟁력 있는 업계에서 인정받는 것이 시간과 비용의 투자보다 훨씬 더 중요할 수 있다.

브랜드를 세계화하는 것은 패션업계에서 가질 수 있는 기회비용에 대한 추가 예제이다. 기회비용은 세계화 다음으로 고려되는 최고의 대안이다. 예를 들어, 세계화에 드는 비용을 가지고 국내 광고를 통해 브랜드 이미지 개선에 투자해야 하는지에 대한 것이다.

한편, 매장에서 청바지 공급을 늘릴 경우 다른 품목의 공급량을 줄여야 하는 기회비용이 발생한다. 판매업자들은 상품 선택, 거부, 감소 등 상품을 매입할 때마다 품목별로 수익성을 예측하여 매입할 품목의 비중을 결정한다. 이들은 공간적·재정적 제약으로 인해 선택을 하지만, 여기에도 기회비용의 위험성이 내재되어 있다.

American Apparel은 어패럴 제조업체와 소매업체들이 직면하는 기회비용의 예를 잘 보여주고 있는 경우이다. 1977년 Don Charney가 설립한 American Apparel은 현재 세계 19개국에 매장을 운영하면서 1만 명 이상의 직원들이 고용되어 있는 대기업으로 성장한 기업이다. 1977년 당시 미국의 많은 의류업체들이 해외에 공장을 운영하기 시작하였지만, American Apparel은 캘리포니아의 로스앤젤레스에서 의류를 생산하는 전략을 펼쳤다. 이에 따라 초창기에는 높은 인건비라는 기회비용을 치러야 했지만, 훗날 이 비용을 상쇄하고도 남을 편익을 얻을 수 있었다. 우선, 쾌적하고 공정한 노동조건을 제공함으로써 직원들로부터 American Apparel은 일하기 좋은 회사라는 신뢰를 얻을 수 있었다. 또한 Charney 회장은 해외에서 제품을 생산하는 미국의 다른 어패럴 회사들보다 자사의 운영 현황을 더욱 쉽게 파악할 수 있었으며, 소비자들의 요구에 더욱 신속하게 대응할 수 있었다. 현재 American Apparel의 로스앤젤레스 공장에는 5천 명이 넘는 직원들이 근무하고 있으며, 대부분의 생산직원들은 시급 12달러 이상을 받고 있다. 2006년에는 Endeavor Acquisition Corporation의 인수 계약을 체결하여 미국 최대의 어패럴 제조업체로 성장하였다. 흥미로운 점은, 미국의 다른 어패럴 업체들이 중국에서 자사제품을 생산하여 미국으로 역수입을 하는 동안 American Apparel은 미국에서 생산한 자사제품을 중국으로 수출하여 수출 실적을 쌓았다는 사실이다. 그러나 미래에는 직원들과 직원들의 작업환경에 대한 기회비용을 포함한 많은 경제적 의사결정이 American Apparel이 공장을 이전시키거나 해외로 확장하는 방안을 모색하게 할 것이다. American Apparel에 대한 정보를 얻기 위해서는 American Apparel.net을 방문하면 된다.

기회비용의 또 다른 예로는 한 품목 대신 다른 품목을 생산하는 것이다. 데님 하의를 생산하는 업체들은 청바지, 카프리 바지, 반바지 등을 생산한다. 매년 봄에, 이들 업체는 품목별 생산비중을 결정하여야 한다. 이러한 결정 과정은 패션 트렌드, 트렌드 예측, 과거 판매기록을 바탕으로 진행되는 실정이며, 예측이 어려운 패션산업의 특성상 신빙성이 낮다. 하나의 예로, 어느 데님 하의 생산업체가 작년 봄에 20만 벌의 청바지를 생산하여 우수한 판매 실적을 올려 상당한 이윤을 거둔 것을 바탕으로 금년 봄에도 작년과 동일한 수의 청바지를 생산하기로 결정하였다. 반면, 작년 봄의 반바지 생산량은 10만 벌에 달하였지만 판매량이 저조하여 이 분야에서는 상당한 적자를 기록하였다. 카프리 바지는 5만 벌을 생산하였으며, 이윤이 그리 많이 발생하지 않았다. 따라서 이 회사는 금년 청바지 생산량을 작년과 동일하게 유지하고, 카프리 바지를 반바지보다 더 많이 생산하는 것이 좋을 것이라는 결론을 내렸다. 그러나 이러한 결정에는 금년에 반바지 생산을 통해 창출할 수 있는 이윤을 희생할 위험이 수반된다. 따라서 이 생산업체는 사용 가능한 생산시설을 가장 효율적이고 수익성을 극대화할 수 있는 방향으로 활용할 계획을 세워야 한다. 금년에 패션 트렌드가 바뀌어 카프리 바지보다 반바지의 수요가 높아질 경우, 카프리 생산비용이 반바지의 생산비용보다 더 많이 사용될 수 있다. [표 3.4]는 생산의 딜레마 현상을 보여주고 있다.

스필오버 효과

패션제품을 생산 또는 구입함으로써 발생하는 편익과 비용은 이를 생산하는 기업과 구입하는 개인에게만 적용되지 않는다. **스필오버 효과**(spillover effect)는 어느 사항이 결정되었을 때, 해당 의사결정과 관계가 없는 사람들에게 영향을 미치는 현상을 의미한다. **외부효과**(externality)는 '스필오버' 효과의 다른 표현이다. 일부 상품은 스필오버 효과 또는 긍정적 외부효과를 발생시키는 반면, 다른 상품은 비용 또는 부정적 외부효과를 발생시킨다. 긍정적 외부효과 또는 스필오버는, 상품을 생산하거나 구입하여 발생하는 편익이 해당 상품의 생산자 또는 구매자에게 국한되지 않는 경우를 의미한다. 부정

표 3.4 생산의 딜레마 현상			
품목	전년도 생산량(벌)	금년도 생산량(벌)	차이
청바지	200,000	200,000	0
반바지	100,000	80,000	−20,000
카프리 바지	50,000	70,000	20,000
합계	350,000	350,000	0

이 제조업체는 금년에 카프리 바지를 작년보다 2만 벌 더 생산하고 반바지는 2만 벌 적게 생산하였는데 유행이 변할 경우, 반바지를 더 많이 생산함으로써 창출되었을 이윤은 모두 기회비용이 된다. 또한 소비자들의 선호가 낮은 제품을 생산할 경우 수익성을 극대화할 수 없다.

환경 뉴스

화물선에서 배출하는 오염물질로 사망자 발생

최근, 무역 화물선에서 배출되는 오염물질로 매년 6만여 명이 목숨을 잃는다는 연구결과가 보고되었다. James Corbett(델라웨어 대학교), James Winebrake(로체스터 공과대학교)가 지휘하는 연구단은 이 연구결과를 미국의 환경과학기술(ES&T) 학술지에 게재하였으며, 이는 무역 화물선에서 배출되는 부유입자, 질소산화물, 황산염으로 인한 사망자를 최초로 추정한 자료이다.

오스트리아의 국제 응용시스템 분석연구소(International Institute for Applied System Analysis) 산하의 정책 및 과학연구센터 소속 Janusz Cofala는 "이 연구결과는 정책 입안자들에게 중요한 의미를 제공한다."는 말로 상황의 심각성을 강조하였다. 또한 Cofala는 북해를 통과하는 선박들의 황산염 배출이 미치는 영향에 대한 연구 작업을 유럽연합 집행위원회(European Commission)와 함께 진행하였으며, 이 연구에서도 'ES&T'가 실시한 연구와 비슷한 결과를 도출하였다.

'ES&T'는 위의 연구 작업을 국제해사기구(International Maritime Organization, IMO) 산하의 청정대기 특별위원회(Clean Air Task Force)와 지구의 벗(Friends of the Earth International)으로부터 의뢰를 받아 실시하였다. 지난 11월에는 IMO 회의 참가국들이 선박의 오염물질 배출 규모와, 배기량 통제 또는 대체 에너지 도입 여부에 대해 논의하였다. 국제선들은 항해 과정에서 황 함량이 높은 오염성 연료를 연소한다. IMO가 지난 2005년 도입한 국제 협약에는 북해에 진입하는 모든 선박은 현지 토양 및 해수의 산성화 방지를 위해 황산염 배출량을 통제하여야 한다는 규약이 명시되어 있다. 미국 캘리포니아 역시 현지 항구에 이와 비슷한 규정을 도입하는 것을 검토하고 있다. Corbett와 Winebrake는 동료 학자들과 함께 선박들의 미세먼지, 황산염, 질소산화물 배출량을 추산하였다. 이들은 지구의 해양 및 대기 순환 모델을 다양한 오염물질 배출 시나리오와 결합하여, 선박에서 배출된 오염물질이 육지로 이동하는 원리를 연구하였다. 그 결과, 심혈관 질환과 폐암의 주된 원인은 미세먼지라는 사실이 판명되었다.

위의 시나리오와 모델을 결합한 결과, 2002년에는 전 세계에서 선박 오염물질로 인한 심혈관 질환이나 폐암으로 사망한 자가 19,000명에서 64,000명에 이르는 것으로 추산하였다. 그중 동남아시아, 인도, 유럽 지역과 해안 및 항구 지역에서 피해자가 가장 많은 것으로 나타났으며, 프랑스에서도 대기 순환 패턴과 높은 인구 밀도로 인해 많은 피해자가 속출한 것으로 드러났다. 이 연구에 참여한 학자들은 오염물질 배출조치를 실행하지 않을 경우, 화물선에서 배출되는 오염물질의 양은 향후 5년간 무려 40%가 증가할 것으로 예측하였다.

한편, 캘리포니아 환경보건 유해평가국(California Office of Environmental Health Hazard Assessment)의 Bart Ostro는 이 연구에서 추산된 사망자 수의 범위는 오염물질의 영향에 대한 불확실성이 높다는 점을 반증한다는 의견을 피력하였다. 그러나 그는 이 연구에서 사용된 가설과 모델을 어느 정도 신빙성이 있는 것으로 평가하였다. 또한 선박 오염물질로 인해 천식 등의 다른 질환도 유발되어 사회적, 국가적으로 막대한 비용을 초래하고 있다고 지적하였다.

반면, 해운업계에서는 IMO의 현재 배출기준으로 충분하며, 이 기준을 더욱 엄격하게 할 경우 해운업체에 적지 않은 비용 부담이 발생할 것이라고 항의하고 있다. 한편, Corbett와 Winebrake는 선박 오염물질 배출로 인해 발생한 피해에 대해 추가 모델링 작업을 실시한 결과를 Chengfeng Wang(델라웨어 대학교)과 함께 'ES&T'(pp. 8233~8239)에 게재하였다. 이들은 이 연구를 통해 황 배출량은 더욱 적은 비용을 사용하여 효율적으로 감축할 수 있다고 주장하였다. 그 방법으로 저유황 연료를 사용하고 선상 세척기를 설치하며 시장기반 배출권 거래 프로그램을 제시하면서, 2천 6백억 원을 절약할 수 있다고 하였다.

적 외부효과 또는 스필오버는, 상품을 생산하거나 구입하여 발생하는 비용이 해당 상품의 생산자 또는 구매자에게 국한되지 않는 경우를 의미한다. 생산자들과 소비자들은 각각 자신에게 초래될 비용 또는 편익만을 고려하여 해당 상품을 생산 또는 구입하고, 스필오버 효과를 포함한 총비용이나 총편익은 고려하지 않는다. 따라서 스필오버 비용과 편익은 경제적 문제로 작용하고 있다. 결과적으로 각 사회 또는 집단에서 생산·소비되는 상품의 수량이나 분량은 해당 사회 또는 집단에 적합하지 않을 수 있다. 어떠한 상황에서도 스필오버 효과는 제3자에게 긍정적·부정적 결과를 모두 초래할 수 있다.

그림 3.4 세계 각지로 어패럴 및 액세서리 제품을 배송하는 화물선
출처 : Shutterstock

예를 들어, 어느 의류 제조업체가 인건비가 낮은 과테말라 같은 국가에 공장을 설립하여 자사제품을 생산할 것을 결정할 경우, 소비자들은 이 업체가 생산한 옷을 더욱 저렴하게 구입할 수 있게 되는데, 이것을 소비자들에 대한 긍정적 외부효과 또는 스필오버 효과라고 한다. 반면, 이 공장의 열악한 근로환경이나 아동 노동착취 등의 문제는 이 공장에서 근무하는 노동자들에게 미치는 부정적 외부효과 또는 스필오버 효과이다.

스필오버 효과는 어패럴이나 텍스타일 제조업체뿐 아니라 다른 유형의 업체로부터도 발생할 수 있다. 스필오버 효과가 자주 발생하는 또 다른 예로는 공급체인의 운송 부분에 있다. 실제로 미국 화학학회(American Chemical Society)는 전 세계적으로 선박 배기물질로 인해 수많은 사람들이 목숨을 잃는다는 연구결과를 발표하였다(p. 69, '환경 뉴스' 참조). 미국 화학학회 연구원들은 화물선에서 배출되는 오염물질로 매년 약 6만 명이 심혈관 질환이나 폐암으로 사망한다고 주장하였다. 사망자의 대부분은 동아시아, 남부 아시아와, 유럽 해안 지역에 거주했던 것으로 나타났다. [그림 3.4]는 유럽을 출발하여 세계 각지로 어패럴 제품을 배송하는 화물선 사진이다.

한계분석

한계분석(marginal analysis)을 통해 경제학자들은 대안을 모색하고, 자원을 가장 효과적으로 사용하는 방법을 결정한다. 한계분석은 어느 수량의 미세한 변화분으로 인해 비용, 편익 등의 기타 변수에 미치는 영향을 평가하는 방법이며, 한계분석은 한계편익과 한계비용을 비교하는 수단으로 사용되고 있다. **변수**(variable)는 그 크기가 변할 수

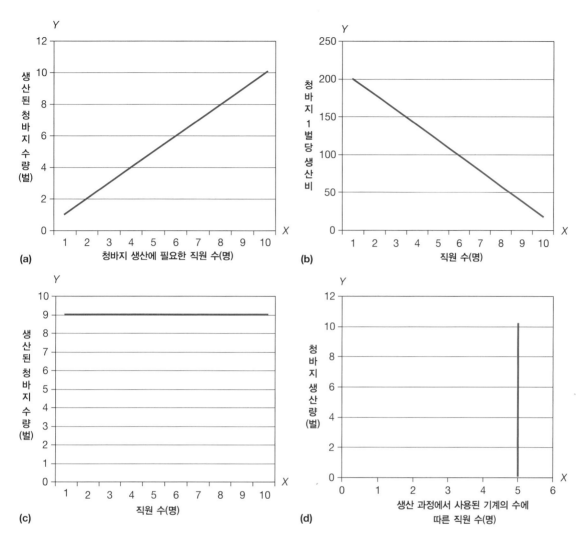

그림 3.5 (a) X값과 Y값의 관계 : 정비례, (b) X값과 Y값의 관계 : 반비례, (c) X값과 Y값의 관계 : 없음, (d) X값과 Y값의 관계 : 없음

있는, 즉 상이한 값을 취할 수 있는 수를 의미한다. 패션업체에서는 직원 수, 재봉틀 수 등을 변수로 하여, 이들 변수의 값을 증가시키거나 감소시킴으로써 이윤에 미치는 영향을 평가한다. 변수는 단기적 또는 장기적 적용이 가능하다. [그림 3.5]는 직원을 추가로 채용할 경우 청바지 생산량에 미치는 영향을 나타내고 있으며, 여기서는 직원 수가 증가할 때마다 생산성이 증가함을 알 수 있다.

변수의 값이 증가함으로써 발생하는 편익이 변수의 값 증가로 인한 비용보다 클 경우, 변수의 값을 증가시키는 것이 좋다. 변수의 값이 증가함으로써 발생하는 비용이 변수의 값 증가에 따른 편익을 초과할 경우, 변수의 값을 감소시키거나 동일하게 유지하도록 한다. 예를 들어, 어느 매장에서 1,200벌의 Levi's 청바지를 입고시키고 1,200벌의 Paris Blues 코듀로이 바지를 출고시켜 52,800달러의 이익이 창출되고 27,300달러의 비용이 발생한다면, 청바지의 재고를 늘리는 것이 현명한 선택이다.

한계비용과 이익 간의 관계를 분석하기 위해 사용되는 그래프들을 살펴보자. 예를 들어 생산량, 생산 장소, 생산 유형 등에 관한 많은 결정을 해야 하는 패션의 제조 분야에 대해 생각해 보자. 청바지 제조업자는 한 명의 직원을 증원함으로써 편익이 발생하는지 여부를 결정하여야 할 것이다. 그림 3.5는 청바지 생산량을 Y축에, 직원 수를 X축으로 표현하였다.

[그림 3.5]는 청바지 제조업체가 생산직원을 1명 증원함으로써 회사에 편익의 발생 여부를 파악하기 위한 그래프이다.

[그림 3.5a]에서는 청바지 생산에 필요한 직원의 수(X값)가 1명 증가할 때마다 청바지 생산량(Y값)도 1벌씩 증가하는 것으로 나타났다. 즉, X값과 Y값은 정비례함을 알 수 있다.

[그림 3.5b]는 직원의 수가 증가함으로써 X측과 Y측이 반비례하게 나타났다. X값은 고용된 직원의 수를, Y값은 제품의 생산비용을 의미한다. 직원 수가 적을수록 청바지 1벌당 생산비는 증가하는 것으로 나타났다. 즉, X값과 Y값이 반비례하는 것으로 드러났다.

[그림 3.5c]에서는 직원 수의 변화는 청바지 생산량에 아무런 영향을 미치지 않는 것으로 나타났다. 즉, 직원을 추가로 채용하였을 때 기존 직원들의 생산 속도가 감소하였음을 유추할 수 있으며, 직원 수는 청바지 생산량에 아무런 영향을 미치지 않았다. 이는 직원 수에 비해 재봉틀의 수가 적은 것과 같은 원인에 기인할 수 있다. 생산량을 증가시키기 위해서는 직원 수와 재봉틀의 수라는 두 개의 변수를 동시에 늘릴 필요가 있다.

[그림 3.5d]에서도 X값과 Y값은 상관관계가 없다는 것을 알 수 있다. X축은 청바지 생산에 직원을 추가하더라도 변화가 없었다. 또한 직원을 추가로 채용하더라도 재봉틀 수의 제한 등으로 생산량이 증가할 가능성은 없을 것으로 예상된다.

시장 효율성

경제학적 관점에서 보면, 인간의 물질적 필요와 욕구에 비하여 그것을 충족하는 자원은 상대적으로 부족하다는 사실을 알 수 있다. **효율성**(efficiency)은 소비자의 무한한 욕구와 필요를 충족하기 위해 제한된 자원을 최대한 효과적이고 생산적인 방법으로 활용하는 것을 의미한다.

'효율성'이라는 개념은 다양한 과정을 의미할 수 있으며, 따라서 명확하게 정의하기 어려운 개념이다. 단, '효율성'이라는 개념은 다음 의미 중 한 가지 이상을 내포할 가능성이 높다. (1) 수요 충족을 위하여 생산속도 향상, (2) 품질 향상, (3) 더 적은 노동력 투입으로 동일한 성과 달성이다. 제조업체의 업무 프로세스를 분석하면 효율성 증대를 위한 방법을 좀 더 정확하게 파악할 수 있다.

한계분석

기회비용의 원칙에 따라, 한 가지를 결정하면 다른 좋은 것은 포기하여야 한다. 한계분석(marginal analysis)이란 최선의 결정을 내리기 위해서 비용과 편익을 평가하는 것을 의미한다. 경제학에서는 의사결정 과정에서 한계편익(marginal benefits)과 한계비용(marginal cost)을 비교할 것을 권장하고 있다. 한계분석은 편익/비용 분석, 경제성 평가, 이윤 및 효용성 극대화를 위해 사용되는 도구이다.

경제학에서 **한계**(marginal)는 기존의 기준점에서 근소하게 하나가 더 추가되었을 경우를 의미한다. 의사결정의 대부분은 현재 상황의 변화가 임박하였음을 암시한다. 논리적·합리적·실용적으로 의사결정을 하기 위해서는 사용 가능한 모든 선택과 각 선택의 한계편익 및 한계비용을 평가하여야 한다. 예를 들어, 소매업체에서 두 가지 품목 중 하나를 선택하여 매입하고자 할 때 여러 가지 요소들을 고려한다. 이들 품목이 스타일이 비슷할 경우, 이 소매업체는 선택 과정에서 다음 사항을 고려할 것이다. 이 품목을 어떤 고객에게 판매할 것인가? 신규 고객 또는 기존 고객을 대상으로 판매할 것인가? 각 품목의 과거 판매 실적은 어떠한가? 각 품목은 어느 소매업체를 통해 판매되고 있는가? 어느 품목의 프라이스 포인트(price point)가 가장 적합한가? 어느 품목이 더욱 신속하고 안전하게 배송되고 있는가? 어느 품목의 선적 및 지불조건이 더 유리한가? 어느 품목의 판촉계획이 더욱 효과적인가? 새로운 품목을 매입할 경우 이 품목을 보관할 공간을 확보하기 위해 기존 재고 중 어느 품목을 반출하여야 하는가? 이러한 사항을 고려한 후 비용과 편익을 평가하였을 때, 이 소매업체는 비로소 최선의 의사결정을 할 수 있다. 소매업체는 한 품목만 구입하거나, 두 품목 모두 구입하거나, 어느 품목도 구입하지 않을 수 있다. 남성용, 여성용, 아동용 캐주얼웨어를 전문으로 판매하는 세계적 규모의 업체인 Gap은 2001년에 자사 품목을 개편하고 패션제품을 도입하는 과정에서 위의 방식을 사용하였다.

1969년 창업 이래, Gap은 기본 의류 및 클래식 의류 품목 판매 실적이 꾸준히 높은 상태였으나, 패션제품을 도입한 후 재정적으로 큰 타격을 입은 바 있다. 2001년, Gap의 매출은 4.4%나 감소하였으며, 이어서 주가가 급락하고, 1983년부터 회장을 역임해온 Millard Drexler 회장을 교체하는 상황에 이르렀다. 즉, 패션제품 도입은 Gap의 큰 실책이었던 것이다. 또한 패션제품은 고객으로부터 외면을 받았으며, 매출의 전반적인 감소로 이익 규모가 대폭 감소하였다.

Benetton도 한계분석으로 인해 의사결정 과정에서 실책을 한 경험이 있다. 1965년 이탈리아에서 설립된 Benetton은 오늘날 전 세계 120개국에 매장을 보유하고 있다. Benetton은 자사의 독특한 색상과 스웨터로 유명한 기업이다. Benetton은 1980년대 후반부터 1990년대 후반까지 사회적 문제에 대해 광고 및 캠페인 활동을 벌였으나, 이로 인해 기업 이미지가 악화된 적이 있다. 분열을 초래하는 캠페인을 이용하는 결정은 수익성을 얻는 동시에 많은 논란을 가져왔다. 브랜드를 만드는 데 있어 광고는 브랜드의 이미지가 되며, 선도적인 기여를 한다.

자원이 부족한 현실에서는 한계편익을 얻기 위해 한 가지를 선택할 경우, 다른 선택을 함으로써 얻을 수 있는 편익을 포기하여야 한다. 제품 유형을 바꾸기로 결정한 Gap이나 많은 논란을 주었던 광고를 이용한 Benetton의 경우도 마찬가지다. 모든 의사결정에는 기회비용이 따른다는 점을 기억하여야 한다.

경제분석

경제분석의 방법은 실증경제학과 규범경제학의 두 가지 방식으로 구분된다.

실증경제학(positive economics)은 경제현상을 사실 그대로 분석하고 경제현상들 간에 존재하는 인과관계를 발견하여 경제현상의 변화를 예측하는 일련의 지식체계를 의미한다. 실증경제학에서는 가치판단을 하지 않으며, 경제행위에 대한 과학적 진술을 바탕으로 여러 가지 대안에 따른 결과를 설명하는 데에만 목표를 두고 있다. 정책을 효과적으로 분석하기 위해서는 과학적 분석이 필수이다.

예를 들어, 어느 구두 소매업체가 특정 브랜드 부츠의 가격을 인상하기로 결정하였다면, 가격 인상이 매출에 미치는 영향은 사실에 대한 실증적 분석을 통해 평가할 수 있다. 이를 위해 이 부츠의 가격 인상으로 부츠 판매량이 늘어났는지, 줄어들었는지, 그대로인지에 대해 연구하거나, 부츠량의 변화가 전체 매출액에 미치는 영향에 대해 분석할 수 있다.

이 소매업체에서는 다음과 같은 부수적 사항을 고려할 수도 있다.

- 주에서 부과하는 판매세의 증가가 매출에 어떻게 영향을 미칠 것인가?
- 대규모 경쟁사가 인근에 이전하였을 경우 어떻게 매출에 영향을 미칠 것인가?
- 주말에 비가 올 경우 어떻게 매출에 영향을 미칠 것인가?

위의 사항에는 현실적인 요소가 반영되어 있으며, 객관적인 관점에서 분석할 수 있다.

반면, **규범경제학**(normative economics)은 무엇을 해야 할지 하지 말아야 할지에 대한 질문에 답을 주는 것이다. 규범적 분석은 현재 또는 미래의 상황을 바탕으로 가치평가를 하는 행위이다. 실증적 분석을 통해 다양한 대체 선택에 따른 결과를 나타내는 반면, 규범적 분석은 선택된 것에 대한 결과와 판단이 함께 나타난다. 규범적 분석은 소비자 시장형태와 공공정책의 선택을 이끈다.

위의 구두 소매업체의 경우, 규범적 분석을 통해 특정 브랜드의 부츠 가격의 인상·인하 여부에 상관없이 이 소매업체에 가져올 최선의 결과를 분석하는 것이다. 또한 다음 사항을 고려할 수도 있다.

- 매장은 분주한 시간대에 세 번째 판매원을 더 고용해야 하는가?
- 매장은 휴가철 종료 후 할인행사를 실시해야 하는가?
- 매장은 고급제품 라인에 투자해야 하는가?

위의 사항은 현재 상황이 아닌 향후 실행할 수 있는 조치이다. 일부 경제학자들은 규범적 상황을 윤리적 차원에서 접근하는 경향이 있다. 예를 들어, 규범적 차원에서 위의 첫 번째 사항인 세 번째 판매원 고용 여부를 고려하면, 기존 두 명의 점원이 근무 중 휴식을 취하지 못하고 있거나 점원 중 한 명이라도 결근 시 장기적으로 매출 및 고객에게 손실을 줄 수 있으므로, 세 번째 점원을 추가로 채용하는 것이 좋다는 결론이 도출된다.

시장에서의 수요와 공급의 상호작용

시장은 상품을 교환할 수 있는 환경이다. 시장에서 구매자는 돈을 판매자에게 지불함으로써 상품으로 교환할 수 있다. 이러한 구조하에서 소비자들은 자신이 가지고 있는 것을 자신이 원하는 것으로 바꿀 수 있다. 시장에서 사람들은 자신이 생산하는 것 이상으로 누릴 수 있다. 예를 들어, 옥수수를 재배하는 농부는 자신이 생산한 옥수수를 판매하여 받은 돈을 사용하여 다른 상품을 구입할 수 있다. 배관공은 자신의 기술을 활용하여 배관을 수리함으로써 번 돈을 시장에서 다른 재화 및 서비스로 교환할 수 있다. [그림 3.6]은 두바이에 있는 에미레이트 몰(mall of emirates)의 전경이다.

기업은 이러한 교환활동을 통해 유지된다. 예를 들어, 옷가게에서는 옷을 판매하여 번 돈으로 새로운 옷을 구입하고, 직원들에게 급여를 지급하며, 매장의 임대료와 공과금을 납부할 수 있다. 따라서 시장은 시장에 참여하는 이들의 의지와 노력으로 운영되고 있는 것이다. 또한 사람들은 다른 재화와 서비스를 얻기 위해 다른 이들에게 재화와 서비스를 제공한다.

당연히 시장은 광범위한 영향력을 발휘하고 있다. 즉, 시장에서는 구입과 판매의 대상이 될 상품이 무엇인지 결정되고, 이들 상품 중 구입과 판매가 이루어질 수량이 결정되며, 이들 상품의 가격이 형성된다. 시장에서는 **수요**(demand)와 **공급**(supply)의 상호작용을 통해 상품의 가격이 결정된다. 공급은 생산자들이 특정 재화를 일정한 가격으로 판매하고자 하는 상품의 일정 양을 의미한다. 수요는 구매자들이 특정 재화를 일정한 가격으로 구매하고자 하는 상품의 일정 양을 의미한다. 따라서 재화나 서비스는 소비자들이 해당 재화나 서비스에 대해 충분한 관심을 가지고 있지 않으면 시장에서 살아남을 수 없다.

마찬가지로 의류 매장은 시장에서 살아남기 위해 다양한 종류의 의류를 판매하고 있다. 간혹 오랫동안 같은 스타일의 옷을 선호하는 소비자들이 있기는 하지만, 매장이 같은 스타일의 옷만 판매해서 시장에서 살아남는 경우는 많지가 않다. 다양한 품목을 구비하

그림 3.6 두바이의 에미레이트 몰
출처 : Alamy

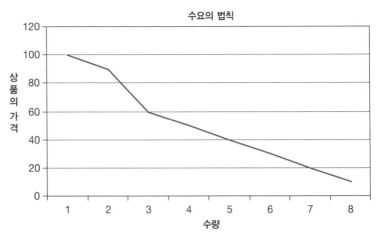

그림 3.7 수요량과 가격의 관계

여야 고객들의 관심을 끌 수 있으며, 이윤이 창출될 정도의 매출을 올릴 수 있다.

　자유시장의 수요의 법칙(law of demand)에 의하면, 상품의 가격이 높을수록 해당 상품을 구매하려는 소비자들의 수는 감소하며, 상품의 가격이 낮을수록 해당 상품에 대한 수요량이 증가한다. 이러한 현상은 판매자가 가격을 인하할 때 두드러지게 나타난다. 어느 상품의 판매 실적이 부진한 상태에 머물거나 감소할 경우, 소매업자는 해당 상품의 판매 속도를 높이기 위해 이 상품에 대해 **가격인하**(markdown)를 실시한다. [그림 3.7]은 가격과 수요량은 직접적인 상관관계가 있다는 것을 보여준다. 상품의 가격이 상승하면 소비자의 구매력은 감소하는 반면, 상품의 가격이 하락하면 소비자의 구매력은 증가한다. 이는 상품의 가격은 변하지만 소비자의 소득은 동일한 수준을 유지하기 때문이다. 즉, 물가가 상승하면 소비자가 동일한 소득으로 구입할 수 있는 재화나 서비스의 양이 감소한다. 소비자 소득의 **실질가치**(real value)는 구매력에 해당한다.

　한 예로, 단골 고객층을 갖춘 어느 신발 매장에서 물건 가격을 인상할 경우, 고객들의 구매력이 하락하여 이 가게에서 신발을 살 능력이 줄어든다. 어떤 단골 고객들은 더 높은 가격을 주고 매장에서 신발을 구입할 것이고, 단골 고객 중 일부는 비슷한 제품을 더 저렴한 가격으로 판매하는 매장으로 떠날 수 있다.

　대체효과(substitution effect)는 가격의 변화로 구매자들에게 비싼 가격을 대신할 수 있는 보다 낮은 가격의 좋은 대체물을 선택할 때 발생하는 수요량의 변화를 의미한다. 예를 들어, 특정 스타일의 스웨터의 가격이 하락하면 소비자들은 더 많은 스웨터를 살 수 있게 되며(소득효과), 소비자들은 재킷, 셔츠 또는 다른 고가 스웨터보다 이 스웨터를 선호하게 된다(대체효과). 이 소득효과와 대체효과가 결합함으로써 소비자들은 더 많은 상품을 더욱 저렴한 가격에 구입하는 것을 선호한다.

　수요량은 가격과 반비례하지만, 공급량은 가격과 직접적 관계가 있다. 즉, 생산자들이 상품의 가격을 인상할 경우 해당 상품을 더 많이 생산할 여력과 의지가 증가한다. 반면, 가격이 하락하면 공급량도 감소한다. 이는 판매자들은 상품의 가격이 높을 때 해당 상품

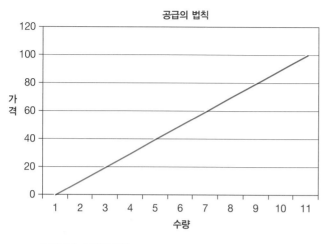

그림 3.8 공급의 법칙

을 판매하기 위해 더욱 적극적으로 노력하며, 더 많은 판매자들이 높은 가격에 매력을 느껴 시장에 진입한다. [그림 3.8]은 공급의 법칙(law of supply)을 나타내는 그래프이다. 여기서 가격은 공급량과 직접적으로 관계가 있음을 알 수 있다. 상품의 수량이 많을 경우 공급량도 많으며, 수요가 많지 않을 경우에 잉여 공급이 발생하기도 한다. 상품이 높은 가격에 판매된 후에는 재고가 감소하고 가격이 하락하며 수요량도 감소한다.

시장 균형(market equilibrium)은 시장에서 수요량과 공급량이 균등한 상태를 의미한다(그림 3.9). 그림에서 수요곡선과 공급곡선이 교차하는 지점이 시장의 균형점이다. 시장가격은 이 균형점에서 형성된다. 경제학자들은 균형점을 시장이 효율적으로 운영되는 상태로 간주하고 있다. 이 점에서는 수요와 공급 모두 충분한 수준에 도달해 있다. 또한 균형점에서는 상품가격의 변경에 대한 압력이 없다. 그러나 시장 균형이 이루어지지 않은 상태에서는, 즉 상품에 대한 공급이나 수요가 과잉 상태일 경우, 해당 상품의 가격 인하 또는 인상의 압력이 발생한다.

수요가 과잉 상태에 도달하면 소비자들은 공급자들이 판매하고자 하는 수량 이상으

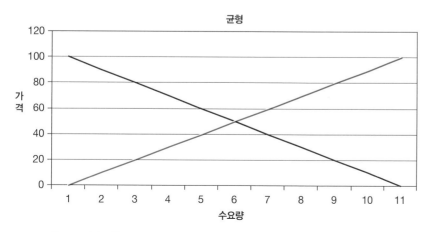

그림 3.9 시장 균형

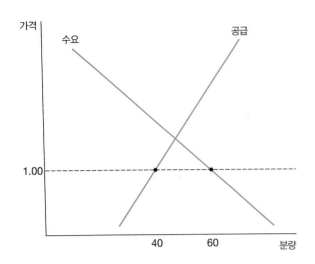

그림 3.10 수요량(QD)이 공급량(QS)보다 많을 경우, 상품의 부족 현상이 발생한다.

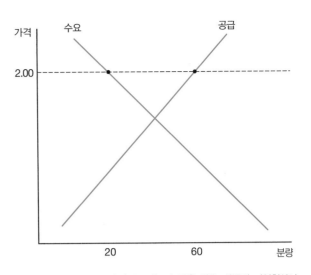

그림 3.11 공급량이 수요량보다 많을 경우, 상품의 과잉현상이 발생한다.

로 해당 상품을 구입하고자 한다. 이로 인해 공급자들은 해당 상품의 가격을 인상한다. 그러나 일부 소비자들은 돈을 더 지불하더라도 이를 구입하고자 하는 욕구가 있다. 이에 따라 해당 상품의 가격이 계속 인상되며, 이러한 추세는 공급 부족현상이 해소될 때까지 지속된다(그림 3.10). 그래프를 보면, 가격이 1.00일 때 소비자들의 수요량은 60이지만, 공급자들의 공급량은 40으로 수요량보다 낮아 공급부족 현상이 발생한다.

상품이 과잉 공급된 상태는, 공급자들이 소비자들이 구입하고자 하는 수량 이상으로 해당 상품을 공급하고자 하는 경우를 의미한다. [그림 3.11]은 상품의 과잉현상을 나타내고 있다. 여기서는 수요량은 20에 불과하지만, 공급량은 60에 달하여 공급의 과잉현상이 발생한다. 이로 인해 공급자들은 해당 상품의 가격을 인하하여 해당 상품에 대한 소비자들의 구매력을 향상시킴으로써 소비자들의 구매를 유도한다. 가격 인하에 따라 수요가 증가하며, 해당 상품의 가격 인하 추세는 과잉현상을 해소시키며 수요와 공급의 균형에 도달할 때까지 지속된다. 간단하게 말하여, 상품의 과잉현상이 발생하면 가격이 하락하고, 부족할 경우 가격이 상승한다. 또한 수요와 공급은 가격 변동 이외의 요소에도 영향을 받는다. 예를 들어, 미국의 팝 스타 Katy Perry가 광고 모델로 출연한 제품은 가격과 관계없이 많은 사람들이 구입할 확률이 높으며, 이 경우 수요곡선 전체가 오른쪽으로 이동하여 가격이 상승한다.

Zara는 수요, 공급, 시장효율을 효과적으로 활용한 전형적 사례라고 할 수 있다. 고객의 수요를 파악하기 위해 많은 노력을 기울이고 있으며, 제품의 공급 및 가격책정 절차를 효율적으로 진행하여 고객의 수요를 효과적으로 충족하고 있다. Zara는 스페인의 Inditex 그룹 계열의 대형매장이다. 2012년에는 세계 78개국에 1,603개의 Zara 매장과 201개의 Zara 키즈 매장을 보유한 명실상부한 글로벌 기업으로 자리를 잡았다(inditex.com). Zara의 홈페이지에는 'Zara의 디자인은 고객과 밀접하게 연결되어 있다.'라는 표어가 쓰여 있다. Zara의 매장 관리인들은 본사에 일일 보고서를 제출할 때, 고객들이 매장 직원들에게 요청한 사항도 같이 보고한다. 고객의 필요를 이해하고 이를 신속하게 충족하는 패션 기업의 전형이라고 할 수 있다.

경제 시스템

시장은 경제에 많은 영향을 미치지만, 경제를 주도하는 시장은 극소수에 불과하다. 대부분의 국가에서는 재화 및 서비스의 사용 가능성, 생산비, 재화 및 서비스의 가격 및 요금에 영향을 미치는 세금제도, 법규 등을 정부가 주도한다. 경제 시스템은 재화 및 서비스의 생산, 분배, 소비를 관리하는 사회 단위에서 적용되는 시스템이다. 경제 시스템에 대해서는 후반부에서 설명될 것이다.

경제 성장

경제 성장(economic growth)은 공급 요소, 수요 요소, 효율성 요소의 세 가지 요소로 구성된다. 공급 관련 요소에는 천연자원 개발, 기술개발, 최신 인프라스트럭처, 전문 인력 양성, 기계 성능 향상 등의 형태가 있다. 수요 요소는 재화 및 서비스에 대한 경제적 요구에 따른 생산성 향상 등이다. 경제 성장에 대한 요구는 소비자들과 기업에 근원을 두고 있다.

효율성 요소는 생산 잠재력 실현능력, 경제적 효율성, 완전고용을 들 수 있다. McConnell과 Brue는 "경제 주체로서 국가는 가장 적은 비용을 들여 자원을 사용하여야 하고(생산효율), 국민의 행복 극대화를 위해 재화와 서비스를 적절하게 융합하여 활용하여야 한다(배분효율)."고 하였다. 수요, 공급, 효율성 요소는 모두 상호작용을 통해 균형을 이루고 있으며, 이들 사이의 균형이 파괴될 경우 여러 가지 문제가 초래된다.

요약 summary

결론적으로 본 장에서는 경제적 측면에서 패션의 기초 개념을 자세하게 소개하고 있다. 미시경제학은 좁은 범위에서 소비자의 행동을 연구하고, 소비자의 구매결정을 분석하는 학문이다. 거시경제학은 경제의 불황 여부, 경제 성장을 방해하는 요소, 최저임금 인상이 실업률에 미치는 영향, 국가 경제의 성장 원인 등의 광범위한 사항에 대해 연구하는 학문이다.

본 장에서는 소비자가 재화 또는 서비스를 소비하면서 얻는 효용성이나 전반적 만족의 개념을 살펴보았다. 총효용은 소비자가 얻는 가장 높은 수준의 만족을 의미하며, 한계효용은 어떤 종류의 재화가 일정한 욕망을 채우기 위해 소비될 경우, 이 재화의 한 단위가 추가되었을 때(패션에서는 같은 옷을 여러 번 입었을 때) 얻는 추가적 만족이다. 효용성은 소비자의 구매를 유도하는 요소이며, 기업들은 해당 제품의 가치를 의도적으로 향상시켜 소비자들이 효용성을 체감하게 하고 있다.

경제적 사고는 실증경제학과 규범경제학으로 구분되며, 매우 중요한 개념이다. 실증경제학은 경제현상을 사실 그대로 분석하고 경제현상들 간에 존재하는 인과관계를 발견하여 경제현상의 변화를 예측하는 일련의 지식체계를 의미한다. 반면, 규범경제학은 가치판단에 따라 어떤 경제상태는 바람직하고 어떤 경제상태는 바람직하지 못하다는 것을 설명하는 지식체계를 의미한다.

또한 시장에서 나타나는 수요와 공급의 상호작용에 대해 살펴보았다. 공급량이 많으면 해당 제품의 가격은 하락하며, 공급량이 적으면서 수요가 높으면 해당 제품의 가격은 상승한다.

terms
핵심용어

가격인하(markdown)

거시경제학(macroeconomics)

경제 성장(economic growth)

경제 원칙(economic principle)

경제학(economics)

공급(supply)

구매력(purchasing power)

규범경제학(normative economics)

기회비용(opportunity cosy)

노동력(labor)

대체효과(substitution effect)

물적 자본(physical capital)

미시경제학(microeconomics)

변수(variable)

비용(cost)

생산요소(factors of production)

수요(demand)

수확체감의 법칙(law of
   diminishing returns)

스필오버 효과(spillover effect)

시장 균형(market equilibrium)

실증경제학(positive economics)

실질가치(real value)

외부효과(externality)

인적 자본(human capital)

인프라스트럭처(infrastructure)

자본(capital)

전문화(specialization)

절약 문제(economizing problem)

총효용(total utility)

토지(land)

한계(marginal)

한계분석(marginal analysis)

한계효용(marginal utility)

한계효용체감의 법칙(law of
   diminishing marginal utility)

현실 원칙(reality principle)

효용성(utility)

효율성(efficiency)

희소성(scarcity)

questions
복습문제

1. 패션업계 종사자들이 경제학을 공부하여야 하는 이유는 무엇인가?

2. 패션 분야에서 발생 가능한 기회비용의 예를 한 가지만 적어라.

3. 변수 값의 증가가 비용 또는 편익에 미치는 영향을 서술하여라.

4. 경제적 효용 개념을 소비자의 관점과 패션산업의 관점에서 설명하여라.

5. 경제적 분석의 두 가지 주요 접근방법에 대해 서술하여라.

6. 미시경제학과 거시경제학의 차이점은 무엇인가?

7. '수요의 법칙'과 '공급의 법칙'을 설명하여라.

8. 현실 원칙을 정의하고, 패션 분야에서 볼 수 있는 현실 원칙의 사례를 한 가지만 적어라.

9. 패션업체의 의사결정 과정에서 기회비용이 항상 발생하는 이유는 무엇인가?

10. 시장 균형이란 무엇이며, 시장 균형이 중요한 이유는 무엇인가?

11. 소비자가 가격이 하락할 경우에만 상품을 추가로 구입할 때, 어떠한 경제 법칙이 적용되는가?

12. '세상에 공짜는 없다'는 말의 의미를 설명하여라.

13. 생산요소가 무엇인지 적은 후, 이에 대해 설명하여라.

14. 경제학자에게 '한계'라는 용어는 무엇을 의미하는가?

15. 면의 가격이 오르면 면 스웨터 시장에는 어떠한 일이 발생하는가?

16. Benetton이 1980년대 후반에 전개하여 세계의 주목을 끌고 이후 매출 증가로 이어진 광고 캠페인에 대해 설명하여라.

17. 경제 성장의 6대 요소가 무엇인지 적은 후, 각 요소에 대해 설명하여라.

비판적 사고

1. 당신은 주니어용 청바지를 생산하는 회사 Jam Jean의 부사장으로서, 제품 판매를 담당하고 있다. Jam Jean은 신학기를 맞이하여 파격적인 디자인의 청바지를 새로 개발하였다. 이 제품은 높은 수요를 자랑하고 있으며, 거래하는 소매업체는 주문서를 제출한 상태이다. 9월 말 학기가 시작된 상태이다. 이 청바지의 생산량을 늘릴 경우, 생산비가 증가하여 가격을 인상하여야 한다. 이 상황에서 생산량을 늘려야 한다고 생각하는가? 그렇게 생각한 이유는 무엇인가?

미국 패션업체의 임원인 당신은 신규 생산공장을 저개발국에 설립할지 미국에 설립할지를 결정하여야 한다. 저개발국의 인건비는 미국보다 저렴하지만, 15세 미만 아동에 대한 노동착취가 일상적으로 자행되고 있다. 반면, 미국은 인건비가 높지만 15세 미만의 아동은 노동에 투입되지 않는다. 이 경우 당신은 어떤 결정을 하겠는가? 저개발국에 생산공장을 설립하여 제품을 생산할 경우 귀사 제품의 최종 비용에 미치는 영향은 무엇인가? 미국에 생산공장을 설립하여 제품을 생산할 경우 귀사 제품의 최종 비용에 미치는 영향은 무엇인가?

2. [그림 3.3]을 살펴본 후, 이 사진에서는 의류를 생산하기 위해 어떠한 유형의 노동력이 동원되고 있는지 토론을 실시하여라. 노동 유형별로, 육체적 노동인지 지적 노동인지 명시하여라.

인터넷 활동

1. 아래 링크를 방문하여 수요와 공급에 대한 온라인 강의를 이수한다.

    http://www.econedlink.org/lessons/index.cfm?lesson=EM758

2. 아래 링크를 방문하여 인도의 경제 성장 사례연구 내용을 읽는다.

    http://www.worldbank.org/depweb/english/modules/economic/gnp/case1.html

    그다음 '패션산업은 전 세계 국가들의 경제 성장에 도움이 되는 산업이다.'라는 문장의 의미를 생각한다. 이 문장에 대한 당신의 의견은 무엇인가? 필요 시 온라인 연구를 진행하는 것도 무방하다.

3. 라바마인드(www.lavamind.com)는 흥미롭고 사용하기 편리한 시뮬레이션 형태의 학습도구이다. 이 홈페이지에서는 'Gazillionaire'라는 제목의 경제학 게임을 할 수 있다. 이 게임을 통해 새로운 세계를 탐험하고 사업체를 운영하며 재산을 모을 수 있다.

참고문헌 bibliography

A book back at 25 years of sheepskin.(n.d.). Retrieved September, 2008, from UGG Australia, http://www.uggaustralia.com/index.aspx.

About the fashion center.(n.d.). Retrieved January 2008, from http://www.uggaustralia.com/experience/history.aspx?p=ex.

Bailey, E., Johnson, H., & Puneli, J.(2008). *Conspicuous consumption.* Iowa; Iowa State University.

Brue, S. L., & McConnell, C. R.(2008). *Essentials of economics.* New York; McGraw-Hill.

Gick, E., & Gick, W.(2007). *The devil wears Prada: The fashion formation process in a simultaneous disclosure game between designers and media,* http://www.ces.fas.harvard.edu/publications/docs/gick.pdf

Lawson, R., & Peck, H.(2004). Creating agile supply chains in the fashion industry, *International Journal of Retail and Distribution Management,* 32, P. 30.

Lubick, N.(2007). Death from shipping. *Environmental Science Technology,* 41:24. p. 8206.

Seckler, V.(2008, July, 9). Bringing home six figures and few luxuries. *Women's Wear Daily.*

Zara, Inditex, Retrieved 2012, from http://inditex.com/en/ press/information/press_kit

패션 : 거대한 사업

학습 목표

- 패션 소매업체의 공통점을 습득한다.
- 의류와 액세서리 판매에 사용되는 소매업 모델에 대한 지식을 획득한다.
- 비즈니스 오너십의 유형을 검토한다.
- 비즈니스 오너십의 트렌드를 확인한다.

여자들은 보통 자신이 구입하는 것을 사랑하지만,
옷장에 있는 옷 중 3분의 2는 싫어한다.
—Mignon Mclaughlin(The Neurotic's Notebook, 1960)

Christopher Breward는 그의 저서 *Fashion*에서 "소비자와 패션 상품과의 관계에서 깨달음의 순간(epiphanic moment)"에 대해 언급하고 있다. 이것은 상품이 패션 소비자에게 소개되는 그 어느 순간에도 발생할 수 있다. 소비자가 잡지를 읽거나 인터넷 서핑을 하거나 레드카펫에 오른 연예인의 최근 모습을 보는 동안 올 수도 있고, 단순히 가게에서 쇼핑을 하는 동안 올 수도 있다. 소비자 입장에서 이러한 만남은 원하는 제품을 보았을 때 순간적으로 떠오르는 "아하" 하는 순간이다. 소비자의 다음 생각은 어디에서 이 제품을 살 것이며, 제품 가격은 얼마인가에 관한 것이다. 만약 소비자가 똑같은 제품을 찾지 못한다면, 그 제품과 비슷한 제품을 살 가능성도 매우 높다. 어느 쪽이 되었든 제품의 판매는 중요하다. 본 장에서는 패션 소매업의 여러 가지 채널을 통한 패션의 분배를 강조하면서 패션이라는 거대한 사업에 대한 이해를 돕는다. 패션을 유통하는 소매업체와 패션 상품을 구매하는 소비자에 의해 간접적으로 발생하는 경제 전체에 미치는 금전적 공헌에 대한 이해를 망라한다. 패션산업에서 소매업이라는 이 특정한 분야가 미국 경제에 미치는 영향력이 얼마나 크고, 추진력 있으며, 흥미진진한가를 알게 될 것이다. 본 장에서는 또한 패션 소매업체의 공통점, 소매업체의 유형, 패션 소매 오너십의 형태, 그리고 패션 소매업 분야에 있어 비즈니스 트렌드에 대한 내용을 포함하고 있다.

서론

패션 소매업은 1800년대 중반 포목점에서 시작되었다. 19세기의 상인은 원하는 물건이 아닌 필요한 물건을 살 수 있는 가게를 운영했다. 이들은 소비자에게 음식, 농사 기구, 화장품, 섬유 그리고 옷 등 다양한 제품을 팔았다. 반면, 오늘날의 대규모 소매업체는 매장, 카탈로그, 웹사이트 등 서너 가지 혹은 그 이상의 상품 유통 채널을 제공한다. 결과적으로, 소비자는 제품이 당장 필요하거나 물건을 사기 전에 제품을 먼저 보고 싶은 경우가 아니라면 굳이 쇼핑몰이나 매장까지 가지 않아도 된다. 일주일에 7일, 24시간 내내 욕구와 필요를 만족시켜 줄 수 있도록 인터넷, 카탈로그 혹은 TV를 통해 좋아하는 소매 채널 혹은 제품을 찾을 수 있다. 즉, 상품 유통은 소비자를 만족시키기 위해 변화해 왔다고 할 수 있다.

본 장을 통해 제조업자와 소비자 사이를 연결하는 연결고리인 **패션 소매업체**(fashion retailer)에 대해 배우게 될 것이다. 소매는 패션 공급 사슬의 제일 마지막 부분이다. 전체적인 공급 사슬은 보통 섬유 제조업자가 제품을 만들기 위해 필요한 공급, 서비스, 원료에서 시작해 최종 제품을 소비자에게 제공하는 소매업체에 이른다.

패션 공급 사슬은 제품 개발 과정과 거의 평행하게 진행되며, 이 부분이 제1장에서 배운 내용이다. [그림 4.1]은 제품 개발 과정과 공급 사슬의 비교를 보여준다. 이들이 어떻게 상호작용하고 있는가를 주시하라. 본 장 초점은 소매업, 즉 소비자가 제품을 소유하

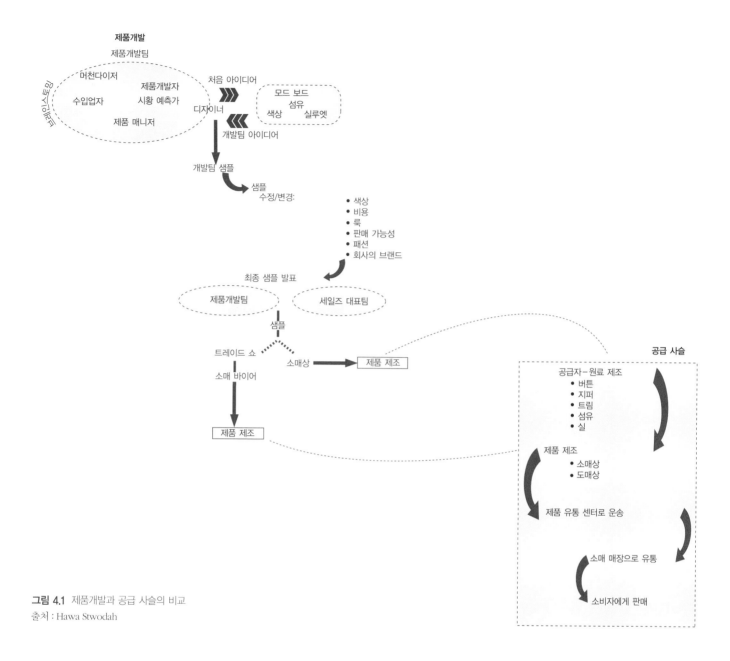

그림 4.1 제품개발과 공급 사슬의 비교
출처 : Hawa Stwodah

기 바로 직전의 단계이다. 소매업은 소비자와 직접적으로 상호작용하기 때문에 소매업체에서 일하는 직원들은 상품 판매에 굉장히 중요한 존재라 하겠다. 이들이 바이어가되었건, 백화점 매장 매니저가 되었건, 혹은 세일즈맨이 되었건, 이들은 제품의 판매를가능하게도, 불가능하게도 만드는 존재이다. 제품이 판매되는 것은 매우 중요하다. 그래야 그 제품을 만들고 공급한 이들이 이윤을 남길 수 있기 때문이다.

본 장에서는 패션 소매업의 공통점을 소개하는 것으로 시작하려 한다. 패션 소매업의여러 가지 유형 혹은 비즈니스 모델을 점검하는 것 또한 중요하다. **북미산업분류시스템**(North American Industry Classification System)이 지정한 일반적인 소매점들의큰 카테고리를 학습할 것이다. **의류와 의류 액세서리 스토어**(clothing and clothing accessories stores), 잡화 스토어 소매업, 그리고 매장이 없는 소매업이 그것이다. 이러한 학습을 통해 제대로된 유통 채널이 없다면, 소비자는 제품을 구입할 수 없고, 제품은 경쟁할 수 없거나 경제에 기여할 수 없음을 이해하게 될 것이다.

모든 사업에는 일별, 월별 그리고 연도별로 운영하는 운영법이 있다. 이러한 운영법의 목적은 최고의 수익을 얻기 위한 가장 효과적인 방법을 찾기 위함이다. 이것을 **비즈니스 모델**(business model)이라 한다. 비즈니스 모델을 간단하게 말하면, 소매 상인이 돈을 버는 방법이다. 비즈니스 모델은 일별 운영 계획, 사업의 비용, 보안책, 매장의 운영과 머천다이징 등 사업의 기능을 설명한다. "학자들은 비즈니스 모델을 사업자의 전략에 있어 경제적 토대로 정의한다."(Harvard, 2005, p.xv) 모든 패션 사업의 목표는 수익을 창출하는 것임을 명심하라. 따라서 운영에 있어 효율성은 매우 중요하다. 모든 사업은 최소한의 자본을 가지고 최대한의 효율성으로 가능한 최고의 수익을 올려야만 한다.

경영 전략 대 비즈니스 모델

경영은 사업 운영이 일어나는 것과 동시에 **비즈니스 전략**(business strategy)이 병행하게 된다. 자주 혼동되는 개념인데, 비즈니스 모델과 비즈니스 전략은 사업 운영에 있어 겹치는 부분이 있고, 수익을 창출한다는 공통의 목표가 있다. 사업은 이 둘 중 하나를 빼고는 이루어질 수 없다. 그렇기 때문에 비즈니스 전략의 설명은 비즈니스 모델의 선택만큼이나 중요하다. 경영 전략은 시장에서의 경쟁을 논한다. 경쟁에는 많은 수준과 단계가 있고, 그중 몇몇만 언급하자면 브랜딩, 제품 포지셔닝, 제품 트렌드 등 다양한 전략이 있다.

비즈니스 전략 브랜딩

제품을 **브랜딩**(branding) 한다는 것은 소비자가 제품을 보다 쉽게 인식할 수 있도록 하는 것이다. "회사와 그 회사의 제품에 오직 하나의 브랜드명을 사용한다면 소비자의 마음속에 파워풀한 이미지가 형성된다. 잘 만들어진 브랜드명은 시간이 지나 새로운 제품을 새로운 시장에 소개할 때도 그대로 가져가 사용할 수 있다."(Easey, 2009, p.115) 예를 들어, Ralph Lauren은 남성복 전문으로 시작했지만, 라이선스 면에서나 제품개발 면에서 그의 이름을 걸고 꾸준히 노력한 결과, Ralph Lauren의 브랜드명은 홈 패션, 여성복, 유아복, 액세서리 등 다른 영역에서까지 인정받게 되었다. 패션계에 종사하는 많은 이들은 Ralph Lauren이 최초의 라이프스타일 브랜드였고, Donna Karan, Martha Steward, Reef, NASCAR 등 많은 디자이너들이 그 뒤를 따라 그들의 브랜드를 라이프스타일 영역까지 확장했다고 믿고 있다. 경영 전략에 관한 또 다른 예를 들자면, Aeropostale은 제품을 최대한 빨리 시장에 공급하기 위해 공급 사슬 전체에 걸쳐 신기술을 도입하였다. 공급 사슬의 속도를 높임으로써 Aeropostale은 옷을 보다 빠르고 보다 효과적으로 만들 수 있게 되었고, 제품을 시장에 가장 빨리 내놓는 회사 중 하나가 되었다. 결과적으로, "전략은 차별화와 경쟁성 증가라는 장점을 안겨 주는 동시에, 이 비즈니스 모델은 비즈니스가 운영되고 수익을 창출하는 경제의 일면을 설명해 준다."(Harvard, 2005, p.xvi)

패션 소매업 : 기본 요소

패션 소매업에는 비즈니스 모델과 관련해 네 가지의 기본적인 요소가 있다. 앞서 언급한 바와 같이 첫 번째 기본 요소는 소비자, 두 번째는 신속하고 효과적인 운영, 세 번째는 같은 사업적 위험을 인지하는 것, 그리고 네 번째는 옷, 신발, 액세서리 등 판매하고자 하는 패션 아이템을 잘 고르는 것이다. 패션 사업은 이 네 가지 기본 요소가 잘 어우러져 패션 상품으로 수익을 창출하는 것이다. 이것을 마음속에 깊이 새기면서, 각각의 요소를 하나하나 짚어 보자.

소비자

소비자는 패션 소매업계 모델의 원동력이다. 제1장에서 배웠듯, 과거의 패션 회사는 무엇이 유행하고 사람들이 무엇을 사야 하는지를 지배해 왔다. 그러나 오늘날의 소비자는 "누군가에 의해 지배당하지 않는다. 사람들은 보다 자기 중심적이고 조심스러우며 그들의 개인성향에 대해 신중하다."(Easey, 2009, p.23) 따라서 소비자들은 물건을 살 때 보다 신중하다. 누구나 옷은 입어야 한다(이는 법으로 규정된 것이다). 그러나 어느 매장을 선택해 돈을 어떻게 쓰는냐는 자유다. 모든 소비자는 패션 소비자들이지만, 패션에 대한 취향도 제각각이며, 소비 습관도 제각각이다. 결국 누군가가 패셔너블 하다면 이는 그 사람의 개인적 스타일에 따라 결정되는 것이다. 그렇기 때문에 패션 사업가는 현재와 미래 소비자의 프로파일을 만들어야만 하는 것이다.

소비자의 프로파일을 만들기 위해 사업가는 소비자의 소비 선호도와 소비 습관을 이해하기 위한 리서치를 해야 한다. 비형식적인 수집형 리서치로는 단순히 소비자의 소비와 쇼핑 습관을 관찰하는 것이다. Coldwater Creek은 "세일즈 자료를 얻고, 재고를 파악하며, 고객 방문 수를 모니터링하고, EDI를 만들기 위해 POS(point-of-sale registers: 판매가 이루어질 때 정보를 입력하는 방식)를 사용한다." 또한 회사는 고객이 집에서 답변할 수 있는 온라인 설문이나 어느 지역의 고객이 많은지를 파악할 수 있도록 고객의 우편번호를 묻는 등 여러 가지 방법을 통해 포인트 오브 세일에서 회사 자체 내의 정보를 수집할 수 있다. 이보다 형식적인 방법으로는 전문 리서치 회사에 문의하는 방법이 있는데, 비용이 많이 들 수 있다. 이러한 리서치 회사는 중 TRU라는 곳이 있는데, 이 회사는 Target, Union Bay 그리고 Victoria's Secret의 리서치를 맡은 회사이자 '트윈 세대, 10대와 20대 사이에서 글로벌 리더'로 알려져 있다.

만일 회사가 소비자가 어떻게 생각하고 있는지에 대한 요점을 종합하기를 원한다면 **소비자에 대한 자신감**(consumer confidence, 소비자에 대한 자신감에 관해서는 제7장에서 보다 자세히 다룸)이라고 알려진 경제적 지표를 참고할 수 있다. 정보를 분석하고 이를 소비자에 대한 자신감이라고 보고하는 사업체로는 개인 사업체와 공공 사업체 모두 존재한다. 그리고 어떤 경우에는 회사가 직접 자사의 소비자를 형식, 비형식적으로 조사한다. Kenneth Cole의 2009년도 연간 보고서는 "우리는 매년 자사의 마켓 리서치를 통해 수만 명의 미래의 소비자와 기존 소비자의 목소리를 듣는다(Kenneth Cole, 2009)."라고 언급하고 있다. 이는 단순히 소비자에게 서비스를 제공하는 것만이 아니라 소비자의 결정에 도움을 주는 회사의 직원과 연계하는 것이다. 이는 패션과 관련한 여러 제품을 구매하는 여러 가지 유형의 소비자를 이해할 수 있도록 돕는다. 제9장에서는 국내 소비자와 글로벌 소비자에 대해 논하고자 한다.

신속하고 효율적인 운영

패션 소매업에서 두 번째 기본 요소는 신속하고 효율적인 운영이다. 이는 소비자와의 거래, 공급 사슬 관리, 환불과 교환, 그리고 업체를 운영하기 위해 매일매일 사용하는 단순하고 일반적인 정책과 과정 같은 일상업무의 운영을 포함한다. 어떤 소매업체는 수직적으로 구성되어 있는 반면 어떤 업체는 보다 전통적인 방법으로 제품을 구매하고 유통한다. [그림 4.2]는 오늘날의 소매업체가 어떻게 구성되어 있는지를 보여준다.

패션 소매 모델에서 한 가지 중요한 요소는 패션 사업체가 소비자의 요구에 대응할

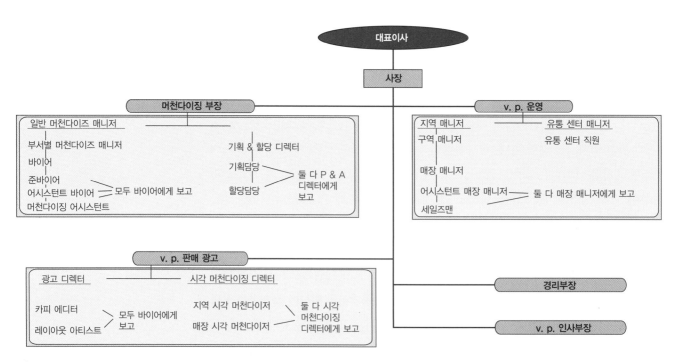

그림 4.2 패션 소매업체의 조직도

출처 : Hawa Stwodah

수 있는 신속하고 효율적인 방법이라는 것이다. 운영 부분은 공급 사슬을 가장 빠르게 연계하는 것인데, 이는 소비자에게 대응하는 데 있어 아주 중요하다. 예를 들어, 긴 제조 사이클 때문에 생기는 느린 공급 사슬은 낮은 물량을 초래하고 경우에 따라 패션 시즌의 호황을 놓칠 수도 있음을 의미한다. 따라서 판매를 극대화시키는 데 지장을 주고 대규모 가격인하와 디스카운트를 초래하게 된다. Under Armour의 2009년 연간 보고서는 "만일 우리 회사의 유통 시스템에 문제가 발생한다면 제품을 시장에 제공할 수 있는 능력에 큰 영향을 끼칠 수 있다."고 쓰고 있다.

Under Armour는 두 개의 유통 센터가 있다. 만약에 이 센터들이 효율적으로 운영되지 못하거나, 두 곳 중 한 곳이라도 '소프트웨어와 하드웨어, 전력 중단, 시스템 고장과 같이 뜻밖의 불상사가 발생한다면', 유통 채널의 효율성이 무너져 제품이 소매업체에 운송되는 것이 지연되고, 나아가 수익과 이윤 저하를 초래한다(Under Armour, 2010, p.17). 매장이 소비자의 요구에 최대한 빨리 대응하여 경쟁력을 키우는 데 있어 신속하고 효율적인 공급 사슬은 아주 중요한 요소이다. Kenneth Cole의 2009년 연간 보고서에는 "본 회사의 EDI 시스템은 소비자의 요구에 효율적으로 대응하도록 개선하고, 소비자와 본 회사가 구매, 운송 그리고 송장 작성을 모니터링하는 것 또한 가능케 했다."고 쓰여 있다. 소비자의 요구를 만족시키는 것이 모든 패션 소매업의 목표이자 원동력임을 기억하자.

위험 요소

소매업자들은 매일 사업의 목표를 계획하고 수행한다. 그 계획에서 그들은 반드시 사업의 위험이라 부르는 뜻밖의 상황을 고려해야만 한다. 이러한 요소들은 사업의 이윤창출에 영향을 미칠 수 있다. 모든 패션 소매업은 다음과 같은 세 가지의 일반적인 **위험 요소**(risk factors)에 노출되어 있다: 예측 불가능한 소비자, 안정 혹은 불안정한 경제 상황, 그리고 공급 사슬의 효율성. 물론 이러한 것들이 위험 요소의 전부는 아니지만, 이 세 가지가 소매업계에서 가장 일반적인 것들임은 분명하다.

앞에서 언급하였듯이, 소비자들이 무엇을 원하고 그들이 돈을 어떻게 쓰는지에 대해 예측하기란 매우 어렵다. 경제 상황은 소비자의 지출을 결정짓는 데 중요한 역할을 한다. 2007년에서 2009년처럼, 만일 거시경제 상황이 불황이라면 소비자의 소비, 특히 재량 소비가 줄어들기 때문에 사업체도 저조한 판매를 기록하게 된다. 비즈니스 사이클(business cycle)에 관해 언급하자면, 비즈니스는 어느 순간에라도 소비자가 필요로 하고 원하는 것을 파악할 수 있도록 소비자와 지속적으로 접촉하고 계속적으로 관계를 향상시켜 나가야만 한다. 소매업체와 기타 패션 회사는 소비자가 무엇을 원하는지를 파악해야 한다는 끝없는 탐구에 매년 수백만 달러를 투자하고 있다. 예를 들어, Macy's는 Macy's 백화점이 있는 각각의 커뮤니티의 요구에 보다 나은 서비스를 제공하기 위해 지역화 프로그램을 시작했다. "마이 메이시스(My Macy's)를 통해, 우리는 각각의 모든

Macy's 백화점이 그 장소에서 쇼핑하는 소비자에게 '안성맞춤'의 서비스를 제공하는 것이 가능하도록 재능과 기술, 그리고 마케팅을 투자했다.

또한 모든 Macy's 커뮤니티에서 각 지역에 결정권을 보다 많이 부여했다. 우리는 제품 선별, 공간 분할, 서비스 수준, VMD 그리고 스페셜 이벤트를 각각의 지역에 맞추어 맞춤 제작하고 있다."(Macy's, Inc. 연간 보고서, 2010)

마지막으로 꼽은 기본 위험 요소는 공급 사슬의 효율성이다. 제품이 생산되고 매장에 유통되는 속도에는 위험 요소가 동반된다. 완성된 제품을 만들기 위해 자른 천과 다른 가공을 공급 받아야 하는 의류제품의 조합에는 시간이 제한요소가 될 수 있다. 일단 완성되면, 상품은 매장에 신속하게 운송되어야 하고 정확한 시간에 판매될 준비가 되어 있어야 한다. 반면, 만일 상품이 매장에 신속하게 운반되지 못한다면, 그 매장의 재고 상품이 줄어들고 이는 회사의 이익창출에 부정적인 영향을 끼치게 된다.

패션 상품

패션 상품은 소매업체가 패션 소매업체로서의 명성을 얻을 수 있을 만한 제품이어야 한다. 패션 상품은 의류에서 차에 이르기까지 다양하다. 라이선스(license)라는 제도 때문에 우리는 사탕에서부터 섬유에 이르기까지 온갖 상품에 패션 디자이너의 이름을 볼 수 있다. 패션 상품이라고 불릴 만한 어떠한 상품이라도 소비자의 객관적인 관점이 연루되어 있다. 패션 소비자의 수준이 다양하듯 패션 상품의 수준도 다양하다. 매장의 모든 제품이 유행하는 제품인 것은 아니다. 어떤 것은 클래식 아이템, 어떤 것은 유행 아이템, 어떤 것은 소비자의 기본적인 욕구를 충족시켜 주는 아이템이다.

일반적으로 대부분의 사람들은 그 당시 유행하는 옷을 입지만, 몇몇 소수의 사람들은 독특한 옷을 입기를 원한다. 바로 이러한 이유 때문에, 모든 제품이 유행하는 제품이어서는 안 되는 것이다. 소매업체는 보통 매장에 그들이 선별한 옷들을 진열, 판매한다. 유행에 민감하지 않은 소비자들에게도 어필할 수 있도록 그중 몇 퍼센트는 클래식한 옷을 진열해야 한다. 이러한 소비자들은 실용적인 목적으로 옷을 구입한다. 겨울이라 새 코트가 필요할 수도 있고, 혹은 그 소비자가 변호사라 직업적 이미지에 맞도록 네이비 블루와 검은색 정장의 보수적인 옷이 필요할 수도 있다. [그림 4.3]은 여러 가지 유형의 패션 소매업체에서 패션에 할애한 일반적인 공간 배치 비율을 보여준다.

소매업체의 판매를 결정짓는 것은 패션의 '뉴룩(new look)'이다. 이러한 룩은 패션 트렌드일 수도 있고, 새로운 컬러, 새로운 디자인, 모양 혹은 실루엣일 수도 있다. 패션은 사람들에게 감정을 불러일으키고 이러한 감정은 욕망을 만들어 낸다. 만일 그 욕망이 소비를 유발한다면 소비자의 감정은 경제적 동기가 되는 것이다.

앞서가는 패션 의류	10~15%
대중 패션	75~90%
기본적인 클래식한 의류	65~75%

그림 4.3 새로운 패션 아이템을 할애한 공간의 비율

패션 소매업체

북미산업분류시스템

북미산업분류시스템(North American Industry Classification System, NAICS)은 미국 통계국(U.S. Census Bureau)에 나와 있는 패션 비즈니스 모델을 유형별로 분류한다. 미국 정부는 본 분류 시스템을 이용해 비즈니스와 연관된 모든 통계적 자료를 수집하고 분석한다. 이 시스템은 미국 정부가 판매, 제품 목록, 제품의 판매가, 수입, 수출, 그리고 비즈니스를 운영하는 것과 관련된 기타 정보를 분류하는 것을 가능하게 하는데, 미국 정부는 이 시스템을 두 가지의 목적으로 사용한다. 그 첫 번째 목적은 NAICS로 하여금 '비즈니스와 관련된 정보를 수집, 도표 작성, 발표, 분석하기 위함' 이다.

그리고 두 번째 목적은 '북미의 경제를 설명하는 통계 자료를 발표하고 분석하는 데 있어 통일성과 비교 가능성을 향상시키기 위함' 이다(NAICS). 모든 비즈니스는 산업과 비즈니스를 함께 묶기 위한 분류 번호가 있다. Dun과 Bradstreet, Hoovers, Standard and Poors 등은 회사와 산업에 대한 정보를 판매하는 회사로서 이러한 회사들은 NAICS를 이용하고 있다(NAICS). 본 장에서 다루는 NAICS 코드는 448번인 의류와 의

그림 4.4 이 도표는 백화점의 의류와 의류 액세서리 카테고리 리스트의 예이다.

2007 NAICS

이것은 의류와 의류 액세서리 매장을 위한 카테고리 리스트의 예이다. 각 의류 매장의 유형은 숫자 448로 시작함을 주목하라. 숫자는 448에 덧붙여지기 때문에 그 특정한 카테고리를 알아볼 수 있다.

<u>448</u>	**의류와 의류 액세서리 매장**
<u>4481</u>	**의류 매장**
<u>44811</u>	남성복 의류 매장
<u>448110</u>	남성복 의류 매장
<u>44812</u>	여성복 의류 매장
<u>448120</u>	여성복 의류 매장
<u>44813</u>	아동복과 유아복 의류 매장
<u>448130</u>	아동복과 유아복 의류 매장
<u>44814</u>	가족 의류 매장
<u>448140</u>	가족 의류 매장
<u>44815</u>	의류 액세서리 매장
<u>448150</u>	의류 액세서리 매장
<u>44819</u>	기타 의류 매장
<u>448190</u>	기타 의류 매장
<u>4482</u>	**신발 매장**
<u>44821</u>	신발 매장
<u>448210</u>	신발 매장
<u>4483</u>	**주얼리, 여행가방, 가죽제품 매장**
<u>44831</u>	주얼리 매장
<u>448310</u>	주얼리 매장
<u>44832</u>	여행가방 및 가죽제품 매장
<u>448320</u>	여행가방 및 가죽제품 매장

류 액세서리 카테고리에서 452번은 제너럴 머천다이즈 스토어 카테고리이다. 본 장의 앞부분에서 설명한 카테고리 리스트를 이해하기 위해서는 [그림 4.4]를 참조하라.

제너럴 머천다이즈 스토어

NAICS 452

미국 통계국(U.S. Census Bureau)에 의하면, "제너럴 머천다이즈 스토어(General Merchandise Stores, GMS: 종합소매점)는 정해진 매장의 장소로부터 새로운 일반 상품 소매를 소구역으로 나눈다." 이 소구역에 해당하는 사업은 한 장소에서 매우 다양한 상품을 팔 수 있는 장비와 직원이 있다는 점에서 특별하다.

"이곳에는 다양한 제품 진열 기구와 상품에 대한 다양한 정보를 제공할 수 있도록 훈련된 직원이 있다."(미국 통계국, GMS). GMS는 메인 카테고리 혹은 백화점이나 할인 체인점을 망라하거나 중복되는 매장 분류에 속한다. 이러한 유형의 매장은 같은 특성을 공유하기도 하지만, 진정한 GMS는 지역에 점포 하나만 있으면서 특정한 제품 라인을 강조하지 않고 다양한 상품을 판매하는 점포로 설명된다(미국 통계국). GMS는 지역의 편의점일 수도 있다. 이러한 매장은 요즘 규모가 큰 매장들이 매장의 계산대를 만들면서 많이 적용하여 사용하고 있는 아이디어를 처음 쓰기 시작했다. 그러한 아이디어 중 하나는 음식, 가내 제품, 부드러운 제품, 의류와 액세서리, 건조식품 등 다양한 종류의 제품을 하나의 점포에서 판매하는 것이다. 이러한 매장은 오직 하나의 분야나 제품 카테고리에 집중하는 대신 다양한 라인의 제품을 잘 알고 있는 직원을 고용하는 것과 같은 또 다른 '편리함'을 내세운다(미국 통계국).

정리하자면, GMS는 백화점, 할인 체인점 그리고 창고/대형상점의 다양한 카테고리를 망라한다. 다음은 GMS의 다양한 서브 카테고리들이다.

서브 카테고리 : 백화점

NAICS 4521

백화점은 GMS의 서브 카테고리이다. 이러한 유형의 매장에는 각 층마다 의류에서 전자제품까지 다양한 종류의 상품을 판매하는 아주 많은 부서가 있다. 백화점의 소프트 라인(soft line)에는 의류, 홈패션, 신발, 액세서리와 화장품이 있다. 백화점의 하드 라인(hard line)에는 가구, 전자, 하드웨어와 자전거가 있다. 모든 백화점이 이렇게 다양한 종류의 제품을 판매하는 것은 아니다. [그림 4.5]는 제품과 서비스를 기반으로 한 백화점의 여러 가지 유형을 보여준다. 이 표에 모든 제품과 서비스가 나열된 것은 아니지만 미국 백화점의 총 숫자와 그 백화점의 판매가 포함되어 있다. 백화점의 예로는 Macy's, Dillard's, Neiman Marcus, Saks Fifth Avenue 그리고 Nordstrom이 있다. 전형적인 백화점의 모습은 [그림 4.6]을 참조하라.

NAICS 넘버		고용 규모	회사의 수	사업체의 수	고용인의 수	연간 급여($1,000)
4521	백화점	1 : 전체	138	8,813	1,292,007	24,009,834
4521	백화점	2 : 0~4	84	84	91	6,519
4521	백화점	3 : 5~9	15	15	0	0
4521	백화점	4 : 10~19	4	4	47	1,435
4521	백화점	5 : <20	103	103	0	0
4521	백화점	6 : 20~99	7	7	345	6,124
4521	백화점	7 : 100~499	3	4	317	11,109
4521	백화점	8 : <500	113	114	882	26,230
4521	백화점	9 : 500+	25	8,699	1,291,125	23,983,604
45211	백화점	1 : 전체	138	8,813	1,292,007	24,009,834
45211	백화점	2 : 0~4	84	84	91	6,519
45211	백화점	3 : 5~9	15	15	0	0
45211	백화점	4 : 10~19	4	4	47	1,435
45211	백화점	5 : <20	103	103	0	0
45211	백화점	6 : 20~99	7	7	345	6,124
45211	백화점	7 : 100~499	3	4	317	11,109
45211	백화점	8 : <500	113	114	882	26,230
45211	백화점	9 : 500+	25	8,699	1,291,125	23,983,604
452111	백화점(할인 체인점 제외)	1 : 전체	65	3,733	550,382	9,934,857
452111	백화점(할인 체인점 제외)	2 : 0~4	32	32	0	2,742
452111	백화점(할인 체인점 제외)	3 : 5~9	7	7	0	0
452111	백화점(할인 체인점 제외)	4 : 10~19	2	2	0	0
452111	백화점(할인 체인점 제외)	5 : <20	41	41	93	4,550
452111	백화점(할인 체인점 제외)	6 : 20~99	4	4	149	2,196
452111	백화점(할인 체인점 제외)	7 : 100~499	1	1	0	0
452111	백화점(할인 체인점 제외)	8 : <500	46	46	314	11,117
452111	백화점(할인 체인점 제외)	9 : 500+	19	3,687	550,068	9,923,740
452112	할인 체인점	1 : 전체	76	5,080	0	0
452112	할인 체인점	2 : 0~4	52	52	0	0
452112	할인 체인점	3 : 5~9	8	8	0	0
452112	할인 체인점	4 : 10~19	2	2	0	0
452112	할인 체인점	5 : <20	62	62	0	0
452112	할인 체인점	6 : 20~99	3	3	0	0
452112	할인 체인점	7 : 100~499	2	3	0	0
452112	할인 체인점	8 : <500	67	68	568	15,113
452112	할인 체인점	9 : 500+	9	5,012	0	0

그림 4.5 비즈니스 파트너는 미국 백화점의 고용인의 수와 연간 급여를 함께 보여준다. 회사와 점포의 차이점이라면, 회사는 사업을 이끌어 가는 곳이 오직 하나만 있는 것이고 사업체는 여러 곳에서 매장을 운영하는 업체를 말한다. 백화점은 여성복, 남성복, 유아복, 홈패션, 신발, 액세서리, 화장품 그리고 도자기, 유리제품 등 다양한 상품을 선보인다.

출처 : 미국 통계국, 2008

참고 : 위의 표는 2008년 미국 통계국에서 출처한 것이다. 비즈니스 파트너는 미국의 백화점을 고용인의 수와 연간 생산하는 급여를 함께 보여준다. 회사와 점포의 차이점이라면, 회사는 사업을 이끌어 가는 곳이 오직 하나만 있는 것이고 사업체는 여러 곳에서 매장을 운영하는 업체를 말한다. 백화점은 여성복, 남성복, 유아복, 홈패션, 신발, 액세서리, 화장품 그리고 도자기, 유리제품 등 다양한 상품을 선보인다.

그림 4.6 전형적인 백화점의 모습
출처 : Shutterstock

서브 카테고리 : 할인 체인점

NAICS 452112

미국 통계국이 정의한 바에 따르면, "본 산업은 보통 매장의 앞쪽에 손님이 체크아웃 할 수 있는 곳이 마련되어 있고 각 부서에 한 곳 혹은 그 이상의 추가의 계산대가 있는 백화점이라 불리는 사업을 포함하고 있다. 할인 체인점에서 백화점은(신선한 제품이나 부패 가능한 음식을 제외한) 여러 종류의 일반 상품을 판매한다."

할인 체인점(Discount Department Store)에는 백화점의 분위기는 없다. 이곳은 넓고 큰 장소이며, 백화점과 달리 할인 체인점에서는 대부분 손님이 매장에 들어설 때 쇼핑 카트를 끌고 들어가게 된다. 백화점에는 체크아웃 장소가 대부분의 부서 각각에 마련되어 있는 것과 달리, 할인 체인점에는 체크아웃 장소가 매장의 앞쪽에 자리하고 있다(그림 4.7).

또한, 판매되는 상품의 가격이 백화점 제품의 가격보다 낮게 책정되어 있다. 할인 체인점은 브랜드명이 있는 상품을 판매한다. 성공한 브랜드로 고품질의 상품이지만 최신성이나 유행이 다소 지난 브랜드이다. Target이나 Kohl's와 같은 할인 체인점은 JC Penney의 Vera Wang이나 Liz Claiborne이 디자인한 Kohl's Simply Very와 같은 디자이너 레이블이 붙은 패션 상품을 판매한다.

그림 4.7 백화점은 체크아웃 장소가 대부분 부서마다 있는 반면, 할인 체인점에서는 체크아웃 장소가 매장의 앞쪽에 자리하고 있다.
출처 : Alamy

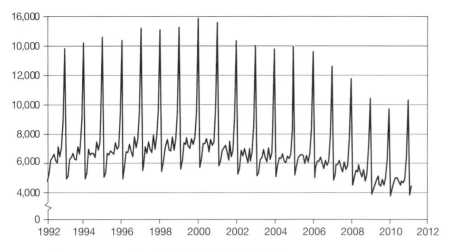

그림 4.8 2007~2011년도의 다양한 할인 체인점의 판매 실적
출처 : 미국 통계국

Marketresearch.com(First Research, Inc. 출판)의 보고서에 따르면, "미국의 할인 체인점 산업은 약 5,000개의 매장이 있고, 연간 매출은 1,300억 달러"이며, "판매되는 상품은 의류(판매의 20%), 퍼스널 케어 상품(15%), 식료품(7%), 그리고 장난감(6%)이다." [그림 4.8]은 할인 체인점의 판매 실적을 보여준다.

기타 GMS : 웨어하우스 클럽/슈퍼센터

NAICS 452910

"본 산업은 웨어하우스 클럽, 슈퍼스토어 혹은 슈퍼센터라고 불리는 판매처로 일차적으로 일반 식료품을 판매하면서 의류, 가구 그리고 가전제품과 같은 새로운 제품 또한 함께 판매하는 곳이다. '웨어하우스 클럽(warehouse club)'이나 '슈퍼센터(super-center)'라는 용어는 종종 서로 바뀌어 사용되기도 한다. 이와 같은 유형의 점포는 개개의 상품을 높은 가격에 판매하는 것과 반대로 많은 양의 아이템을 저렴하게 판매함으로써 수익을 창출한다. 매장 자체는 진열, 판매할 장소가 풍부한 매우 넓고 탁 트인 공간이다. 매장의 형태가 박스(box)와 같아 '빅 박스(big box)'라는 이름을 만들어 내기도 했다(그림 4.9).

보통 이러한 매장은 4,645m² (Hoovers) 이상의 규모이다. Michael Clapman에 의하면, 웨어하우스 클럽은 평균 1,208m²이다.

Hoovers에 따르면, 웨어하우스 클럽과 슈퍼스토어는 "20개의 회사가 4,000개의 매장을 가지고 있으며, 연간 매출은 약 3,600억 달러이다." BJ's, Costco, Sam's Club은 세계적으로 1,420억

그림 4.9 전형적인 빅 박스 스토어
출처 : Alamy

BJ's	106억 3천만
Sam's Club	461억
Costco	3억 6백만

그림 4.10 웨어하우스/빅 박스 스토어가 2년간 달성한 판매

달러의 매출을 올렸다. 여기에서 1,988,000달러는 의류판매 매출이었다. 웨어하우스 매장 비즈니스 모델은 고객이 매년 갱신할 수 있는 멤버십 가입비를 지불해야만 한다. 묶음으로 구입하거나 대량으로 상품을 구입하며 제품의 종류는 다양하다. 그러나 보통 "4,000~8,000점의 상품(Stock Keeping Units, SKUs)을 보유하고 있다." (Hoovers). 본 사업의 가장 큰 부분을 차지하는 부분은 사탕을 제외한 식료품으로 총 판매의 11~11.5%를 차지한다. 냉동식품과 담배는 각각 판매의 5% 이상을 차지한다. 2005년부터 2009년까지의 다양한 웨어하우스 클럽의 판매에 대해서는 [그림 4.10]을 참조하라. 웨어하우스 매장의 타깃 고객은 최신 유행의 패션을 찾고 있진 않지만 이름 있는 브랜드는 알아볼 수 있다. 판매되는 대부분의 의류와 액세서리는 회사를 위해 특별히 제작된 것들로, 이것은 그곳의 제품을 다른 곳에서 만나기는 매우 어려운 제품들이다.

소매업태

모든 종류의 매장들이 건물 안에 마련되어 있는 것은 아니다. NAICS에 따르면 이러한 부류의 스토어를 브릭 앤드 모르타르(Brick-and-mortar), 즉 소매업 유통이라 칭한다. 소매업체들이 상품을 유통하는 다른 방법들도 있는데, 소매업 설문조사팀은 판매에 관련한 질문을 할 때 이러한 경우도 염두에 둔다. 다음으로 패션 소매업체가 소비자에게 다가가기 위한 보다 현대적인 방법에 대해 공부하고자 한다.

모든 기타 GMS

NAICS 45299

본 서브 카테고리는 기본적으로 일반 상품에서 새로운 제품을 취급하는 매장(단, 백화점, 웨어하우스 클럽, 슈퍼스토어와 슈퍼센터를 제외한)이다. "이와 같은 매장은 의류, 자동차 부품, 건조제품, 식료품, 가정용품, 혹은 가구 등 새로운 일반 상품을 어느 특정한 제품에 집중하지 않고 두루 취급한다." (미국 통계국).

의류 매장

NAICS 4481

의류 매장은 12개 카테고리의 스토어가 특정한 NAICS 코드를 가지고 있으며, 모두 '448'로 시작한다. 그리고 의류 매장에는 네 가지의 서브 카테고리가 있다. 여성복, 남성복, 아동복, 그리고 패밀리 의류가 그것이다. 미국 통계국은 이 모든 카테고리를 "고정된 매장에서 새로운 의류와 의류 액세서리 상품을 소매하는 의류와 의류 액세서리 매장 산업이다. 본 서브 카테고리에 있는 사업체는 유사한 상품 진열 기기와 패션 트렌드에 대한 지식과 스타일, 색상, 고객의 특징과 취향에 맞는 의류와 액세서리의 조합을 알맞게 조합할 수 있는 직원을 배치하고 있다."고 설명하고 있다.

그림 4.11 매장의 이름이 브랜드명인 Ann Taylor 매장의 모습
출처 : Alamy

종합적으로 전문점은 일반적으로 같은 성격과 유사한 제품, 혹은 보조제품의 특정한 제품을 공급한다. **전문점**(specialty store)은 하나의 브랜드를 공급하는데, 이는 매장의 이름이 되는 경우도 있다. 예를 들어, Ann Taylor는 매장의 이름이기도 하고, 그 점포에서 판매하는 상품의 브랜드명이기도 하다(그림 4.11). 이는 Gap의 경우도 마찬가지다. 또 다른 종류의 전문점은 **맘-앤드-팝**(mom-and-pop) 스토어로, 보통 매우 전문적인 제품을 소량으로 판매한다. 예를 들어, 18세에서 34세 여성을 겨냥한 여성 부티크 매장으로 여러 가지 브랜드의 제품을 판매하는 스토어도 전문점이라 할 수 있다. 전문점은 체인 스토어일 수도 있고, 매장이 하나밖에 없는 스토어일 수도 있는데, 이런 경우가 맘-앤드-팝 스토어이다. 매장의 크기가 적고 그 매장에서 판매하는 제품의 성격 때문에 전문점의 고객은 특별한 대우를 받는다.

2010년 의류와 액세서리를 취급하는 매장의 매출은 2,193억 달러(미국 통계국)에 달했다. 1999년 매출은 2,620억 달러를 기록했다. 1992년과 2009년의 매출 비교는 [그림 4.12]를 참조하라.

남성복 매장

NAICS 448110

미국 통계국은 남성복 매장을 다음과 같이 설명한다. "본 산업은 주로 남성과 소년의 옷을 취급하는 사업체로 구성되어 있다. 본 사업체는 밑단 수선, 이음새 조절, 또는 소매 길이 조절 등 기본적인 수선을 제공하기도 한다."

NAICS 넘버	업종	1992	1993	1994	1995	1996	1997	1998	1999	2000	2001	2002	2003	2004	2005	2006	2007	2008	2009
448	의류 및 의류 액세서리 매장	120,346	125,001	129,341	131,593	136,851	140,565	149,433	160,043	167,968	168,858	174,604	180,350	186,096	191,842	197,588	203,335	2,16,087	2,04,866
4481	의류 매장	85,459	88,222	90,260	90,809	93,820	97,831	104,237	111,792	118,210	117,573	121,518	125,463	129,408	133,352	137,297	141,242	1,58,075	1,52,246
44811	남성 의류 매장	10,185	9,968	10,039	9,322	9,554	10,077	10,204	9,675	9,515	9,632	9,590	9,549	9,508	9,467	9,425	9,384	8,534	7,707
44812	여성 의류 매장	31,840	32,377	30,611	28,723	28,266	27,851	28,363	29,581	31,480	28,633	28,380	28,126	27,873	27,620	27,366	27,113	38,351	35,780
44814	패밀리 의류 매장	33,159	35,311	38,118	40,014	42,275	45,259	50,169	55,333	58,928	60,326	63,534	66,742	69,950	73,158	76,367	79,575	83,001	81,464
44819	기타 의류 매장	5,325	5,553	6,026	6,645	7,148	7,359	7,506	8,284	8,852	9,131	9,564	9,997	10,430	10,863	11,296	11,729	11,873	11,406

그림 4.12 1992에서 2009년까지 판매 비교
출처 : 미국 통계국

여성복 매장

NAICS 448120

미국 통계국은 여성복 매장 산업을 다음과 같이 설명한다. "본 산업은 주로 여성복, 미혼복 그리고 임부복을 포함한 아동복을 취급한다. 본 사업체는 밑단 수선, 이음새 조절, 또는 소매길이 조절 등 기본적인 수선을 제공하기도 한다." IBISWorld.com에 의하면, 여성복 매장은 485억 달러(16억 달러의 수익)의 연간 매출을 내고 있다. 미국에는 43,505개의 여성복 매장이 있다. 본 산업에는 네 개의 주요 회사가 있는데, 이는 Charming Shoppes, Limited Brands, Ann Taylor 그리고 Talbots(그림 4.13)로 여성복 매장의 약 18.8%를 차지하고 있다. [그림 4.14]는 탑 여성복 매장의 과거/미래 8년간의 판매 성장과 부진을 보여준다.

패밀리 의류 매장

NAICS 448140

패밀리 의류 매장 분야에서 경쟁사는 Macy's와 JC Penney와 같은 백화점과 전문 소매업체인 Gap이 있다. 본 산업에 대한 NAICS 설명은 다음과 같다. "본 산업은 주로 남성, 여성, 어린이 의류의 새 상품을 성별이나 나이에 집중하지 않고 판매한다. 이러한 사업체는 밑단 수선, 이음새 조절, 또는 소매길이 조절 등 기본적인 수선을 제공하기도 한다."(미국 통계국)

그림 4.13 Talbots는 네 개의 대표적 여성복 회사 중 하나이다.
출처 : Alamy

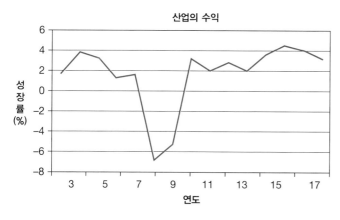

그림 4.14 지난 10년간 여성복 매장의 성장과 감소

무점포 소매업

NAICS 454

무점포 소매업에는 16가지의 서브 카테고리가 있다. 미국 통계국에 따르면,

> 무점포 소매업 산업은 정보의 방송이나, 직접적인 반응 광고나 방송, 종이나 전자 카탈로그 제작, 가정 방문 판매, 가내 데몬스트레이션, 포장마차 판매, 판매기기를 통한 유통 등을 통해 상품을 판매한다. 이와 같은 카테고리의 사업체는 통신 판매 관리자, 판매기기 기술자, 가정 배달 판매, 가정 방문 판매, 파티 플랜 판매, 전자 쇼핑, 그리고 포장마차 판매(예 : 벤더, 음식물 제외) 등이 있다. 예를 들어, 가정용 보일러 기름 딜러와 신문 배달 서비스 회사와 같은 제품의 직접적인 판매 사업체가 여기에 속한다.

전자 쇼핑과 통신 판매점

NAICS 45411

미국 통계국은 전자 쇼핑(electronic shopping)과 **통신 판매**(mail order) 산업을 분류하는 데 NAICS 45411을 사용한다. "본 산업은 주로 카탈로그, 무료 전화 서비스, 컴퓨터나 TV와 같은 전자 미디어를 통해 매장 없이 판매하는 모든 종류의 제품 판매법을 말한다. 통신 판매점의 카탈로그 쇼룸을 통한 판매도 포함한다."(미국 통계국)

홈쇼핑

NAICS 454113

홈쇼핑으로도 불리는 TV 쇼핑은 지난 10년 동안 발달된 것으로, 호스트는 물론 연예인이나 사업가, 디자이너, 아티스트가 출연해 여러 가지 제품의 특징을 설명하는 방식으로 구성된다. 이들이 제품을 설명한 이후 소비자는 전화를 걸어 주문하고, 신용카드나 직불카드를 사용해 지불한다(Harvard, 2005). [그림 4.15]는 QVC 호스트와 게스트의 모습이다. 홈쇼핑 사업에 가장 큰 두 경쟁사는 QVC [품질(Quality), 가치(Value), 편리함(Convenience)]와 HSN[홈쇼핑 네트워크(Home Shooping Network)]이다. 원래 홈쇼핑은 저렴하고 품질이 낮은 상품을 판매하는 것으로 생각되었지만, 요즘은 Yves Saint Laurent, Clinique, Marc Bouwer 등 쟁쟁한 브랜드들도 자신들의 제품을 홈쇼핑 채널에 자랑스럽게 내놓는다(Int'l Cosmetic News). 수십 억 달러에 상당하는 홈쇼핑 산업은 호스트들이 유익한 정보를 제공할 뿐만 아니라 시청자들에게 즐거움을 선사한다. 이들은 적극적으로 고객에게 다가가 판매를 촉진시키는 결과를 가져온다(Kaplan). 홈쇼핑은 고객과의 관계를 향상시키고, 교육을 제공하고, 즐거움을 선사할 뿐만 아니라, 무엇보다 상품 유통에 또 하나의 창구를 마련하기 때문에 판매에 있어서 좋은 기회로 여겨져 왔다(Harvard, 2005).

TV 쇼핑은 의류에서부터 가정용품, 화장품 그리고 보석에 이르기까지 패션산업의 모든 분야를 대변한다. 소비자에게로 다가가는 수단은 끝이 없다.

그림 4.15 TV 쇼핑 비즈니스의 가장 큰 두 경쟁사 중 하나는 QVC이다.
출처 : Alamy

한동안은 기술적인 혁신이 TV 쇼핑에 도움을 주는 것처럼 보였지만, 회사들은 현재 판매를 향상시키는 방법을 개발하는 데 분투하고 있는 실정이다. 젊은 세대가 늘어남에 따라, 텔레비전 쇼핑에의 관심은 상대적으로 줄어들었다. 요즘엔 인터넷을 통해 무엇이든 살 수 있기 때문이다. QVC와 HSN 모두 시장에서의 존재감을 유지하기 위해 웹사이트를 만들어 운영하고 있다. HSN.com은 웹사이트 업계에서 톱 10위 안에 든다(Kaplan). 발달한 시장에서 지속적인 관심을 유도하기 위해 HSN은 Comcast와 협업해 시청자가 '리모컨 쇼핑'을 할 수 있도록 하고 있다. 이는 TV 리모컨으로 화면에서 본 상품을 구매

홈쇼핑 소매 TV										
	2001	2002	2003	2004	2005	2006	2007	2008	2009	2010
QVC	3,894	4,362	4,889	5,687	6,501	7,000	7,397	7,285	7,352	7807
HSN	1,830	1,922	2,230	2,248	3,051	3,290	2,908	2,824	2,750	2967
ShopNBC	462	540	591	624	692	767	782	568	528	562
Shop at home	178	196	238	293	359	—	—	—	—	—

판매보고서(100만 달러)

http://files.shareholder.com/downloads/aBEa-4cW8ZW/1538292648x0x466763/6ac82a25-9B40-4a49-9776-E53a5D2DFFD7/libertyannual4-2007.PDF
http://files.shareholder.com/downloads/aBEa-4cW8ZW/1538292648x0x491124/BBB72533-6EE7-4451-9924-499D37F4c963/liberty_media_corporation_annual_Report_2010.pdf
http://hoovers.api.edgar-online.com/EFX_dll/EdgarPro.dll?FetchFilinghTml1?SessioniD=9VFgFW0T83rDScF&iD=7747269#D10K_hTm_TX154069_8
http://subscriber.hoovers.com.proxy.library.vcu.edu/h/company360/financialhistory.html?companyid=16246000000000
http://academic.mintel.com.proxy.library.vcu.edu/sinatra/oxygen_academic/my_reports/display/id=226633&anchor=atom/displaytables/id=226633

그림 4.16 상위 홈쇼핑 채널의 판매 (2001~2010년)

할 수 있도록 하기 때문에 시청자가 주문을 하기 위해 전화를 걸 필요성이 줄어든다. 케이블과 홈쇼핑 업계의 상위 경쟁사는 이 두 산업을 모두 건실하게 유지하기 위해 이러한 기술을 먼저 습득하려고 경쟁해 왔다(Goetzl). [그림 4.16]은 2001년에서 2010년까지 매출 기준 최고의 홈쇼핑 채널을 보여준다.

패션 소매업의 최신 채널들

패션 소매업의 최신 방법 중 두 가지를 소개하자면, 팝업 스토어(pop-up store)와 키오스크(kiosk)가 있다. 이 두 가지 모두 의류와 액세서리를 유통하는 새로운 방식이다. 회사는 자신들의 메인 매장을 운영하면서 팝업 스토어나 키오스크를 함께 이용하거나, 새로운 상품을 소개하는 방법으로 이용할 수는 있지만, 이것을 유일한 유통 경로로 사용하지는 않는다.

팝업 스토어

팝업 스토어(pop-up store)는 일정 기간 동안에만 영업하는 일시적인 매장이다. 팝업 스토어 아이디어는 과거 10년간 발생한 소매업 트렌드 중 가장 혁신적인 것 중 하나이다. 이러한 모델에서는 스토어가 문을 열어 소비자의 관심을 끌고 수입을 얻을 만큼 얻고는 문을 닫는 것이다. 팝업 스토어는 다양한 목적으로 사용될 수 있기 때문에 소비자와 사업자 모두에게 장점을 안겨줄 수 있다. [그림 4.17]은 2009년 8월 뉴욕 시에 만들어진 Gucci의 팝업 스니커즈 스토어이다. Gucci는 그 매장을 'Gucci Icon-Temporary'라 불렀다(hypebeast.com)(Edelson). 팝업 스토어는 많은 금전적 투자를 필요로 하지 않는다. 일시적인 스토어는 비어 있는 공간에 여는데, 15만에서 100만 달러의 예산이 들 수 있다(Sherman). 팝업 스토어의 목적은 새로운 브랜드를 소개하거나 특정한 브랜드를 만들기 위한 노력의 일환으로 그 장소에 영구적인 점포를 열어도 될 것인가를 시험해 보는 테스트 매장이 될 수도 있다. "팝업 스토어는 특히 회사가 상품뿐만이 아니라 브랜드를 판매하려고 할 때, 미술관이나 아트 갤러리 같은 느낌의 장소에서 열 수도 있다."(Sherman)

그림 4.17 일시적으로 연 'Gucci Icon-Temporary' 팝업 스토어
출처 : Alamy

키오스크

흔히 쇼핑카트로 불리는 키오스크(kiosks)는 공항, 쇼핑몰,

스포츠 센터와 같이 사람이 많이 다니는 장소에서 상품을 판매하기 위해 마련된 일시적인 장소를 말한다. 키오스크는 보통 전문점들이며, 100억 달러 상당의 산업이다(그림 4.18). 키오스크는 **라이선스 소지자**(licensee)에게 상당한 유연성이 부여되고 위험 부담이 적기 때문에(제비용이 거의 없고, 재고가 적으며, 마케팅이나 운영비용이 적을 뿐만 아니라, 월별 렌트로 운영이 가능하기 때문) 1년 내내 열 수 있다. 키오스크의 초기 투자는 크기와 장소에 따라 2,000~10,000달러이며, 일반적으로 사업자는 높은 수익과 낮은 비용으로 쉽게 비용을 충당할 수 있다(Entrepreneur). 키오스크 사업은 보석 수리에서 선글라스, 화장품, 침구 등 패션산업의 모든 분야를 망라할 수 있으며, 키오스크 운영을 할 수 있다는 특별함과 유연성은 라이선스 소지자에게 수익을 얻을 수 있는 끝없는 가능성이 주어진다.

기술의 발달은 키오스크 아이디어에 보다 넓은 가능성을 안겨 주었다. 자동화된 소매 스토어, 혹은 ZoomShops은 전통적인 키오스크 데스크에서 발생한 최신 버전이다. 직

그림 4.18 위와 같은 키오스크는 사람이 많이 다니는 장소에 위치한 일시적인 공간이다.
출처 : Hawa Stwodah

불카드나 신용카드만을 취급하는 이러한 전자 데스크는 가격이 보다 높고 직원을 필요로 하지 않는다(Morrill, 2008). Macy's, Best Buy, Apple, Elizabeth Arden, Coty와 같은 소매업체는 이러한 '자동 판매기'를 들여와 사람이 많은 지역에 전자제품이나 고급 화장품, 또는 향수를 판매하고 있다. 이러한 트렌드는 그야말로 모든 것을 전자화된 자동 판매기에서 살 수 있다는 일본에서 시작되었고, 미국도 서서히 이러한 트렌드를 받아들이기 시작했다(Birchall, 2008). 이 트렌드는 아직 패션업계에 깊숙히 자리잡은 것은 아니지만, 패션 소매업계에 새로운 유행이 될 수 있을 것으로 보인다.

비즈니스 오너십의 종류

사업체의 오너십은 다양한 법적인 방식으로 만들어질 수 있다. 개인기업, 파트너십 그리고 주식회사, 이 세 가지가 사업체 오너십의 가장 기본적인 형태이다. 회사 오너십의 종류는 회사의 배치, 크기, 비즈니스의 영역, 그리고 비즈니스에 가장 적합한 구조적 배치로 그 성격을 규정지을 수 있다. 각 오너십의 종류는 특정한 법적 권리와 책임, 그리고 각 형태의 오너십이 지니는 독특한 장점과 단점에 의해 차별화된다(표 4.1).

표 4.1
비즈니스 오너십 유형별 장점과 단점

비즈니스 유형	장점	단점
개인기업 : 사업체가 한 사람의 오너에 의해 소유되고 운영됨	1. 손쉽게 형성 2. 오너가 모든 결정을 함 3. 수익을 모두 가짐 4. 오너십을 손쉽게 판매·양도함 5. 파트너십과 주식회사에 비해 경리가 매우 간단함	1. 무한정한 경제적 책임 2. 개인 자금과 사업 자금이 하나로 합쳐져 있음 3. 오너에게 모든 금전적 책임 있음 4. 오너에게 모든 개인적 책임 있음 5. 한 사람이 사업 운영에 투자하는 시간이 매우 긺
파트너십 : 사업을 운영하는 두 명 혹은 그 이상의 사람 사이의 관계가 존재	1. 사업 경영상 위험 부담을 분담 2. 각 파트너의 기술을 합쳐 시너지 효과를 얻어냄 3. 손쉽게 형성 4. 정부 규제가 적음 5. 사업의 생명력이 개인기업보다 긺	1. 무한정한 경제적 책임 2. 각 파트너가 내린 결정에 무한정한 책임 3. 파트너 간 충돌 발생 4. 파트너십을 해산하고 폐업하는 것이 개인기업보다 어려움 5. 수익의 분담
주식회사 : 자본, 자산, 제품 생산, 제품 판매. 부채 발생, 신용 확장, 고소할 수 있고 고소당할 수도 있으며 기타 다른 사업체가 가진 기능을 모두 수행하는 법적인 독립체	1. 법적으로 인정받은 사업체로 자본에 대한 접근 기회가 많음 2. 많은 투자자 유치 용이 3. 광범위한 전문가 경영 4. 오너십 양도 간단함 5. 오너의 추가와 삭제가 사업 경영을 방해하지 않음	1. 세금 부담 증가 2. 정부의 간섭 증가 3. 각 주주가 아닌 매니저가 회사의 일상 업무 직접 수행 4. 주주의 배당금은 개인 소득으로 간주되어, 주주의 세금 부담 증가 5. 이사진이 회사의 경영을 감독하므로, 종종 이들의 결정은 회사 전체를 위한 것이 아니라 개인의 이익을 위한 결정일 수도 있음

개인기업

개인기업(sole proprietorship)은 한 사람에 의해 소유되고 운영되는 비즈니스를 말한다. 모든 법적 규칙과 규정은 소유자 한 사람의 책임이다. 오너(owner)들, 혹은 소유자들은 보통 그 비즈니스의 운영을 감독하게 된다. 미국의 소매업계를 구성하고 있는 것이 바로 이러한 종류의 오너십이다. JC Penny(James Cash Penney), Macy's (Rowland Hussey Macy) 그리고 Walmart(Sam Walton)와 같이 오늘날 잘 알려진 소매업체는 이러한 개인기업에 의해 형성된 것이다(그림 4.19).

오늘날 소매업계의 90% 이상, 비즈니스 업계의 72%가 개인기업 형태이다(미국 통계국). 그러나 이러한 개인기업은 판매의 단 20%만을 생성할 뿐이다. 맘-앤드-팝(mon-and-pop) 스토어로 알려진 스토어는 주로 한 위치에서 오너에 의해 운영되는 형태를 취한다. 백화점이 요구하는 보다 큰 규모의 금전적 공간적 필요조건 때문에 맘-앤드-팝 스토어는 보통 전문점이 대부분이다. 개인기업 형태에는 여러 가지 장점과 단점이 있다.

개인기업 회사를 운영하는 가장 큰 이유는 컨트롤할 수 있다는 것이다. 개인기업가가 비즈니스에 관한 결정을 내릴 때 그 누구도 대꾸할 수 없다. 오너는 파트너의 충고 없이 비즈니스에 관한 모든 결정을 할 수 있고, 오너는 유연성을 가지고 회사를 어떠한 방향으로든 이끌어 나갈 수 있다. 개인기업은 자치권과 독립성을 부여하기 때문에 오너는 그 혹은 그녀가 원하는 삶을 살 자유가 있다. 소유자는 (일정 기간 회사에 자리를 비워도 괜찮다고 가정할 때) '보스'에게 허가를 받지 않고 휴가를 내거나 하루 쉴 수도 있다. 소유자는 시간에 구애받지 않고 유동성 있게 일할 수 있다.

또 하나의 중요한 장점은 개인기업은 수익을 분배할 필요가 없다는 것이다. 세금을 내고 난 후 그 나머지는 모두 오너의 몫이다. 개인과 회사 간 차이점은 없으며, 개인기업에 있어 세무는 매우 간단하다. 비즈니스는 단순히 오너의 연장이다. 비즈니스의 수익은 오너의 수익으로 간주되고, 개인적인 수입이 되는 것이다. 소유권자는 개인 세금을 내고, 기업의 세금과 같은 의무가 주어지지 않는다.

미국 정부는 개인기업에 대해 매우 적은 규칙과 규율을 상정하고 있다. 개인기업 형태의 비즈니스를 시작하기 위해 갖추어야 하는 특정한 조건은 없다. 일단 소유권이 형성되면 정부의 간섭은 최소한이다. 게다가 오너의 판단에 따라 비즈니스를 팔거나 소유권을 이전하는 것도 간단하다. 시작하는 것처럼 끝내는 것도 간단하다. 만약 오너가 더 이상 비즈니스 운영을 원치 않는다면 비즈니스를 팔거나 폐업할 수 있다. 연방 그리고 지방 정부에 보고하고 내지 않은 빚을 청산하기만 하면 된다. 그러면 그 개인기업 비즈니스는 더 이상 존재하지 않게 된다.

개인기업의 가장 큰 단점은 무한정한 금전적 책임이다. 개인기업은 오너의 연장이기 때문에, 오너의 개인적 금전과 비즈니스의 금전은 하나로 얽히게 된다. 그러므로 만일 비즈니스가 경제적 난관에 봉착하게 되면 그 오너 또한 경제적 어려움을 겪게 되는 것

그림 4.19 Sam Walton, Walmart의 창시자
출처 : Superstock

이다. 비즈니스의 모든 금전적 책임은 오너 개인의 책임이 되며, 채권자는 오너의 비즈니스 재산뿐만 아니라 개인적인 재산까지도 법적으로 차압할 수 있다.

　패션 머천다이징을 공부한 학생이 졸업하여 조그마한 웨딩 비즈니스를 인터넷으로 시작했다. 과거 4년 동안 거대하고 화려한 웨딩 비즈니스가 증가하게 되어 20만 달러에 상당하는 웨딩 파티복을 주문했다. 몇 달 후 심한 경제불황이 닥쳤고, 그 불황이 지속되어 웨딩 비즈니스에도 큰 타격을 입었다. 웨딩 드레스의 공급자는 가능한 한 빨리 비용을 지불해 주길 원했다. 웨딩 살롱 오너는 웨딩 드레스에 대한 수요가 줄어들어 공급자 혹은 어떤 채권자에게도 지불할 자금이 없다. 오너는 개인적으로 20만 달러를 책임져야 하는 것이다. 공급자는 웨딩 살롱의 오너를 고소할 수 있는 권리가 있고, 이 말은 그녀의 개인적 재산도 빼앗길 수 있다는 뜻이다.

　또 하나의 주요한 장벽은 자금의 부족이다. 모든 사업은 운영을 하기 위한 자본(금전과 다른 재산)이 필요하다. 성공한 비즈니스의 수익이나 기업이 주는 타당성 없이 자본을 마련하는 것은 힘든 일이다. 투자자들은 개인기업에 투자할 가능성이 적다. 그러므로 개인기업가는 개인의 재산과 융자 등 극도로 한정된 자금에 의존해 사업을 시작, 운영 혹은 비즈니스에 투자할 수밖에 없다.

　흔히, 사람들은 제한된 경영 전문 지식을 가지거나, 또는 비즈니스를 감당할 수 있는 경험, 기술, 지식이 없는 상태에서 개인기업의 비즈니스를 시작하게 된다. 개인기업은 소유자가 소유하고 있는 것에 대한 지식에 한정되어 있다. 누구도 모든 것에 전문가가 될 수 없고, 어느 중요한 분야에 부족한 점이 있을 때 비즈니스가 실패하는 원인이 될 수 있다.

　개인기업이 흔히 간과하는 또 다른 이슈는 사업을 운영할 때 필요한 시간이다. 투입되는 시간과 노력이 엄청나므로 사업을 운영한다는 것은 매우 힘든 일이다. 흔히, 오너는 남을 위해 일하는 것보다 훨씬 많은 시간을 개인 사업에 투입하게 된다. 보통의 사업 오너는 가치 있는 일에 시간을 쓰는 것이라 할 것이나 어찌 되었든 요구되는 시간은 많고 이를 간과해서는 안 될 것이다.

　지속성이 부족하다는 것 또한 개인기업의 걱정거리이다. 개인기업은 별개의 법적 독립체가 아니기 때문에 오너가 사업 운영이 불가능하게 되거나 은퇴하거나 사망할 경우 그 사업체는 폐업하게 되는 것이 보통이다. 결과적으로, 단독 사업체는 지속성이 부족하고, 다른 비즈니스 체제와 같이 영속적인 사업체가 되기 힘들다.

파트너십

파트너십(partnership)은 두 명 혹은 그 이상의 사람이 비즈니스를 함께 운영하는 관계를 말한다. 각 개인은 금전, 자본, 노동 혹은 기술을 기증하고 사업의 수익과 손실을 분담하는 것이다. 파트너는 위험 요소, 수익과 손실을 분담한다. 파트너십은 개인기업에서 자연적으로 뻗어 나온 것이라 할 수 있다.

파트너십은 미국 내 비즈니스의 10% 정도를 차지하고 판매 규모의 8%를 차지한다 (미국 통계국). 모든 파트너십이 소규모 비즈니스일 것이라는 생각은 일반적인 착각이다. 사실, 몇몇 파트너십은 규모가 상당히 크다. 예를 들어, Dolce and Gabbana(그림 4.20)는 1982년에 파트너십을 시작해 2007년 13억 4천만 달러의 매출을 기록했다. 최근 이 회사는 신발, 액세서리, 남성복, 여성복, 그리고 아동복을 생산하고 있다. 게다가 이 회사는 여러 라이선스 동의를 통해 향수, 안경, 신발을 판매하고 있다. Dolce and Gabbana 파트너는 전 세계에 93개의 점포와 11개의 공장 아울렛을 운영하고 있고, 이들의 제품은 전 세계 80여 국에서 판매되고 있다.

개인기업처럼 파트너십도 단순한 형태를 취하고 있다. 회사를 설립할 때 비교적 까다롭지 않은 조건으로 설립이 가능하다. 일단 적절한 면허와 허가가 갖추어지면 파트너십으로 사업을 할 수 있다. 파트너가 파트너십 협약을 체결할 때, 수익분배와 파트너가 은퇴하거나 사망할 시 사업의 지속성과 같은 문제에 대한 양자 합의는 매우 신중해야 할 부분이다. 비록 파트너십 협약이 법적으로 요구사항은 아닐지라도 잘 마련된 협약서는 미래에 발생할 수 있는 의견충돌을 예방하고 사업을 시작하기 전 논란을 해결하는 데 도움이 된다.

파트너십 협약의 또 다른 장점은 경영 전문가가 증가한다는 것이다. 파트너십은 흔히 파트너 상호의 기술을 기회로 활용하는 형태다. 파트너십에 각자의 전문 분야를 합치면 회사의 성공률이 증가하게 된다. 전문성이 증가한다는 것 이외에 파트너십은 보다

그림 4.20 Dolce and Gabbana는 오랜 기간 파트너십 경영을 하고 있다.
출처 : Alamy

높은 자본을 얻을 수 있다. 금전, 자본, 그리고 파트너의 능력을 합함으로써 자본이 두 배, 세 배로 증가한다. 많은 파트너십이 이런 이유 때문에 형성되고 있다.

파트너십의 주목할 만한 장점은 정부의 규제가 적다는 것이다. 개인기업과 같이 파트너십은 주식회사에 비해 정부의 제재가 적다. 예를 들어, 파트너십은 흔히 비용이 많이 드는 연방 정부에 등록할 필요가 없다. 그러나 이러한 절차는 주식회사나 유한 책임 회사에게는 의무사항이다. 파트너십이 비즈니스 규율을 잘 따르고 각 파트너가 개인 소득세를 잘 내는 이상 정부의 간섭은 거의 없다.

또한, 파트너십에서는 파트너십으로서가 아니라 각 개개인의 파트너가 세금을 지불한다. 파트너십은 오너의 개념에서 법적으로 분리된 개념이 아니기 때문에 따로 소득세를 낼 필요가 없다. 각 파트너는 그 수익이 비즈니스에서 발생하였든 그렇지 않든, 수익의 분배 중 본인의 소득세만을 내면 되는 것이다. 일반적인 주식회사와 달리, 주식회사의 기업체와 그 오너들을 위해 별도의 소득 신고서를 작성할 필요가 없다.

파트너십은 또한 비즈니스의 지속성이 증가한다는 장점이 있다. 한 사람 이상의 사람이 연관되어 있기 때문에, 파트너십의 생명력은 개인기업의 생명력보다 길다. 만약 파트너가 사망하거나 더 이상 비즈니스에 관여하지 않기로 결정했다면, 파트너십은 끝나지만 비즈니스는 지속될 수 있다. 파트너십에 남아 있는 사람은 한 사람이 줄어든 대로 회사를 운영할 수도 있고 또 다른 파트너를 영입해 회사를 지속할 수도 있다.

파트너십에서 모든 파트너는 무한정의 금전적 책임을 지고 있다. 개인기업과 마찬가지로 파트너십과 오너는 같은 것이다. 파트너십으로 회사를 운영하는 데 있어 가장 큰 단점은 모든 파트너가 비즈니스의 부채와 책임을 개인적으로 떠맡는다는 것이다(예 : 소송에서의 판단). 또한 문제가 되는 것은 파트너십에 책임이 주어질 사안에 대해 한 명의 파트너가 결정을 내려 모든 파트너에게 책임이 돌아가는 경우가 있다. 다른 사람들은 그 사안에 대해 전혀 모르고 있었음에도 불구하고 말이다.

수익의 분배 또한 파트너십의 단점이 될 수 있다. 파트너십이 형성될 때, 파트너들은 주로 각 파트너가 투자한 자본, 각 파트너가 사업 운영에 할애하는 시간 그리고 특별히 숙련된 기술의 기여 정도에 따라 수익이 분배되는 방법에 동의한다.

파트너끼리의 대인관계에서 발생하는 분쟁은 파트너십에 있어 현실이라 하겠다. 이러한 분쟁이 어떻게 해결되는지가 비즈니스의 지속성에 중요한 핵심이 된다. 의견충돌은 비즈니스 철학에서 개인적인 습관에 이르기까지 다양하다. 대부분의 충돌은 극복될 수 있다. 그러나 어떤 경우에는 그 충돌이 너무나 커서 파트너십을 파기하는 것이 유일한 선택이 되는 경우도 있다.

파트너십의 파업은 개인기업의 파업보다 복잡하다. 흔히 파트너십의 파업은 감정적으로 엄청난 고통을 동반하고 예상하지 못한 결론에 다다르기도 한다. 개인적 그리고 전문적 관계에 생긴 흠집은 손쓸 수 없을 정도로 깊을 수 있다.

주식회사

1819년, 미국대법원(U.S. Supreme Court)의 John Marshall 대법원장은 주식회사 (corporation)를 다음과 같이 설명했다. "주식회사는 인위적인 것으로 존재로서 보이지도 않고 만질 수도 없으며, 오직 법에 의해서만 존재하는 것이다." 주식회사는 개인으로서는 가질 수 없는 많은 특권과 책임이 있다. 이는 자본과 자산을 습득하고 제품을 생산·판매하며, 부채 발생, 신용 확장을 연장하고, 소송하고 소송당하며 기타 다른 사업체가 가진 기능을 수행하는 법적인 독립체이다. 주식회사는 또한 도덕적·사회적 책임이 있다. Macy's나, Target, Guess와 같이 규모가 매우 크고, 공적으로 사업하는 패션 회사가 주식회사다.

주식회사의 소유주는 주주라고도 불리는 회사의 주식 소유자들이다. 그들은 회사의 오너십을 의미하는 일반 주식의 일부를 소유한다. 주식 소유자는 주식회사의 인사를 투표로 정할 권리가 있고, 분배된 배당금을 받는다. 미국 회사의 18%가 주식회사이며, 그들은 미국 판매액의 72%를 차지하고, 미국 내 사업 재산 대부분을 컨트롤한다(미국 통계국).

주주들과 분리된 독립체로서 기업은 제한된 책임이 있다. 즉, 오너들은 주식회사의 책임을 개인적으로 지지 않는다. 주주는 그 회사의 주식에 투자한 금액의 돈을 잃을 뿐이다.

주식회사는 자본을 얻을 기회가 보다 많다. 회사의 오너십이 비교적 낮은 비용의 주식을 배분받은 많은 사람들에게 나누어져 있기 때문에 주식회사는 많은 투자자들을 끌어들일 수 있다. 주식회사가 단 한 명의 개인에 의해 소유되는 것도 가능하지만, 어떤 주식회사는 백만 명이 넘는 주주들로 구성되는 경우도 있다.

광범위한 경영 전문력은 개인기업이나 파트너십이 가질 수 없는 주식회사가 가진 장점이다. 주식회사의 경영에는 형식과 구조가 있다. 이사진이 회사를 운영할 매니저를 뽑고, 이 매니저는 각 조직에 회사의 일상 업무를 볼 수 있는 전문 지식과 기술을 갖춘 직원을 고용한다.

가격이 비교적 낮고 쉽게 사고팔 수 있는 주식의 분배로 회사가 나누어져 있기 때문에 주식회사에서 오너십의 교체는 간단하다. 주식회사의 주식을 사고파는 데 아무런 허가도 필요치 않다. 법적인 독립체로서 주식회사는 죽지 않는 생명력을 지니고 있다. 회사가 여러 사람에 의해 '소유'되고 있기 때문에, 오너가 늘어나거나 줄어드는 것은 비즈니스 운영에 영향을 끼치지 않는다. 오너십의 완전한 변화 또한 발생할 수 있으나, 그 경우에도 비즈니스는 지속된다. 주식회사는 장기간의 계획과 성장을 가능하게 하는 영속성을 지니고 있다.

증가하는 세금부담은 주식회사의 가장 큰 단점이다. 세금은 모든 비즈니스가 짊어져야 할 현실이다. 그러나 개인기업이나 파트너십이 내는 재산세와 소득세뿐만 아니라 주식회사는 연방 수입세를 지불해야만 한다. 게다가 어떤 주에서 주식회사는 수익에 대한

표 4.2									
일반적으로 국내총생산(GDP)으로 불리는 모든 비즈니스의 연간 총생산량. 연도별 증가에 주목하라. GDP의 성장은 경제가 성장하고 있다는 표시다.(단위 : 10억 달러)									
1929	103.6	1946	222.2	1963	617.8	1980	2,788.1	1997	8,332.4
1930	91.2	1947	244.1	1964	663.6	1981	3,126.8	1998	8,793.5
1931	76.5	1948	269.1	1965	719.1	1982	3,253.2	1999	9,353.5
1932	58.7	1949	267.2	1966	787.7	1983	3,534.6	2000	9,951.5
1933	56.4	1950	293.7	1967	832.4	1984	3,930.9	2001	10,286.2
1934	66.0	1951	339.3	1968	909.8	1985	4,217.5	2002	10,642.3
1935	73.3	1952	358.3	1969	984.4	1986	4,460.1	2003	11,142.1
1936	83.8	1953	379.3	1970	1,038.3	1987	4,736.4	2004	11,867.8
1937	91.9	1954	380.4	1971	1,126.8	1988	5,100.4	2005	12,638.4
1938	86.1	1955	414.7	1972	1,237.9	1989	5,482.1	2006	13,398.9
1939	92.2	1956	437.4	1973	1,382.3	1990	5,800.5	2007	14,061.8
1940	101.4	1957	461.1	1974	1,499.5	1991	5,992.1	2008	14,369.1
1941	126.7	1958	467.2	1975	1,637.7	1992	6,342.3	2009	14,119.0
1942	161.9	1959	506.6	1976	1,824.6	1993	6,667.4	2010	14,660.4
1943	198.6	1960	526.4	1977	2,030.1	1994	7,085.2		
1944	219.8	1961	544.8	1978	2,293.8	1995	7,414.7		
1945	223.0	1962	585.7	1979	2,562.2	1996	7,838.5		

연방세와 지방 소득세 또한 내야만 한다. 또한, 주주들에 대해 세금 이후의 수익 분배 형태는 주주들에게 세금의 추가 부담을 초래할 수 있다. 배당금은 개인의 수입으로 간주되어, 그에 대한 개인 소득세를 내야 하기 때문이다.

개인기업이나 파트너십과 비교해 주식회사는 보다 많은 정부의 간섭을 수용해야만 한다. 공개거래회사는 연방과 주의 규제처에 보고해야만 한다. 공개거래회사 중 많은 경우, 주주가 회사의 일상 업무에 거의 가담하지 않는다. 현실은 대부분 매니저가 주주들의 관심보다는 자신들의 개인적 관심으로 회사를 운영한다. [표 4.2]는 1년간 미국의 회사를 보여준다.

패션업계에 있어 비즈니스 오너십 트렌드

섬유나 의류업계에서 비즈니스 오너십은 순환하는 듯하다. 산업 혁명 때는 자신의 비즈니스를 하길 원하는 사람들이 많았고, 패션을 소비하는 소비자도 많았기 때문에 관련 비즈니스는 빠른 속도로 증가했다. 1920년 초기부터 1970년 후반까지 중요한 섬유 공장은 미국 남부에 있는 가족 단위로 운영되는 회사였다. 오늘날 섬유 제조는 외국인 회사가 소유한 공장이 있는 해안가에서 이루어진다. 1980년대는 보다 큰 대기업들이 보다 높은 구매력을 창출하기 위해 회사들을 합병·인수하기 시작했다. 본 장에서는 합병과 인수로 시작한 비즈니스 오너십에 대해 논할 것이다.

합병과 인수

합병(merger)과 인수(acquisition)는 한 회사를 다른 회사에 팔고, 일반적으로 인수한 회사는 견인차 역할을 한다. 합병과 인수는 큰 규모의 주식회사에서 발생하는데, 이는 여러 가지 이유에서 바람직하다. 대규모 조직은 보다 높은 구매력을 갖추고 있는데, 소매업계에서 높은 구매력은 필수적이다. 확장은 합병의 또 다른 이유이다. 당연히 확장은 다른 회사를 인수하였을 때 발생하지만, 주식의 가치 또한 올라갈 수 있다. 이는 점포의 추가, 기술, 제품의 추가와 같은 다른 종류의 확장에 필요한 자본을 확보하는 데 도움이 된다. 판매의 증가는 비즈니스를 하는 데 있어 지속적인 목표이며, 흔히 이러한 목표를 달성하는 데 합병이 유일한 방법이 되고 있다. Federated Department Stores 에 의한 Macy's의 인수는 그들 시장을 Macy's의 고객으로 확장함으로써 판매를 증가시켰다. 합병과 인수에 대한 역사적인 리스트는 [표 4.3]을 참조하라.

　다른 종류의 비즈니스 오너십 트렌드, 면허와 가맹점에 대해 논하기 전에, 게임 이론과 패션업의 경제에 있어 중요한 점을 들여다보자.

표 4.3
패션계에서 유명한 인수와 합병의 예

모회사	비즈니스 투자	날짜
Dillard's 백화점	Tandy's, Leonard's	1974
	Stix, Baer, Fuller	1983
	D.H. Holmes	1989
	J.B. Ivey	1990
Belk	Profitt's	2004
	McRae's	2004
	Parisian's	2004
Federated Department Stores	Macy's	1994
	Broadway Stores	1995
	Stern's 백화점	2001
Mens Wear House	Dimension Clothing Limited	2010
Philips Van Heusen	Tommy Hilfiger	2010
Advent International	Charlotte Russe Holding, Inc	2009
Golden Gate Capital	Talbotts에 인수 합병	2009
Sun Capitals Partners, Inc.	Kellwood	2008
Sun Capitals Partners, Inc.	The Limited Group	2007

게임 이론 : 라이선스와 가맹점

게임 이론(game theory)의 개념은 "전략적인 상황에서 사람들은 어떻게 행동하는가에 대한 연구"이다. 게임 이론은 경제 분야에서 받아들일 만한 상당히 보수적인 방법이다. 다른 경제 이론을 대체하지는 못하지만, 패션 사업을 연구하고 분석하는 목적으로는 진정 경이롭고 응용 가능한 사고이자 연구이다. 게임 이론을 연구하는 경제학자들을 게임 이론가라고 부른다. 두 명의 잘 알려진 경제학자가 프린스턴 출신 John von Neumann 이 쓴 논문에서 이 게임 이론을 처음 소개했다. 그의 동료는 Albert Einstein과 John Nash였다. Nash는 63세가 되는 해인 1994년에 그가 21세 때 했던 연구로 노벨상을 수상했다. 그는 또한 오늘날 게임 이론을 연구하는 데 사용되는 전략인 **내쉬 균형**(Nash Equilibrium)을 창시했다. 게임 이론은 예를 들어 전투 전략, 정치, 사업 등 모든 분야에 적용할 수 있다.

게임을 생각할 때 가장 먼저 생각나는 것이 럭비나 소프트볼, 테니스, 스크래블(Scrabble) 게임, 모노폴리(Monopoly) 게임, 체스, 비디오 게임 또는 인터넷 시뮬레이션과 같은 것일 수 있다. 모든 게임은 게임 이론을 기초로 하고 있다. 상대편이 어떠한 전략적 움직임을 취할 것인가를 미리 생각해 내려고 노력하는 것이 게임의 흥미로운 부분이다. 이론적 감각으로 패션 사업을 게임이라고 생각해 보자. 여기서 플레이어는 소비자와 생산자이다.

플레이어는 시장에서 만나게 되는데, 이것이 게임 보드이다. 패션 사업은 어느 게임에서나 발견할 수 있는 일반적인 경쟁, 전략, 그리고 재미로 구성되어 있다. St. Louis에 위치한 워싱턴대학교 경제학과의 유명한 교수인 David K. Levine은 다음과 같이 말했다.

> 패션산업은 매우 흥미로운 산업이다. 그 이유는 아마도 패션이 파도처럼 왔다가 가는 것이기 때문일 것이다. 그리고 실용적인 문제에만 전념하는 재미없는 경제학자들과 게임 이론가들은 패션이 과연 좋은 것인가를 확신할 수 없기 때문이다. 게임 이론가들은 이러한 패션 움직임을 연구해 왔다. 예를 들어, Wolfgang Pesendorfer는 패션은 상대가 최신 패션을 걸쳤을 때 매력을 느낀다는 것을 서로에게 신호로 보내는 일종의 '데이팅(dating)' 게임과 같다고 주장했다. 게임 이론은 디자인 라이선스와 유통 체인의 가맹점을 포함한 패션의 많은 다른 분야에도 적용된다.(D. K. Levine, 사적인 대화, 2008년 8월 17일)

회사는 판매를 증가시키고 시장의 점유율을 높이고, 나아가 경제에 이바지하기 위해 가맹점과 라이선싱의 게임을 하고 있다. 면허를 취득하고 가맹점을 가지고 있는 브랜드는 Bill Blass, Christian Dior, Ralph Lauren과 같이 그들과 관련된 인기 있는 패션 브랜드를 가지고 있다. Benjamin Klein은 다음과 같이 말했다. "회사가 그들의 제품을 독특한 브랜드명, 관련 광고와 프로모션 캠페인으로 차별화할 때, 경제학자들이 '진정으로' 똑같은 제품이라고 주장하는 제품에도 보다 높은 가격을 매길 수 있다. 경제학자가 볼 때 브랜드명은 소비자가 서로 다른 상품 간 차이가 인위적일 뿐이라고 치부하게 만든다. 회사는 브랜드명을 존중하고, 따라서 중요한 브랜드명을 잃지 않으면서 가격을 올릴 수 있는 것이다." 브랜드명이 형성된 이후에 그 브랜드의 오너는 그 이름을 **라이선스**(license) 맺거나 **가맹점**(franchise)을 가질 수 있는 기회를 얻게 되는 것이다.

라이선싱과 가맹점에 대한 연구는 게임 이론이 어떻게 응용되는지를 보여준다. 각 플레이어의 전략적인 상호작용을 예상하는 것이 중요하다. 게임 이론을 가르치기 위한 모든 영역의 많은 경제학 교수들이 사용하는 클래식한 상황은 '죄수의 딜레마(Prisoner's Dilemma)'라고 불린다. 다음은 gametheory.net의 Michael Shor가 묘사한 '죄수의 딜레마'에 대한 설명이다.

> TV 경찰 드라마에서 흔히 나오는 게임이다. 범죄를 저지른 두 명의 파트너가 유사한 조건을 갖춘 경찰서의 각각 다른 방에 격리되어 있다. 만약 한 사람이 다른 사람이 연루되어 있다고 말하면 그 사람은 풀려나지만 다른 사람은 평생 감옥에 갇히게 된다. 만약 아무도 상대를 고발하지 않는다면 두 명 다 중간 정도의 형을 받게 되고, 두 명 다 서로를 고발하면 두 명 모두 심한 형을 받게 된다. 각 플레이어는 상대를 고발할 지배적인 전략이 있고, 따라서 균형적으로 고발을 받은 쪽은 각각 큰 형벌을 받게 되지만, 서로 상대가 조용히 있어 주어야 자신에게 도움이 되는 것이다. 반복되는 죄수의 딜레마에서, 협력은 보복과 같은 상대를 종용하는 전략을 통해 지속될 수 있다.

이 게임은 그 상황이 탐탁지 않고 누구라도 이러한 '게임'이 실제 상황이기를 원하지 않는다. 그러나 자백할 것인가 침묵을 지킬 것인가에 대한 죄수의 결정에 달려 있는 결과가 무엇일지를 결정하는 데는 수학과 실행계획을 사용한다. '죄수의 딜레마'의 다른 버전이 있는 두 개의 인터넷 사이트는 본 장의 마지막 부분에 나와 있다. 두 가지 모두 게임 이론을 배울 수 있는 기회를 제공한다. 이는 패션 사업을 게임으로 생각할 수 있도록 돕는다. 각 플레이어는 다른 플레이어가 무엇을 하는지 예의주시하지만, 상대 플레이어가 어떻게 움직일지 예상하는 것은 어려운 상황에 봉착하게 된다.

게임 이론은 패션을 사고파는 것에 적용할 수 있다. 그러나 이 분야의 리서치는 되어 있는 것이 거의 없다. 본 장에서는 두 가지 전략이 효과적인 방법으로 연구될 것이다. 이는 경제학 연구를 통한 것이 아니라 패션업계에서의 경험을 통한 것이다. 패션 경제 분야에서 게임 이론에 적용되는 전략에는 라이선싱과 가맹점이 있다.

라이선싱

라이선싱(licensing)은 양측의 플레이어와 하나의 계약이 필요하다. 라이선스를 받는 쪽은 보통 소매로 판매할 제품으로 사용하거나 가끔은 프로모션을 목적으로 하는 재산을 사용할 권리를 갖게 된다. **라이센서**(licensor)는 그 재산의 오너이다(Raugust, 2001). 라이선싱이 양측의 계약이라는 것을 이해하는 것은 중요하다. 라이센서, 즉 독립체를 소유하고 있는 회사인데, 이는 브랜드명, 로고, 디자이너명, 혹은 이것들의 조합이 될 수 있다. 라이선스를 받는 쪽은 제품에 그 독립체를 사용할 권리를 산 것이다. 즉, 라이선스를 습득한 쪽은 제한된 기간 동안 그 재산을 사용할 권리를 계약상으로 빌리게 되는 것이다.

라이선싱 계약을 맺은 모든 측은 이익을 얻게 된다. 양측에게 주어지는 가장 큰 장점은 금전적인 것이다. 라이센서에게 지불한 돈을 **로열티**(royalty fee)라고 부른다. 이는 보통 제품 수익의 몇 퍼센트일 수 있고, 혹은 선금일 수도 있다. 대부분의 라이선싱 계약은 판매에 관계없이 라이센서에게 로열티 혹은 어느 정도의 돈을 지불하도록 하고 있다. 라이센서는 로열티를 받고, 라이선스를 받는 측은 그 상품에 따라 붙는 브랜드명, 디자이너명의 가치로 제품을 판매할 수 있다. 예를 들어, Liz Claiborne, Inc.은 DKNY Jeans와 DKNY Active의 남성복, 여성복 컬렉션을 서반구(Western Hemisphere)에서 제작하고 판매할 수 있는 독점적이고도 장기간의 라이선스를 보유하고 있다. 이 회사는 또한 Kenneth Cole New York과 Reaction의 Kenneth Cole 브랜드명으로 주얼리를 제작할 수 있는 독점적인 라이선스를 보유하고 있기도 하다(lizclaiborne.com 참조). 제품명은 확장될 수 있고, 시장의 특정한 분야 내에서의 유통은 관리되면서 라이선싱 계약의 테두리 안에서 증가할 수 있다. [그림 4.21a]와 그림 4.21b]는 2008년과 2009년, 라이선스를 지닌 제품의 판매를 보여준다.

라이센서가 감당해야 할 가장 우선적인 위험 요소는 시장에서 그 브랜드가 과포화될 가능성인데, 이것은 라이센서가 통제력을 잃을 때 발생할 수 있다. 예를 들어, Calvin Klein은 Warnaco에게 그의 이름을 사용할 수 있도록 라이선스를 주는 계약을 맺으면서 그의 이름에 대한 통제력을 상실했다. 2001년 Calvin Klein과 Warnaco 사이의 법정 다툼이 발생했는데, Calvin Klein은 Warnaco가 Calvin Klein 청바지를 두 군데의 웨어하우스 클럽 소매업체와 Costco, Sam's Club에 유통시켰다고 기소했다. 이 사건은 합의가 되었고 계약은 지속되고 있다.

라이선싱은 브랜드명에 해가 될 수도 있다. 만약 다수의 라이선싱 계약체결로 인해 소비자의 수요가 너무 많으면, 그 브랜드의 이미지는 손상될 수 있다. 시장에서 한 브랜드가 넘쳐나게 되면 소비자 내에서 흔한 브랜드로 여겨질 수 있다. 소비자는 그 브랜드에 실증을 느끼고 그 브랜드 제품을 사야만 하는 충동을 잃게 되어, 판매와 수익 저하를 초래하게 된다. 제품을 라이선스하는 데 있어 라이선스를 허가받은 쪽에서 감당해야 하는 가장 흔한 도박은 금전적 위험 요소이다.

또 다른 경제적 측면은 선불로 알려진 계약 체결 시 지불하는 개런티이다. 특히 오락사업 관련 계약일 경우 선불은 엄청나게 클 수 있다(Raugust, 1995). 공급과 수요 법칙은 인기 있는 영화나 TV 자산은 높은 선불을 요구할 수 있는 것으로 나타난다. 또한, 몇몇 오락사업 관련 라이센서는 선불로 들어오는 수입으로 제품 생산비용을 만회하기도 한다. 따라서 이들은 높은 선불을 협상하려고 한다(Raugust, 1995).

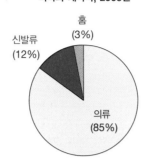

라이선스 패션 상품의 소매 판매
미국과 캐나다, 2009년

홈 (3%)
신발류 (12%)
의류 (85%)

제품 카테고리별로 본 패션 중심 라이선스 상품의 소매 판매, 2009(단위 : 10억 달러)				
카테고리	2008년 소매 판매	2009년 소매 판매	%변화 2008~2009	2009년 시장 점유율
액세서리	8.02	6.80	−15.2%	37.7%
아이웨어	2.33	1.95	−16.3%	10.8%
가방	1.14	0.97	−14.9%	5.4%
헤드웨어	0.73	0.63	−13.7%	3.5%
양말류	0.30	0.26	−13.3%	1.4%
주얼리 및 시계	1.97	1.59	−19.3%	8.8%
여행가방 및 여행용품	0.75	0.65	−13.3%	3.6%
스카프 및 넥타이	0.10	0.09	−10.0%	0.5%
기타	0.70	0.66	NA	3.7%
의류	6.22	5.53	−11.1%	30.7%
국산용품	0.45	0.39	−13.3%	2.2%
신발류	1.48	1.27	−14.2%	7.0%
가구/홈	0.96	0.77	−19.8%	4.3%
선물/신상품	0.09	0.08	−11.1%	0.4%
HBA	2.52	2.11	−16.3%	11.7%
향수	2.05	1.76	−14.1%	9.8%
기타	0.47	0.35	NA	1.9%
가정용품	0.37	0.31	−16.2%	1.7%
유아용품	0.35	0.30	−14.3%	1.7%
출판용품	0.08	0.07	−12.5%	0.4%
문방구/종이	0.09	0.08	−11.1%	0.4%
장난감/게임	0.08	0.07	−12.5%	0.4%
기타	0.03	0.26	NA	1.4%
합계	20.74	18.04	−13.0%	100.0%
참고 : 2008년 자료는 밑줄로 별도 표시=서브 카테고리				

그림 4.21 2008년과 2009년 라이선스 제품 판매
출처 : EPM Communications Inc.

패션 라이선싱(fashion licensing)은 렌트의 경제적 개념과 가장 가깝다. **렌트**(rent)
는 근본적으로 일정한 특정 기간 동안 제품에 브랜드명을 사용할 수 있도록 라이선싱할

스타의 미래 가치성

연예인, 디자이너, 스타일 아이콘, 음악가들은 소매업에서 독점적인 컬렉션의 데뷔를 돕는다. 업계의 전문가들은 전문가가 소매업에서 빛을 발할 수 있을 것인가에 대해 고민한다.

최근 소매업체는 유명한 패션 디자이너, 스타일 아이콘, 심지어 뮤지션들과 라이선싱 계약을 체결하고 있는 추세다. 알뜰한 패셔니스타의 스타일리시한 옷을 엄청나게 저렴한 가격으로 공급할 뿐만 아니라, 이렇게 연예인을 중심으로 한 컬렉션은 소매업체에게 독점력과 광고효과라는 특전을 제공한다.

대중의 관심을 가진 디자이너와의 협업은 Target에서 이루어졌던 Isaac Mizrahi와 Mossimo의 데뷔로 시작된 것으로 보일 수 있으나, 그 아이디어가 혁신적인 것은 아니다. (Kmart와 Kathy Ireland에서의 Jaclyn Smith를 생각해 보라.)

그러나 지난 10여 년간 디자이너와 관련된 것은 확실히 증가하고 있는 추세다. 스웨덴 브랜드 H&M은 신속하게 세계 최고의 패션 디자이너, 패션 아이콘들과의 파트너십을 통해 잘 알려지게 되었고, 수년간 Marimekko, Stella McCartney, Roberto Cavalli 등 유명한 패션 회사들과 많은 라이선싱 계약을 체결했다. Gap이나 Brooks Brothers와 같은 대규모 소매업체들조차 독점적인 디자이너 파트너십을 체결했다. 해외로 눈을 돌려 보면, 런던의 Topshop 또한 Kate Moss와 같은 모델과 함께 컬렉션을 출시하는 등 큰 계약을 체결했으며, 최근에는 스웨덴 디자이너 Ann-Sofie Back과 Jonathan Saunders와 같은 디자이너와 협업하기도 했다.

유명한 패션 디자이너와 계약을 체결하는 것 외에도 스타일 아이콘과 뮤지션 또한 스타 파워가 꽤 있어 보인다. 몇 년 전, Madonna가 H&M과 컬렉션을 런칭했고, 최근에 그녀는 딸 Lola와 함께 Macy's에서 주니어 컬렉션인 'Material Girl'을 런칭했다. 다른 뮤지션 또한 패션계와 계약을 맺었는데, 그중에는 Victoria Beckham(a.k.a Posh Spice), Lady Gaga, 심지어 Aerosmith의 Steven Tyler와 '아메리칸 아이돌(American Idol)'의 스타들도 포함되어 있다.

자문회사인 'The Pao Principle'의 대표인 Patricia Pao와 같은 몇몇 업계 전문가들은 라이선싱 유행은 여전히 엄청난 스타 파워를 불러일으킨다고 믿고 있지만, 부티크 시장 리서치 회사인 'Unity Marketing'의 대표인 Pam Danziger와 같은 이들은 이러한 유행은 곧 시들해질 것이라고 믿고 있다.

Pao는 "이러한 트렌드는 항상 있어 왔다."고 말한다. "이는 Kathy Ireland와 Jaclyn Smith 그리고 'Walmart의 Olsen Twins'와 함께 대중 마케팅을 시작했으며, 그 이후에는 Paris Hilton, Jessica Simpson, 그리고 Sweetface(Jennifer Ropez)로 이어졌다." 물론 이 중 많은 브랜드가 벌써 유행에 뒤처졌음에도 불구하고, Pao는 스타 컬렉션에는 여전히 미래 가치성이 있다고 보고 있다. Pao는 "관련 스타들이 그 브랜드에 적극적으로 개입하지는 않고 이름만 붙여 놓았기 때문에 그 브랜드들은 사멸할 수밖에 없었다."고 말한다.

그녀는 Mary-Kate와 Ashley Olsen의 Olsenboye, Material Girl의 런칭, Bebe의 Kim Kardashian을 성공 사례로 들고 있다. "그러나 성공하기 위해서는 그 스타가 그 옷을 입어 주어야만 한다고 믿는다."고 말한다. "Gwen Stefani가 실제로 그 컬렉션의 옷들을 그녀의 옷장에 구비해 놓고 입어 주었기 때문에 L.A.M.B.는 굉장한 성공을 거둘 수 있었다." 물론, 그 컬렉션은 실제로 스타일 감각이 넘쳐 나야 하고 품질도 최상급이어야 할 것이다. Olsen 자매의 고가 브랜드 Elizabeth and James 컬렉션의 저가 버전을 닮은 Olsenboye가 그 타깃이다.

전문가의 파워

물론, 전문가들은 항상 미디어의 관심과 대중의 흥미를 많이 이끌어 왔고 수많은 팬이 따르고 있지만, 소매업계의 성공 스토리를 만들어 내는 데는 훨씬 많은 노력이 필요해 보인다. 몇몇 업계 전문가들은 그 연예인은 '진정한 스타일족'이라는 예지력이 있는 것으로 널리 알려져 있다면 더할 나위 없이 이상적일 것이라고 믿는다. "Olsen 자매가 스타일 메이커임을 부인할 이는 아무도 없고, Madonna와 Lola로 불리는 그녀의 딸 Lourdes 또한 유행선도자들이다."라고 Pao는 결론짓고 있다.

당연히 부정적인 언론기사는 어떠한 스타라도 매장시킬 수 있고, 이는 또한 판매에도 엄청난 영향을 미친다. Unity Marketing의 Danziger는 시간이 지나면 이러한 스타들이 디자이너로 전향하는 트렌드는 Kim Kardashian의 결혼 대실패를 정점으로 지나갈 것이라고 예상한다. 럭셔리 마켓의 전문가인 Danziger는 "그들의 독특하고 흥미로운 감각을 실제로 패션에 접목할 수 있는 연예인은 거의 없다."라고 말한다. Olsen 자매와 Jessica Simpson과 같은 몇몇 예외는 있으나 거의 대부분은 그렇지 않다. Lindsay Lohan과 Ungaro 팀의 경우만 보아도 알 수 있다.

최근 럭스를 럭셔리로 돌려놓기(Putting the Luxe Back in Luxury)라는 책을 출간한 Danziger는 소매업체와 Vera Wang과 같은 일류 패션 디자이너의 결합이 훨씬 믿을 만하다고 믿는다. "Vera Wang은 진정 일을 제대로 하고 있다. 라이선싱의 입장에서 본다면 주목할 것은 그녀가 웨딩 브랜드를 라이프스타일 브랜드로 확장했다는 것인데, 그녀는 이 일을 매우 전략적으로 이루어 냈다."고 Danziger는 말한다. "그 브랜드가 유니크하고 특별하다는 것이 매력이기 때문에 너무 흔해져 버리면 부정적인 영향을 받을 수 있다. 섬세한 균형을 잘 유지해야만 한다."

소매업계의 스타 파워를 만들어 내는 비결이 있을까? "이는 파트너십에 달려 있다." 고 The Pao Principle의 Pao는 말한다. "Topshop의 Kate Moss는 엄청나게 성공했는데, 그 이유는 일단 그 옷 자체가 좋았고 Kate Moss의 취향과 스타일을 정말 잘 반영했기 때문이다. Kohl's에서의 Vera Wang의 Simply Vera 또한 엄청난 성공을 거두었는데, 이는 Wang이 그 파트너십에 매우 적극적으로 참여했기 때문이다."

Danziger는—저렴한 럭셔리(Kohl's)에서 중가(David's Bridal) 그리고 그녀의 엘리트 연예인 클라이언트가 입고 빛을 바라는 최고 럭셔리 컬렉션에 이르기까지—모든 가격대의 다양한 소비자에게 다가가는 법을 진실로 득도한 패션 디자이너 중 한 명이라고 믿는다.

단 하나의 파트너와 한정된 중저가 컬렉션을 제작해 온 다른 라이선스를 가진 브랜드와 Vera Wang을 차별화하는 것은 Ralph Lauren이 이룩한 것과 같은 성공적인 라이프스타일 브랜드를 만들겠다는 Wang의 굳은 의지이다. Wang의 회사 규모는 7억 달러 정도(Wall Street Journal)에서 1억 7천 5백만 달러(Women's Wear Daily)로 예상된다.

당연히 가장 주목을 받고 아마 최고의 수익을 올린 라이선스는 Vera Wang의 Simply Vera이다. Wang의 stellar가 할인점이나 중저가 시장에 유통되어 그녀의 럭셔리 이미지에 부정적인 영향을 끼치고 있다는 증거는 아직까지 없다. 라이선싱의 확장 역시 미래의 성장을 위해 보다 많은 자금을 제공할 것이다.

게다가 Wang은 그 컬렉션의 옷들을 직접 입었고, Kohl's는 그 컬렉션을 광고하고 프로모션했다. 그들의 컬렉션 프로모션에 개인적으로 관여한 사람은 또한 Material Girl의 Madonna와 Lola이다. "Macy's의 'Material Girl'의 런칭은 이 대담한 새로운 브랜드를 누구보다 먼저 갖기를 원하는 젊은 여성들 간의 광란을 불러일으키기 위해 기획된 것이다."라고 Macy's의 마케팅 부사장인 Martine Reardon은 말한다.

언급했듯이 패션 아이콘은 분명 이러한 종류의 소매업 파트너십에 많은 신뢰도를 부여한다. Lady Gaga의 Barneys New York에서의 Workshop Collection 데뷔만 보아도 알 수 있을 것이다. 그 뷰티 컬렉션은 매니큐어, 인공 네일, 립스틱, 립글로스, 그리고 가짜 속눈썹과 메이크업 브러시 등 액세서리를 포함하고 있다. Gaga의 개인적인 네일 아티스트인 Naomi Yasuda는 멋진 네일 제품 컬렉션을 탄생시키기 위해 Kiss Products와 직접적으로 함께 작업했다.

이러한 종류의 라이선싱 파트너십을 체결하기 이전에 연예인들, 스타일 아이콘들과 뮤지션들은 확장 이전에 여러 가지 결과가 발생할 수 있다는 것을 고려해야만 한다. "디자인의 질이 낮은 제품들은 당연히 한 브랜드의

명성을 완전히 파괴시킬 수 있다."고 Unity Marketing의 Danziger는 말한다.

기어 바꾸기 : 스타의 변경

우리는 연예인 심지어 뮤지션들이 뜨고 있음을 지켜보았다. 그렇다면 그다음은 전문가들이 소매업계에서 빛을 바랄 차례인가? 자문회사 'The Doneger Group'의 패션 디렉터인 Roseanne Morrison은 에디터와 스타일 아이콘은 라이선싱 트렌드의 다음 주자들이 될 것이라고 믿는다. "만약 사진가/블로거, 스타일리스트, 전직 모델인 Haneli Mustaparta, 패션 에디터, 아이콘인 Taylor Tomasi Hill, 그리고 에디터, 스타일리스트인 Giovanna Battaglia를 떠올린다면, 이러한 여성들은 모두 패션 전문가들의 주목을 받고 유행하는 스타일을 만들어 낸다. 디자이너와 연예인뿐만 아니라 이러한 여성들은 협업의 다음 주자들이 될 것이다."

"라이선싱 트렌드에서 가장 큰 변화는 스타일리스트의 주가가 올라가는 것"임을 Tha Pao Principle의 Pao는 동의한다. Victoria Beckham의 성공을 보라. 그녀의 요령 있는 스타일 컬렉션의 2011년 수익은 1억 달러를 훌쩍 넘을 것으로 기대되고 있다. Beckham의 판매 성공 비결은 그녀가 자기 자신의 패션 센스를 최대한 활용한 패션을 창조해 냈기 때문이다.

Vera Wang뿐만 아니라 최고의 성공 스토리로서 Ivanka Trump, Rachel Zoe, Gwen Stefani L.A.M.B., Material Girl, Olsenboye 그리고 William Rast의 업적도 업계 전문가들은 인정하고 있다.

Pao는 Rachel Zoe의 컬렉션이 엄청나게 좋은 의류 컬렉션이 아니라는 사실에도 불구하고 성공했음을 지적한다. Zoe는 'Rachel Zoe Collection'을 Bergdorf Goodman, Broomingdale's Neiman Marcus, Saks Fifth Avenue와 같은 고급 소매업체에 상륙할 수 있도록 했다. "Zoe는 그녀의 TV 쇼와 옷을 잘 입는 연예인으로서의 역사를 통해 수많은 팬이 존재한다. Rachel Zoe의 옷을 사는 여성은 그녀가 구사하는 마술을 원한다."라고 Pao는 말한다.

Rachel Zoe의 성공사례를 토대로 Pao는 이러한 현상은 앞으로 더욱 두드러질 것이라고 믿는다. "우리는 Kelly Wearstler와 같은 다른 스타일리스트들 역시 시장에 등장하고 있음을 이미 발견하고 있다."

소설가와 같은 다른 종류의 전문가들에게도 미래 가능성이 있을까? 2011년 12월 극장에서 데뷔한 용의 타투가 있는 소녀(The Girl With The Dragon Tatoo)는 H&M의 패션 컬렉션에서 소개되었다. 디자이너에 따르면 이 컬렉션은 LA에서 10분 만에 완판되었다고 한다. 다음에는 어느 그룹의 스타들이 등장할지 흥미롭게 예의주시해 본다.

출처 : Regina Molaro

때 회사가 하는 것이다. 회사는 그들의 시장 경쟁력을 향상시키기 위해 브랜드명을 렌트한다. 그 결과는 국내외로 독점과 과점을 초래할 수 있다. 경제학자 Richard Posner가 주도한 렌트에 대한 연구에 의하면 어떤 산업에서는 회사들이 시장의 독점을 차지하기 위해 총수입의 30%를 지출하는 것으로 나타났다(Posner, 1975, pp. 807~827).

인기 있는 라이선스는 다음과 같다. 디자이너, 연예인, 예술, 주식회사, 오락, 스포츠 매장명, 브랜드명이다. 화장품을 포함한 의류와 액세서리의 모든 카테고리는 어떤 형식으로든 제품에 따라 붙는 라이선싱을 취하고 있다. Regina Molaro가 쓴 기사는 연예인 라이선싱의 영향력을 보여준다(p. 118, '스타의 미래 가치성' 참조).

디자이너의 이름을 라이선싱하는 사업적 경영은 1950년대에 시작하였다. 당시 Christian Dior이 양말류에 자신의 이름을 쓸 수 있도록 허가했다. 그 양말 회사는 초기에는 그의 이름을 쓸 권리를 사는 대가로 1만 달러를 주었지만 그는 그것을 받지 않았고 판매금의 일부 수익률을 원했다. 이후 그는 넥타이, 향수 등 많은 패션 아이템에 자신의 이름을 라이선싱하기 시작했다. Pierre Cardin 역시 같은 시기에 그의 이름을 라이선싱했다.

1960년대 Pierre Cardin은 패션 아이템이 아닌 도기 냄비에 자신의 이름을 라이선싱한 최초의 패션 디자이너였다. 오늘날 Pierre Cardin은 다양한 제품에 800개 이상의 라이선싱을 가지고 있다.

라이선싱을 가지고도 Calvin Klein이나 Ralph Lauren 같은 디자이너의 이름은 결국 브랜드명이 된다. 소비자는 그 이름을 알아볼 수 있고 디자이너의 네임벨류(name value)에 따라 라이선싱한 제품을 더 믿고 사는 것이다. 라이선싱은 디자이너 이름을 널리 홍보하는 것으로서 인지도를 얻지만, 그에 대한 금전적 위험 부담은 라이선스를 쓰는 사람에게 있다.

예술은 요즘 유행하는 라이선스이다. 미술이나 그림 로고가 그려진 티셔츠, 토트백, 간단한 의류 아이템이 세계적으로 그 수요가 증가하고 있다. 유명한 그림을 사용하기 위한 라이선싱 계약은 그 그림이 걸려 있는 미술관과 의류와 액세서리를 생산하는 제조자 사이에 이루어진다. Lucky Brand Jeans은 프랑스 파리의 Louvre Museum과 라이선싱 계약을 맺고 모나리자의 초상이 그려진 티셔츠를 생산했다.

코퍼레이션 라이선싱(corporate licensing)은 직원들이 구매하거나 무상으로 제공되는 의류들에 대해 대기업명이나 상표를 사용한다. Bank of America, SunTrust, Coca-Cola와 같은 회사들은 모두 의류제품에 사용하는 회사 로고가 있다. 코퍼레이션 라이선싱은 시장의 많은 부분을 차지하지는 않지만 그 회사가 잘 알려진 회사라면 라이선싱을 통해 수익을 얻을 수도 있다.

엔터테인먼트 라이선싱(entertainment licensing)은 새 영화에서 등장한 인기 있는 연예인이라든지 Simpsons과 같은 만화 캐릭터 등 다양하다. 이 분야에서 활약하고 있는 빅 플레이어는 Disney, Warner Brothers, 그리고 Marvel이다. Disney의 2010년도

라이선싱 제품 판매는 286억 달러에 이른다(Wrap Media, 2011). [그림 4.22]는 라이선스 의류의 예를 보여준다.

스포츠 라이선싱(sports licensing)은 야구, 축구, 농구, 스케이팅, 스노우보딩, 하키와 레슬링과 같은 분야에서 흔히 볼 수 있다. 라이선싱이 가장 자주 일어나는 스포츠는 메이저 리그(Major League Baseball) 야구와 대학팀(Collegiate Licensing), 내셔널 풋볼 리그(National Football League)의 라이선싱이다(Wrap Media, 2011). 이와 같은 각 스포츠는 관리부서가 따로 있어서 스포츠의 중개자가 되기도 한다. 그러나 그 스포츠에 구단주가 있는 경우에, 각 오너는 자신의 팀의 라이선싱 계약을 직접 협상할 것이다.

가맹점

가맹점(franchising)은 생산자와 소매자 모두에게 유리하다. 이러한 형태의 비즈니스는 남북전쟁 시대부터 있었지만, 지난 10~15년 사이 패션업계에 유행하기 시작했다. 가맹점은 법적인 비즈니스 관계로서 회사 혹은 개인이 가맹체가 등록한 트레이드마크 네임을 쓰며 소매 비즈니스를 할 수 있는 독점적인 권리를 사는 것이다. 이때 특정한 운영, 자금 절차를 사용하고 규정에 알맞은 지역이나 상업 영역에서 영업해야 한다. 가맹점을 파는 사람이나 회사를 총판권 **소유자**(franchisor)라고 하고 그 회사나 이름을 사는 쪽을 **가맹자**(franchisee)라고 한다.

그림 4.22 디즈니는 라이선스가 있는 의류의 예를 보여준다.
출처 : Corbis

패션업계의 모든 분야에 있어 인기 있는 가맹점은 Nicole Miller, Benetton 그리고 The Body Shop이다. 총판권을 주는 쪽은 본 사업의 법적인 오너이며 다른 사람이 가맹 관계에 들어와 그 비즈니스 콘셉트를 사용할 수 있도록 허가할 수 있는 권리가 주어진다. 가맹자는 가맹 협약을 준수할 것을 동의하고, 그 비즈니스 콘셉트를 사용할 수 있는 권리를 산 것이다. 가맹자는 총판권 소유자에게 '가맹 요금'을 지불하는데 몇 천 달러에서 몇 백만 달러에 이르기도 한다.

가맹점은 여러 가지 장점이 있다. 그 비즈니스의 이름은 이미 구축되어 있어 고객에게 브랜드를 각인시키기 위한 노력을 줄일 수 있다. 총판권 소유자는 가맹점을 오픈하는 데 도움을 제공하고, 이는 비즈니스가 영위되는 한 지속된다. 광고, 관리, 운영, 그리고 기타 서비스가 가맹 체결에 포함되어 있다. 또한, 가맹점을 사면 새로운 비즈니스에 들어가는 데 동반되는 위험 부담을 줄일 수 있다.

가맹점에 불이익이 없는 것은 아니다. 총판권 소유자는 보통 그 비즈니스의 경영을 컨트롤한다. 오너의 특정한 비즈니스에 관한 결정을 내릴 때 가맹자는 이것이 다소 구속으로 느껴질 수 있다. 구속의 종류로는 매장의 디자인에서 판매되는 제품, 매장 기구, 기구의 장소, 피팅룸의 위치 등 다양하다.

요약 summary

본 장은 다양한 유형의 패션 소매에 대한 공통점과 차이점에 대해 보다 확실한 이해를 도왔다. 또한, 패션 소매업의 유형과 소매업체가 판매하는 상품 카테고리는 패션산업의 소매 분야를 구별한다. 더욱이 북미산업분류시스템에 대한 설명과 관찰을 통해 소매산업이 미국 경제에 미치는 중요성을 보여주었다. 패션 소매업체는 상품을 소비자에게 공급하는 공급 사슬의 가장 마지막 지점으로서 패션산업의 가장 중요한 부분을 차지한다. 패션 소매업은 1800년대 중반 직물제품으로 시작되었으며, 보다 큰 소매업, 카테고리, TV와 온라인 소매업으로 발전했다. 본 장에서는 또한 패션 공급 사슬이 제품 개발 과정과 평행을 이룬다는 것에 대해 논의했다. 마지막으로, 본 장에서는 비즈니스 모델을 검토했다. 모든 비즈니스는 판매를 극대화하고 수익을 최대화하기 위해 비즈니스 모델을 사용하며 운영한다. 비즈니스 모델은 일상 운영 계획, 사업비용, 경비 체제, 매장의 절차와 제품과 같이 그 비즈니스의 용도를 설명해 준다.

핵심용어 terms

가맹자(franchisee)
가맹점(franchise)
게임 이론(game theory)
내쉬 균형(Nash Equilibrium)
라이선스(license)
라이선스 소지자(licensee)
라이센서(licensor)
렌트(rent)
로열티(royalty fee)

맘-앤드-팝(mom-and-pop)
북미산업분류시스템(North American Industry Classification System)
브랜딩(branding)
비즈니스 모델(business model)
비즈니스 전략(business strategy)
소유자(franchisor)
스포츠 라이선싱(sports licensing)

엔터테인먼트 라이선싱 (entertainment licensing)
위험 요소(risk factors)
전문점(specialty store)
통신 판매(mail order)
패션 라이선싱(fashion licensing)
패션 소매업체(fashion retailer)

복습문제 questions

1. 패션 소매업의 네 가지 주요 요소에 대해 논의해 보자.
2. 비즈니스 모델과 비즈니스 전략의 차이점은 무엇인가? 각각의 예를 들어 보자.
3. 제품의 개발과 함께 공급 사슬이 어떻게 운영되는지 설명해 보자.
4. 패션산업에 있어 소비자의 신뢰가 왜 중요한가? 어떻게

패션 소매업체가 소비자의 신뢰도를 측정할 수 있는지 예를 들어 보자.

5. 무엇이 비즈니스의 위험 요소를 극복할 수 있게 하는가?

6. 상품을 다양한 유통 채널로 공급하는 데 있어 그 장점과 단점은 무엇인가?

7. 북미산업분류시스템에 대해 설명해 보자.

8. 비즈니스 오너십에 대한 세 가지 유형을 정의해 보고, 각 유형의 예를 들어 보자.

9. 어떤 유형의 비즈니스가 만들기 가장 쉬운가? 그 이유는 무엇인가?

10. 비즈니스 트렌드에 대해 논의해 보자. 이것이 어떻게 의류업에 영향을 끼치는가?

11. 게임 이론이란 무엇인가?

12. 게임 이론이 어떻게 라이선싱과 가맹점과 같은 패션 사업에 응용될 수 있는가?

13. 어떤 유형의 비즈니스가 정부의 개입을 가장 많이 받는가?

14. 디자이너가 자신의 이름을 라이선싱했을 때 그 디자이너에게 부여되는 경제적 가치는 무엇인가?

15. 렌트의 경제적 개념에 대해 논의해 보자. 패션 라이선싱과 어떠한 관계가 있는가?

비판적 사고

1. 당신은 매우 현대적인 주얼리 제품을 개발했다. 당신의 제품을 보다 널리 알리기 위해 라이선스를 사서 당신의 제품에 사용하려고 한다. 라이선스의 유형을 연예인으로 압축했다. 경제적 가치를 증가시키면서 당신의 주얼리를 대표할 만한 두 명의 연예인을 찾아보라. 당신의 제품을 표현한 주얼리를 드로잉하거나 누구에게 드로잉해 달라고 부탁해 주얼리 그림을 확보(잡지 사진을 사용할 수도 있음)하고 간단한 보고서를 써보자. 그 보고서에는 다음과 같은 사항이 포함되어 있다. (1) 제품에 대한 설명, (2) 각 연예인의 장점과 단점, (3) 그 주얼리 상품의 라이선스 네임으로 누가 가장 적합할 것으로 생각하는가, (4) 왜 당신은 당신의 제품을 백화점에 유통하려고 하는가, 그리고 (5) 판매를 위해 사용할 다른 채널에는 무엇이 있고, 그 이유는 무엇인가?

본 보고서에 대안이 될 수 있는 것은 리서치 정보를 이용해 무브 보드(mood board)를 만드는 것이다.

찾은 것들을 수업시간에 발표해 보자. 당신은 주얼리 상품의 오너 역할을 하고, 다른 학생들은 여러 유형의 백화점에 납품하는 주얼리 바이어 역할을 하는 것이다. 발표 이후 각 바이어는 세 가지 주얼리 제품을 선택하고, 그 이유는 무엇인지에 대해 토론해 보자.

2. 패션 소매업의 미래는 어떨 것이라고 생각하는가? 미래의 패션 사이클이 미래의 회사와 비즈니스 모델에 어떠한 영향을 끼칠 것인가, 미국 경제에 패션이 미치는 영향, 새로운 회사가 시장에 들어오고 수익을 남길 수 있는 가능성, 그리고 그들이 미래의 시장에 들어오면서 맞이하는 장해물에 대한 의견을 포함시켜 보자.

인터넷 활동

1. 북미산업분류시스템 웹사이트(http://www.census.gov/eos/www/naics/index.html) 참조. 그리고 주얼리 사업을 위한 NAICS 코드를 찾아보자. 각 번호가 의미하는 것은 무엇인가?

참고문헌 bibliography

Big-box store definition. (2010). Big box stores. *BusinessDictionary.com – Online Business Dictionary.* Retrieved from http://www.businessdictionary.com/definition/big-box store.html

Birchall, J. (2008, August 1). Best Buy taps High-end vending-kiosks. *Financial Times.* Retrieved from http://search.ft.com/search?queryText=Best+buy+taps+high-end+vending+kiosks

Breward, Christop C. (2003). *Fashion.* Oxford: Oxford University Press.

Coldwater Creek Annual Report (Rep.). (2010). Retrieved from http://phx.corporate-ir.net/phoenix.zhtml?c=92631&p=irol-reportsannual

Easey, M. (2009). *Fashion marketing.* Oxford: Wiley-Blackwell.

Edelson, S. (2010a). "Sam's club apparel boost: A positive for Wal-Mart." *Women's Wear Daily.*

Edelson, S. (2010b) "Gucci to open flash sneakers shop."

Goetzel, D. (2009). Media Post News. Comcast to expand 'Shop by remote', increase number of ebif-enabled homes. Retrieved from http://mediapost.com/publications/?fa=Articles; http://www.census.gov/compendia/stab/2011/11s0743.pdf

Hoovers.com. (2012). Warehouse clubs and superstores. Austin, TX. Retrieved on January 2012, from http://subscriber.hoovers.com.proxy.library.vcu.edu/H/industry360/overview.html?industryId=1531

Ibis. (2010). Industry at a glace. Retrived from http://www.ibisworld.com/industryus/ataglance.aspx?indid=1067

Internet Retailer Strategies for Web-Based Retailing. (2010). Retrieved from http://www.verticalwebmedia.com

Harvard Business School. (2005). 'Introduction,' in *Harvard-business essentials: Strategy : Create and implement the best strategy for your business.* Boston, MA: Harvard Business School, pp. xv-xvi.

Jewelry retail. (2010, June 25). *M2 Presswire.*

Kaplan, M. (2009, December 5). Shopping networks switched on. *Weekend Australian,* 30.

Kenneth Cole Productions. Annual Report (2009). New York. New York Stock Exchange, p. 20. Retrieved from http://secfilings.nyse.com/files.php?symbol=KCP&fg=24

Morrill, D. (2008, December 31). Vending machines go upscale. *Contra Costa Times,* KRTCC00020081231e4cv00009.

Posner, R. (1975). The social costs of monopoly and regulation. *Journal of Political Economy,* 83, pp. 807-827. Press Room. Retreived October 8, 2008, from http://www.macys.com/

Raugust, K. (1995). *Merchandise licensing television industry.* Newton, MA: Butterworth-Hernemann.

Raugust, K. (2001). *The licensing handbook.* New York EPM Communications, South-Western Thompson Learning.

"Report: Disney raked in $28.6B from licensed merchandise in 2010." *Wrap Media,* May 18, 2011, no page. Web. 24 June 2011. Retrieved from http://www.thewrap.com/media/article/report-disney-made-286b-2010-licensed-merchandise-27526

Sherman, L. (2008). "Pop-up shops: Small stores, big business." *Forbes.*

Signet jewelers Ltd inversor day-final. (2010). *CQ FD Disclosure.* The US shoe store industry. (2010). *M2 Presswire.*

Top Us store chains from costco wholesale to gap, inc. posted. (2010). *Plus News Pakistan.*

"TRU – About TRU." *TRU – Tweens, Teens, and Twenty-Somethings Research.* (26 July 2010). Retrieved from http://www.tru-insight.com/about.cfm?page_id=41.

2009 Under Armour Annual Report. (2010). Baltimore. Retrieved from http://files.shareholder.com/

downloads/UARM/972634597x0x360368/01216DBE-7A84-4544-AD04-809BF1EF2C78/UA_2009_Annual_Report.pdf

U.S. Census Bureau. (2007a). 2007 *NAICS definitions, 452, General Merchandise Stores.* Retrieved from http://www.census.gov/cgi-bin/sssd/naics/naicsrch?code=452&search=2007%20NAICS%20Search

U.S. Census Bureau. (2007b). *2007 NAICS definitions, 4521, Department Stores.* Retrieved from http://www.census.gov/cgi-bin/sssd/naics/naicsrch?code=452111&search=2007%20NAICS%20Search

U.S. Census Bureau. (2007c). *2007 NAICS definitions, 452112 Discount Department Stores.* Retrieved from http://www.census.gov/cgi-bin/sssd/naics/naicsrch?code=452111&search?=2007%20NAICS%20Search

U.S. Census Bureau. (2007d). *2007 NAICS definitions, 45299, Other General Merchandise Stores.* Retrieved from http://www.census.gov/cgi-bin/sssd/naics/naicsrch?code=452990&search=2007%20NAICS%20Search

U.S. Census Bureau. (2007e). *2007 NAICS definitions, 448, Clothing and Clothing Accessories Store.* Retrieved from http://www.census.gov/cgi-bin/sssd/naics/naicsrch?code=448&search=2007%20NAICS%20Search

U.S. Census Bureau. (2007f). *2007 NAICS definitions, 448110, Men's Clothing Stores.* Retrieved from http://www.census.gov/cgi-bin/sssd/naics/naicsrch?code=448110&search=2007%20NAICS%20Search

U.S. Census Bureau. (2007g). *2007 NAICS definitions,448120, Women's Clothing Stores.* Retrieved from http://www.census.gov/cgi-bin/sssd/naics/naicsrch?code=448120&search=2007%20NAICS%20Search

U.S. Census Bureau. (2007h). *2007 NAICS definitions, 454, Non-Store* Retailers. Retrieved from http://www.census.gov/cgi-bin/sssd/naics/naicsrch?code=454&search=2007%20NAICS%20Search

U.S. Census Bureau. (2007i). *2007 NAICS definitions, 45411, Electronic Shopping.* Retrieved from http://www.census.gov/cgi-bin/sssd/naics/naicsrch?code=45411&search=2007%20NAICS%20Search

U.S. Census Bureau. (2007j). *2007 NAICS definitions, 453310 Used Merchandise Stores.* Retrieved from http://www.census.gov/cgi-bin/sssd/naics/naicsrch

U.S. Census Bureau. (2007k). *2007 NAICS definitions, Non-store Retailers.* Retrieved from http://www.census.gov/cgi-bin/sssd/naics/naicsrch?code=454&search=2007%20NAICS%20Search

수익＝성공

학습 목표

● 제품 선별을 계획하는 데 있어 소비자의 중요성을 알 수 있다.

● 의류와 섬유업계에 있어 가격 모델에 대한 지식을 얻을 수 있다.

● 소매 계획에 사용되는 단계들과 공식들을 배울 수 있다.

우리가 하는 모든 일의 중심에는 소비자가 있다.
–Terry Lundgren(Macy's 사장 겸 CEO, Macy's Annual
Report, 2009)

패션 회사는 성공을 어떻게 정의할까? '머천다이징의 정석(The rights of merchandising)'은 올바른 제품을 적합한 장소에, 적합한 시간에, 적합한 물량으로 올바른 판촉 전략을 통해 사업할 수 있도록 소매업체를 인도한다. 만약 이 정석 중 한 가지만 잘못되더라도 소비자에게 원하는 제품의 판매 목표를 달성할 수 없을 것이다. 패션 회사는 성공을 부르고 수익을 창출할 수 있는 공식을 만들어야만 한다. 계획된 수익을 얻는 것은 성공적인 사업을 의미한다. 그러나 이익을 내지 않으면서 폐업하지 않고 사업을 운영할 수 있는 시간은 한정되어 있다. 본 장의 제목, '수익＝성공'은 간단하지만, 패션 회사의 전반적인 경제적 안녕(economic well-being)에서 엄청나게 중요하다.

본 장을 정독한 후, 소비자의 요구와 욕망에 부합하는 것이 얼마나 중요한지, 그리고 계획이 성공에 끼치는 중요성이 얼마나 큰지를 느낄 수 있을 것이다. 소비자 기대 부응에 대해 연구한 다음에는 소매업의 입장에서 본 의류와 섬유 산업에 사용되는 가격 모델의 실험에 대해서 설명한다. 끝으로, 반 년의 계획을 수립하고, 가격인상과 가격인하를 조사함으로써 소매업 계획에 대한 지식을 습득하게 되고, 소매 바이어라는 직업을 이해하게 된다.

소비자

사업을 운영한다는 것은 단기간이 되었든 장기간이 되었든, 소비자가 무엇을 원하는지를 알아야 할 뿐만 아니라 회사를 건실하게 운영해 수익을 얻어야만 한다. 어떠한 비즈니스 전략이든 가장 기본은 수익을 창출함으로써 사업을 계획해 나갈 수 있도록 하는 것이다. 전략은 여러 가지가 있을 수 있다. 예를 들어, Tom's Shoes는 소비자가 한 켤레의 신발을 구입하면 한 켤레의 신발을 신발이 없는 어린이를 위해 기부하고 있다. 고급 가죽 액세서리로 잘 알려진 Coach의 비즈니스 모델은 소비자가 그들의 제품에 감정적으로 깊은 애착을 갖도록 하는 것이다. Tom's와 Coach는 수익을 창조하는 열쇠는 소비자의 수요를 충족시키는 것임을 이해하고 있다. 소비자의 요구를 충족시키는 것은 적절한 소비자를 알아보고, 적절한 제품을 적절한 가격으로 매칭시켜 줌으로써 이루어 낼 수 있었다. 패션 사업은 대부분의 소비자가 알고 있는 것보다 이해해야 할 것이 훨씬 많다. 왜냐하면 소비자의 입장에서 보면 '그것은 오직 그들에 관한 것'이기 때문이다. 소비자는 패션이 판매가 되느냐 그렇지 않느냐에는 관심이 없다. 소비자는 단순히 상품을 사고, 상품을 사용함으로써 그들의 요구와 필요가 충족되기만을 원할 뿐이다. Giorgio Armani의 말에 따르면, "결국 소비자는 당신의 회사 규모도 모를 뿐 아니라 상관하지도 않는다. 소비자는 오직 매장에 걸려 있는 옷에만 관심이 있을 뿐이다." 제9장에서 소비자에 대해 자세히 살펴볼 것이다.

가격

패셔너블한 옷을 구매하는 소비자는 실용성과 명성을 함께 원한다. 실용성은 소비자가 옷을 입었을 때 그 기능을 얻음을 말하고, 명성은 호감이 가고 유행하는 옷을 입음으로써 얻게 되는 사회적 지위를 말한다. 실용성과 명성이라는 소비자의 기대에 부응하는 데 있어 중요한 요소는 소비자가 만족할 만한 가격대의 제품을 제공하는 것이다. 바이어(buyer)와 제품 개발자들은 소비자의 요구를 날카롭게 인지하고 있다. 예를 들어, Kohl's와 Macy's와 같은 매장은 소비자 요구 충족의 기능이 제품 가격의 인상과 인하를 수반함을 의미한다. 그러므로 가격인하를 고려한 가격인상을 계획하는 것이 중요하다. 제품의 가격인하는 소비자가 그것을 예상하고, 가격인하가 주는 가치를 좋아하기 때문에 소매업에 있어 매우 일반적인 것이다. 또한, 소매업체는 가격인하를 계획하기 때문에 비교 가격, 비교 소매, 그리고 비교 수익은 가격 결정에 일부가 되고 있다. 그 결과 소매업체는 총 차액과 수익을 추산해 볼 수 있다.

상품의 가격을 결정하는 것은 어려운 일이며, 각각의 소매업체는 각자 다른 생각을 적용해 상품의 가격을 정한다. 다음 세 가지 방법이 가장 흔히 사용되는 방법이다. **수요중심 가격**(demand-oriented pricing), **비용중심 가격**(cost-oriented pricing), 그리고 **가격인하**(price discounting)가 그것이다. 수요중심 가격은 제품에 대한 수요가 클 때 적용된다. 높은 수요는 높은 가격을 가능케 한다. 낮은 수요에는 낮은 가격이 필요하다. 패션 아이템의 수요, 즉 패션 아이템의 가격은 패션 유행을 따른다(제2장에서 언급하였음). 제품을 소개하는 단계에서 인기가 절정에 다다를 단계까지는 가격이 높다. 왜냐하면 수요가 증가하기 때문이다. 그러나 제품의 수요가 절정에 달하고 인기가 줄어들어 잊혀지게 되는 단계에는 가격 또한 수요와 함께 떨어진다. 반면, 새로운 시즌 제품을 위한 시즌가 초기는 그 가격이 시즌 막바지보다 훨씬 높다.

비용중심 가격은 상품의 최종 가격을 결정하는 데 있어 그 제품을 제작하는 비용의 마크업(markup) 비율이 적용된다. 예를 들어, 만일 한 백화점의 마크업 목표가 60%라고 하면, 바이어는 매장에 도착한 상품에는 제품 제작비용에 60%의 마크업을 적용한다. 이러한 방법은 가격의 추측이다. 그러나 숙련된 바이어는 어떤 아이템이 소비자들에게 비싸게 팔릴 것인지 어떤 상품이 그렇지 않은지 인지하고 있으므로 그에 맞추어 가격을 책정한다. 60% 마크업 목표를 달성하는 것은 백화점의 합계 혹은 평균 마크업이 60%가 될 때 발생한다. 마크업에 대한 자세한 논의는 이후에 계속된다.

소매업체가 경쟁을 과소평가하는 것은 그들의 성공에 심각한 영향을 끼친다는 것을 알고 있다. 경쟁중심 가격은 가격을 바탕으로 시장에서의 회사의 지위를 정하는 것이다. 이러한 종류의 가격은 위험하고 가격전쟁에 이르게 되는데, 이는 가격을 계속해서 줄일 수 있는 사람만이 오직 생존할 수 있다. 경쟁을 무시하는 것은 현명한 방법이 아니지만, 경쟁사의 행동에만 의존해 가격을 결정하는 것은 소매업체를 위험으로 몰고 간

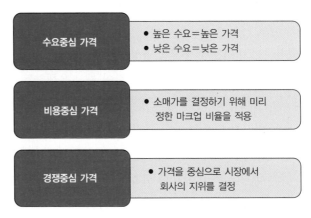

그림 5.1 가격 전략

다. 성공적인 소매는 목표하는 시장 필요와 욕구를 충족해 주는 제품을 시장이 감지하는 가격에 제공하는 것이다. [그림 5.1]은 패션업계에서 사용하는 그 이외의 가격 책정법을 정리한 것이다. 이는 오늘날 패션업계의 소매업체들이 사용하는 가격 전략이다. 보시다시피 몇몇의 전략은 서로 중복되는 부분도 있다.

이제 소매업체에게 소비자가 얼마나 중요한지, 그리고 제품을 선별하고 가격을 정하는 데 있어 바이어가 지닌 기술이 얼마나 중요한지 알게 될 것이다. 다음은 계획, 구매, 제품 가격을 수학적 관점에서 살펴보자.

소매 구매

소매 구매(retail buying)은 패션산업의 내부적 요소이다. 디자이너의 패션제품은 제조업자에 의해서 만들어지지만 바이어가 그 옷을 구입하지 않는다면 최종 소비자는 그 디자이너의 창조물을 절대 만날 수 없다. **바이어**(buyer)는 패션을 소비자에게 전달하는 중심적이고도 기본적인 역할을 수행한다. 우리가 알고 있듯, 구매란 요소 없이는 패션이 존재할 수 없다. 바이어의 역할을 보다 자세히 살펴보자.

소매업에서의 바이어의 역할

바이어는 소비자의 요구와 필요를 잘 이해하고 있는 전문가이다. 바이어는 또한 패션업을 이해하고 계획할 수 있는 분석적 능력을 가지고 있고, 이들의 감각은 중요한 요소이다. 그러나 보다 중요한 것은 바이어가 그들의 감각을 소비자의 감각에 적용하는 것이다. 바이어는 방대한 양의 정보를 완전히 소화하고, 결정을 내릴 수 있는 요소들로 정제한다. 정보의 통합과 응용은 어려운 작업이다. 바이어는 오랜 시간 계획하고, 구입하고, 사업의 흐름에 반응한다. 국내 경제, 지방 경제, 가스 가격, 산업 트렌드, 패션 유행, 날씨, 예상치 못한 상황들은 바이어가 넘고 헤쳐 나가야 할 장해물들이다. 바이어의 직업은 복잡하고, 성공과 실패의 기회를 결정하는 수수께끼와도 같다.

오늘날 패션을 전공한 최근 졸업생의 대부분은 기본을 배우고 추가 일거리가 주어지기를 기다리는 **보조 바이어**(assistant buyer)로서 바이어의 커리어를 시작한다. 바이어의 일거리는 다양하다. 바이어는 호화스러운 삶을 살고 제트기를 타고 뉴욕이나 다른 멋진 도시들을 돌아다니는 것으로 널리 알고 있다. 바이어가 멋진 도시를 자주 다닌다는 것은 사실이지만, 그 직업은 호화로운 것과는 거리가 있다. 첫째, 바이어는 소비자를 만족시켜야만 한다. 둘째, 바이어는 오너, 주주, 그리고 회사 내 주주들이 요구하는 계획과 목표를 달성할 책임이 있다. 소비자와 주주를 만족시기기 위해 바이어는 현재 매장에서 팔리고 있는 제품의 판매를 모니터링하고, 가격인하에 대한 평가를 하고, 판매와 수익을 증가시킬 전략을 수립하는 등 수없이 많은 책임을 지고 있다. 판매를 촉진하고 목표를 달성하는 데 있어 협상 능력은 매우 중요한 요소이다. 바이어는 가격, 공급 기간, 제품 운송, 판매수익, 광고비용, 제품의 독점, 공급업체의 반환 문제 등을 협상한다.

일반적으로 바이어는 **부서별 머천다이즈 매니저**(divisional merchandise manager)를 만나 다양한 주제를 논의한다. 구매 선별, 상품 주문, 광고, 새로운 점포, 혹은 기타 중요한 회사 사업을 논의하기 위한 미팅이 하루에도 여러 번 이루어진다. 바이어는 매일 수많은 전화와 이메일 답변을 해야 한다. 바이어는 스트레스와 불만을 경험하고, 어떤 때는 계획과 목표를 달성하기 위한 엄청난 양의 책임과 요구, 그리고 지속적인 비판으로 생산성을 잃기도 한다. 이러한 것을 알고 난 후라면, 누가 바이어가 되길 바라겠는가? 바이어는 본 산업을 이끌어 나가는 데 열정이 있는 사람들이다. 또한 좋은 시즌의 성공, 패션에 대한 사랑, 끝없이 변화하는 것에서 얻는 흥분, 산업의 역동성 등은 모두 바이어를 계속해서 달리게 한다. 바이어의 일이 무엇인지 알았으니, 이제 바이어가 어떻게 일하는지 알아보자.

구매 과정

구매 과정은 계획으로 시작한다. 첫 번째 상품을 구매하기 이전에 바이어는 판매, 재고, 마크다운, 구매, 매출액, 매출 총이익(gross margin)을 자세히 기록한 **6개월 계획**(six-month plan)을 완성한다. [그림 5.2]는 6개월 계획을 보여준다. 계획은 반 년간인데, 그 이유는 **시즌**(season)이라고 부르는 6개월 단위를 포함하기 때문이다. **봄 시즌**(spring season)은 보통 2월에서 7월을 말하고, **가을 시즌**(fall season)은 8월에서 1월까지를 말한다.

계획의 목표는 **오픈-투-바이**(open-to-buy, OTB)를 만드는 것이다. 이는 바이어가 제품을 구입할 수 있도록 인도하는 것인데, 알맞은 양의 재고를 보유하여 매출 목표를 달성할 수 있도록 하며, 알맞은 마크다운으로 재고가 매장으로 흘러 들어갈 수 있도록 하는 것을 목적으로 한다.

6개월 계획								

부서: _____ 부서: _____
바이어: _____ 시즌: _____
준비된 날짜: _____ 최종 수정 날짜: _____

		LY	TV 계획	수정	실제 TY	노트:			
시즌의 합계									
마크업(%)									
매출 총이익(%)									
회전율									

		8월	9월	10월	11월	12월	1월	2월	시즌 합계
	작년	150.0	200.0	140.0	170.0	260.0	80.0		1,000.0
	TY 계획	168.0	210.0	126.0	178.5	283.5	84.0		1,050.0
	Inc/Dec TY(%)	12.0	5.0	−10.0	5.0	9.0	5.0		5.0
	전체 TY(%)	16.0	20.0	12.0	17.0	27.0	8.0		100.0
	전체 LY(%)	15.0	20.0	14.0	17.0	26.0	8.0		100.0
	수정								
	실제								
재고/판매	작년	3.9	3.0	4.1	3.6	2.5	6.3	5.7	
	TY 계획	3.9	3.0	3.9	3.6	2.6	6.2	5.6	
	수정								
	실제								
월초 재고($)	작년	585.0	600.0	574.0	612.0	650.0	504.0	580.0	586.4
	TY 계획	655.2	630.0	491.4	642.6	737.1	520.8	570.0	606.7
	수정								
	실제								
마크다운($)	작년	72.0	40.0	60.0	48.0	120.0	60.0		400.0
	TY 계획	99.2	52.0	56.7	66.2	148.4	50.1		472.5
	판매대비(%)	59.1	24.8	45.0	37.1	52.3	59.6		45.0
	월별(%)	21.0	11.0	12.0	14.0	31.4	10.6		100.0
	판매 LY 대비(%)	48.0	20.0	42.9	28.2	46.2	75.0		40.0
	월 LY 별(%)	18.0	10.0	15.0	12.0	30.0	15.0		100.0
	수정								
	실제								
구매($)	작년	337.0	306.0	333.0	363.5	305.0	278.0		1,922.5
	TY 계획	242.0	123.4	339.9	339.2	215.6	183.3		1,437.3
	수정								
	실제								

그림 5.2 6개월 계획은 봄 시즌과 가을 시즌을 위한 판매, 재고, 마크다운, 구매를 계획하기 위해 사용한다.

계획

판매 계획하기

6개월 계획은 **판매**(sales)로 시작한다. 판매는 상품의 대가로 받은 돈으로, 판매된 상품의 수와 소매가격의 곱을 합산하여 계산한다. 판매는 계획에서 가장 중요하고 가장 어려운 부분이다. 이는 수학적 입장에서 본 것이 아니라 개념적 입장에서 본 것이다. 판매는 계획의 다른 모든 요소의 기본이 되기 때문에 판매를 계획할 때 광범위하고 객관적인 견해를 가지는 것이 핵심이다. 판매 계획이 지나치게 공격적이면 높은 재고를 유발하고 마크다운과 매출 총이익이 감소하게 된다. 반면, 판매 계획이 지나치게 보수적이면 재고가 모자라 판매가 원활하게 이루어지지 못하고 매출 총이익에도 영향을 끼치게된다. 판매를 계획할 때 여러 가지 참고가 될 만한 것들이 있는데, 대부분의 소매업체들은 작년의 판매 결과를 바탕으로 시작한다. 작년의 결과와 함께 3~5년간의 판매 내역은 이들을 잘 이끌어 줄 수 있다. 판매 내역은 성공을 보증하고 실수를 피해갈 수 있도록한다. 판매 내역을 되돌아보면서, 현재와 미래의 요소 역시 고려한다면 많은 도움이 될것이다. 현재의 판매 트렌드, 패션 트렌드, 국내 경제 상황, 지역 경제 상황, 가스 가격, 판매 광고의 변화 그리고 날씨 등은 판매 계획을 수립하면서 심사숙고 해야 할 여러 가지 요소들이다.

수학적으로 판매는 간단한 계산이다. 보통 상급 매니저가 회사의 전체적인 판매 증가는 어떠하며, 그 증가를 회사 내 여러 부서에 어떻게 할당할 것인가를 결정한다. 예를 들어, 상급 매니저는 그 회사의 전체 판매 증가는 7%이며 남성복 부서가 작년 가을 시즌 판매 대비 5% 증가를 책임진다고 결정할 수 있다. 이는 간단히 말해 남성복 부서의 목표는작년 가을 시즌의 판매량보다 5% 더 많이 파는 것이다. 따라서 만약 남성복 부서가 작년가을 1,000,000달러를 팔았다면 올해 가을에는 1,050,000달러를 판매해야 한다.

1,000,000달러(작년의 판매) × 5% (올해 계획된 비율 증가)

= 50,000달러(올해의 달러 증가) + 1,000,000달러(작년의 판매)

= 1,050,000달러(올해의 판매 계획), 혹은 보다 간단히

1,000,000달러(작년의 판매) × 105% (5% 판매 증가)

= 1,050,000달러(올해의 판매)

전년도의 정확한 판매와 올해의 계획된 판매가 주어졌을 때, 비율 증가는 다음과 같이 계산한다.

$$\text{비율 증가 계산} = \frac{\text{올해의 판매 계획} - \text{작년의 실제 판매}}{\text{작년의 실제 판매}}$$

혹은

$$= \frac{1,050,000\text{달러(올해의 가을 판매 계획)} - 1,000,000\text{달러(작년의 실제 가을 판매)}}{1,000,000\text{달러(작년의 실제 가을 판매)}}$$

$$= \frac{50,000\text{달러(판매에 있어 올해의 달러 증가)}}{1,000,000\text{달러(작년의 실제 가을 판매)}} = \text{작년 가을 대비 올가을 판매 5\% 증가}$$

전체 시즌의 판매는 월별로 나누며, 시즌의 각 월별 목표 판매 계획을 수립한다. 작년의 판매, 연휴의 변동, 광고의 시기 변화 등 여러 가지 기준를 바탕으로 각 월에 전체 판매 계획의 퍼센트를 할당한다. 작년의 할당 비율 계산은 다음과 같다.

$$\text{작년 할당 비율} = \frac{\text{각 월별 판매}}{\text{시즌의 총판매}} = \text{작년 각 월별 할당 비율}$$

그러므로 만약 작년 8월 판매가 150,000달러이고 가을 시즌 전체 판매가 1,000,000달러였다면 다음과 같이 계산된다.

$$\frac{150{,}000\text{달러 작년 8월 판매}}{1{,}000{,}000\text{달러 작년 가을 전체 판매}} = \text{작년 가을 판매 대비 15\% 8월 퍼센트}$$

반면 작년 8월의 판매 퍼센트가 15%였고 작년의 총 판매 금액이 1,000,000달러였다면 8월의 판매 금액은 다음과 같이 계산할 수 있다.

1,000,000달러(작년의 가을 총 판매 금액)×15%(작년의 총 판매에 대한 8월의
판매 비율)=150,000달러(작년의 8월 판매 금액)

구매자는 현재 연도에 대한 적절한 비율 배정을 세우기 위해 시즌 중의 각 달에 대한 작년의 판매비율과 앞에서 언급한 다른 변수들을 사용한다. 월별로 비율을 결정한 후 그 시즌에 대한 판매 계획을 각 달에 대한 퍼센트 할당 비율과 곱하면 그달의 판매 계획이 나온다. 예를 들면, 작년 가을의 8월은 15%였고 올해 구매자는 가을 사업의 16%를 8월에 생산하려고 계획하고 있다. 올해의 8월 판매 금액을 계산하기 위해 1,050,000달러의 총 가을 시즌의 판매 금액을 16%의 8월 할당 비율을 곱하거나 또는

1,050,000달러(가을 판매 계획 금액)×판매 %의 8월 비율 16%
=168,000달러의 8월 판매 금액

이 절차를 시즌의 모든 달에 대한 판매 계획 금액이 나올 때까지 계속한다.

재고 계획하기

판매 이후, 재고를 계획하는 것이 6개월 계획을 완성하는 그다음 부분이다. 재고에는 두 가지 형태가 있는데, 월초에 가능한 재고의 양을 의미하는 **월초**(beginning of month, BOM) 재고와 월말에 가능한 재고를 의미하는 **월말**(end of month, EOM) 재고가 있다. 두 가지 모두 연관성이 있다. 그러나 재고를 계획하는 데 있어 초점을 맞추어야 하는 것은 월초 재고이다. 한 달의 월말 재고는 다음 달의 월초 재고임을 상기하라. 따라서 만약 8월 월말 재고가 609,000달러였다면 9월의 월초 재고는 609,000달러

인 것이다. 재고 계획에는 여러 가지 방법이 있다. 그러나 편의를 위해 본 저서는 오직 **판매대비 재고비율**(stock to sale ratio) 방법으로만 **재고**(stock)를 논의할 것이다. 판매 대비 재고비율은 재고와 판매의 관계에 관한 것이다. 이는 어떤 특정한 양의 판매 계획 이 수립되었을 때 필요한 정확한 양의 재고를 결정하는 방법이다.

판매에 있어, 이전 기록은 판매대비 재고비율을 평가하는 데 중요한 역할을 한다. 작 년의 판매대비 재고비율에 대한 계산은 다음과 같다.

$$\text{작년의 판매대비 재고비율} = \frac{\text{작년 같은 달의 실제 월초 재고}}{\text{작년 같은 달의 실제 판매}}$$

그러므로 만약 작년 8월 판매가 150,000달러이고 재고가 585,000달러였다면 계산 은 다음과 같다.

$$\frac{585,000달러(작년 8월 실제 재고)}{150,000달러(작년 8월의 실제 판매)} = 3.9 \text{ 판매대비 재고비율 (8월)}$$

이 계산을 반복하면 각 월별 판매대비 재고비율을 산출할 수 있다. 시즌의 모든 달이 다른 판매대비 재고비율을 가질 수 있음을 명심해야 한다. 올해의 판매대비 재고비율을 계획하는 데 있어 확신을 가질 수 있으려면 작년 각 시즌의 각 월별 판매대비 재고비율 이 무엇인지를 아는 것은 중요하다. 다음은 계획하는 시즌의 재고별 판매비율을 결정한 이후에 재고를 계산하는 방법이다.

$$\text{계획한 판매} \times \text{계획한 판매대비 재고비율} = \text{계획한 월초 재고}$$

예를 들어, 만약 8월의 계획된 판매가 168,000달러이고, 8월의 계획된 재고대비 판 매비율이 3.9라고 한다면, 8월의 재고 계획은 655,200달러이며 계산은 다음과 같다.

$$168,000달러(8월의 계획된 판매) \times 3.9 (8월의 계획된 판매대비 재고비율)$$
$$= 655,200달러(8월의 계획된 재고)$$

회전율 계획하기

소매 매장에서는 상품이 판매되면 판매된 상품을 대체할 상품이 도착하고, 그 상품이 판매되면 또 그 상품을 대체할 상품이 도착하는 것이 반복된다. 이러한 현상이 발생하 는 속도를 **회전율**(turnover)이라고 한다. [그림 5.3]은 현금으로 상품을 사고, 그 상품 이 팔리면 이를 대신할 상품이 도착하고, 그 상품이 팔리면 또 그 상품을 대체할 상품이 도착하는지를 보여준다.

회전율은 상품이 현금이 되는 횟수를 말한다. 소매업체에게 매우 중요한 것으로서 회 전율은 구매한 상품의 효율성과 바이어가 재고 정도를 얼마나 잘 컨트롤하고 유지하고

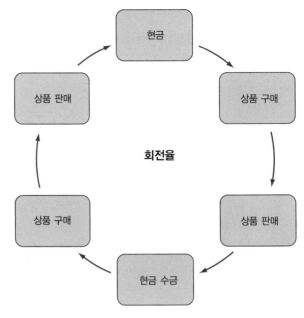

그림 5.3 회전율 사이클

있는지를 측정한다. 재고를 계산하는 공식은 다음과 같다.

$$\frac{\text{달러로 계산한 계획된 시즌 판매}}{\text{달러로 계산한 평균 재고}} = \text{회전율}$$

예를 들어, 만약 가을에 계획된 판매가 1,050,000달러이고, 그 시즌의 평균 재고가 606,700달러라면, 가을의 회전율은 1.8이다.

$$\frac{\text{1,050,000달러 가을에 계획된 판매}}{\text{606,700달러 가을에 계획된 평균 재고}} = 1.73(\text{가을에 계획된 회전율})$$

평균 재고(average inventory)는 각 월의 계획한 월초 재고의 평균과 그다음 시즌의 첫달 월초 재고의 합을 7로 나눈 것이 평균값이다. 예로 들면, 8월, 9월, 10월, 11월, 12월, 1월 그리고 2월의 월초 재고 합(봄 시즌의 월초 재고)은 4,247,100달러를 7로 나눈 값으로 평균 시즌 재고값 606,700달러를 도출할 수 있다.

마크다운 계획하기

마크다운(markdown)의 계획은 재고 계획 이후에 이루어진다. 마크다운은 상품의 소매가를 낮추는 것이다. 마크다운은 소매업에서 필요한 요소이며, 최고의 상황 속에서도 이를 피할 수 없다. 판매 홍보 기간에 판매를 촉진하기 위해, 손상된 제품을 처분하기 위해 사용하는 방법인 마크다운은 중요하고 가치 있지만 이에 철저한 관리와 컨트롤이 요구된다. 마크다운은 매출 총이익을 깎아 내리기 때문에 날카로운 분별력이 매우 중요하다. 가격과 구매에 있어 실수가 마크다운을 초래하기 때문에, 마크다운을 할 제품을 고르고 그 가격을 결정하는 데 신중함이 요구된다. 마크다운의 계획은 달러와 퍼센트로 이루어져야 한다. 앞에서 판매와 재고에 대해 논의했듯, 마크다운을 계획할 때 역시 과거기록은 출발점이 된다. 판매 유행, 패션 트렌드, 광고 스케줄, 스케줄 변경(연휴의 변화) 등이 마크다운 계획에 영향을 미친다. 이들은 판매 계획에 영향을 끼치는 것과 비슷한 방식으로 마크다운 계획에 영향을 미친다.

마크다운 계획을 시작하기 위해서는 반드시 작년의 판매와 관련된 실제 마크다운의 비율을 계산해야만 한다. 시즌 판매의 마크다운 비율을 계산하는 공식은 다음과 같다.

$$\frac{\text{작년의 전체 시즌 마크다운}}{\text{작년의 총 시즌 판매}} = \text{시즌 판매의 마크다운 비율}$$

예를 들어, 작년 시즌의 마크다운이 400,000달러이고, 작년의 전체 시즌 판매가 1,000,000달러였다면, 판매대비 마크다운 비율은 40%이며, 계산은 다음과 같다.

$$\frac{\text{400,000달러(작년 전체 시즌 마크다운)}}{\text{1,000,000달러(작년 전체 시즌 판매)}} = \text{판매의 40\% 마크다운 비율}$$

위의 결과를 올해의 마크다운 계획의 기본으로 활용해 기획팀은 현 시즌의 마크다운 목표를 정할 것이다. 예를 들어, 작년 가을 시즌의 판매 계획이 1,050,000달러이고, 그때의 마크다운이 40%였고, 올해의 계획된 판매의 45%가 마크다운 수치로 결정되었다. 이는 가을 시즌의 마크다운이 472,500달러로 계획될 것임을 의미한다.

(1,050,000달러 가을 시즌 계획×45% 가을 마크다운 계획

= 472,500달러 가을 마크다운 계획)

판매로 볼 때, 마크다운을 월별로 할당할 필요가 있고, 그 과정은 판매를 월별로 할당하는 것과 유사하다.

$$\frac{\text{월별 작년 마크다운 달러}}{\text{작년의 전체 시즌 마크다운 달러}} = \text{월별 마크다운 비율}$$

지난 8월의 마크다운이 72,000달러이고, 시즌의 전체 마크다운이 400,000달러라고 한다면, 전체 마크다운에 대한 8월의 퍼센트, 즉 작년 8월에 할당된 마크다운은 18%였다. 다시 말해, 작년 가을 시즌 전체에서 18%가 빠져나가고 이것이 8월에 이루어졌다는 말이다. 계산은 다음과 같다.

$$\frac{72,000달러\ 작년\ 8월의\ 마크다운}{400,000달러\ 작년\ 전체\ 가을\ 시즌의\ 마크다운} = 작년\ 8월에\ 18\%\ 마크다운$$

이 과정은 그 시즌의 각 월별 퍼센트를 계산할 때까지 계속된다. 그 시즌의 월별 계산의 마지막에 모든 월의 전체 퍼센트의 합은 100%가 될 것이다. 월별로 계산된 퍼센트는 올해의 마크다운 퍼센트가 얼마큼 할당되어야 하는지를 결정해 주며, 그리고 전체 마크다운 계획으로 곱해진 퍼센트는 월별 마크다운 계획을 결정하는 길잡이가 된다. 다시 말해, 작년 8월의 마크다운 퍼센트, 혹은 할당이 18%였고, 올해의 계획은 21%이다. 그 21%의 계획된 할당은 472,500달러라는 전체 마크다운 달러와 곱해져 99,225달러라는 가을의 마크다운 값을 얻게 된다. 계산은 다음과 같다.

472,500달러(그 시즌에 계획된 전체 마크다운)×21% 월별로 본 8월의 퍼센트
= 99,225달러(8월 마크다운 계획)

모든 월별 마크다운 달러 계획이 산출될 때까지 매월 이 같은 과정을 거친다.

마크다운 산출은 월별 판매 퍼센트를 포함하고 있다. 앞에서 살펴보았듯, 마크다운은 마크다운 계획의 첫 번째 단계로서 전체 마크다운의 퍼센트로 산출된다. 같은 계산으로 월별 판매의 마크다운 비율을 만들어 낸다. 8월의 마크다운과 판매를 예로 들면, 8월의 마크다운은 판매의 59.1%로 계획되었다. 이는 8월의 계획된 마크다운 99,225달러를 8월에 계획된 판매인 150,000달러로 나누어 계산한 것으로, 59.1%의 값을 얻게 된다. 그러므로 판매대비 월별 마크다운은 다음과 같다.

$$그\ 달의\ 판매대비\ 마크다운\ 비율 = \frac{월별\ 계획된\ 마크다운\ 달러}{월별\ 계획된\ 판매\ 달러}$$

혹은

$$= \frac{99,225달러(8월\ 계획된\ 마크다운)}{168,000달러(8월\ 계획된\ 판매)}$$

= 8월 판매에 대한 59.1% 마크다운

위에서 보여준 대로 전체 시즌과 그 시즌의 월별 마크다운 계획은 달러로 이루어진다. 또한, 마크다운 계획은 전체 판매의 퍼센트 그리고 그 시즌의 월별 판매의 퍼센트로 이루어진다. 끝으로 마크다운 계획은 마크다운의 월별 할당, 혹은 전체 마크다운의 월별 퍼센트를 포함하고 있다.

마크다운 계획의 자세한 사항은 사람들이 6개월 계획 중 가장 어려운 요소로 믿도록 잘못 이끄는 경향이 있는데, 수학적으로 볼 때 이는 논쟁의 여지가 있다. 그러나 이는 가장 예측하기 힘든 판매의 일부분에 속하며, 판매는 전체 계획의 기초가 되기 때문이

다. 판매, 재고, 마크다운에 대한 계획이 끝난 이후, 구매에 관한 계획이 따른다.

구매 계획

6개월 계획의 다른 요소들이 완성되었다면, **구매**(purchases) 계획은 단순하면서도 간단하다. 구매 계획은 판매, 재고, 마크다운의 계획에 대한 결과이다. 판매, 재고, 마크다운에서 얻은 값은 그 시즌의 각 월별 구매의 계획으로 이끈다. 구매를 계산하는 공식은 다음과 같다.

> (+) 월별 판매 계획
>
> (+) 다음 달(월말 재고)의 재고 계획
>
> (+) 월별 마크다운 계획
>
> (=) 필요한 전체 상품
>
> (−) 달의 월초(월초 재고) 재고 계획
>
> (=) 월별 구매 계획

공식이 어떻게 적용되는지에 대한 예로서, 앞서 언급했던 8월의 값이 사용될 것이며, 9월의 월초(월초 재고) 값과 같은 8월말(월말 재고) 값이 630,000달러이다. 8월 값을 이용한 구매 계획은 다음과 같이 결정된다.

> (+) 168,000달러   8월의 판매 계획
>
> (+) 630,000달러   8월의 월말 재고(9월의 계획된 월초 재고)
>
> (+) 99,225달러   8월의 계획된 마크다운
>
> (=) 897,225달러   필요한 전체 상품
>
> (−) 655,200달러   8월의 계획된 월초 재고
>
> (=) 242,025달러   8월의 계획된 구매

계산은 그 시즌의 월별값을 얻을 때까지 계속된다. 월별 구매의 전체 값은 그 시즌에 계획된 구매값과 일치한다. 월별 구매는 체크북과 같다. 8월 계획된 구매가 242,225달러라는 말은 8월에 신상품을 구매하는 데 사용할 수 있는 금액을 말한다. 바이어는 사용할 수 있는 전체 금액을 관리하고 있는데, 오더를 할 때마다 계획된 구매에서 상품의 소매가를 빼고, 다른 제품을 구매할 수 있는 비용을 남겨 놓는 식이다. 이를 **오픈-투-바이**(open to buy, OTB)라고 부른다. 체크북에 쓰여 있는 금액이 그 달에 쓸 수 있는 돈의 전부라는 측면에서 오픈-투-바이와 체크북의 잔고는 유사하다. 바이어가 OTB 잔고를 초과하면, 그 바이어는 과다구매한 것이다. 예를 들어, 바이어가 전체 157,000달러의 제품을 구매했다고 가정하면, OTB는 다음과 같다.

> (+) 168,000달러   8월의 판매 계획

(+) 630,000달러	8월의 월말 재고(9월의 계획된 월초 재고)
(+) 99,225달러	8월의 계획된 마크다운
(=) 897,225달러	필요한 전체 상품
(−) 655,200달러	8월의 계획된 월초 재고
(=) 242,025달러	8월의 계획된 구매
(−) 157,000달러	8월의 구매
(=) 85,028달러	OTB

소매의 수학적 개념

6개월 계획 이외에 여러 가지 중요한 소매업에서 사용되는 다양한 수학적 개념이 존재하는데 수입 명세서, 매출 총이익, 마크업, 제품의 가격 등이 있다. 수입 명세서부터 살펴보자.

수입 명세서

손익 명세서라고도 부르는 **수입 명세서**(income statement)는 머천다이징의 기능이라기보다 재정적 기능을 의미하지만, 순매출로 볼 때 바이어가 무엇을 하는지, 판매된 상품의 가격 그리고 매출 총이익의 중요성을 명백히 보여준다. 수입 명세서는 수입, 매출 총이익, 비용, 그리고 특정 기간 계산된 손익을 보여준다. 수입 명세서는 **순매출액**(net sales)으로 시작한다. 소매업체는 **총매출액**(gross sales)이라고 알려진 전체 판매 운영을 유지하면서 상품을 판매한다. 그러나 판매된 모든 제품이 '판매를 계속 유지'하는 것은 아니다. 즉, 어떤 고객은 상품을 환불하기도 하고, 판매되었던 상품이 소매업자의 재고에 남아 있기도 한다. 순매출액은 '판매를 계속 유지'하는 제품을 말한다. 또한, 어떤 때는 제품을 판 이후에 세일가격을 적용하는 것과 같이 고객에게 할인을 해주는 경우도 있는데, 이러한 할인금액은 총매출액에서 제외된다. 바이어가 선별한 상품이 소비자에게 팔리게 되므로 바이어는 순매출액이라는 엄청난 책임감을 짊어지고 있다. 만약 바이어가 구매한 제품에 소비자가 반응하지 않는다면 그 바이어에게 책임이 있는 것이다. 수학적 등식으로서 순매출액을 산출하는 방법은 다음과 같다.

총매출액−고객의 환불과 할인금액 = 순매출액

판매된 상품의 비용(cost of goods sold)은 순매출액에서 가장 먼저 빠진다. 판매된 상품의 비용은 상품 구매에 따른 비용과 운반비, 그리고 제품을 판매하기 위해 드는 기타 준비 및 수선비용 등을 더한 것이다. 제품 구매비용은 100% 바이어의 책임이다. 바이어는 공급 커뮤니티와 일하며 제품을 선별하고 가격, 운송, 할인 등 소매업체의 이익을 위해 협상한다. 상품을 너무 비싸게 구매하면 소매업체의 이익이 줄어들고 이에 대한 책임은 바이어에게 돌아간다.

매출 총이익

순매출액에서 판매된 상품의 비용을 뺀 값이 **매출 총이익**(gross margin)이다. 매출 총이익은 바이어가 얼마나 그 혹은 그녀의 일을 잘 했는지 측정할 수 있는 기본적인 잣대이다. 바이어는 판매와 판매된 상품의 비용에 대한 책임이 있기 때문에 매출 총이익 값은 바이어 평가의 중심이 된다. 수입 명세서는 다음과 같이 모양이 만들어진다.

> (＝) 총매출액
>
> (－) 고객 환불과 허용금
>
> (＝) 순매출액
>
> (－) 판매된 제품의 비용
>
> (＝) 매출 총이익

수입 명세서에서 매출 총이익점을 넘으면 이제 바이어에겐 아무런 책임이 없다. 수입 명세서의 다음 부분은 **운영비**(operating expenses)이다. 운영비는 급여, 렌트, 광고, 비품, 보험과 같은 것을 포함한다. 운영비는 머천다이징적 책임이 아니라 운영적 책임이다. 그렇다면 운영비와 수익을 커버할 수 있을 만큼 충분한 매출 총이익을 이끌어 내도록 하는 것 또한 바이어의 의무이다. 만약 바이어의 머천다이징 노력이 비용을 지불할 매출 총이익을 생산하는 데 실패했다면 그 회사는 수익을 창출할 수 없다. 수입 명세서의 기본은 다음과 같다.

> (＋) 순매출액
>
> (－) 매출 원가
>
> (＝) 매출 총이익
>
> (－) 운영비
>
> (＝) 이익 또는 손실

혹은

> (＋) 1,050,000달러　　가을의 계획된 순매출액
>
> (－) 609,000달러　　　팔린 제품의 매출 원가
>
> (＝) 441,000달러　　　매출 총이익
>
> (－) 399,000달러　　　운영비
>
> (＝) 42,000달러　　　순이익

수입 명세서에 나타난 숫자를 볼 때, 순매출액의 비율로 보는 것이 숫자만으로 보는 것보다 유익할 때가 있다. 비율(%)은 백화점, 매장, 회사 간 비교가 가능하다. 모든 요소의 기본이 되는 순매출은 항상 100%이다. 다른 요소들을 순매출로 나누면 각 부분의 순매출액의 비율을 구할 수 있다. 아래 예에서 볼 수 있듯, 판매된 상품의 비용이 58%이다.

이는 팔린 상품의 비용을 순매출액으로 나누어 계산한 것이다.

$$\frac{609,000달러\ 판매된\ 제품의\ 비용}{1,050,000달러\ 순매출액}$$

= 58% (판매된 상품의 비용은 순매출액의 58%임)

수입 명세서에 나타난 각 요소의 계산은 정확하게 같다. 아래는 이전의 수입 명세서이며, 각 요소에 대한 순매출액 퍼센트를 포함하고 있다.

(+) 1,050,000달러	가을의 계획된 순매출액, 100%
(−) 609,000달러	팔린 제품의 매출 원가, 58%
(=) 441,000달러	매출 총이익, 42%
(−) 399,000달러	운영비, 38%
(=) 42,000달러	순이익, 4%

여기에서 보았듯, 달성한 매출 총이익은 판매의 42%이다. 이 비율이 바이어의 목표를 달성했는지에 대한 질문은 목표 그 자체에 달려 있다. 그러나 매출 총이익 비용을 커버할 만큼 충분했고 42,000달러, 즉 4%의 순이익을 창출해 내었음은 분명하다.

마크업

마크업(markup)은 상품의 청구서 비용과 그 상품의 소매가격 간의 차이를 말한다. 간단히 말해서, 만약 바이어가 스웨터를 10달러에 사서, 소매가 24달러에 팔았다면, 이때 마크업은 14달러인 것이다.

(+) 24달러	스웨터 소매가
(−) 10달러	스웨터 비용
(=) 14달러	스웨터 마크업

달러로 계산한 마크업은 관련이 있다. 그러나 마크업의 주제에 보다 밀접한 관련이 있는 것은 마크업의 비율이다. 아래의 공식은 마크업 비율을 계산하는 방법이다.

$$\frac{상품의\ 소매가-상품의\ 비용}{상품의\ 소매가} = \frac{상품의\ 달러\ 마크업}{상품의\ 소매가} = 상품의\ 마크업\ 비율$$

따라서 위의 예를 사용해 다음처럼 구할 수 있다.

$$\frac{24달러\ 스웨터\ 소매가-10달러\ 스웨터\ 비용}{24달러\ 스웨터\ 소매가} = \frac{14달러\ 마크업}{24달러\ 스웨터\ 소매가}$$

= 58.33% 마크업

구매한 양과 무관하게 그 과정은 똑같이 유지된다. 만약 바이어가 144개의 스웨터를 10달러에 구매하고 144개의 스웨터를 24달러의 소매가에 팔았다면, 마크업의 비율은 변하지 않는다.

$$144개 스웨터 \times 10달러 \ 각각의 \ 비용 = 1,440달러 \ 전체 \ 비용$$

$$144개 스웨터 \times 24달러 \ 각각의 \ 소매가 = 3,456달러 \ 전체 \ 소매가$$

$$\frac{3,456달러 \ 전체 \ 소매가 - 1,440달러 \ 전체 \ 비용}{3,456달러 \ 전체 \ 소매가}$$

$$= \frac{2,016달러}{3,456달러}$$

$$= 58.33\% \ 마크업$$

소매 매장의 각 부서는 마크업 비율의 목표가 있다. 요구되는 마크업 비율은 부서마다 다르고, 심지어 부서 내에서도 파트마다 다르다. 마크업 비율 계획 혹은 목표는 총합이다. 이 말은 즉, 어떤 상품은 계획한 것보다 높은 마크업을 달성하고, 어떤 상품은 계획한 것보다 낮은 마크업을 달성할 것이라는 뜻이다. 그러나 전체적인 성취, 혹은 누적된 마크업 계획은 바이어가 알맞은 마크업을 고려해 제품의 가격을 책정했음을 말해 준다. 만약 실제 마크업이 계획한 것보다 낮다면 필요보다 낮은 매출 총이익이 발생할 위험이 커지는 것이다. 만약 실제 마크업이 계획한 것보다 높다면, 제품의 가격을 너무 높게 책정해, 판매저조로 이어질 위험이 커지게 된다. 필요보다 낮은 실제 마크업 때문에 소매 매장에서는 장사가 잘되는 것처럼 보이지만 매출 총이익은 저조한 경우가 발생할 수 있다. 이러한 상황에서는 그 제품의 가격 구조를 재검토할 필요가 있다. 금전적 계획이 완성되고 검증을 받은 이후에 바이어는 제품 선별 계획을 수립하기 시작한다.

가격

바이어의 순매출에 대한 책임이 제품의 선별과 가격을 매우 중요하게 만든다. 제품의 가격은 바이어의 업무 중 가장 어려운 부분 중 하나이며, 제품 가격의 적절함에 대한 중요성은 아무리 강조해도 지나치지 않는다. 바이어는 소매 매장에서 되팔기 위해 제품을 구매한다.

바이어는 제품을 선별하고, **비용**(cost, 소매업체가 공급자에게 지불하는 도매가)을 합의하여 공급자에게 오더를 넣는다. 상품의 소매 가치를 정립해 나가면서, 소비자가 지불할 용의가 있는 소매가에 제품을 팔면서도 여전히 부서의 마크업 목표를 달성하는 것이 기술이다. 바이어는 제품의 가격표에 붙은 소매가가 비용과 이익을 충당할 수 있는 충분한 매출 총이익을 창출해 낼 수 있을 것인가를 확인하면서, 마크업 목표를 예의주시하며 일을 수행한다.

선별 계획하기

금전적인 계획도 중요하지만 이는 무엇을 살 것인가를 결정하지 못한다. 금전적 계획은 제품을 돈으로 얼마나 살 것인가를 알려주지만 바이어는 니트 탑(knit top)과 직물 탑 (woven top) 간의 정확한 균형을 결정하고 제품을 구매할 최고의 공급자를 결정한다. 바이어의 경험, 고객에 대한 지식, 그리고 감각의 정도가 제품 선별 계획을 주도한다. **선별 계획**(assortment planning)은 결정을 하는 과정으로서 어느 시점에 어떠한 제품을 판매할 것인가를 결정한다. 매장의 판매 코너를 상상해 보라. 그곳에서 발견할 수 있는 제품은 처음에는 금전적 계획으로 시작하지만 선별 계획으로 그 결실을 맺는다. 바이어는 그 백화점이 어느 공급자의 상품과 사이즈를 판매할 것인가를 결정한다. 선별 계획은 백화점 레벨에서 시작한다. 대부분의 백화점(department)은 매장의 전체적인 비즈니스를 **부서**(department)별로 나누고, 각 부서는 다시 **파트분류**(classifications)로 나누어진다. 남성복, 여성복, 청소년, 아동복, 신발, 액세서리, 속옷, 화장품은 소매 매장의 일반적인 부서이다. 부서 내에 보다 작은 부문에서 상품에 대한 계획, 구매, 모니터링이 이루어지는 파트가 있다. 파트는 매장마다 다르나, 남성복의 경우 셔츠(니트와 직물), 스웨터, 아웃도어(재킷과 코트), 바지, 청바지, 액세서리(커프스, 타이, 작은 가죽 제품 등), 비품(속옷, 양말, 잠옷), 그리고 의류(정장과 콤비)가 일반적이다. 이 파트의 각 부분이 비율 혹은 남성복 사업의 전체적인 비율을 대변한다. 파트 사업의 비율은 전 년도에 크게 의존하는데, 해마다 조금씩 바뀐다. 게다가 어떤 때는 패션 유행이 비율을 주도하기도 한다. 예를 들어, 만약 청바지가 작년에 비해 올해 패션 아이템으로 유행이라면, 바이어는 보다 많은 청바지를 구매하는 것이 당연하고, 이는 다른 파트의 비율을 낮추는 결과를 초래한다. 바이어는 각 파트에 필요한 구매를 결정하기 위해 각 파트에 비율을 적용한다. 이러한 과정은 손으로 하나하나 이루어질 수 있다. 그러나 대규모 소매 매장에서는 6개월 계획이 파트에 의해 이루어지고, 파트마다 각각의 6개월 계획을 수립하고 있다.

파트 단계에서 계획이 수립되기 시작해 바이어는 소비자 요구와 떠오르는 유행을 커버할 수 있을 것인가를 보증하기 위해 보다 깊게 파고든다. 선별 계획은 여러 가지 형태를 취할 수 있고, 소매업체 혹은 바이어가 할 수 있다. 공급자별로 분류를 계획하는 것이 필요하다. 공급자별로 돈이 할당된다는 것을 알면 베스트셀링과 높은 매출 총이익을 공급자가 정확한 양의 OTB를 하고 있음을 확신할 수 있다. 때로 바이어가 파트를 가격 포인트별로 계획하는 것이 핵심이기도 하다. 청소년 반바지 바이어가 봄 시즌을 계획하고 있고, 반바지의 기본적인 가격 포인트 두 가지가 24달러와 30달러이며, 24달러가 재고가 가장 많다는 것을 알고 있다고 한다면, 바이어는 OTB(달러)를 가격 포인트별과 공급자별로 나눌 수 있다. 즉, 바이어는 각 공급자로부터 24달러 반바지를 몇 장 구매할 것인가, 30달러 반바지를 구매할 것인가를 결정할 수 있다는 뜻이다. 만약 그것이 선별 요소라면 더욱 세부적으로는 제작별로도 구분할 수 있다. 선별 계획은 무엇을 구매할

바이어 Arrington/Raemy
시즌 가을
연도 2012

월		8월		9월		10월		11월		12월		1월		시즌 전체	
구매 계획표		계획	실제	계획	실제	계획	실제	계획	실제	계획	실제	계획	실제	계획	실제
벤더	전체%	277.6		215.3		261.6		307.5		253.3		200		1515	
Levi's	30%	83.3		64.6		78.5		92.3		76.0		60		455	0
Paris Blues	20%	55.5		43.1		52.3		61.5		50.7		40		303	0
OTB	15%	41.6		32.3		39.2		46.1		38.0		30		227	0
Angels	15%	41.6		32.3		39.2		46.1		38.0		30		227	0
Tracy Evans	10%	27.8		21.5		26.2		30.8		25.3		20		152	0
Joe Benbassett	10%	27.8		21.5		26.2		30.8		25.3		20		152	0
총계	100%	277.6	0	215.3	0	261.6	0	307.5	0	253.3	0	200	0	1515	0

참고 : 6개월 계획에서 얻은 구매 계획값은 벤더별로 매달 할당된다. 오더를 할 때마다 실제 구매된 금액이 기록된다.

그림 5.4 벤더 선별 계획

것인가를 결정하는 데 도움이 된다. [그림 5.4]는 공급자 선별 계획의 예이다.

바이어가 자주 받는 질문은 "무엇을 구매할 것인지 어떻게 아는가?"이다. 이는 복잡한 답변을 동반하는 간단한 질문이다. 무엇이 판매될 것인가를 알 수 있는 마법 같은 공식은 없다.

그러나 바이어는 이 질문에 대한 답을 하기 위해 도구를 사용한다. 이전 기록은(과거 내역은) 아이템을 구입하는 데 영향을 끼치는데, 과거의 아이템 중 인기가 있었던 것은 반복될 가치가 있다. 패션 트렌드 역시 구입을 결정하는 데 영향을 끼친다. '핫(hot)' 혹은 '머스트 해브(must hace)' 와 같이 인기가 있는 제품을 선별 제품에 포함시킨다. 바이어는 최신 제품 또는 트렌드와 지속적으로 함께하기를 원한다. 고객은 그 아이템을 구입할 것인가 말 것인가를 시험하는 최종 리트머스 테스트(litmus test)와도 같다. 만약 고객이 그 제품을 구입하지 않을 확률이 높다면, 바이어는 그 제품을 선별할 확률도 낮은 것이다. 고객을 알고 그들의 필요와 요구, 패션 감각을 이해하는 것은 무엇을 구매할 것인가에 대한 최고의 테스트이다. 무엇을 살 것인가에 대한 대답은 얼마나 살 것인가라는 질문으로 이어진다.

얼마나 구매할 것인가는 제품의 목적에 따라 달라진다. 광고에 소개된 제품은 고객의 요구를 충족시키기 위해 보다 많은 양이 요구된다. 소비자의 요구와 제조의 최소한은 프로그램되고 개인 라벨의 상품인 경우 대량의 구매를 필요로 한다. **고정 재고 채우기**

(fixture fill)는 충분한 상품을 구매해 고정 재고를 채워 고정 재고의 사이즈가 아이템의 수를 지배하도록 하는 것을 말한다. **테스트 수량**(test quantities)은 작고 많은 양을 구매하기 전 바이어가 '테스트'하는 새로운 패션이나 검증받지 못한 상품에 알맞다. 매장의 크기 자체도 상품 오더의 수량을 결정한다. 매장의 크기는 다양하기 때문에 수량도 함께 다양해질 필요가 있다. 바이어는 수량을 결정하는 데 있어 앞서 언급한 모든 것과 기타 여러 요인을 고려한다. 아이템을 너무 적게 구매하면 판매를 잃는 결과를 초래하고, 반대로 너무 많이 구매하면 과도한 가격인하를 초래해 매출 총이익에 손실을 가져온다. 목표는 수익을 남기면서 팔릴 수 있는 상품을 최대한 구매하는 것이다.

무엇을 구매하고 얼마나 구매할 것인가를 아는 것 외에 언제 구매할 것인가를 아는 것 또한 사업의 성공과 실패를 좌우한다. 시즌의 잘못된 시점에 상품을 운송하면 상품의 인수와 판매를 지연시킨다. 예를 들어, 반바지 바이어는 12월에 반바지를 운송하는 것은 너무 이르다는 것을 안다. 미국 대부분의 지역에서 12월에 반바지를 입는 것은 기후적으로 적당치 않다. 그 반바지가 가장 핫한 트렌드로 최고 품질의 원단에 좋은 가격이라고 할지라도 운송의 타이밍이 그 반바지가 팔리는 데 걸림돌이 될 것이다.

시장

제2장에서는 시장의 정의와 다른 유형의 시장에 대해 논의했다. 그러나 바이어들은 왜 시장에 가는 것일까? 분명한 답변은 상품을 구매하기 위해서이다. 그러나 시장을 찾는 데에는 상품을 구매하기 위한 것 이외에도 많은 이유가 있다. 바이어에게 시장은 교육의 장이다. 바이어가 현재와 미래의 패션 트렌드, 소매시장에서는 요즘 무슨 일이 일어나고 있는가, 다른 소매업체의 뉴스와 제조업자들에 대한 뉴스를 듣고 배우는 곳이 또한 바로 시장이다. 바이어는 공급 커뮤니티와 관계를 형성하고 굳건히 하기 위해 시장에 간다. 관계 형성이 이루어진 사람들과 일하는 것이 훨씬 쉽다. 특히 바이어의 일 중 핵심이라 할 수 있는 협상이 이루어질 때가 그러하다.

시장에서 바이어의 평균적인 하루 일과는 이전에 잡아놓은 약속들로 인해 아침 8 : 30이나 9 : 00에 시작한다. 첫째 날, 바이어는 보통 부서를 위한 **시장 스페셜리스트** (market specialist)를 만나기 위해 **지역 구매 사무실**(resident buying office)을 방문한다. 지역 구매 사무실은 각 시즌의 벤더, 스타일, 원단, 컬러 트렌드를 추측한다. 이러한 사무실들은 제품 선별 계획에 도움을 주고 개인 라벨 프로그램, 벤더의 위치, 벤더 문제와 이슈, 예약을 편성하고 조정한다. 시장 스페셜리스트는 유행에 대한 정보와 현재 시장에 어떠한 변화가 일어나고 있는지에 대한 통찰력을 제공한다. 시장 스페셜리스트는 새로운 아이템과 검증받은 기본 아이템을 보여주며, 새로운 벤더를 소개하고 약속을 잡고 벤더와 문제가 발생했을 때 도움을 준다. 지역 구매 사무실과의 미팅은 바이어가 본 산업의 현재와 미래에 일어날 일들을 이해하기 위한 전략 구상인 것이다. 지역 구매 사무실과의 미팅 이후에 바이어는 벤더를 둘러보기 시작한다.

Arrington/Rearmy의 일정

시장	뉴욕 3월 시장
호텔	메트로 호텔

시간	월요일	화요일	수요일	목요일	금요일
8 : 00					
8 : 30	Donegar Buying Office 7th Ave 3rd floor Elizabeth & Maureen	Union Bay 485 7th Ave 11th floor Connie 555-1212	At Last 525 7th 15th floor David 555-1212	Wrapper 1407 Broadway 3rd floor Ilene 555-1212	
9 : 00					
9 : 30	Levi's 1411 Broadway 11th Floor Christin 555-1212	Southpole 525 7th Ave 17th floor Matt 555-1212	Next Era 1407 Broadway 20th floor Stephen 555-1212	Byer 1407 Broadway 8th floor Rodney 555-1212	
10 : 00					
10 : 30					
11 : 00	Paris Blues 1466 Broadway 11th Floor Jacob 555-1212	Baby Phat 530 7th 15th floor Sara 555-1212	Eyeshadow 1407 Broadway 33rd floor Terri 555-1212	My Michelle 1407 Broadway 2nd floor Rose 555-1212	
11. : 30					
12 : 00	OTB 1407 Broadway 20th Floor Marney 555-1212	Tracy Evans 530 7th Ave 19th floor Alison 555-1212	Anxiety 1407 31st floor Laura 555-1212	Depart NyC	
12 : 30					
1 : 00	Angels 1407 Broadway 11th Floor Elise 555-1212	Hydraulic 215 W 40th 2nd floor Nadine 555-1212	G.A.S. 1400 27th floor Jeff 555-1212		
1 : 30					
2 : 00	US Polo Association 1400 Broadway 15th floor Isaac 555-1212	Currants 1411 Broadway 3rd floor Gail 555-1212	Fashion Ave 1400 Broadway 12th floor Steve 555-1212		
2 : 30					
3 : 00			Quizz 1385 Broadway 15th floor Jackie 555-1212	Flight Home	
3 : 30					
4 : 00	Zanadi 1385 Broadway 5th floor Marc 555-1212	Golden Touch 1410 Broadway 8th floor Susan 555-1212	Moa Moa 1411 Broadway 29th floor Keith 555-1212		
4 : 30					
5 : 00					
5 : 30					
6 : 00					

참고 : 본 일정은 주니어 스포츠웨어 바이어의 마켓위크(market week)의 대표적인 샘플이다. 약속은 만들어 낸 것이다.

그림 5.5 뉴욕의 전형적인 마켓위크 일정

벤더 미팅 어젠다

벤더 : _____ 약속 : _____
참가자 : _____ 주소 : _____
_____

		Sales Plan	% Change from LY	LY Actual	% Change from Previous Year	Vendor Door Count TY	Vendor Door Count LY
연간 판매							
구매	비용						
	소매						
GM	예상 달러						
	예상 %						
	계획 달러						
	계획 %						
	차이						

벤더의 스토어 이슈 : **해결 방안 :**
_____ _____
_____ _____
_____ _____

스토어 벤더 이슈 : **해결 방안 :**
_____ _____
_____ _____
_____ _____

그림 5.6 어젠다는 바이어가 시장에서 벤더와의 미팅을 준비하는 것을 도와주고, 모든 토픽이 논의되었는지 미팅이 제대로 진행되는지를 확인시켜 준다.

벤더와의 미팅은 30분에서 6시간 소요되는데, 벤더와 제품의 유형에 따라 달라진다. 청소년 데님 바이어는 청바지 벤더를 30분에서 45분 정도 만날 수 있다. 그러나 프레젠테이션이 다수의 분류와 운송을 포함하는 데님 콜렉션 벤더와의 미팅은 6시간 혹은 7시간이 걸릴 수 있다. [그림 5.5]는 바이어의 일반적인 시장 방문 일정이다. 미팅에 앞서 각 미팅을 위한 어젠다(agenda)를 만드는 것이 바람직하다. 어젠다는 판매 면에서 벤더의 활동이나 매출 총이익 등이 포함될 수 있다. 운송문제, 수량문제, 광고 등이 포함될 수도 있다.

[그림 5.6]은 벤더 미팅에 사용되는 어젠다의 예이다. 이러한 미팅 가운데 협상이 이루어진다. 바이어는 벤더가 상품의 반품을 허용할 것, 매출 원조, 더 나은 가격과 독점적인 제품 제공 등을 요구한다. 물론, 바이어는 제품을 구매하거나 다가오는 시즌에 벤더가 어떤 제품을 제공하는지를 보기 위해 벤더의 쇼룸을 방문한다. 미팅의 이런 단계에서 협상을 하는 것이 중요하다. 이때 바이어가 제품을 선별하고 가격이 대화의 주제

가 되기 때문이다.

마켓위크(market week)에서는 정보 수집 및 다양한 소문에 대한 이야기를 한다. 바이어는 다른 소매업체, 제조업자에게 무슨 일이 일어났는지 알 수 있고, 수많은 사사로운 정보와 이것들이 본 산업에 어떠한 의미가 있는지 수집하게 된다. 바이어는 또한 베스트셀러, 판매가 저조한 제품, 운송문제 그리고 파산을 맞게 된 제조업자와 소매업체에 대한 정보도 얻을 수 있다.

시장에서 다른 바이어와 만나 중요한 정보를 서로 나누기도 한다. 이상하게 보일지 모르나, 바이어는 아주 중요한 지식을 시장에서 만난 다른 바이어에게서 얻고, 그러면서 우정을 쌓게 된다. 바이어는 쇼룸에서 만나고, 하루에도 여러 번씩 마주치게 된다. 벤더가 주최하는 디너, 칵테일 파티, 기타 벤더가 후원하는 이벤트에서 바이어는 교류한다.

미국 대부분의 시장은 뉴욕이나 LA 같은 대도시에 있다. 대도시를 방문하게 되면 바이어는 대도시의 매장에는 어떠한 상품이 구비하였는지를 배우고 영감을 얻기 위해 그 지역의 소매업체에서 쇼핑을 한다.

보통, 패션 트렌드는 동부 혹은 서부에서 시작해 미국의 중부로 이동한다. 이러한 대도시를 방문하는 것은 바이어가 트렌드를 먼저 캐치할 수 있도록 한다. 뉴욕이나 LA에서 본 모든 패션 트렌드가 중부에서 성공하는 것은 아니다. 그러나 그것을 아는 것 역시 중요하다. 소매업체를 둘러보는 것 이외에 대도시 거리의 모습을 보는 것도 많은 정보와 영감을 줄 수 있다. 패션은 거리에서 큰 영감을 받기 때문에 거리의 트렌드를 관찰하는 것은 다음의 주류 패션 히트를 예견하는 데 핵심적인 역할을 한다. 일단 금전적 계획과 제품 선별 계획이 수립되었다면 바이어는 시장으로 가서 제품을 구매한다. 이때 제품 판매의 트레킹이라는 중요한 업무가 시작된다.

머천다이즈 보고서

주체하지 못할 정도의 정보를 가진 바이어는 그 정보들을 면밀히 검토하고, 결정을 내리는 데 필요한 사실들의 우선순위를 매기며, 판매와 마크다운을 모니터링한다. 자동적으로 생성되어 인쇄된 보고서는 많은 정보를 제공한다. 세부적 업무로 시달릴 때, 보충 정보나 특정한 정보를 즉석에서 혹은 바이어가 요구하는 보고서에서 찾을 수 있다. 예를 들어, 이전 시즌 니트 텍스타일의 윗옷(knit textile) 부문에서 베스트셀링 색상, 혹은 사이즈별 판매 리포트 등이 그것이다. 가장 일반적이고 널리 사용되는 보고서는 스타일별 판매, 벤더 분석 그리고 6개월 계획/OTB 보고서이다.

스타일별 판매 보고서

바이어에게 매우 유용한 **스타일별 판매 보고서**(selling by style report)는 판매되는 아이템의 세부사항을 알려준다. [그림 5.7]은 스타일별 판매 보고서의 샘플이다. 한 주간

스타일별 판매 보고서

바이어 : Deidra Arrington　　부서 : 남성용 스포츠웨어　　날짜 : 2012. 7. 5

스타일 : 176803　　벤더 # : 7992　　벤더 : Levi Strauss　　아이템 설명　　줄무늬 폴로

작년 수급	전체 수급	오더	보유량	전체 판매	재고/ 판매	판매 %	주간별 판매											IMU%	GM%
							1	2	3	4	5	6	7	8	9	10	11		
10-7	1,200	0	417	783	2.3	65.3%	182	218	77	306	0	0	0	0	0	0	0	56.2	42.48

참고 : 스타일별 판매 보고서는 스타일 #, 벤더의 세부사항을 보고하고 아이템의 설명을 제공한다. 다른 세부 정보로는 수급받은 수량과 판매된 아이템의 수량, 보유하고 있는 아이템의 수량, 주간별 판매와 초기 마크업 %, 총매출 %가 있다. 바이어는 이러한 정보를 마크다운, 추가오더, 광고에 대한 결정을 내릴 때 이용한다.

그림 5.7 스타일별 판매 보고서는 벤더별로 판매되는 각각의 아이템에 대한 저세한 정보를 제공한다.

판매된 제품, 한 주간 판매된 제품의 비율, 전체적인 판매비율, 스타일별 매출 총이익, 각 아이템의 마크다운, 향후의 오더 정보 등을 제공하는 스타일별 판매 보고서는 바이어의 도구 중에서도 가장 유용한 도구 중 하나이다. 주간 판매비율은 판매 트렌드를 가장 잘 알려주는 부문이다. 대부분의 소매업체는 한 주간의 영업을 토요일에 마감한다. 전 주의 정보를 담은 판매 보고서는 일요일에 인쇄되어, 월요일 아침 바이어가 가장 먼저 보고, 검토할 수 있도록 되어 있으며, 바이어에게 그 보고서는 다양한 결정을 내리는 데 주된 도구가 된다.

우선적인 고려의 대상은 판매 트렌드이다. 스타일별 판매 보고서는 판매 트렌드와 판매가 상승하고 있는지 하락하고 있는지를 보여준다. 바이어는 이러한 트렌드를 잘 인지하고 그에 맞추어 결정을 내려야 한다. **주간 판매비율**(percentage sell-through by week)은 판매 트렌드를 알려주는 가장 좋은 지표이다. 주간 판매비율은 간단한 계산으로, 판매된 아이템의 수를 보유한 아이템의 수로 나눈 것이다. 예를 들어, 만약 소매업체가 672장의 드레스를 수급받아 387장의 드레스를 6주에 걸쳐 팔았다면, 드레스의 판매는 57.6%이며, 이는 간단히 387(팔린 제품)을 672(보유한 제품)로 나눈 값이다. 가장 중요한 것은 어떤 제품이 잘 팔리고, 그 제품을 다시 오더할 수 있는지의 가능 여부이다. 소매업체는 판매, 매출 총이익, 최종 수익을 증가시키기 위해서는 잘 팔리는 아이템을 최대한 확보해야 하며 이를 위해 분투한다. 그리고 매장에 베스트셀러 제품을 충분히 보유하는 것이 그 아이템을 극대화하는 열쇠가 된다.

또한 중요하게 고려해야 할 것은 잘 팔리지 않는 아이템(slow-selling item)이다. 스타일별 판매 보고서는 마크다운을 결정하는 데 중대하게 작용한다. 잘 팔리지 않는 품목들에 관심을 갖게 하기 위해 가격인하가 요구된다. 잘 팔리지 않는 상품은 소매업체에게 여러 가지 문제점을 유발시킨다. 슬로우셀링(slow-selling) 상품들이 재고 창고를 차지하고 있어 가격인하를 초래하고, 결국 낮은 매출 총이익과 수익을 유발한다. 슬로

우셀링 상품을 추가 오더한 것이 있는지를 알아보는 것 역시 중요하다. 바이어는 오더한 제품 중 운송되지 않은 제품을 취소할 수 있도록 벤더와 협상한다.

가격인하를 하지 않고는 팔리지 않을 것이기 때문에 슬로우셀링 상품을 추가로 수급받는다는 것은 매장의 입장에서 수익성에 타격을 받지 않을 수 없다. 수익성은 전체적인 입장에서 볼 때나 그 상품의 입장에서 볼 때 모두 중요하다. 앞서 논의한 정보 이외에 스타일별 판매 보고서는 스타일별 매출 총이익에 대한 정보를 제공한다.

스타일별 매출 총이익은 그 아이템이 얼마나 수익성이 있는지를 말해 준다. 다음 시즌을 예상하는 데 있어 그 시즌의 영업을 평가하고 분석할 때 이는 매우 중요하다. 예를 들어, 청소년 의류 바이어가 올해 가을 아이템으로 케이블 니트, 후드 스웨터를 구매하고, 겨울 아이템으로 스웨터를 구매했다면, 바이어는 내년 가을에도 이 아이템을 다시 사려고 할 것이다. 판매를 중심으로 한 스웨터의 판매 현황을 분석하고, 제품이 더 있었다면 팔릴 수 있었을 수량을 예상해 보는 것은 중요하다. 결정된 수량은 내년 가을의 구매 계획이 된다. 구매한 모든 제품의 95%가 49%의 매우 높은 매출 총이익을 내면서 판매되었다면, 그리고 스웨터가 네 가지 색상에 S, M, L, XL의 사이즈로 판매되었다면 바이어는 소비자가 이 아이템에 긍정적으로 반응하고 있음을 명확하게 볼 수 있다. 이 시점에서 바이어는 다음 해 가을에 구매할 제품의 수량, 스웨터가 매장에 운송되는 횟수, 구매할 컬러와 사이즈를 결정할 것이다. 바이어는 제조업체와 함께 늘어난 수량과 디자인 수정에 대한 가격을 의논한다. 흔히 한 아이템이 다량으로 반복되면, 그 디자인은 '조금의 변화'를 주어 새로운 느낌을 가미한다. 그 변화는 새로운 단추, 케이블 스티치의 변화, 소매단의 추가 등이 있다. **프로그램**(program)은—아이템이 프로그램에 의해 생산되었기 때문에 붙여진 이름—개인 라벨 선별의 부분이 될 수 있다. 수익성이 매우 높은 아이템은 스웨터의 구매로부터 시작하여 스타일별 판매 보고서가 제공한 정보를 최대한 활용함으로써 생산되는 것이다. 아이템별 판매 이외에, 벤더의 전체적인 성적을 아는 것 또한 그 부서의 전체적인 성적에 중요한 요소가 된다. 이는 벤더 분석 보고서를 이용하면 볼 수 있다.

벤더 분석

매월 인쇄되는 **벤더 분석 보고서**(vendor analysis report)는 밴더의 성적을 보고하는 것이다. [그림 5.8]은 벤더 분석 보고서의 샘플이다. 벤더 분석 보고서는 벤더의 이름, 벤더의 넘버, 구매, 마크다운, 매출 총이익, 올해와 작년의 총매출 비율을 표시한다. 벤더 분석 보고서는 바이어가 어떤 벤더와 계속해서 일할 것인가, 매장의 제품 선별에서 어떤 벤더를 제외시킬 것인가를 결정하는 데 도움을 준다. 어떤 벤더는 벤더 분석 보고서를 매월 요구하지만, 벤더와 바이어는 1년에 두 번, 혹은 1년에 4번 만나 벤더 분석 보고서에 자세히 나와 있는 자료를 토대로 영업 상태에 대해 논의한다. 바이어는 **마크다운 자금**(markdown money), **매출 원조**(margin assistance), 혹은 **벤더 원조**(vendor

벤더 분석

바이어 : Donna Reamy　　부서 : 주니어　　스포츠웨어　　날짜 : 2012. 7. 29

벤더	벤더	TY 판매	LY 판매	% 변화	TY 판매	LY 판매	% 변화	TY 비용별 구매	LY 비용별 구매	TY 소매별 구매	LY 소매별 구매	TY MDS	LY MDS	TY MD %	LY MD %	TY IMU %	LY IMU %	TY GM %	LY GM %	TY GM $	LY GM $
12345	Levi Strauss	532,227	472,085.3	11.3	1,330,568	1,273,353	4.3	1,725,214.5	1,582,319.4	3,991,704.0	3,565,388.4	562,830.1	561,548.7	42.3	44.1	56.8	55.6	38.5	36.0	512,241.1	459,023.7
67891	Currants	497,361	450,111.7	9.5	1,243,403	1,102,898	11.3	937,898.9	838,202.5	2,362,465.7	2,095,506.2	518,498.8	470,937.5	41.7	42.7	60.3	60.0	43.7	42.9	543,927.7	473,363.8
11121	Golden Touch	384,581	362,659.9	5.7	961,453	876,845	8.8	767,239.5	709,718.1	1,826,760.7	1,666,004.9	423,039.1	401,594.9	44.0	45.8	58.0	57.4	39.5	37.9	379,966.0	332,229.4
31415	Union Bay	375,687	325,344.9	13.4	939,218	868,776	7.5	1,028,443.7	1,052,609.2	2,348,045.0	2,258,818.1	394,471.4	365,754.8	42.0	42.1	56.2	53.4	37.8	33.8	355,061.8	293,484.8
16171	US Polo Assn	352,213	313,821.8	10.9	880,553	854,117	3.0	990,181.8	1,033,139.3	2,289,437.8	2,306,114.6	371,584.7	357,020.7	42.2	41.8	56.8	55.2	38.5	36.5	338,991.8	311,527.0
81920	Southpole	350,764	339,188.8	3.3	876,910	835,695	4.7	815,829.3	841,962.9	2,152,584.0	2,089,238.1	380,578.9	372,720.1	43.4	44.6	62.1	59.7	45.7	41.7	400,321.7	348,703.9
21222	Byer	321,154	328,861.7	22.4	802,885	802,885	0.0	690,481.1	760,412.4	1,605,770.0	1,686,058.5	342,029.0	346,846.3	42.6	43.2	57.0	54.9	38.7	35.4	310,572.0	284,356.2
32425	Zanadi	237,682	237,682.0	0.0	594,205	601,335	21.2	658,854.5	502,355.6	1,663,774.0	1,202,670.9	244,218.3	244,142.2	41.1	40.6	60.4	58.2	44.1	41.3	262,189.4	248,179.4
26272	Hydraul-ic	200,687	188,445.1	6.1	501,718	488,171	2.7	497,955.1	362,906.4	1,254,295.0	878,708.0	202,693.9	201,126.5	40.4	41.2	60.3	58.7	44.3	41.7	222,066.2	203,491.2
82930	Baby Phat	187,562	197,690.3	25.4	468,905	484,379	23.3	514,623.2	604,504.8	1,172,262.5	1,259,385.0	199,284.6	229,111.2	42.5	47.3	56.1	52.0	37.4	29.3	175,569.8	141,903.6
제품별 총계		3,439,918	3,215,891.6	7.0	8,599,795	8,188,454	5.0	8,626,721.7	8,288,130.7	20,667,098.7	19,007,882.6	3,639,228.8	3,550,802.8	42.3	43.4	58.26	56.40	40.6	37.5	3,491,063.8	3,069,712.3

그림 5.8 벤더 분석은 소매업체와 벤더 사이의 성적을 나타내기 때문에 각 벤더의 '보고서 카드'와 같다.

assistance)라고 불리는 금전적 원조를 찾기 위해 벤더 분석 보고서에 나타난 정보를 이용한다. 이러한 금전적 보조는 소매업체가 금전적 상황을 개선하기 위함이다. 벤더와 소매업체는 벤더의 제품을 소매에 판매하는 파트너와 같기 때문에 벤더는 소매업체의 수익성을 위해 원조해 줄 책임이 있다는 것이다. 벤더 원조의 이슈는 논쟁의 여지가 있음에도 불구하고 만연하고 있으며 앞으로도 그럴 것으로 보인다. 그러나 보통은 소매업체와 벤더 모두가 만족하는 것으로 해결된다.

6개월 계획/OTB 보고서

앞에서 논의하였듯, 6개월 계획은 대부분의 소매업체가 사용하는 계획의 방법이다. 1년에 봄과 가을 두 시즌으로 완성되며 필요에 따라 수정되는 6개월 계획은 머천다이저(바이어, 부서별 머천다이즈 매니저, 그리고 일반 머천다이즈 매니저)가 사용하는 가장 중요한 금전적 보고서이다. 실제 숫자는 매일 업데이트되고 매주 보고서로 만들어진다.

숫자는 계획된 성적과 비교된 실제 성적을 **소매가격**(retail dollars)으로 보여준다. 이 **소매가격**(retail price)은 소매 매장의 가격표에 표시된 가격이다. 필요하다면 주간 인쇄 사이에 그 보고서를 검토하는 것도 가능하다. 그러나 비즈니스 기록이 완성된 주의 숫자가 가장 정확하다. 보고서는 판매, 재고, 마크다운, 구매, 오더, 매출 총이익, 회전율, 수축에 대한 계획된 숫자와 실제 숫자를 보여준다. 보고서는 또한 같은 부문의 전년도 숫자를 보여주는데, 이는 비교를 위한 목적이다. 이러한 보고서는 바이어의 보고서 카드이다. 왜냐하면 판매 계획을 달성하고, 적정량의 재고를 유지하며, 계획에 따라 마크다운을 정하고, 재고의 정도를 유지하며, 매출 총이익을 달성하고, 계획한 회전율을 실행하며 수축을 모니터링할 책임은 바이어에게 있기 때문이다. 각 주의 매주 월요일 아침에 볼 수 있으며, 바이어와 머천다이즈 매니저는 이 보고서를 검토하고 필요한 변화 혹은 현재의 영업을 개선하거나 유지할 방법에 대한 전략을 수립한다. 6개월 계획 보고서는 모든 스타일 판매의 정점이며 바이어, 부서 혹은 파트의 성적을 확연히 볼 수 있는 보고서이다.

summary

요약

본 장에서는 상품 선별 계획에서의 소비자의 중요성에 대해 반복했다. '머천다이징에 있어서 안성맞춤'을 가이드로서 사용하면서, 바이어는 올바른 제품을 적시, 적소, 적량으로 공급하기 위해 분투한다. 올바른 판촉 전략을 사용하는 것은 소비자에게 제품이 들어왔다고 알리는 도구이다. 소매업체의 구매와 바이어의 역할은 구매 과정과 바이어가 접하는 어려움을 설명해 준다. 방법의 검토와 바이어가 사용하는 수학적 공식은 바이어란 직업이 무엇을 수반하는지에 대한 통찰력을 보여주었다. 끝으로 바이어가 사용하는 여러 가지 보고서에 대한 논의와 그 보고서들이 결정을 하는 데 끼치는 영향은 세심하게 기록해야 할 필요성과 구매 환경에서 통계의 필요성을 보여주었다.

핵심용어 terms

가격인하(price discounting)

가을 시즌(fall season)

고정 재고 채우기(fixture fill)

구매(purchases)

마크다운(Markdown)

마크다운 자금(markdown money)

마크업(markup)

매출 원조(margin assistance)

매출 총이익(gross margin)

바이어(buyer)

벤더 분석 보고서(vendor analysis reports)

벤더 원조(vendor assistance)

보조 바이어(assistant buyer)

봄 시즌(spring season)

부서(department)

부서별 머천다이즈 매니저

(divisional merchandise manager)

분류(classifications)

비용(cost)

비용중심 가격(cost-oriented pricing)

선별 계획(assortment planning)

소매가격(retail price)

수요중심 가격(demand-oriented pricing)

수입 명세서(income statement)

순매출액(net sales)

스타일별 판매 보고서(selling by style report)

시장 스페셜리스트(market specialist)

오픈-투-바이(open-to-buy,

OTB)

운영비(operating expenses)

재고(stock)

주간 판매비율(percentage sell-through by week)

지역 구매 사무실(resident buying office)

총매출액(gross sales)

테스트 수량(test quantities)

판매(sales)

판매대비 재고비율(stock to sale ratio)

판매된 상품의 비용(cost of goods sold)

평균 재고(average inventory)

프로그램(program)

복습문제 questions

1. 오늘날 패션 회사들이 제품 중심이 아닌 소비자 중심이 되는 것이 왜 중요한가?

2. 소매업체는 소비자들에게 다가가기 위해 노력한다. 본 장에서 나타난 두 가지 예를 들어 보라.

3. 소비자와 최종 소비자의 차이점을 설명하라. 회사가 최종 소비자뿐 아니라 소비자에게도 관심을 갖는 이유는 무엇인가?

4. 소비자에게 인지되어야 할 가격의 측면은 무엇인가?

5. 회전율이란 무엇이며 이것이 왜 소매업체에 중요한가?

6. 6개월 계획은 대부분 소매업체에서 계획을 짜는 데 사용한다. 왜 6개월 계획이 가장 유용한가? 6개월 계획이 소매업체에게 제공하는 것은 무엇인가?

7. 6개월 계획의 중요한 네 가지 요소를 설명하라. 가장 중요한 것은 무엇이고, 그 이유는 무엇인가?

8. 많은 요소가 판매에 영향을 미치므로 계획을 짤 때 고려해야 한다. 고려해야 할 요소 네 가지를 설명해 보라.

9. 바이어의 성적을 평가하는 데 매출 총이익을 사용하는 두 가지 기본적 이유를 설명하라.

problems

문제

1. A&R 백화점은 작년 판매량 중 가을에 8.2%의 인상을 나타냈다. 작년 가을 판매는 34,880,000달러로 48%의 마크다운이 있었다.

   (a) 올해 가을 판매 계획은 무엇인가?

   (b) 만약 올해의 마크다운이 48%에 머무른다면, A&R 백화점의 마크다운 계획은 얼마인가?

   (c) 올해와 작년 사이 마크다운 차이는 무엇인가?

2. 빈칸을 채워라.

	전체 MD(%)	MD(달러)	판매	판매 MD(%)
8월		2,427,200		82.00%
9월		2,564,100	3,330,000	
10월		1,424,500	2,590,000	
11월		2,331,000		70.00%
12월		3,078,400	4,810,000	
1월		1,036,000		70.00%
전체			18,500,00	

3. 아래의 값을 이용해 다음을 결정해 보라.

   (a) 소매로 12월에 계획된 구매

   (b) 비용으로 12월에 계획된 구매

   (c) 12월의 회전율

   (d) 12월의 재고/판매비율

계획된 12월 판매	4,884,000달러
계획된 12월 MD	63%
계획된 12월 월초 재고	18,646,000달러
계획된 1월 월초 재고	13,311,000달러
계획된 마크업	62.71%

4. 아래의 값을 이용해 계산해 보라.

   (a) 만약 8월을 위한 오더가 58,383이라면 OTB 소매가는?

   (b) 만약 계획된 마크업이 62.0%면 8월을 위한 OTB 비용은?

계획된 판매	356,400달러
8월의 월초 재고	1,853,000달러
9월의 월초 재고	1,530,000달러
8월의 계획된 마크다운	49,210달러

5. 아동복 부서에서 2월부터 7월까지 6개월 동안 계획된 판매는 550,000달러이다. 이 기간 동안 소매상에서의 월별 재고는 다음과 같다.

2월 1일	190,000
3월 1일	187,000
4월 1일	192,000
5월 1일	190,000
6월 1일	184,000
7월 1일	179,000
8월 1일	162,000

   (a) 이 기간의 계획된 재고의 평균은 얼마인가?

   (b) 이 시즌의 계획된 회전율은 얼마인가?

   (c) 6월의 계획된 판매가 46,000달러라면, 6월의 재고/판매비율은 얼마인가?

6. 12월에 주얼리 파트는 200,000달러 판매를 계획했다. 가을 시즌, 이 파트의 계획된 판매는 1,100,000달러이고, 계획된 재고 회전율은 4.0이었다. 기본적인 재고방법을 이용해 12월의 월초 재고값을 결정해 보라.

7. 경영진은 LY Cosmetic 부서의 회전율 결과에 실망했다. 1.40의 계획에 반해 1.37의 회전율을 달성했다. A&R 백화점은 올해 이 회전율을 어떻게 개선할 수 있겠는가?

8. 남성 폴로 셔츠의 판매비율을 수량과 가격으로 계산해 보라.

전체 수급	4,800장/15.00달러
전체 판매	2,310장/15.00달러

9. 'A' 백화점의 란제리 부서의 총매출액은 113,000달러였고, 고객 환불과 가격인하 비용은 3,000달러였다. 판매된 상품의 비용은 52,000달러이며, 운영비용은 51,070달러였다. 'B' 백화점의 란제리 부서는 순매출액이 220,000달러, 판매된 상품의 비용이 100,000달러와 운영비용이 110,000달러였다.

(a) 두 백화점을 비교해 볼 때 누가 더 이익을 남겼는가?

(b) 어느 백화점이 더 효율적이며 그 이유는 무엇인가?

6개월 계획

부서 :		부서 #	
바이어 :		시즌 :	
준비된 날짜 :		최종 수정 날짜 :	

	LY	계획한 TY	수정	실제 TY
시즌의 합계				
마크업(%)				
매출 총이익(%)				
회전율				

		8월	9월	10월	11월	12월	1월	2월	시즌 합계
판매	작년	300.0	400.0	280.0	340.0	520.0	160.0	175.4	2,000.0
	TY 계획								
	inc/Dec TY(%)								
	전체 TY(%)								
	전체 LY(%)								
	수정								
	실제								
재고/판매	작년	3.9	3.0	4.1	3.6	2.5	6.3	5.7	
	TY 계획								
	수정								
	실제								
월초 재고($)	작년	1,170.0	1,200.0	1,148.0	1,224.0	1,300.0	1,008.0	1,100.0	1,164.3
	TY 계획							1,000.0	
	수정								
	실제								
마크다운($)	작년	142.6	70.6	99.0	78.5	172.3	97.0		660.0
	TY 계획								
	판매대비(%)								
	월별(%)								
	판매 LY 대비(%)								
	월 LY별(%)								
	수정								
	실제								
구매($)	작년	475.1	467.0	333.0	363.5	305.0	278.0		2,221.6
	TY 계획								
	수정								
	실제								

비판적 사고

1. 다음의 정보와 표를 이용해 6개월 계획을 세워 보라.

계획한 판매 :

- 작년에 비해 올해는 판매 부문에서 5%의 성장을 계획
- 작년 총판매의 월별 퍼센트 계산
- 작년의 월별 퍼센트를 이용해 올해의 판매를 월별로 분배

계획한 마크다운 :

- 올해의 판매 계획의 50%로 올해의 마크다운 계획
- 작년의 총 마크다운의 월별 퍼센트 계산
- 작년의 월별 퍼센트를 이용해 올해의 월별 마크다운

분배

- 각 월별 판매에 대한 올해의 마크다운 비율 계산

구매 계획 :

- 올해의 구매 계산

계획 :

- 올해의 평균 재고 계산
- 평균 재고를 이용해 계획된 회전율 계산

2. 1번 항에서 세운 6개월 계획의 구매 계획과 아래의 표를 이용해 벤더 제품 선별 계획을 세워 보라.

벤더 제품 선별 계획															
바이어															
시즌															
년도															
월		8월		9월		10월		11월		12월		1월		전체 시즌	
구매 계획		계획	실제	계획	실제	계획	실제	계획	실제	계획	실제	계획	실제	계획	실제
벤더	전체 %													0	
		0.0		0.0		0.0		0.0		0.0		0		0	0
		0.0		0.0		0.0		0.0		0.0		0		0	0
		0.0		0.0		0.0		0.0		0.0		0		0	0
		0.0		0.0		0.0		0.0		0.0		0		0	0
		0.0		0.0		0.0		0.0		0.0		0		0	0
		0.0		0.0		0.0		0.0		0.0		0		0	0
합계	0%	0.0	0	0.0	0	0.0	0	0.0	0	0.0	0	0	0	0	0

경쟁, 주식시장, 재무 상태 평가

학습 목표

● Michael Porter의 경쟁 모형을 패션 비즈니스에 적용할 수 있다.

● 패션산업 및 패션 회사의 재무 상태 측정방법을 파악하고, 주식시장의 개념 및 특성을 이해한다.

● 회사의 미래를 위한 중요한 의사결정을 위한 재무 정보의 분석방법을 이해한다.

나는 주가에 신경 쓰지 않는다. 주가는 헤드라인에 불과하
다. 주가는 오르내리기 마련이다.
—Donna Karen, 1997(Agins, 1999, p.200)

글로벌 패션산업에서의 **경쟁**(competition)은 매체의 영향으로 인해 더욱 가속화 되고 있다. 패션위크(fashion week) 동안에 디자이너들은 다가오는 시즌의 새로운 디자인을 보여주기 위한 패션쇼를 개최한다. 이러한 패션쇼에는 기자, 패션 포토그래퍼, 셀러브리티, 그리고 패션 블로거와 같은 언론인들이 참석한다. 모델들이 최신의 스타일을 입고 런웨이를 걷는 동안 사진기자들은 사진을 찍고, 기자들은 쇼에 대한 몇 줄의 평을 작성해 편집자에게 전송한다. 그러는 동안 블로거들은 아이폰으로 실시간 포스팅을 한다. 소비자들은 패션위크에 참석하지 않고도 최신의 스타일을 읽고 볼 수 있으며, 이는 제품에 대한 즉각적인 욕구로 이어진다. 디자이너가 이 제품들을 적합한 장소에서 적절한 가격으로 제안하지 못한다면 다음 단계의 제작자들이 유사한 디자인의 **대체품**(knock-off)을 내놓을 것이고 경쟁은 시작된다. 누구든 시장에 새로운 스타일을 최초로 내놓는 회사가 소비자의 초기 욕구를 만족시키고 이윤을 창출할 수 있다.

경쟁은 의류 및 섬유산업에서 필수적인 요소이다. 회사들은 소비자의 재화를 획득하기 위해, 즉 이윤을 창출하기 위해 경쟁한다. 미국 정부는 제품에 대한 **독점**(monopoly, 한 회사가 특정 제품 및 산업을 장악하는 것)을 방지하기 위해 경쟁을 규제한다. 회사가 더 많은 이윤을 창출한다는 것은 더 큰 성공을 의미한다. 한 나라 안에서만 운영되는 회사는 지속적으로 신규 고객과 시장점유율을 확보하기 위해 애쓴다. 하나의 브랜드로 인해 시장이 포화 상태가 된다면 회사는 이윤을 증가시키기 위해 해외시장을 찾아나선다.

이번 장에서는 패션산업에 있어서 경쟁의 의미를 이해하기 위해 Michael Porter의 다섯 가지 경쟁요인 모형(model of The Five Competitive Forces by Harvard professor Michael Porter)을 패션산업에 적용해 보고, 주식시장과 회사의 재무 상태 측정에 대해 학습할 것이다.

다섯 가지 경쟁요인

자동차 산업이나 패션산업, 또는 슈퍼마켓 산업 등 경쟁적인 산업을 이해하기 위해 하버드대학교의 Michael Porter 교수는 **다섯 가지 경쟁요인**(Five Competitive Forces)을 제안했다. 이는 패션산업의 경쟁적인 본질을 이해하기 위한 훌륭한 틀이다. Porter는 "어떤 산업에서든 서로 다른 업체들이 등장하지만, 내재된 동인과 수익성은 동일하다." 라고 했다. 다섯 가지 경쟁요인에는 **산업 내 경쟁**(rivalry), **진입 장벽**(barriers to entry), **구매력**(buying power), 대체품의 위협(threat of substitutes), 공급자의 힘 (supplier power)이 있다.

산업 내 경쟁

본 모형의 핵심이며 구동요인은 경쟁으로, 경쟁에서 살아남기 위해서는 지속적으로 시장을 관찰해야 한다. 경쟁과 관련해 다음과 같은 질문을 해볼 수 있다. 시장 내에서 경

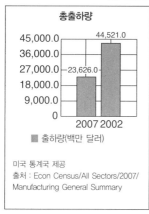 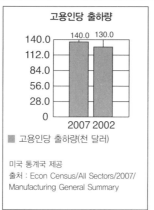

산업비율	2007	2002
총출하량(백만 달러)	23,626	44,521
업체당 출하량(천 달러)	2,774	3,415
고용인당 출하량(달러)	139,821	129,629
임금 1달러당 임금(달러)	5.73	5.97
연간 고용인당 임금(달러)	24,381	21,704
업체별 고용인 수	19.8	26.3
1인당 출하량(달러)	78.42	154
인구 백만 명당 업체 수	28.3	45.3

당신의 회사와 비교해 보세요.

Industry Statistics Sample에서 본 산업에
대한 더 많은 통계를 볼 수 있습니다.

다른 산업도 탐색해 보세요.

그림 6.1 제조업 통계 사례
출처 : U.S. Census Bureau

쟁사의 재무적 위치가 어디에 있는가? 어떤 시장에 진입하고자 하는 회사가 그 산업의
안정성과 타당성을 어떻게 평가하고 측정할 것인가? 미국 통계국(U.S. Census
Bureau)에서는 시장에서 경쟁하고 있는 회사들을 표시한 업종비율을 발표한다. 패션
산업의 경우, 북미산업분류시스템(North American Industry Classification
System, NAICS)에 따라 제조업과 소매업으로 정보를 수집하고 분류한다. 산업 요약
(industry snapshots)을 보면 총출하 금액 및 급여 지불, 고용인, 기관 금액 등에 대한
정보를 확인할 수 있다. 미국 통계국은 전년도 대비 비교통계정보 또한 제공한다. 예를
들어, 어떤 회사가 1997년부터 2007년까지 미국 내 의류 및 의류 액세서리 판매 매장을
비교해 보고 싶다면 해당 정보를 검색해 볼 수 있다. 이를 통해 관련 소매시장에 진출하

고자 하는 업체는 시장의 경쟁 현황을 파악할 수 있을 것이다. [그림 6.1]은 의류 제조업에 관한 미국 통계국의 자료 페이지이다.

진입 장벽

"어떤 산업에 새롭게 진출하는 회사들은 시장 점유율을 획득할 수 있는 새로운 가능성을 얻게 되는데, 이는 경쟁에 반드시 필요한 가격과 비용, 투자율 등을 압박하게 된다."
(Porter, 2008, p.3)

패션산업의 진입 장벽은 신규 회사가 패션산업에 진출하는 것을 어렵게 만드는 요인이다. 가장 큰 장벽은 대부분의 제조업체들이 최소 주문량을 요구한다는 것이다. 이는 보통 신규 회사들이 감당하기에는 너무 큰 물량이다. 오프라인 매장이나 제조공장 설립에 필요한 높은 출자금(Capital) 또한 중요한 장벽이다. 이 두 가지 장벽에 더하여 Jones Apparel Group, Kellwood, Vanity Fair, Liz Claiborne 등의 4대 거대 복합기업은 시장 점유율과 구매력(buying power)을 통해 패션산업을 장악하고 있다.

구매력

구매자의 **협상력**(bargaining power)은 고객의 구매력과 연관된다. 패션산업은 가격에 민감하다. 즉 "구매자들이 다른 산업 참가자들에게 가격인하의 압력을 가하기 위해 영향력을 행사함으로써 그들보다 더 많은 협상력을 가지고 있다면 구매자의 힘은 매우 강력하다."(Porter, 2008, p.7) 최신 트렌드의 패션은 높은 가격으로 인해 패션의 최첨단을 걷기 위해 비싼 비용을 기꺼이 지불할 마음과 능력이 되는 소수의 소비자들만이 구매할 수 있다. 이들을 패션 리더라 부르며, 셀러브리티와 정계인사(그림 6.2), 그리고 또 다른 패션 혁신 집단이 이에 속한다. 중산층의 소비자들은 최신 트렌드 패션에 이렇게 높은 비용을 지불하려고 하지 않는다. 그 대신 다양한 패스트 패션 브랜드 매장에서 대체품을 구매할 것이다. 제1장에서 살펴본 바와 같이, 패스트 패션에서는 제품의 리드타임이 매우 짧다. Forever 21, Zara, H&M 등이 대표적인 패스트 패션 브랜드이다. 이들 집단에게 제품의 품질은 구매에 큰 영향을 미치지 않는다. 패스트 패션 브랜드들이 트렌드를 시장에 얼마나 빠르게 제안하느냐가 가장 중요하다.

소매업체에 재판매하기 위해 제조업체로부터 제품을 구매하는 도매상과 같은 '중간상, 즉 제품을 구매하지만 최종 사용자가 아닌

그림 6.2 5만 달러에 달하는 옷을 입고 있는 Cindy McCain
출처 : Newscom

고객'도 구매자(buyers)에 속한다(Porter, 2008, p.8). 도매업체들로부터 제품을 구매하는 소매업체들은 협상력을 갖게 되는데, 이는 구매물량이 많을수록 개당 단가는 더 낮아지기 때문이다. 이로 인해 Rebecca Taylor와 같은 소규모 부티크 브랜드들은 가격적인 측면에서 불이익을 당할 수 있다. 예를 들면, 소규모 소매업체는 어떤 제품 20개를 특정 가격에 구매할 때 Nordstrom 백화점은 더 높은 구매력으로 인해 같은 제품 수백 개를 상대적으로 더 낮은 단가로 구매하게 된다. 따라서 해당 제품군에 있어서 Nordstrom 백화점은 소규모 부티크보다 더 높은 수익성을 확보할 수 있다.

대체품의 위협

대체품의 위협(threat of substitute) 또한 중요한 요인으로, 이는 경쟁사로부터의 위협이라 할 수 있다. "대체품의 위협이 높을 때 수익률은 악화된다. 산업이 제품의 성능 또는 마케팅, 그리고 기타 다른 노력들을 통해 대체품으로부터 자신을 방어하지 않는다면, 이는 곧 수익성 악화와 성장 가능성 저하로 이어질 것이다."(Porter, 2008, p.8) 패션산업은 위조품 및 유사품, 그리고 Walmart나 Kmart 등 패션 전문점이 아닌 소매업체에서 판매하는 저렴한 제품의 대체품들로 넘쳐 난다. 오늘날 주요 패션 소매업체들은 세련되고 스타일리시한 패션을 합리적인 가격에 제안함으로써 경쟁한다. 장기적으로 보았을 때 경쟁력을 확보하기 위해 회사들은 서비스 및 독점제품, 그리고 환경친화적인 제품에 초점을 맞출 것이다.

공급자의 힘

힘 있는 공급업체들은 높은 가격, 품질 또는 서비스의 제한, 또는 비용전가 등의 방법을 통해 자신의 가치를 확보하고자 한다(Porter, 2008, p.6). **공급자의 힘**(supplier power)은 제품 생산을 위해 최소한의 자원을 사용하는 관계를 구축하기 위한 공급업체와 생산업체의 의무사항(obligation)이다. 산업 내에서 공급업체들이 더 강력하다는 것은 이들이 생산업체를 설득할 힘을 가지고 있음을 의미하며, 심지어 원재료를 높은 가격에 구매하도록 할 수도 있다. 패션산업에서 공급자는 이전 주문에 의해 결정된다. 즉, 공급업체가 계약 상황에 맞게 일을 수행하지 않을 경우 도매업체나 소매업체는 다른 공급업체를 찾아나설 것이다.

"경쟁요인들과 그 안에 내재된 원인들을 이해함으로써 특정 산업에 대한 현재의 수익성을 파악할 수 있다. 이러한 수익성은 시간의 흐름에 따라 경쟁(그리고 수익성)을 예측하고, 이에 영향을 미치기 위한 틀이 된다."(Porter, 2008, p.3) 회사는 다섯 가지의 경쟁요인을 분석해 감에 따라 자신이 시장에서 이윤을 창출하는 더 나은 회사가 될 수 있을 방법을 깨닫게 된다. 이윤을 극대화하기 위해서는 시장 내에서 자사의 포지션을 파악하는 것이 중요하다.

업체들은 비용편익 분석, 효율성 및 이윤 평가, 효용 극대화를 위해 종종 한계분석을

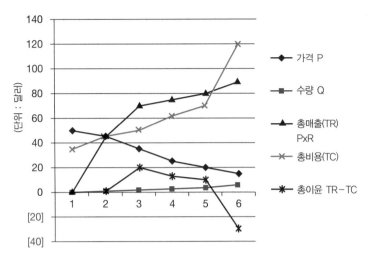

그림 6.3 패션 회사의 청바지 판매 수량

사용한다. 한계분석은 소매업체 및 도매업체, 서비스업체 등에서 이용된다. 한계수익이 한계비용보다 높을 경우 회사는 생산을 늘려야 할 것이고, 만약 한계수익이 한계비용보다 낮다면 더 이상 이윤이 발생하지 않으므로 생산을 줄이거나 중단해야 한다. 이윤을 극대화하는 생산은 회사에게 가장 중요한 의사결정이며, 회사는 이윤을 극대화하기 위한 생산 수준을 확보해야만 한다. [그림 6.3]은 청바지 한 벌의 손실과 이윤, 그리고 이윤 극대화 지점을 보여준다.

한계접근방법에서는 한계이익이 한계비용을 초과할 경우 회사는 생산을 지속해야 한다고 주장한다. 이를 경제 용어로 **MR=MC**(marginal revenue=marginal cost, 한계수익=한계비용) 법칙이라고 하며, 이 지점에서 회사의 이윤이 극대화된다. [그림 6.4]는 패션제품의 단기간 수익성 그래프이다. 한계법칙을 기억하라. 한계비용이 한계이익을 초과할 경우 생산을 중단하거나 한계비용이 한계이익과 같아지도록 줄여야 한다. 초기에는 주문량으로 인해 생산량이 낮으며, 한계비용이 한계수익을 초과할 것이다. 만약 이것이 계속된다면 생산을 중단해야 한다. 생산에 투입된 비용이 생산품의 가격을 결정한다. 투입비용의 상승이 제품의 최종 가격 상승에 영향을 미친다면 회사는 비용이 낮은 대체품을 찾아내야 할 것이다.

봉재사 수	시간당 셔츠 생산량	셔츠당 한계수익($)	총한계수익 Q×P=MR	셔츠당 생산한계비용 (MC)($)	총한계비용 MC×Q($)	총수익 TMR−TMC=수익($)
1	20	75	1,500	30	600	900
2	40	75	3,000	30	1,200	1,800
3	60	75	4,500	30	1,800	2,700
4	80	75	6,000	30	2,400	3,600
5	100	75	7,500	30	3,000	4,500

그림 6.4 총한계비용 대 총한계수익 원칙에 따른 단기간 수익표

　　장기적으로 경제적 이윤을 상승시키기 위한 노력으로 신속한 생산을 위한 기술 투자, 커뮤니케이션 개선, 그리고 생산된 제품의 품질 개선 및 물량 확대 등을 살펴볼 수 있다. 패션산업의 본질상 장기간 살아남기 위해서는 빠른 적응력이 필수조건이다. 생산업자는 공급망에서의 시간을 단축하기 위해 원단을 비축해야만 한다. 또는 공장이 전면 가동되고 있는 경우 새로운 공장을 세우기 위해 장기 임대 공간이 필요할 수 있다. 이러한 장기적, 단기적 필요로 인해 회사들은 재빠르게 대응함과 동시에 미래의 경제적 이윤을 달성하기 위한 계획을 세워야 한다. **규모의 경제**(economies of scale)는 경제적 이윤을 달성하기 위한 중요한 요인이다. 회사는 생산량이 증가함에 따라 고정비가 분산되므로 이를 통해 단위당 생산비용을 절감하여 규모의 경제를 이룰 수 있다.

　　패션 회사들은 장기적·단기적 의사결정을 위해 경제 환경을 고려한다. 안정적이든 불안정적이든, 경제의 방향은 패션의 여러 단계와 다양한 세분시장에 영향을 미친다. 불안정한 경제 환경에서 럭셔리 시장에서는 당연한 일이지만, 습관적으로 구매하는 중가대의 기성복 시장에서는 패션과 가치를 동시에 추구하는 소비자들이 무엇을 필요로 하고 어떤 제품에 기꺼이 돈을 쓸 것인가에 따른 계획이 필요하다. 패션은 경제 상태를 포함한 다양한 요인들에 의해 주기성을 띠는 사업으로, 패션산업과 패션 회사들의 재무적인 미래를 시즌 단위로 예측할 수 있다. 이번 시즌에 어떤 실루엣이 잘 팔리지 않았다면 회사는 다음 시즌에 라인이나 실루엣을 바꿀 수 있다.

　　패션 회사의 성공은 순이익에 기초한다. 순이익은 회사의 매출에 대한 이윤으로부터 결정된다. 호황기에 어떤 옷이 팔릴지를 예측하는 것은 어려운 일인데, 불황기에는 이러한 예측이 더욱 어려워진다. 결과적으로 패션 회사들은 미시적 경제 환경 요인들뿐만 아니라 과거 매출 추이와 함께 거시적 경제 환경을 지속적으로 분석해야 한다. 회사가 모든 정보를 올바르게 분석하고 제품 생산에 반영했다 하더라도 소비의욕이 낮고, 소비자들이 소비를 하지 않거나, 경기가 하락하고 있다면 패션산업은 매출 감소를 겪을 것이며, 이는 낮은 수익률로 이어질 것이다. 경제 환경이 건강할 때 최대의 매출을 올리고 비즈니스를 수행할 수 있다. 다음으로 세 개의 회사가 경제 환경에 어떻게 대응했는지 살펴보겠다.

The Gap, Forever 21, Macy's

패션 회사들은 소비자와 정부의 움직임에 반응한다. 경제가 긍정적으로 상승하는 동안 회사는 시장 확대를 통해 성장한다. 회사는 신규 매장을 오픈하고 재고를 추가 생산하고 신규 브랜드를 런칭하는 등의 활동을 통해 비즈니스를 확대한다. Gap은 1969년 Doris와 Don Fisher가 모든 사람을 위한 다양한 스타일과 사이즈를 제안한다는 콘셉트로 설립했다. 그들은 현재 Gap의 본사가 위치한 캘리포니아의 샌프란시스코에서 사업을 시작했다. Gap은 전 세계에 3,200개 이상의 매장을 보유하고 있고, 웹사이트를 통해서도 제품을 판매한다. 1983년까지 Gap은 특정 목표 시장을 겨냥한 하나의 브랜드만을 다루는 매장을 확대했다. 1983년 Gap은 두 개의 Banana Republic 매장을 인수했는데, 이는 원래 여행 및 사파리 의상을 팔던 곳이었다. 이후 Gap은 Gap Kids와 Old Navy 등의 브랜드를 출시했다. 이 브랜드들은 모두 특정 인구통계학적 집단을 목표로 하는 단일 브랜드 매장의 형태를 유지했다. Gap은 인터넷 신발 쇼핑몰인 Piperlime으로 인터넷 시장에 뛰어들었다. Piperlime은 다른 콘셉트 스토어들과는 달리 다양한 브랜드의 제품을 다루었다. Gap은 소비자들을 유인하고 되찾기 위해 마케팅 캠페인에 변화를 주었다. 새로운 캠페인은 새로운 소비자 집단을 유인하는 데 성공적이지 못했다. Gap은 목표 소비자 집단에게 Gap을 독점적인 브랜드이고 갖고 싶은 브랜드로 재인식시키고자 한다. 그러기 위해서는 목표 소비자 집단을 찾아내고 그들에 대응해야 한다. 1970년대 중반에 사용되던 공식을 현재에 적용할 수는 없다. Gap은 스스로 오늘날 성공할 수 있는 공식을 찾아내야 한다.

Forever 21은 자사의 웹사이트에서 Forever 21은 '패션 세계의 현상'이라 표현했다. Don Chang과 그의 아내 Jin Sook은 1984년 Fashion 21이라는 이름으로 Forever 21을 설립했다. 이 회사는 8개국에 481개 매장을 보유하고 있고, 2011년 매출 규모는 26억 달러에 달한다(Forbes.com). 매장에서는 값싸고 패셔너블한 옷을 판다. Forever 21은 작은 매장이 아닌 대형 매장을 운영하는 방식으로 크게 성공을 거두었다. 9,290m²가 넘는 규모의 매장들도 있다. 넓어진 공간으로 인해 제품 카테고리를 더욱 확대할 수 있었고, 그 결과 '싸고 세련된(cheap chic)' 브랜드로서 보다 광범위한 고객들을 만족시킬 수 있었다(Forever 21 is, 2011). Forever 21은 2007년 시작된 불황의 시기에도 성공적이었다. 최신 유행의 옷과 액세서리를 최대한 낮은 가격에 판매함으로써 저성장 구조의 경제 환경에서도 소비자들의 발걸음을 유인할 수 있었다.

수많은 성공한 기업들과 마찬가지로 Forever 21은 위조품 논란에 휩싸였다. 오리지널 디자인을 도용해 제품을 만들고 원래 가격과는 비교도 안 되는 싼 값에 판매한다는 혐의를 받고 있다. Forever 21은 현재 Diane von Furstenberg, Anna So, Gwen Stefani, bebe, Anthropology 등 다양한 패션 기업들과 20개 이상의 소송을 진행 중이다. 대부분의 고소 내용은 저작권 침해에 관한 것이다. 보도에 의하면 이러한 소송의 대부분은 미결로 남는다. 디자인 저작권에 관한 법률이 제정되지 않았던 시기에 이러한 소송은 이기기 힘든 싸움이었다. 그러나 최근 미 상원에 **디자인 저작권 침해금지법**(Design Piracy Prohibition Act)이 발의되면서 디자인 도용이 불법적인 비즈니스로 여겨지고 있는 추세이다. 이 법안으로 인해 디자이너들은 자신의 디자인을 등록할 수 있게 되었고, 3년간 해당 디자인에 대한 저작권을 보호받을 수 있게 된다. 모든 디자인을 등록하는 것이 복잡하고 번거로운 일일 수 있지만, 도입기에 있는 새로운 스타일 및 프린트를 등록함으로써 모조품 방지에 매우 효과적일 수 있다. 결과적으로 소비자들이 오리지널 디자인을 구매하기 위해서는 더 비싼 값을 지불해야 할 것이다. 현재 유명 패션 디자이너들이 승소 판결을 위해 많은 노력을 기울이고 있는 반면, 소규모 패션 하우스들은 Forever 21과 같은 거대 기업을 이길 만한 충분한 자금을 확보하기 어려운 현실에 처해 있기도 하다.

Macy's는 잘 알려진 백화점 브랜드로, Federated(Macy's의 모회사)와 May Company의 합병 이후 더욱 크고 막강한 브랜드가 되었다. 합병 말미에 Federated(후에 Macy's로 회사 이름 변경)는 950개의 백화점과 700개 이상의 웨딩드레스 및 예복 매장을 운영했다. 미국 전역에 걸쳐 65개의 최고급 소매점이 있는데, 2005년 합병이 시작될 무렵 Macy's가 이들 중 64개를 운영하고 있었다. 합병 이후 Federated는 중복되거나 실적이 저조한 지점들을 폐쇄하고, 최종적으로 400여 개의 지점을 남겼다. 또한 Federated라는 이름은 버리고 모든 지점의 이름을 Macy's, Inc.로 바꾸었다. 합병 이후 비즈니스의 성장이 부진한 이유는 다음과 같다. 첫째, 일부 지역에 아직 중복된 매장들이 남아 있다. 둘째, Macy's는 쿠폰 발행을 전면 폐지했는데, 과거 May Company의 고객들은 아직도 쿠폰을 이용한 구매에 '길들여져' 있다. 마지막으로 May Company의 충성 고객들은 Macy's에 대한 거부감을 가지고 있다. Federated는 경영이 어려운 국면을 맞으면서 매장을 폐쇄하고 이름을 바꾸기 시작했다. Macy's는 백화점 시장에서의 입지를 굳히기 위해 재포지셔닝 작업에 들어갔다. 사업 영역을 과다하게 확대한 결과 Macy's는 자사의 핵심 비즈니스인 백화점 사업에 집중할 수 없었다. 그 결과 Macy's는 Lord & Taylor 부문과 David's Bridal, Priscilla of Boston, After Hours Formalwear를 매각해야만 했다. 2년간의 구조조정 이후 Macy's는 뉴욕 증권 거래소에 Macy's, Inc.로 이름을 올렸다. Macy's, Inc.는 Bloomingdale's 백화점을 포함하고 있으며, 여전히 Macy's 그룹의 자회사 중 하나이다.

효율성

패션산업의 관점에서 **효율성**(efficiency)은 비즈니스를 수행하는 데 있어서 가장 논리적이고 민감하며 비용을 절감하는 방법에 관한 것이다. 어떤 경제학자들은 '효율성'이 모호한 단어라고 이야기한다. 패션산업의 관점에서 이 단어를 정의하는 것은 중요하다. 효율성은 좋은 사업 관행이다. 예를 들어, 최고의 순이익을 달성하기 위해 패션 제조업체는 가장 낮은 비용으로 제품을 생산하려 할 것이다. 경쟁과 패션 가격의 하락, 수직적 통합의 증가, 짧은 패션 주기 등으로 인해 패션산업 내에서의 효율성은 다른 무엇보다 가장 중요한 요소가 되었다. 패션은 소비자의 품질에 대한 요구와 함께 낮은 가격에 대한 기대에도 반응해야 한다. 오늘날 글로벌 시장 상황에서 의사소통 및 전통, 리드타임, 실패 위험, 변화에 대한 느린 적응, 생산 과정에 대한 윤리적 문제, 부적절한 회계 관행, 마크다운의 타이밍, 부정확한 가격책정 등이 효율성을 저해하고 있다. 패션산업의 효율성은 'rights of fashion'에 기초한다. 올바른 제품을(right product) 적합한 시간에(at the right time), 적합한 장소에서(in the right place), 적당한 가격에(with the right price), 적합한 물량을(in the right quantities), 올바른 판촉 전략을 통해(with the right sales promotion) 제안하는 것이다.

회사가 패션 혁신 그룹이든, 패션 추종 그룹이든, 효율성 측정에 영향을 미친다. Prada, Versace, Gucci 등의 혁신 브랜드들은 하향전파이론의 정점에 있으며, 새로운 아이디어와 스타일, 컬러로 패션을 선도한다. 혁신 브랜드로서 회사는 새로운 아이디어를 언제 제안해야 하는지를 정확히 알고 있어야 한다. 새로운 트렌드를 제안할 적당한 시기를 결정했다면, 전 세계 여러 도시의 패션위크에서 새로운 디자인의 의상들을 선보일 것이다. 회사가 효율성을 활용하여 경쟁력을 확보하는 방법을 요약한 William King의 글 '당신의 비즈니스를 경쟁력 있게 만드는 단계들'을 읽어 보라(p. 169, 상자글 참조). 패션 혁신 브랜드는 새로운 트렌드를 시장에 처음으로 제안해야 한다. 추종 브랜드는 그 순간의 패션에 빠르고 효율적으로 반응해야 하는데, 즉각적으로 반응하지 못하면 그 시기를 놓치게 되고 또 다른 새로운 트렌드가 등장할 것이다.

동시에 회사는 가능한 한 가장 효율적인 방법으로 운영되어야 한다. 패션산업에서는 **시장 효율성**(market efficiency), **기술적 효율성**(technological efficiency), **자원 배분의 효율성**(allocation efficiency) 등 세 가지 유형의 효율성을 활용한다.

시장 효율성은 1970년대 경제학자 Eugene Fama가 창안한 효율적 시장 가설(Efficient Market Hypothesis, EFH) 개념에 기초한다. Fama는 "효율적인 시장이란 새로운 정보를 재빠르게 수용하는 시장을 의미한다."라고 하였다. 경제학에서 이러한 효율성의 개념은 투하 자본을 최소한의 손실로 최대한 활용하는 것을 의미한다. 즉, 주식시장에서 효율성은 언제라도 주식의 가치를 가장 잘 반영하는 요소라는 것이다. 효율적인 시장에서는 자원의 가치와 잠재력이 제품을 만드는 데 모두 사용된다. 이는 공급이 수요와 같을 때 시장에 진정한 평형 상태가 존재하게 된다는 고전적 수요이론으로 귀결된다.

임금 모형 효율성(wage model efficiency)이나 세금 효율성(efficiency of taxes)과 같이 경제학에서 다루는 다른 유형의 효율성에 대해 알아두는 것도 중요하다. 본 장에서는 다음 세 가지 기본적인 질문에 답하기 위한 미시경제학적 관점에서 자원 배분 및 기술적 효율성에 초점을 맞추고자 한다. "무엇을 생산할 것인가? 어떻게 생산할 것인가? 누구를 위한 제품을 생산할 것인가?" 생산과 자원 배분의 효율성을 설명하고 예측하는 데 사용하는 그래프를 **생산가능곡선**(production possibility curve, PPC)이라 한다. 생산가능곡선 모형은 곡선의 어떤 지점에서 부족한 자원을 가지고 생산할지를 결정하기 위한 시나리오를 만드는 데 이용된다. PPC 모형에는 다음 세 가지를 가정한다. (1) 사회는 변하지 않는 노동력, 자본, 원자재 등 한정된 고정 자원을 가지고 있으며, 건물 임대료 및 관리비 등의 고정비가 존재한다. (2) 모든 자원은 동일한 생산방법으로 완벽하게 최대한 생산된다. (3) 두 가지의 제품이 PPC에서 비교된다. 생산가능곡선

당신의 비즈니스를 경쟁력 있게 만드는 단계들

다음 7단계는 비즈니스가 효율성 및 효과성을 강화하여 성장의 길을 걷고 경쟁력을 확보하게 하는 궁극의 단계들이다.

1. 부족한 영역 찾아내기

첫 번째 단계는 회사가 보유하고 있는 기술과 지식으로, 이는 성공을 향한 핵심 요소이다. 이 단계에서 당신은 회사의 강점, 더 많은 연구가 필요한 영역, 그리고 경쟁력을 확보할 수 있는 능력에 심각한 영향을 미칠 수 있는 영역을 파악해야 한다. 이 단계를 철저히 파악하고 나면 당신은 온라인 및 기타 자료에 접근해 더 필요한 지식 및 기술을 채울 수 있다. 이러한 격차를 보충함으로써 당신의 회사는 더 잘 준비될 것이며, 다양한 관리 기능과 관련된 유익한 정보를 확인할 수 있게 될 것이다.

2. 미리 계획하기

미리 계획하기는 회사의 경영진이 미래를 예측하고 미래의 목표를 달성하기 위해 필요한 기준과 운영을 개발하는 과정이다. 여기에는 경영진의 목적/사명/비전/가치 선언, 이러한 내용의 의사소통과 발전을 위한 제안, 변화가 비교될 수 있는 기초자료를 제공하는 문화조사, 마지막으로 성취를 기념하고 실수로부터의 교훈을 얻는 것 등이 포함된다. 미리 계획하기 이후에 경영팀은 전략을 수립하고, 곧 현장에 적용할 명확한 실행 계획을 구체화해야 한다. 이 단계의 한 과정으로, 당신은 사명을 반복하고 회사의 비전을 재천명해야 한다. 수많은 종류의 전략이 있지만 이러한 상황에서는 기본적인 전략의 경우 단기간에 바뀌지 않아야 하며, 세부적인 전략들은 경쟁 환경에 반응하여 재빠르게 바뀔 수 있다.

3. 자금 조달

자금 조달 계획은 기술을 위한 자금 조달 방법을 개선함으로써 회사의 경쟁력을 증대시키기 위해 수립된다. 자산과 부채는 회사가 조달할 수 있는 두 가지 유형의 자금이다. 자산은 당신이 당신의 회사에 투입하는 돈이고 부채는 회사에 투자하기 위해 타인으로부터 빌려온 돈이다.

4. 기술의 관여

비즈니스는 점점 더 기술 의존적이 되어 가고 있다. 기술을 최적화함으로써 비즈니스는 성장을 유지하고, 고객 서비스를 개선하고, 기술 최적화를 이루지 못한 경쟁사들에 비해 경쟁우위를 얻게 된다. 오늘날 정보기술의

변화는 경영의 핵심적인 부분이 되었다. 그렇다면 우리는 비즈니스에 왜 기술을 이용하는가? 답은 간단하다. 기술이 고객 서비스를 강화하고 비용을 절감하고 커뮤니케이션을 증강시키며 조사를 용이하게 하고 생산성과 효율성을 증가시켜 주기 때문이다.

5. 인적 자원의 개선

인적 자원을 최대한 활용한다는 것은 이미 실행되고 있는 다른 모든 시스템과 과정의 효과성을 최대화하는 것을 의미한다. 숙련되고 경쟁력 있는 직원들을 보유한 회사가 가장 경쟁력 있는 회사라고 할 수 있다. 인적 자원을 적합하게 관리함으로써 사업에서의 효과성을 증진시키고 원활하게 목표를 달성하고 과업을 수행할 수 있다.

6. 마케팅 전략

사업에서 마케팅 및 관련 활동들은 크든 작든 당신의 사업이 고객으로부터 정보를 얻고 고객의 필요를 충족시키는 서비스를 개발하고 판매하며 고객의 만족 수준을 피드백 받도록 해준다. 마케팅 활동은 회사와 시장의 접점이다. 마케팅이란 제품 생산업체 및 서비스 공급업체와 소비자들 사이에 일어나는 모든 활동을 포괄하는 것으로 정의할 수 있다. 마케팅은 또한 사업개발활동(business development activities)의 총합으로, 이는 회사가 파악하는 고객의 서비스 아이디어를 얻는 고객의 필요에서 출발하여 그 서비스를 판매하는 소비자에 이르는 것이다.

7. 품질보증의 과정

비즈니스에서 품질보증의 과정은 의도하지 않은 결과물을 피하기 위해 정확한 검사를 수행하고, 그 결과는 믿을 수 있으며, 실수를 놓치지 않는 단계적 활동들을 계획하고 수정하는 것이다. 품질보증은 검사 결과가 정확하고 믿을 만하다는 것을 확신시켜 주는 지속적으로 반복되는 활동이다. 품질보증을 지속적으로 수행하여 고객을 유치하고 고객의 마음속에 경쟁력 있는 회사라는 이미지를 심어 준다.

William King

http://www.sooperarticles.com/management-articles/steps-involved-making-your-business-competitive-12778.html

(production possibility frontier, PPF)은 생산의 관점에서 가능한 시나리오들이 무엇인지를 보여준다. 곡선은 최대 생산 상태의 경제를 나타낸다. 곡선의 안쪽 영역은 곡선

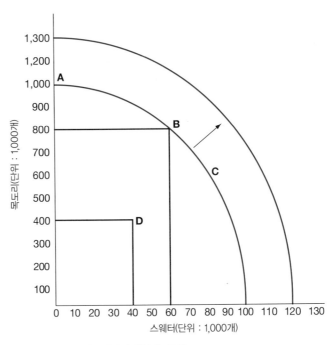

그림 6.5 목도리와 스웨터의 생산가능곡선

에 도달하지 못한 지점들이고, 이는 생산이 비효율적임을 의미한다. 곡선 바깥의 지점들은 새로운 곡선이라 할 수 있는데, 이는 달성할 수는 있으나 자원이나 노동력 등이 부족한 상황임을 의미한다. 신기술이 도입되거나 자원이 풍부하게 조달된다면 이러한 곡선 바깥쪽 점들에 도달할 수 있을 것이다.

[그림 6.5]는 목도리와 스웨터에 대한 생산가능곡선의 예이다. 이 그래프는 니트웨어 생산 공장의 생산가능곡선이다. 그래프는 이 공장에서 목도리와 스웨터를 모두 생산하거나 둘 중 하나만을 생산하는 경우를 비교하고 있다. 곡선 C는 공장이 최대한 가동되는 경우를 가정한다. 즉 '생산이 효율적'이라고 이야기할 수 있다. B 지점에서 공장은 800개의 목도리와 60개의 스웨터를 생산할 수 있다. A 지점에서는 1,000개의 목도리만을 생산할 수 있다. A 지점에서 B 지점으로 생산을 옮기고자 한다면 목도리 생산은 줄어들 것이다. 이것을 기회증가의 법칙(law of increasing opportunity)이라 한다. A 지점과 B 지점에서 공장은 효율적으로 가동되지 않는다. 곡선 안쪽의 어느 지점도 효율적이지 않다. D 지점을 보라. 시설을 충분히 활용하지 못해 400개의 목도리와 40개의 스웨터만을 생산할 뿐이다. 기술 발전이나 자원을 증가시키면 곡선 바깥쪽으로의 이동이 가능하다. **기술적 효율성**(technical efficiency)을 이루게 되면 동일한 자원으로 더 많은 결과물을 얻을 수 있다. 다양한 발전된 기술들을 활용함으로써 패션 회사들은 효율성을 증대시킬 수 있다. 기술은 생산 과정의 모든 단계를 연결해 주고, 공급망 내의 모든 회사가 신속 반응할 수 있도록 도와준다. 또한 글로벌 환경에서의 각 부문을 연결하는 데 도움을 준다(p. 171, 'Concept-to-Spec 사례연구' 참조).

어떤 회사가 주식시장에 상장되어 있다면, 회사의 웹사이트나 거래되는 주식거래소,

Concept-to-Spec 사례연구

PLM : 실리적 결과를 위한 능률화

성공적인 제품 라인을 계획하는 유일한 방법은 가능한 창의적 역할을 수행할 수 있는 사람들을 개발 및 유통의 모든 단계에 최대한 투입하는 것이다. 그리고 제품 수명주기 관리(product lifecycle management, PLM)가 모든 부서의 발전을 도모하는 핵심 도구가 될 때 진정으로 능률적인 제품개발을 달성할 전사적 자원 관리(entire resource planning, ERP)를 위한 통합적 해결책이 된다.

라인을 기획하는 열쇠는 리테일업체의 모든 일원에게 달성해야 할 디자인 목표에 대한 방향을 제시하는 것이다. 그러나 소싱 및 디자인에서부터 제조의 모든 과정에서 이러한 중요성이 너무도 자주 간과되고 있다. 결과적으로 이는 비용의 증가를 야기하는데, 패스트 패션 아이템을 제조하는 과정에서도 마찬가지이다.

데님은 지난 겨울 가장 잘 팔리는 아이템이었다. 어떤 제조업체가 이러한 트렌드를 이용해 78개의 스타일과 24 종류의 워싱을 개발했다. 그러나 이 제조업체의 리테일 파트너는 데님 제품에 대해 좁은 상품구색을 갖추고 있어 3개의 스타일만을 구매했다. 이 제조업체는 제품 라인을 600%나 과잉 개발했을 뿐만 아니라, 심각한 시간적·금전적 손실을 일으켰다.

회사가 콘셉트와 디자인, 생산의 단계 및 비용을 관리하는 데 있어서 기존의 엑셀 스프레드시트나 오프라인 관리방식을 고수한다면 손실은 더욱 악화될 뿐이다. 게다가 정보 업데이트에 참여하는 사람들의 수가 너무 많아지게 되면 중복된 정보와 오류가 발생할 수밖에 없다. PLM 시스템을 적용함으로써 이러한 문제점들을 극복할 수 있다. PLM 시스템은 제품의 콘셉트에서부터 디자인 및 제조, 유통 단계에 이르기까지 총체적 수명주기를 관리하기 위해 분석되고 사용된 하나의 데이터 소스에 의존한다. 이렇게 내부적으로 연관된 관계들뿐만 아니라, 많은 회사들이 제조 공장 및 원단 공장 등의 협업 파트너들에게도 제품개발의 과정을 추적할 수 있도록 관련된 정보를 제공한다.

산업 전문가들에 따르면 소매업체 및 제조 협력업체들은 25~40%의 효율성 향상을 얻을 수 있고, 리드타임을 25~50%까지 단축시킬 수 있다고 한다. PLM 시스템을 통해 6~9개월 내에 제품 라인을 개발할 수도 있다. 소매업체와 제조업체가 동일한 데이터 소스를 사용하는 경우, 최종 수익을 10~20%까지 상승시킬 수 있고, 보다 정확한 기획을 통해 마크다운과 시즌오프를 줄일 수 있다.

Baltimore의 스포츠 브랜드 Under Armour의 제품개발 매니저인 Tim Smith는 "제품 라인이 존재하는 곳은 단 하나의 장소이다."라고 말했다.

PLM은 관련 부서 및 협력업체들이 제품 테스트와 원부자재, 스타일, 샘플링 등 제품개발의 모든 과정을 점검하고 추적할 수 있도록 하며, 가격 협상 및 이윤 계획 등을 포함한 비용분석에 대한 비교를 제공한다.

신시내티에 위치한 대학 의류 제조업체 Vesi Inc.의 부사장 겸 COO인 Dale Davidson은 "기술을 적용함으로써 얻을 수 있는 가장 큰 이점은 정확한 정보를 확실히 얻을 수 있다는 것이다. 내부에서든 외부에서든 이 시스템에 접근하는 사용자들은 모두 동일한 정보를 공유한다. 사용자들은 상호 간의 커뮤니케이션 부담을 최소화할 수 있고, 정보가 잘못 전달되는 것 또한 피할 수 있다. 특히 커뮤니케이션에 문제가 종종 발생할 수 있는 해외의 협력업체들과 일하는 경우 이러한 시스템을 적용하는 것이 더욱 중요해진다."라고 말했다.

Under Armour의 경우 PLM을 통해 제품을 시장에 더 빠르고 정확하게 도달시킬 수 있었다. 1996년에 런칭한 이 회사는 지속적으로 제품 라인과 스타일 수를 확대하고 있는데, 현재 의류를 비롯하여 신발, 내구재, 각종 라크로스 용품을 포함한 액세서리 등의 다양한 라인을 전개하고 있다.

Smith는 "우리는 우리 회사의 제품 라인을 더 빠르게 관리해야 한다. 그러기 위해서는 관리하는 정보의 양을 줄이고, 2~3개의 정보 소스를 하나로 통합해야 한다. 또한 디자인을 위해 더욱 협력해야 하며, 이를 통해 현재의 직원 수를 유지하면서 더 많은 제품이 시장에 도달할 수 있어야 한다. 이는 우리에게 커뮤니케이션을 위한 단일 경로, 즉 하나의 진실된 소스에 기초하고, 시즌에 따라 제품을 보다 효율적으로 시장에 출시하게 하는 경로가 필요했음을 의미한다."고 했다.

Dassault Systemes의 ENOVIA 솔루션을 적용한 이래로 Under Armour는 오타로 인한 정보 재입력을 감소시켜 왔으며, 모든 사람이 제품 라인의 개발 과정에서 계속 발생하는 업데이트와 변경 사항을 모니터할 수 있게 됨에 따라 현재는 개발비용을 공장들과 나눈다. Smith는 "우리는 누구든 라인을 생산할 때 사용할 수 있는 드로잉 파일을 4개로 압축하고, 정보는 하나의 파일로 통합하여 시간을 절약하고 있다. 이러한 통합을 통해 디자이너 한 명당 주 15시간을 단축할 수 있었다."고 말했다.

뉴욕에 위치한 Frazier Clothing Co.는 리테일러들이 직면한 PB 제조업체로서의 역할을 이해한다. 이 회사의 IT 디렉터인 Serge Vecher는 "오늘날의 리테일러들은 잘 팔릴 만한 합리적인 가격의 전문제품을 갖추는 능력뿐만 아니라 소비자의 요구에도 신속하게 반응해야 한다."고 말했다.

Frazier Clothing의 경우 제품개발관리(product development management, PDM)를 적용하기 시작했다. PLM의 한 요소인 PDM은 디자인과 생산 과정을 추적하는 것에 초점을 맞춘 시스템으로, 제품이 어떻게 시장에 나오고 리테일 파트너들을 통해 팔리는지의 과정을 분석한다. Frazier Clothing은 뉴욕에 위치한 GCS Software의 A2000 시스템을 사용한다.

Serge Vecher는 "디자인에 있어서 우리는 무한한 창의성을 발휘할 수 있다. 그러나 최종적으로는 이것이 잘 팔릴 것인가, 여기에 투입된 노력이 성공적이었는가 등의 사업적 질문에 답을 해야만 한다. 리테일러들은 생산 과정에서 발생하는 일들을 시각적으로 확인함으로써 이러한 질문에 더 적합한 답을 찾을 수 있게 된다."고 말했다.

이 솔루션을 적용하면서 모든 수동 관리 과정이 사라졌으며, 정보는 실시간으로 업데이트되며, 몇 주가 걸리던 정보분석 기간을 몇 시간 이하로 단축시켰다.

Vesi도 200여 개의 대학 서점과 여러 백화점에 제품을 공급하는 과정에서 유사한 경험을 했다. 1992년에 런칭한 이 회사는 주문된 제품이 적시에 선적될 수 있도록 여러 국가에 위치한 공장들과 소싱업체들과의 연락을 위해 에이전트를 고용했다.

추가적인 비용을 계산해 본 결과 Vesi는 이러한 연락 업무를 회사 내 인력으로 대체하기로 결정하고 엑셀 스프레드시트를 이용해 해당 업무를 수행하였다. Davidson은 "우리는 제품개발 단계에서 시작하는 시간-실행 캘린더를 개발했다. 이를 통해 회사의 내부적 관점에서뿐만 아니라 협력 공장들의 진행 과정에 대해서도 제품 생산의 시작부터 완성까지의 과정을 추적했다. 그러나 시간이 흐르면서 이메일로 업무 사항을 주고받는 일이 점점 더 느리고 복잡해졌다. 시간이 더욱 부족해짐에 따라 우리는 PLM이 필요한 시점이 왔음을 깨달았다."고 설명했다.

Vesi는 마이애미에 위치한 NGC Software의 Extended PLM 프로그램을 도입했다. 이 프로그램을 통해 Vesi는 해외 협력업체들과의 의사소통을 해결하고 회사의 내부 인력 및 외부 사용자들 사이에 업무 흐름을 공유할 수 있게 되었다. 현재까지도 이 PLM 프로그램을 사용하고 있다. 세 명의 내부 사용자와 12~15개의 협력 공장들이 PLM 솔루션에 접속하여 업무를 처리한다.

처음부터 다시 시작하기

PLM이 기획에서 개발, 유통의 과정에 대한 투명성을 개혁했지만, 여전히 개선의 여지는 남아 있다.

필라델피아에 위치한 SA VA는 같은 지역에서 개발된 PLM 시스템을 사용하고 있다. SA VA는 PDM 시스템도 가지고 있지만, 이 회사는 제품의 디자인과 개발, 그리고 자사 소유의 공장에서 생산까지를 모두 수행하는 자사의 특성에 맞는 통합된 시스템이 개발되기를 기다린다.

S.V.A. Holdings의 대표 Sarah Van Aken은 "우리 회사의 생산 주기는 패턴 디자인에서 판매까지 보통 6~8주, 최대 10주로 굉장히 빠르

다. 기존의 어떤 PLM이나 PDM 시스템도 우리가 정보를 입력하는 순간 이미 과거의 정보가 되어 버린다. 나에게는 우리 회사의 수직적 비즈니스 모델에 적합한 맞춤 솔루션이 필요하다."고 설명했다.

의류 회사들은 보다 통합된, 특히 ERP 시스템과 연결된 솔루션을 고대한다. Frazier Clothing는 일찍이 이러한 개념을 도입했다. 이 회사가 사용하는 A2000 PDM 프로그램은 ERP 시스템을 기반으로 작동한다. 의류 제조업체들을 위해 특별히 고안된 이 프로그램은 모든 사용자가 실시간으로 생산 정보에 접속할 수 있게 되어 있다. Vecher는 "한 장소에서 더 많은 과정이 통합되고 자동화될수록 우리는 투명성 측면에서 더 많은 가능성을 확보할 수 있다."고 하였다.

Vesi는 현재 8월부터 PLM과 ERP의 통합된 시스템을 가동하기 위한 준비 단계에 있다. 두 시스템의 조합이 한 번 자리를 잡고 나면 컬러, 사이즈, 스타일 그리고 가능성과 관련된 모든 정보가 재입력 과정 없이 ERP 시스템에 전자적으로 전송된다. 이 ERP 시스템 역시 NGC의 프로그램이다.

Under Armour는 이미 SAP, Newtown Square, Pa.의 PLM과 ERP 통합 시스템을 사용하고 있다. Smith는 "우리가 시장에 출시하는 모든 제품에 대한 단 하나의 정보원이 바로 이 시스템이다."라고 말했다.

이 회사는 이제 회사 내부에 존재하는 4개의 벽을 허물고 중간상 파트너들과의 협업을 강화하려고 한다. 그는 "우리는 중간상들이 샘플 및 작업지시서에 접근하는 것을 허용한다. 그러나 이는 여전히 일방향 접근일 뿐이다. 우리는 제품개발 과정에서의 양방향 협업을 이루고 협력업체들로부터 더 많은 가치를 얻고자 한다. 이로 인해 앞으로 비용 및 자원 이익, 오류 감소 등 더 많은 영역에서 이익이 발생할 것이다."라고 설명했다.

한 단계 더 나아가 몇몇 회사들은 적극적으로 이런 프로세스를 관리하고자 한다. Vecher는 "우리는 전 세계 파트너들과 협업하고 그들을 관리한다. 모바일 기술로 인해 이 같은 일들이 실시간으로 행해지다니 정말 놀라운 일이다. 아직 완벽한 것은 아니지만 이를 실행하기 위한 기초는 이미 마련되었다. 이제는 모든 과정을 통합하고 그 안에 확장된 회사의 기능성을 더하는 단계로 나아가야 한다. 이를 통해 모든 인증된 부서들이 정보에 즉각적으로 접속할 수 있게 되고 궁극적으로 사용자들이 정보를 실시간으로 업데이트하고 개발 과정 속도를 한층 높일 수 있을 것이다."라고 했다.

Deena M. Amato-McCoy는 리테일 기술 분야의 전문 Apparel contributing writer이다.

보도자료 등을 통해 그 회사의 상세한 재무 정보를 확인할 수 있다. 회사가 성공하기 위해서는 이러한 재무 정보에서 성장과 이윤을 보여줘야 한다. 앞서 언급한 바와 같이 여러 요인으로 인해 회사의 성장과 이윤은 주가를 통해 표현된다. 경쟁은 회사가 시장에서 성장과 이윤을 얻기 위해 노력하게 하는 강력한 동인이다.

많은 패션 회사가 주식시장에서 주식을 판매하고, 주식의 가격추이는 회사의 건전성을 판단하는 기준이 된다. 다음에서 주식시장이란 무엇이며 어떻게 운영되고, 국내 및 외국 주식시장에 대해 살펴보고자 한다. 주식시장을 움직이게 하는 요인 및 원동력에

대해 논의하고 자본총액에 대해 설명할 것이다. 주식시장에서는 많은 일이 일어나는데, 이를 정확히 이해하고 있는 경우 증권 차트와 시세를 읽거나 연간 보고서를 검토할 때, 재무비율의 의미를 확인하고자 할 때 등 시장을 탐색하는 데 도움이 된다.

주식시장

제4장에서 살펴본 바와 같이 회사는 소유 형태에 따라 개인기업에서 주식회사(corporations)까지 여러 유형으로 존재한다. 주식회사는 가장 복잡한 유형의 소유 형태이다. 앞에서 배운 것처럼 주식회사에는 수많은 소유주가 있는데, 이들을 **주주**(stockholders)라 한다. 그렇다면 주식은 어떻게 구매하고 주식회사의 소유권을 갖게 되는가? 투자자들은 **주식시장**(stock market)에서 회사의 일부인 **주식**(shares)을 구매한다. 전체 주식의 일부를 소유한다는 것은 회사의 일부를 소유한다는 것과 같은 의미이다. 주식시장에서 주식을 사고파는 과정을 통해 주식의 가격이 결정되고, 이는 회사의 가치로 이어진다. 이미 발행된 주식을 판매하는 시장을 **유통시장**(secondary market)[1]이라 한다. 유통시장에서 거래되는 주식은 **보통주**(common stock)[2]와 **우선주**(preferred stock)[3]의 두 형태로 나누어 볼 수 있다. 일반적으로 대부분의 회사가 발행하는 주식은 보통주이다. 보통주의 주주들은 일반적으로 기업지배구조에 대한 투표권을 가지며 배당금을 받는다. 보유한 주식의 수가 많을수록 더 많은 투표권을 얻게 된다. 우선주는 이름에서 알 수 있듯이 보통주보다 우선권을 갖는다. 예를 들어, 회사가 배당금을 지급할 때 우선주의 주주들은 보통주 주주들보다 앞서 배당금을 지급받는다. **배당금**(dividends)이란 주주들에게 지급하는 회사의 이윤을 의미한다.

일반 대중에게 주식을 판매하는 회사를 **공개기업**(public company)이라 한다. 많은 패션 회사들이 공개기업이며, 1990년대에 들어 공개기업이 된 회사들도 있다. 1990년

---

1) 유통시장(secondary market, 流通市場) : 이미 발행된 유가증권이 투자자들 사이에서 매매, 거래, 이전되는 시장. 유통시장은 발행시장에서 발행된 유가증권의 시장성과 유동성을 높여서 언제든지 적정한 가격으로 현금화할 수 있는 기회를 제공한다. 유통시장은 시장 조직의 형태에 따라 장내시장(또는 거래소시장)과 장외시장(또는 점두시장)으로 나누어진다. 거래소시장은 유가증권이 거래되는 구체적인 시장으로서 증권거래소 및 선물거래소가 이에 해당되며 유가증권의 공정한 가격 형성과 유가증권 유통의 원활화를 도모하는 데 기여하고 있다. 한편 장외시장은 거래소가 아닌 장소에서 유가증권의 매매가 이루어지는 비정규적인 시장으로 거래소시장의 보완적 역할을 수행한다.(출처 : 매일경제)

2) 보통주(common stock, 普通株) : 우선주, 후배주, 혼합주 등과 같이 특별한 권리 내용이 없는 보통의 주식을 말한다. 일반적으로 주식이라 하면 보통주를 말하는 것이며 단일종의 주식만이 발행된 때에는 이 명칭을 붙일 필요가 없다.(출처 : 매일경제)

3) 우선주(preferred stock, 優先株) : 우선주는 보통주에 대해 배당이나 기업이 해산할 경우의 잔여재산의 분배 등에서 우선권을 갖는 주식을 말한다. 우선주에는 일정의 배당을 받은 후에도 역시 이익이 충분히 있을 경우에는 이것을 받을 수 있는 것과 보통주로 전환할 수 있는 것 등 여러 가지 종류가 있다. 확정이자의 배당수입을 얻을 수 있는 사채에 가까운 성격의 것도 있을 수 있다. 안정 성장시대의 자금 조달의 방법으로 우선주를 발행해서 기업이 자기자본의 충실을 도모하려는 움직임이 나타나고 있다.(출처 : 매일경제)

대에 이율은 낮고 주식시장은 좋아지고 있었다. 1992년 초, 40여 개의 패션 기업들이 동시에 **기업공개**(initial public offerings, IPO)를 단행했다. 기업공개(IPO)는 회사가 주식을 공개 상장하는 것을 의미한다. 몇몇 패션 회사들은 뉴욕 증권거래소(NYSE)를 통해 기업을 공개했고, 어떤 회사들은 **장외시장**(over-the-counter market, OTC market)[4]을 통해 주식을 발행하기 시작했다. 장외시장(OTC market)은 네트워크로 연결된 브로커 및 딜러들의 전국적인 조직이다(본 장 후반부에 좀 더 살펴보기로 한다). 1995년부터 1997년까지 Tommy Hilfiger, St. John Knit, Jones Apparel Group, Kenneth Cole, Guess, Gucci, Ralph Lauren 등의 패션 선두 기업들이 Wall street 대열에 합류했다(Agins, 1999). 이후 Vanity Fair, Liz Claiborne, Kellwood, Levi Strauss 등의 회사들도 기업을 공개했다. 본 장 후반부에 Liz Claiborne의 사례를 통해 거대 패션 기업의 탄생에 대해 살펴볼 수 있다.

회사는 자본을 모으기 위해 기업을 공개하는데, 회사와 공개 상장에 대한 흥미를 이끌어 내기 위해서는 마케팅이 필요하다. 기업공개의 가장 큰 목적은 성장에 있다. 자본의 유입을 통해 회사를 확장하고 회사의 가치를 상승시킬 수 있는데, 이는 부채나 기존 주식으로는 불가능한 일이다. Prada는 수년간 기업공개를 시도하고 있다.

주식시장의 유형

미국에는 두 가지 형태의 주식시장이 있는데, **공식화된 거래**(organized exchanges)와 장외거래(over-the-counter market)이다. 미국의 투자시장은 1790년대 연방 정부가 독립전쟁의 부채를 상환하기 위해 8천만 달러의 **채권**(bones)을 발행하면서 **미국 증권거래소**(American Stock Exchange, AMEX)와 함께 시작되었다. 현재 NYSE Euronext[5]가 운영하고 있는 **뉴욕 증권거래소**(New York Stock Exchange, NYSE)는

---

4) OTC market(Over-The-Counter Market) : 미국의 장외시장을 말하는 것으로 비조직적인 상대매매시장(negotiated market)이며 브로커나 딜러가 전화나 텔렉스 등을 이용하여 투자자나 기타 증권회사 사이에 주식이나 채권의 매매를 성립시킨다. 상대매매이기 때문에 같은 종목에서도 거래가격이 다른 경우가 있으며 브로커는 가장 좋은 호가를 제시한 마켓메이커를 선정하여 거래를 한다. 여기에서 마켓메이커란 자기계정으로 매매를 하는 장외시장의 도매업자로서 장외시장의 유동성을 유지하는 역할을 한다. OTC에서의 거래는 매우 활발하며 유통 종목 수는 약 3~4만 정도로 추정되는데 여기에는 거래소 상장요건을 갖추고 있으면서도 공시의무 등 거래소의 규제를 피하기 위하여 장외시장에 남아 있는 회사도 상당수 있다. OTC는 NASD(전미증권업협회)에 의해서 관리되며 그 회원이 브로커, 딜러의 중심을 이루고 있다. 한편 NASD는 컴퓨터와 통신회선을 조합한 NASDAQ 시스템을 개발하여 OTC의 발전에 크게 기여하고 있다. OTC는 채권유통시장에서도 큰 역할을 하고 있는데 이것은 주식은 상장종목에 관한 한 거래소거래에 집중되어 있으나 채권유통에서는 장외거래가 중심을 이루기 때문이다. (출처 : 증권용어사전)

5) NYSE Euronext : 뉴욕 증권거래소, Euronext, NYSE 아카(ArcaEx)와 같은 여러 증권거래소를 운영하는 미국·유럽의 다국적 금융 서비스 기업이다. NYSE는 2006년 3월 7일 Archipelago Holdings를 병합하여 NYSE 그룹(NYSE Group, Inc.)을 형성하였다. 2007년 4월 4일 NYSE 그룹은 Euronext N.V.와 병합하여 최초의 국제 지분 교환소가 되었으며 본사는 미국의 뉴욕 시에 위치해 있다.(출처 : 위키백과)

1792년에 설립되었다. 2008년, 미국 증권거래소는 NYSE Euronext 그룹에 합병되었다. NYSE는 뉴욕 주, 뉴욕 시, 월스트리트 11번가에 위치한 공식화된 거래소이다. 이는 미국에서 가장 큰 증권거래소로, 미국과 유럽 전역의 2,800여 회사, 8,000개 이상의 주식이 거래된다. 투자자들은 증권회사를 통해 거래를 주문한다. 원래 브로커들은 NYSE에서 주식거래를 할 수 있는 회원권을 구매했다. 이 회원권은 1878년 4,000달러였던 것이 2005년 4백만 달러까지 올랐다. 그러나 NYSE는 현재 공개기업이다. 따라서 다른 모든 공개기업과 마찬가지로 주식의 가격이 거래소의 재정적 건전성을 측정하는 척도가 된다. 이제는 거래자들이 증권거래를 할 수 있는 연간 라이선스(annual licenses)가 증권거래소의 회원권을 대신한다. 주식거래의 약 2/3가 거래소에서 직접 거래된다. NYSE에서 거래되는 패션 회사들로 Jones Group, Levi Strauss, Liz Claiborne, Kellwood 등이 있다. Jones Group의 브랜드에는 Jones NY, Nine West, Anne Klein 등이 있고, Liz Claiborne의 브랜드에는 Lucky, Kate Spade, Juicy Couture 등이, Kellwood는 XOXO, Jolt, Davis Meister 등의 브랜드를 보유하고 있다.

공식화된 거래를 통해 주식을 거래하지 않는 회사들은 장외거래(OTC market)를 이용한다. 증권회사들은 자주 구매되지 않는 주식을 보유하고 있다가 투자자들이 구매를 원할 때 판매하는데, 이러한 거래 방식으로 인해 'over-the-counter'라는 용어가 생겨났다. 장외거래는 증권을 직접 거래하는 것을 제외한 모든 증권거래를 포함한다. 장외거래는 다른 지분증권시장의 구조와 유사하다. 회사와 투자자, 브로커, 규제 기관, interdealer quotation system 등이 있다. 자율기관인 **전미증권협회**(National Association of Securities Dealers, NASD)에서 장외거래를 관리한다. 장외거래에서는 다양한 유형의 주식과 회사들이 거래된다. Benetton과 Adidas 등의 의류 회사들이 장외시장에서 거래된다. 미국에서 큰 규모의 장외거래는 **나스닥**(National Association of Securities Dealers Automated Quotation, NASDAQ)[6]에서 일어난다. 나스닥은 3,100여 회사가 등록된 미국 최대의 장외거래 시장이다. 이외에 Pink Sheets와 OTC Bulletin Board 등의 장외거래 시장이 있다.

아프리카, 아시아, 유럽, 중동, 북아메리카, 남아메리카 등 전 세계에 주식시장이 존재한다. 미국 이외의 거대 주식시장으로 London, Euronext, Tokyo 등이 있다. 글로벌화와 기술의 발달로 해외 주식에 대한 투자가 가능해졌다. 해외 주식시장에서의 거래는 장단점이 있다. 시장의 글로벌화로 인해 모든 기업은 세계 어느 곳에서든 자본을 모을 수 있게 되었다. 그러나 많은 국가가 해외 자본의 투자를 금지하거나 엄격히 제한하고 있어, 해외시장에 자본을 투자하기 위해서는 여러 장벽을 극복해야만 한다. 또한 미국

---

6) 나스닥(NASDAQ) : 전미증권협회(NASD)가 컴퓨터전산망을 통해 운영하고 있는 미국 장외시장의 시세보도시스템을 말한다. 1971년 개설된 나스닥은 뉴욕증권거래소와 같이 특정 장소에서 거래가 이뤄지는 증권시장이 아니라 컴퓨터 통신망을 통해 거래 당사자에게 장외시장의 호가를 자동적으로 제공, 거래가 이뤄지도록 하는 일종의 자동시세통보시스템이다.(출처 : 시사용어사전)

규제기관

미국 의회

미국 증권거래
위원회(SEC)

뉴욕 증권거래소
(NYSE) 및 기타
자율기관

개별 종합증권회사

그림 6.6 미국 증권시장의 규제 구조
출처 : Hawa Stwodah

시장의 규제 없이 투자자들이 믿을 만하고 정확한 해외의 회사에 대한 정보를 수집하는 것이 어렵다. **미국 주식예탁증서**(American Depository Receipts, ADRs)[7]는 외국에 투자하는 것을 쉽게 해주는 재무적 도구이다. ADRs는 다른 나라의 주식을 대표하는 은행 및 기타 기관들에 의해 발행되는 증서이다. 이 증서는 이 증서가 대표하는 외국의 증권과 동일한 가치를 지니며 주식이 거래된 국가의 은행에 보관된다.

주식시장의 규제

주식시장에서의 공정거래를 도모하고 부패를 방지하기 위해 엄격한 규제가 적용된다. 패션산업에서는 1993년 유명 패션 하우스인 Leslie Fay의 스캔들을 계기로 규제의 필요성이 입증되었다. Leslie Fay는 수년 동안 회계 장부에 매출 및 소득을 증액하여 허위 기재해 왔다. Leslie Fay는 소득을 수정하고 이전 수입 기록들을 삭제했다. Leslie Fay 의 주식은 주당 1달러 미만으로 떨어졌고, NYSE에서 퇴출될 위기에 처했다. 주요 경영진에 대한 기소가 이어졌고 회사의 명성에 금이 갔다. 주식시장을 규제하는 대표적인 기관으로는 네 가지의 그룹이 있는데, 미국 의회(United States Congress), 미국 **증권거래위원회**(Securities and Exchange Commission, SEC), 뉴욕 증권거래소(NYSE), 및 기타 자율기관들과 개별 종합증권회사 등이다. 미국 의회는 증권시장의 규제에 대한 최상위 기관이다. 의회는 시장 환경에 맞추어 주식시장을 규제하는 법을 입법하고 적용한다. 의회는 SEC의 권한과 규제를 보증한다(그림 6.6).

미국 의회는 주식시장을 감시하기 위해 1934년 미국 SEC를 개설했다. 미국 SEC의 조항들은 투자자들이 공개적으로 거래되는 회사들의 공정한 재무 정보를 제공받을 수 있도록 보증하고, 회사의 소유주 및 투자자, 고용인 등이 주가를 조작하는 부정행위를 금하기 위해 존재한다. 미국 SEC는 거래되는 모든 신생 회사들과 위원회와 관련된 타기관들을 감시 감독한다. 미국 SEC는 신규 주식을 발행하고자 하는 모든 회사에게 회사의 재무적 · 법률적 · 기술적 정보를 제공하는 **유가증권계출서**(registration statement)[8]를 요청한다. 일반적으로 회사들은 잠재 투자자들에게 유가증권계출서의 내용을 요약한 **투자 설명서**(prospectus)를 제공한다. 또한 거래소에 등록된 모든 회사

---

7) 미국 주식예탁증서(American Depositary Receipts) : 미국 투자자들이 용이하게 비미국기업의 주식에 대하여 투자할 수 있도록 하기 위해 미국시장에서 발행하는 주식예탁증서이다. 주식예탁증서(DR) 란 국제자본시장에서 주식의 유통수단으로 이용되는 대체증권을 말한다. 주식을 외국에서 직접 발행해 거래할 때 발생하는 여러 가지 번거로운 절차를 거쳐야 한다. 이 같은 절차를 피하면서도 같은 효과를 내기 위해 원래 주식은 본국에 보관한 채 이를 대신하는 증서를 만들어 외국에서 유통시키는 증권이 주식예탁증서(Depository Receipts)이다. ADR은 미국 회계기준에 맞춰 미국시장에서만 발행된다. 미국 투자자들이 용이하게 비미국기업의 주식에 대하여 투자할 수 있도록 하고, 미국의 자본시장에 접근하고자 하는 비미국기업을 지원하려는 목적으로 1920년대에 처음 거래되기 시작하였다. 원주의 소유권을 표시하고 있기 때문에, 원주 자체를 움직이지 않고서도 미국에서 주식을 자유롭게 거래할 수 있다. 나스닥 상장을 희망하는 비미국기업은 통상적으로 미국 주식예탁증서를 발행하는 형식을 취하게 된다. (출처 : 시사용어사전)

는 **연간 보고서**(annual report)를 제출해야 한다(연간 보고서에 대해서는 본 장 후반에 좀 더 다루도록 한다). 미국 SEC는 정기공시(periodic reports)를 통해 보유 주식 현황을 보고해야 하는 회사 **내부자**(insiders)(임원, 이사, 주요 주주 등) 간의 거래를 면밀히 조사하며, 필요한 경우 새로운 법안을 제안하기도 한다. 필요한 서류가 방대할지라도 주식의 가치를 결정하는 것은 투자자라는 사실을 명심해야 한다.

증권거래소들은 그들 스스로의 규정과 법률로 회원들을 규제한다. NYSE의 경우 1,000페이지가 넘는 규칙과 정책, 시행 기준을 가지고 있다. **전미증권협회**(National Association of Securities Dealers, NASD)는 나스닥(NASDAQ) 시장을 감독한다. 주식 거래자 간의 비윤리적 행위를 탐색하기 위해 모든 거래를 모니터한다. 전 세계 거래소들은 의심스러운 행위에 대한 정보를 공유한다.

개별 종합증권회사들은 고객들을 대신해 주식을 사고파는데, 증권사의 직원들은 고도로 훈련된 인력들이다. 엄격한 기준에 입각하여 증권회사들은 높은 수준의 정직함과 진실성을 가지고 거래 업무를 수행한다. 이러한 자기 통제와 함께 증권회사들은 다른 세 그룹의 규제기관의 규칙을 준수한다.

증권을 사고파는 것에 더하여, 증권시장은 정보 사업이기도 하다. 투자자들은 주가의 안정성을 기반으로 회사에 대한 정보를 수집할 수 있다. 연간 보고서, 언론보도, 신제품, 고소, 브로커의 추천, 그리고 시장 현황 등 수많은 요소가 주가에 영향을 미친다.

주가의 동인

주가는 수요와 공급에 기반을 둔다. 수요가 높으면 가격이 올라가고 수요가 낮으면 가격도 내려간다. 주식은 누군가가 그 값을 지불하고자 할 때 가치를 갖는다. 즉, 어떤 투자자가 주식 하나를 20달러에 사고자 한다면, 그 주식은 20달러에 팔릴 것이다. 구매자와 판매자는 주식의 가격을 결정해야 한다. 투자자들은 다른 투자자가 이전에 소유했던 주식만을 살 수 있다. 따라서 판매자는 구매자가 살 수 있게 만들어야 한다. 투자자는 주식을 사고팔 때를 어떻게 결정하는가? 이러한 결정을 돕는 중요한 정보 중 하나는 회사의 재무 건전성이다. 회사의 과거 실적은 중요한 요소이지만, 보다 의미 있는 것은 미래의 실적을 예측하는 것이다. 예상 수익, 배당금, 이율, 시장 점유율, 위험 요소 등에 대한 정보를 통해 적절한 주가를 결정할 수 있다. 수익과 배당금이 예상보다 많을 경우 회사의 주식은 보다 높은 가치를 갖게 된다. 반대의 상황도 마찬가지이다. 회사가 좋은 실적을 올리지 못할 경우 주가는 하락할 것이다. 경영진의 변화, 인수, 합병, 신제품 라인의 도입, 진보된 기술의 적용 등 회사의 매출 및 수익 상승을 기대할 수 있게 하는 변화는 회사의 주가 상승에 긍정적인 요인이 된다. 2005년 Urban Outfitters가 J. Jill을

---

8) 유가증권계출서(registration statement) : 유가증권의 매출에 즈음하여 사는 쪽에 정보를 제공하기 위해, 미국 증권거래위원회 및 기타 정부기관에 의무적으로 계출해야 하는 재무 및 기타의 기업 정보를 기재한 서류(출처 : 네이버 회계학 영한·한영사전)

사들인다는 소문으로 인해 J. Jill의 주가는 21%나 상승했다. Urban Outfitters의 J. Jill 인수는 이루어지지 않았지만, 결국 2006년 Talbot's가 J. Jill을 인수했다. [그림 6.7]은 NYSE에서 거래되는 패션 회사들의 명단이다. 최고경영진의 변화, 신규 경쟁업체의 등장, 주가 하락을 초래하는 주요 법률 소송 등은 미래를 불확실하게 하는 요소들이다.

산업의 건강도는 회사의 미래와 주가를 예측할 수 있는 또 다른 지표이다. 섬유산업의 경우 산업 자체의 규모가 줄어들고 있는데, 어떤 섬유회사가 현재 수익을 잘 내고 있다 하더라도 전체 산업 규모가 축소되고 있으므로 회사의 성과 역시 점차 줄어들게 될 것이다. 산업은 네 단계의 주기를 갖는다. 1단계는 신생기(start-up stage)로, 산업이 급성장하는 단계이다. 2단계는 강화기(consolidation stage)로, 신생기보다는 성장 속도가 느려지지만 경기에 비해서는 빠르게 성장한다. 3단계는 성숙기(maturity stage)로, 경기와 비슷한 수준으로 성장하는 단계이다. 마지막 4단계는 쇠퇴기(decline stage)로, 경기보다 성장이 느려진다. [그림 6.8]은 산업의 4단계를 도식화하여 보여준다. 어떤 산업은 주기성을 가지고 성장과 쇠퇴를 반복하며, 이러한 경우 산업이 확장기인지 축소기인지에 따라 주가가 변동한다.

경제적 트렌드는 주식을 평가하는 또 다른 중요한 요인이다. 경제지표를 지속적으로 살펴봄으로써 주식이 얼마나 잘 기능할 것인지를 예측할 수 있다. 국내총생산(gross domestic product, GDP)의 상승, 낮은 인플레이션, 낮은 이율, 낮은 실업률, 예산 흑자, **소비자 물가지수**(consumer price index, CPI) 등은 경제가 건강하다는 것을 알려주는 지표들이다. 소비자 물가지수(CPI)는 평균적인 '생계비(cost of living)'로 일반 가정에서 식료품, 의류, 연료 등의 제품 및 서비스를 얼마나 구매하는지를 측정하는 것

회사명	티커심볼(Ticker symbol)[9]
Carter's	CRI
Coach	COH
Hanesbrands	HBI
Jones Apparel Group	JNY
LVMH	MC
Maidenform Brands	MFB
Polo Ralph Lauren Corporation	RL
Quicksilver	ZQK
Under Armour	UA
VF Corporation	VFC

그림 6.7 뉴욕 증권거래소(NYSE)에서 거래되는 패션 회사
출처 : NYES에서 발췌

---

9) 티커심볼(Ticker symbol) : 증권을 주식호가 시스템에 표시할 때 사용하는 약어(출처 : 매일경제)

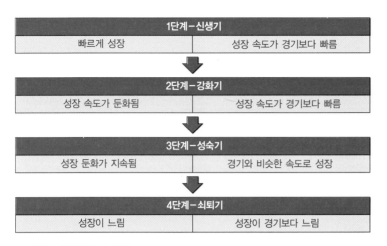

그림 6.8 산업 주기의 4단계

이다. 이율이 낮으면 기업들은 돈을 더 많이 빌려 사업을 확장하거나 비즈니스의 수준을 향상시키기가 더 쉬워진다. 실업률이 낮다는 것은 대부분의 국민이 일을 하고 있다는 것을 의미하고, 이는 늘어난 재량소득으로 소비를 촉진해 경제를 더욱 활발하게 하는 원동력이 된다. 지표들이 경제 성장을 가리킬 때, 즉 기업들이 수익을 창출하고 국민들은 일을 하고 있어서 투자할 돈이 더 많아지고, 그 결과 주가가 상승할 때 **상승장세**(bull market)[10)]가 나타난다. 반대로, 경제가 수축되고 실업률이 증가하여 구직 중인 국민들이 많아질 때 주가는 하락하고 **약세시장**(bear market)[11)]이 나타난다. 제7장에서 경제지표에 대해 좀 더 살펴보겠다.

국가적 또는 세계적으로 벌어지는 사건들도 주가에 영향을 미친다. 2001년 9월 11일 테러리스트가 미국을 공격한 날, 금융시장은 개장하지 않았다. 9월 17일 금융시장이 재개되었을 때 다우존스산업평균지수(Dow Jones Industrial Average)는 684.71포인트까지 떨어졌다. 이는 역사상 가장 큰 하락폭이었다. Wayne Hummer의 펀드 매니저 William Hummer가 "이제 경제와 시장에 국제적으로 더욱 강한 유대가 필요하다고 생각한다."라고 말한 바와 같이 9.11 사건을 통해 국제적 유대의 중요성이 더욱 강조되었다. Hummer는 또 "중국에서 벌어지는 일들과 유럽이 미국에 어떠한 영향을 미치는지를 좀 더 깊이 있게 이해해야 한다."고 말했다(Twin, 2006).

주가는 유명인의 홍보, 패션위크의 런웨이 기사, 특정 브랜드의 옷을 입는 정치 관련 인물들에 의해 움직인다. Michelle Obama의 옷장은 종종 매체에 보도된다. David Yermack 박사는 2008년 11월부터 2009년 12월까지 Michelle Obama가 입은 의상이

---

10) 상승장세(bull market) : 장기간에 걸친 주가상승이나 대세상승장을 말하며, 이는 마치 황소(bull)가 뿔로 주가를 들어 올리는 것과 같다고 하여 이름 지어졌다.(출처 : 매일경제)

11) 약세시장(bear market) : 주가가 장기적으로 하락하는 추세에 있는 시장을 말한다. 이때는 시장가격이 증권의 고유가치보다 높게 형성되어 있는 상태로서 주가가 상당한 기간 하락할 것이라고 예측되는 시장이다.(출처 : 매일경제)

2008년 대통령 선거 기간 동안 미래의 영부인 Michelle Obama 여사는 패션을 통해 대중적 지지를 얻었다. Obama 여사는 때때로 고급 디자이너의 아방가르드한 드레스를 입기도 했지만, Gap이나 H&M과 같은 대중적인 브랜드의 옷도 즐겨 입었다. 때때로 고가의 제품과 중가대의 브랜드 제품을 믹스매치해 시선을 사로잡기도 했다.

Obama 여사는 누구라도 보통의 가족 예산으로 우아하게 차려입을 수 있다는 것을 보여주었고, 대중들은 이런 그녀를 열렬히 사랑했다. 2009년 Obama 가족이 백악관으로 입성한 뒤 Michelle Obama의 옷장은 전 세계적 관심의 대상이 되었다. 패션 회사들에게 있어서 그녀가 자사의 옷을 입는다는 것은 헤아릴 수 없는 가치를 제공했다. 특히 국제적 회담이나 만찬과 같은 주요 행사에서 입은 옷은 더욱 그러했다. 종종 Obama 여사가 대중 앞에 섰을 때 입은 옷 브랜드 회사들의 주가는 즉각적으로 상승했다.

이러한 패턴은 2008년 선거유세 말기에 Tonight Show의 인터뷰 이후 나타나기 시작했다. Obama 여사는 관중들에게 지금 입은 옷은 J. Crew의 제품이며, 온라인에서 살 수 있다고 이야기했다. 바로 다음 날 이 회사의 주가가 8% 상승했고, 일주일 후에는 25%가 올랐다. 영부인이 대중 앞에서 입은 189회의 착장을 통계적으로 분석한 결과, 그녀가 입은 옷의 브랜드가 보여진 직후 평균 0.5%의 주가 상승을 일으켰고, 주요 행사에서는 그 영향력이 더욱 컸다. 이러한 결과치는 Obama 여사의 옷장이 Obama 정권 첫해 동안 특정 패션 회사에게 20억 달러의 가치를 더한 것이며, 이는 한 번 착장당 약 1,400만 달러에 해당한다.

이러한 높은 부가가치가 창출된 데에는 몇 가지 원인이 있지만, 가장 중요한 요소 중 하나는 의류 산업에 있어서 전자상거래의 증가라 할 수 있다. 인터넷 블로거들은 영부인을 쫓아다니며 그녀의 사진을 포스팅하고 그녀의 패션을 평가한다. 소비자들은 영부인이 입은 것과 똑같은 옷을 온라인 쇼핑몰에서 즉시 구매할 수 있다. Obama 여사의 옷들 중 상당수가 수백 개의 체인을 가진 대중적인 브랜드이고, 이 회사들은 전국적으로 매장 방문 고객 수가 급증하는 경험을 했을 것이다. 또한 Obama 여사는 굉장히 다양한 범위의 디자이너 브랜드를 섭렵했다. 첫해에만 50개 이상의 디자이너 제품이 대중 앞에 노출되었다. 주요 행사 이전에는 그녀의 의상에 대한 궁금증이 치솟았고, 뉴스 커버를 장식하면서 해당 패션 회사들에게는 어마어마한 광고 효과를 가져왔다.

Michelle Obama 여사가 1년에 의류 회사들에게 20억 달러의 가치를 창조해 낸다고 보았을 때, 패션 회사들은 최상급의 패션 모델이나 유명인들에게 얼마의 모델료를 지급할까? 대답은 훨씬 적은 금액을 지불한다. 세계적으로 가장 비싼 모델의 경우 한 해에 1천만~2천만 달러의 돈을 벌며, 최고 수준의 광고 모델들은 5천만~1억 달러의 돈을 번다. 모델들의 비용이 절대 낮게 책정된 것이 아님을 감안한다면, 사회적으로 존경받는 공인이 자발적으로 회사의 제품을 이용하는 것이 상업적 마케팅 프로그램보다 훨씬 더 높은 가치를 지닌다는 것을 알 수 있다.

출처 : David Yermack

의류업 주가에 미치는 영향을 분석했다. 상단의 상자글은 대중이 Obama 여사의 옷장에 얼마나 관심을 가지고 있는지, 그리고 그것이 주식시장에 어떠한 영향을 미치는지에 대해 논의한 Yermack 박사의 글이다.

주식시장은 다양한 **지수**(indexes)를 통해 등락을 반복한다. 지수란 주식들의 특정 그룹으로, 보고된 가격은 지수 내에서 주식의 가격 변동을 반영한다. 주식시장에는 여러 종류의 지수가 존재하는데, 한 가지의 지수만으로 모든 것을 대표할 수 없기 때문이다. **다우존스산업평균지수**(Dow Jones Industrial Average)는 1896년부터 산출되어 왔으며, 30개의 **우량주**(blue chip) 회사들의 주가 또는 신뢰할 만한 투자처로 판단되는 회사들을 포함한다(그림 6.9 참조). 다우존스산업평균지수에는 30개의 회사들만이 포함되기 때문에 경기 변화를 반영하는 경우 평균의 변화가 발생한다. **S&P 500지수**(Standard & Poor's 500)는 미국의 500대 기업의 주가를 추적한다. 이는 다우지수에

다우존스산업평균지수(1896~2011.9)

그림 6.9 1896년 이후 다우존스산업평균지수
출처 : NYSE, dija.htm에서 발췌

비해 보다 폭넓은 관점을 제공한다. **NYSE 종합주가지수**(NYSE Composite Index)는 NYSE에 등록된 모든 일반 주식의 가격을 추적한다. 이는 S&P 500지수보다도 더 광범위한 지수이다. **윌셔 5000지수**(Wilshire 5000 index)는 미국의 주가지수 중 가장 폭넓은 지수로 NYSE, AMEX, 나스닥 등 총 6,000 종류의 주식 가치를 모두 산출한다. **닛케이 평균지수**(Nikkei Average of Tokyo)와 **파이낸셜 타임즈 지수**(Financial Times Index of London) 등도 매일 보고되는 지수들이다.

주식 시세표 읽기

회사의 주식활동을 파악하기 위해 다양한 원천을 찾아볼 수 있다. 신문, 무역신문, 기타 인쇄매체 등은 전날의 주식거래에 대한 정보를 제공한다. Yahoo Financial이나 NYSE 등의 웹사이트를 통해 실시간 주식 정보를 확인할 수 있다. 회사의 재무 건전성에 관심이 있는 사람들은 증권 시세표 읽는 법을 알아야 한다. 투자자, 주주, 구직자 등은 회사

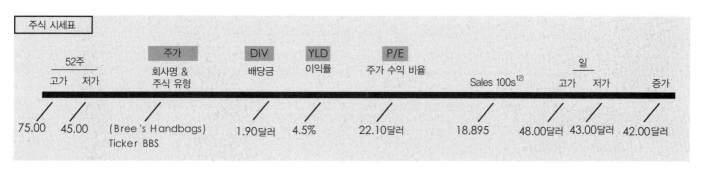

그림 6.10 주식 시세표 읽는 방법
출처 : Hawa Stwodah

12) Sales 100s : 전날의 주식거래량.(출처 : http://www.nyse.com/pdfs/NYSE_ posterA_Mech.pdf)

의 재무적 안정성을 살펴본다. [그림 6.10]은 주식 시세표 읽는 방법을 보여준다.

회사의 재무가치

회사의 가치를 판단하는 두 가지 방법이 있는데, 하나는 **시가총액**(market capitalization)과 다른 하나는 **장부가치**(book value)이다. 시가총액이란 간단히 해당 시기에 회사의 가치를 의미한다. 즉, 현재 주가에 발행된 주식들(사외주)의 수를 곱한 것이다. 사외주는 주주들이 소유하고 있는 주식들로, 보통주와 우선주가 포함된다. 어떤 회사의 주가가 25달러이고 50만 개의 발행주가 있다면 이 회사의 가치는 1, 250만 달러(25달

448150 액세서리 매장(Clothing Accessories Stores)

본 산업은 주로 모자, 모조 장신구, 장갑, 핸드백, 타이, 가발, 부분가발, 벨트 등의 액세서리를 단일 또는 복합적으로 소매 판매하는 회사들로 구성된다.

상호참조. 다음과 같은 물품을 주로 판매하는 회사들은 따로 분류

- 홈쇼핑, 통신 판매, 직접 판매 등을 통해 특정 의류 라인을 소매 판매하는 회사들은 서브 카테고리 454, 무점포 소매상(Nonstore Retailers)으로 분류
- 고가의 보석 및 시계를 소매 판매하는 회사들은 Industry 448310, 보석 매장(Jewelry Stores)으로 분류
- 중고 의류 액세서리를 소매 판매하는 회사들은 Industry 453310, 중고제품 매장(Used Merchandise Stores)으로 분류
- 여행용 가방, 서류 가방, 트렁크, 또는 가죽으로 만든 일반 제품들(가죽 옷은 제외), 여행용 가방 및 가죽제품 매장으로 알려진 소매 판매 회사들은 Industry 448320, 여행용 가방 및 가죽제품 매장(Luggage and Leather Goods Store)으로 분류
- 가죽 옷을 소매 판매하는 회사들은 Industry 4483190, 기타 의류 매장(Other Clothing Stores)으로 분류

2007 NAICS	해당 색인
448150	의류 액세서리 매장(Apparel accessory stores)
448150	액세서리 매장(Clothing accessories stores)
448150	모조 장신구 매장(Costume jewelry stores)
448150	장신구 매장, 남성 및 소년(Furnishings stores, men's and boys')
448150	장신구 매장, 여성 및 소녀(Furnishings stores, women's and girls')
448150	핸드백 매장(Handbag stores)
448150	모자 매장(Hat and cap stores)
448150	보석 매장, 의상(Jewelry stores, costume)
448150	네크웨어 매장(Neckwear stores)
448150	타이 매장(Tie shops)
448150	가발 및 부분가발 매장(Wig and hair stores) http://www.census.gov/cgi-bin/sssd/naics/

2010년 개인정보 정책자료 도구 정보 및 제품 카탈로그

그림 6.11 미국 통계국 NAICS 코드 인덱스
출처 : 미국 통계국

| 2천 억 달러 이상 | 1백 억 달러 이상 | 100억~20억 달러 |
| 20억~ 3억 달러 | 3억~ 5천만 달러 | 5천만 달러 미만 |

그림 6.12 시가총액은 회사의 가치에 따라 달라진다.

러 500,000주)이다. 특정 산업에 속해 있는 모든 회사의 사외주를 총합한 것을 **산업 시가총액**(industry market capitalization)이라 한다. 패션산업의 경우 수많은 공급업체와 다양한 관련 사업 분야로 인해 패션산업을 하나의 지수로 측정하는 것은 어려운 일이다. 미국 통계국은 NAICS 코드에 기초해 5년마다 지수들을 측정한다. [그림 6.11]은 의류 및 액세서리 매장(NAICS 코드 452)에 해당하는 지수의 예시이다.

'Market caps'는 시가총액의 줄임말이다. 회사의 가치에 따라 다양한 유형의 시가총액이 존재한다(그림 6.12). 시장에서 회사는 시가총액이 결정되는 주식거래를 통해 그 가치가 드러난다. 결과적으로 회사의 시가총액은 매 순간 바뀔 수 있다. 회사의 장부가치는 회사의 재무기록에 기초한다. 장부가치는 보통 회사의 순가치를 의미한다. 장부가치를 계산하는 간단한 공식은 자산에서 부채를 빼는 것이다. 회사의 연간 보고서에 포함되는 수많은 **재무제표**(financial statements) 중 하나인 **대차대조표**(balance sheet)는 회사의 자산 및 부채에 관한 기록이다.

재무제표는 회사의 방향을 결정하기 위해 경영진들이 사용하는 여러 유형의 비율들이다. **현금흐름표**(statement of cash flows), **손익계산서**(income statement, profit and loss statement), 대차대조표 등을 통해 회사의 재무적 건강 상태를 파악할 수 있다. 이러한 표들은 회사의 연간 보고서에 항상 포함된다. 이제 연간 보고서에 대해 알아보자.

연간 보고서

세계 및 국가의 거시경제환경은 소비자의 구매의사결정에 직접적인 영향을 미칠 수 있다. 이는 결과적으로 스타일, 디자인, 컬러, 장인정신, 가격 등 패션의 방향에 영향을 미칠 것이다. 이러한 방향은 런웨이에서 가라앉은 컬러와 보수적인 디자인으로 즉각 나타나며, 이는 미래에 패션제품을 구매하고자 하는 소비자의 의지를 반증하는 것이다. 패션 회사들의 연간 보고서에 기록된 재정 상태에 기초하여 그해 패션산업이 처한 경기 주기를 가늠해 볼 수 있다.

회사의 연간 보고서는 사명 선언, 대표 인사, 사업 계획 및 전략, 경쟁사 현황, 재고 상태, 위험요인, 엄선된 재무 정보 등이 포함된다. 보통 투자자 관점 및 경제적 관점에서 중요한 연간 보고서는 주주총회를 통해 배포되며, 이어서 회사의 홈페이지를 통해 대중에 공개된다. 연간 보고서는 NYSE 등의 사이트에서도 찾아볼 수 있다. 경기가 안정적일 때에는 고용 및 인플레이션 등의 변수들과 전반적인 사업들이 지속적으로 균형을 유지하며, 가격 불안정으로 인한 극적인 증가나 감소가 일어나지 않는다. 이러한 때에 회사들은 이윤을 극대화하기 위해 제한된 자원들을 활용하여 가능한 한 효율적인 운영을 하려고 한다. 그러나 경기가 등락을 거듭하거나 안정적이지 않은 것으로 판단될 때, 전쟁이나 테러, 자연재해, 심각한 가격 상승 등으로 인한 경제 혼란으로 가격이 요동칠 때 회사들은 불안정한 경기 상황에 적합한 의사결정을 해야 한다.

연간 보고서에 보고된 재무 정보는 회사가 지난 한 해 동안 어떻게 운영되었는지를 파악하는 데 훌륭한 관점을 제공한다. 몇몇 재무 보고서는 금액과 비율분석 정보를 제공한다. 비율로 표현된 보고서의 장점은 재무 정보가 보다 간단한 형식으로 표현되고, 연간 성과를 비교하거나 부서 간 실적을 비교하기가 쉽다는 점이다. 대부분의 회사들이 월별, 분기별, 연간 비교를 위해 비율을 사용한다. 비율 중에는 금액과 함께 표시되는 경우도 있다. 재무제표에는 다양한 유형의 비율이 사용된다. 패션 회사의 재무 건전성을 분석하기 위해 사용되는 가장 중요한 네 가지 비율은 **영업비율**(operating ratio), **수익성 비율**(profitability ratio), **유동성 비율**(liquidity ratio), **회전율**(turnover ratio) 등이다.

영업비율은 효율성을 측정하고자 할 때 사용된다. 공식은 다음과 같다.

$$\frac{\text{운영비}}{\text{총수입}} = \text{영업비율}$$

수익성은 비용 및 지출에 기초해 미래의 수익을 창출할 수 있는 회사의 능력을 분석한다. 이 비율은 손익계산서에서 이윤을 검토한다. 퍼센트로 계산되며 여러 유형으로 표현된다. 패션 회사에 가장 중요한 것은 이익률(profit margin)이다. 공식은 다음과 같다.

$$\frac{\text{순이익}}{\text{순매출액}} = \text{수익성 비율}$$

유동성은 회사가 단기 및 장기채무를 상환할 수 있는 능력을 평가하는 것으로 매우 중요하다. 회사가 빠르게 부채를 청산할 수 있는 능력은 중요하다. **유동비율**(current ratio)이라 불리는 이 비율은 회사가 단기적으로 얼마나 효율적으로 기능할 수 있는지를 보여준다. 공식은 다음과 같다.

$$\frac{\text{자산}}{\text{부채}} = \text{유동비율}$$

회전율은 특정 기간 동안 재고가 몇 번 회전했는지를 보여주는 수치로, 패션 소매업체에게 중요한 개념이다. 공식은 다음과 같다.

$$\frac{순매출액}{평균재고} = 회전율$$

재무제표

재무제표는 회사의 회계 보고를 위해 사용된다. 회사는 이윤을 생성하는 동시에 현금흐름에 집중해야 한다. 패션 회사는 특히 고객의 수요를 충족시킬 수 있는 의류제품 및 액세서리를 생산하고 판매하는 데에 초점을 맞추어야 한다. 현금 흐름이 원활하지 않다면 회사는 살아남을 수 없다. 패션 회사는 최고의 상품과 언론의 호평을 받는 가장 패셔너블한 라인을 소유할 수 있다. 그러나 만약 매출이 부진하여 손실이 발생한다며 현금흐름이 나빠질 것이다. 다음 시즌에 이 회사는 현금 흐름을 원활하게 하고 이윤을 창출하기 위해 트렌드, 가격, 납기 등을 완벽히 맞추어야 한다. 회사의 재무제표는 회사가 재정적으로 얼마나 잘, 혹은 잘못 운영되고 있는가를 보여준다. 여러 종류의 재무제표가 있는데 손익계산서, 대차대조표, 현금흐름표 등이 가장 중요하다. 손익계산서에는 순매출액, 매출원가, 매출 총이익, 운영비, 순수익 및 순손실 등이 포함된다. 대차대조표는 회사의 자산과 부채를 보여준다. 이는 자금의 균형을 맞추는 도구가 된다. 대차대조표에 포함된 자산에는 현금, 재고, 고정자산, 외상매출 계정 등이 있다. 부채(회사가 빚진 것)에는 장기채무, 자기자본, 미납세액 및 미지급금, 기타 부채 등이 있다. 현금흐름표는 회사로 들어오고 나가는 현금의 흐름을 보여주기 때문에 매우 중요하다.

요약

본 장에서는 Michael Porter의 다섯 가지 경쟁요인인 산업 내 경쟁 수준, 진입 장벽, 구매력, 대체품의 위협, 공급자의 힘에 대해 살펴보았다. 각각의 요인들을 살펴보고, 이러한 요인들이 패션산업에 어떻게 작용하는지 확인했다. 세 개의 패션 회사들의 경쟁 상황을 살펴봄으로써 패션 회사들이 경기침체 속에서 어떻게 반응하는지를 알 수 있었다. 세 회사들의 비즈니스 모델들에 대한 논의를 통해 회사들이 불경기를 다루는 여러 전략을 사용할 수 있음을 확인했다. 또한 회사가 재무 보고서와 주가를 자사의 건전성과 안정성을 측정하는 도구로 사용하고 있음을 학습했다. 회사의 재무 건전성을 측정하는 데 사용되는 도구들과 다양한 주식시장의 유형에 대해서도 살펴보았다.

terms
핵심용어

경쟁(competition)

공개기업(public company)

공급자의 힘(supplier power)

구매력(buying power)

규모의 경제(economies of scale)

기업공개(initial public offerings, IPO)

나스닥(National Association of Securities Dealers Automated Quotation, NASDAQ)

내부자(insiders)

뉴욕 증권거래소(New York Stock Exchange, NYSE)

닛케이 평균지수(Nikkei Average of Tokyo)

다섯 가지 경쟁요인(Five Competitive Forces)

다우존스산업평균지수(Dow Jones Industrial Average)

대차대조표(balance sheet)

대체품(knock-off)

대체품의 위협(threat of substitute)

독점(monopoly)

디자인 저작권 침해금지법(Design Piracy Prohibition Act)

미국 증권거래소(American Stock Exchange, AMEX)

미국 주식예탁증서(American Depository Receipts, ADRs)

배당금(dividends)

보통주(common stock)

산업 내 경쟁(rivalry)

산업 시가총액(industry market capitalization)

상승장세(bull market)

생산가능곡선(production possibility curve, PPC)

소비자 물가지수(consumer price index, CPI)

손익계산서(income statement, profit and loss statement)

수익성 비율(profitability ratio)

시가총액(market capitalization)

시장 효율성(market efficiency)

약세시장(bear market)

연간 보고서(annual report)

영업비율(operating ratio)

우량주(blue chip)

우선주(preferred stock)

월셔 5000지수(Wilshire 5000 index)

유가증권계출서(registration statement)

유동비율(current ratio)

유동성 비율(liquidity ratio)

유통시장(secondary market)

자원 배분의 효율성(allocation efficiency)

장부가치(book value)

장외시장(over-the-counter market, OTC market)

재무제표(financial statements)

전미증권협회(National Association of Securities Dealers, NASD)

주주(stockholders)

증권거래위원회(Securities and Exchange Commission, SEC)

지수(indexes)

진입 장벽(barriers to entry)

채권(bones)

투자 설명서(prospectus)

파이낸셜 타임즈 지수(Financial Times Index of London)

현금흐름표(statement of cash flows)

협상력(bargaining power)

회전율(turnover ratio)

효율성(efficiency)

NYSE 종합주가지수(NYSE Composite Index)

S&P 500지수(Standard & Poor's 500)

복습문제

1. 패션 회사들 사이의 경쟁이 왜 필요한지에 대해 토론하라.

2. 다섯 가지 경쟁요인 모형을 설명하라. 각 요인을 패션 산업과 연관시켜 보라.

3. MR＝MC 법칙의 중요성을 설명하라.

4. 회사가 장기적으로 이윤을 증대시킬 수 있는 방안을 최소 5개를 나열하라.

5. 패션 회사들은 왜 그들의 비즈니스를 연간 단위가 아닌 시즌 단위로 분석하는가?

6. 효율성의 유형에는 어떠한 것들이 있으며 비즈니스를 운영할 때 효율성의 중요성에 대해 논의하라.

7. 자원배분 및 기술적 효율성을 예측하기 위한 세 가지 가정은 무엇인가?

8. 보통주와 우선주의 차이점을 설명하라.

9. 1995년에서 1997년 사이에 주식시장에 진입한 3개의 주요 회사를 나열하라.

10. OTC란 무엇인가? 예를 들어 설명하라.

11. NASDAQ이란 무엇인가?

12. 미국에서 주식시장을 규제하는 4개 그룹은 무엇인가?

13. 회사는 증권거래소의 리스트에 어떻게 오르게 되는가?

14. 연간 보고서의 목적은 무엇인가?

15. 주가의 동인에 대하여 논의하여라.

16. 약세시장과 상승장세의 차이점은 무엇인가?

17. 회사의 시가총액이 중요한 이유는 무엇인가?

18. 비즈니스를 분석하는 데 있어서 비율을 사용하는 이유는 무엇인가?

19. 연간 보고서에 재무제표가 포함되는 이유는 무엇인가?

20. 회사는 어디에 가장 초점을 맞추어야 하는가? 즉, 비즈니스의 중심에는 무엇이 있는가?

비판적 사고

1. 당신은 큰 패션 회사의 CEO이다. 당신은 신규 시장에 진출하기 위해 자금을 동원해야 한다. 이사회와 주주들은 신규 주식을 발행함으로써 자금을 모으자는 데 동의했다. 회사는 1천만 달러를 모아야 한다. 증권거래소에 주식을 상장하기 위해 무엇을 해야 하는지, 어떤 거래소를 선택할 것인지, 그리고 가장 적합한 주가는 얼마인지에 대해 조사하고 논의해 보라. 주당 가격을 결정했다면, 1천만 달러를 모으기 위해 얼마나 많은 주식을 팔아야 하는가?

2. 당신은 패션 회사의 주식에 투자할 수 있는 5천만 달러를 가지고 있다. 주식을 선택하고 20일 동안 살펴보아라. 주가가 매일매일 어떻게 오르내리는지 확인하라. 그리고 주가에 영향을 미쳤을 것이라 생각하는 경제적 · 비즈니스적 요인 세 가지씩 생각해 보라. 20일 후 ⑴ 주가 변동 차트를 그려라. ⑵ 20일 동안 주가가 변동한 원인들에 대한 개요를 적어라(2페이지). 학생들은 각각 1분씩 자신의 주식에 대해 발표하라.

activities
인터넷 활동

1. 두 달 동안 주식시장 시뮬레이션을 해보라. 다음의 사이트들은 회원가입 후 무료로 이용할 수 있다. 혼자, 또는 팀으로 플레이해 보라.

   (a) Investopedia Stock Simulation—http://simulator.investopedia.com/#12911454260152&close

   (b) Stock Game—http://www.smartstocks.com/

2. 다음의 웹사이트에서 패션 회사의 연간 보고서를 주문하여라. 보고서를 받고 다음 질문에 답하라.

   (a) 회사가 이윤 또는 손실을 발생시켰는가? 그 금액은 얼마인가? 이러한 정보를 찾기 위해 어떤 재무 보고서를 찾아보았는가?

   (b) 이 회사의 경쟁사는 어디인가?

   (c) 회사가 직면한 위기는 무엇인가?

bibliography
참고문헌

Agins, T. (1999). *The end of fashion how marketing changed the clothing business forever.* New York: William Morrow.

Besley, S., & Brigham, E. (2005). *Essentials of managerial finance.* Mason, OH: Thompson South-Western.

Bodie, Z., Kane, A., & Marcus, A. (2008). *Essentials of investments.* New York, NY: McGraw-Hill/Irwin.

Forbes.com. (n.d.). Retrieved from http://www.forbes.com/lists/2011/21/private-companies-11_Forever-21_SI70.html

Forever 21 is thinking big. (2011, June 22). *Richmond Times-Dispatch*, p. D3.

Gap Inc. (n.d.). Retrieved from http://www.gapinc.com/content/gapinc/html/investors/realestate/html

Historical data. (n.d.). Retrieved from http://www.nyse.com/pdfs/HistorcalData/pdf

Nasdaq fact sheet 2008. (n.d.). Retrieved from http://www.nasdaq.com/about/2008_Corporate_FS.pdf

Otc 101. (n.d.). Retrievd from http://www.otcmarkets.com/learn/intro

The regulatory pyramid. (n.d.). Retrieved from http://www.nyse.com/pdfs/rs_reg_pyramid.pdf

Stock exchanges worldwide links. (n.d.). Retrieved from http://www.tdd.lt/slnes/Stock_Exchanges/Stock.Exchanges

Tracy, J. (2009). *How to read a financial report.* Hoboken, NJ: John Willey.

Twin, A. (2006, September 11). *Stocks: 5 years after 9/11.* Retrieved from http://money.cnn.com/2006/09/08/markets/markets_fiveyearslater

What drives stock price. (n.d.). Retrieved from http://www.nyse.com/pdfs/nyse_chap_04.pdf

Zimerman, A. (2010), *Zimmerman's research guide.* Retrieved from http://law.lexisnexis.com/infopro/zimmermans/disp.aspx?z=1806

패션에 미치는 정부 정책의 영향

학습 목표

- 세계 각국의 경제 유형에 대해 이해한다.
- 패션산업에서 미국 정부의 개입에 대해 논의한다.
- 사업 성장과 경쟁에 대해 검토한다.
- 실업과 인플레이션에 대해 논의하고, 이것이 패션산업에 미치는 영향을 검토한다.
- 경제를 통제하기 위해 적용된 통화 정책을 탐색한다.
- 패션산업에 있어서 경제지표에 대해 학습한다.

여자들을 꿈꾸게 하는 것이 나의 직업이다.
−John Galiano, Christian Dior 디자이너(Associated Press와의 개인 서신 중)

물론 신용경색이 무엇인지 압니다. 별로 creative한 crunch는 아니죠, Dior 하우스에서는
−John Galiano(World Culture Pictorial Blog, 2009 2.1)

7

세계, 또는 한 나라의 거시적 경제 환경은 소비자의 구매의사 결정에 직접적인 영향을 미칠 수 있다. 이는 다시 패션 디렉션에 영향을 미쳐 스타일과 디자인, 컬러, 장인정신, 그리고 가격 결정 등에 반영될 것이다. 패션 디렉션은 1년에 두 번, 각각 봄과 가을에 열리는 패션위크 동안 등장한다. 뉴욕을 시작으로 런던, 밀라노, 파리에서 패션위크가 연이어 시작된다. 경제가 하락하는 시기에 런웨이는 톤 다운된 컬러와 보수적인 디자인으로 가득 찬다. 톤 다운된 컬러는 소비자의 무드를 나타내는 지표이며, 이는 소비자들이 향후 소비에 보수적일 것임을 반영하는 것이다. 반대로, 모든 사람들이 좋아할 만한 밝은 컬러와 짧은 햄 라인, 재미있고 사랑스러운 실루엣 등은 긍정적인 경제 시기의 증거가 될 수 있는데, 이는 긍정적인 소비자 감성과 소비자들이 곧 패션에 돈을 쓸 것이라는 희망에 대한 반영인 것이다. 패션위크는 패션 비즈니스에 종사하는 사람들에게 있어서 비공식적인 **경제지표**(economic indicator)라 할 수 있다. 패션위크를 통해 경제의 안정성을 가늠해 볼 수 있는 것이다. 현재의 경제 상황은 컬러와 실루엣, 텍스타일, 그리고 디자인에 이르기까지 패션산업에서 트렌드가 시작되고 끝나는 데 기반이 된다. 본 장은 기업들이 본연의 목적을 달성할 수 있도록 하기 위해 경제를 안정시키기 위한 정부의 역할에 초점을 맞춘다.

본 장에서는 비즈니스에 있어서 미국 정부의 역할에 대해 논의할 것이다. 즉, 정부가 기업이 가격 안정을 통해 위험을 최소화하고, 공정한 경쟁을 이루고, 고용을 창출하는 데 어떠한 역할을 하는지를 알아볼 것이다. 또한 '**미국 의류 및 신발협회**(American Apparel and Footwear Associations, AAFA)가 의류 및 신발 회사들을 대표하여 정부에 어떠한 로비활동을 벌이는지에 대해서도 살펴볼 것이다. "AAFA는 미국의 의류 및 신발 산업, 그리고 공급업자들을 대표하여 무역 정책에서 안전 규정에 이르기까지 국회를 비롯한 여러 주 및 연방 기관에 발언한다."(AAFA) 사업의 성장, 패션산업에 대한 실업과 인플레이션의 의미, 통화 정책을 이해하는 것의 중요성, 패션 비즈니스의 장단기 성장을 예측하기 위해 사용되는 다양한 경제지표들 등 경제와 패션은 매우 깊은 연관성을 가지고 있다. 오늘날 전 세계에서 적용되고 있는 다양한 경제 유형을 살펴봄으로써 거시적 경제 환경에 대해 이해해 보도록 하자. 이는 현재 패션산업에 영향을 미치는 정부의 정책을 이해하는 기초가 될 것이다.

경제의 유형

거시경제란 경제를 전체 또는 정부, 가구, 산업군 등 기본적인 하위 집단 또는 총합으로 고려하는 것이다. 어떤 것을 총합 또는 단위의 형태로 본다는 것은 그것들이 단일체인 것으로 간주한다는 의미이다. 따라서 어떤 분석가가 미국 소비자의 민감도에 대해 이야기할 때 미국의 수백만 소비자들을 하나의 단위로 다룬다는 것이다. 경제학자들은 현재 국가의 거시경제 상태에 대해 연구하고 합리적이고 과학적인 모형화를 통해 공급, 소

득, 정부 자금 수준, 이율, 인플레이션, 실업률 등을 예측한다. 오늘날의 경제
는 (1) **전통경제 시스템**(traditional economic systems), (2) **시장경제**
(market economies), (3) **계획·명령경제**(planned/command economies),
(4) **혼합경제 시스템**(mixed economic systems) 등 크게 네 가지 영역으로 구
분해 볼 수 있다.

　전통경제 시스템은 가난하고 자원이 없는 후진국의 전형적인 경제 구조이
다. 이러한 국가들에서는 전통이 대물림되기 때문에 자원이 있어도 개발할
기술이 없다. 아프리카의 경우, 수많은 원시 부족들이 대륙 내의 지정학적 특
성으로 인해 다른 곳으로 이동하지 못하고 어디에선가 살아남아 왔다. 수년
간 패션에서는 이러한 다양한 국가들을 방문한 예술가와 사람들이 가져온 그
들 특유의 섬유와 장신구들을 통해 이들 부족의 프린트나 실루엣 등을 대중
패션으로 승화시키는 것이 주류를 이루어 왔다.

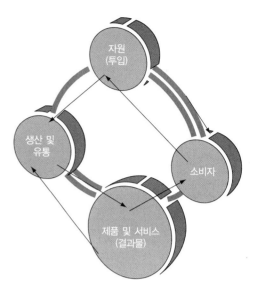

그림 7.1 경제순환도. 자원이 제품 및 서비스의 생산(제
조)으로 투입된다. 결과물은 그 제품 및 서비스를 구매하
는 소비자에게 팔린다. 이러한 순환을 통해 제품의 제조
및 디자인, 판매의 과정에서 고용이 창출된다. 고용을 통
해 사람들은 돈을 벌고 제품을 구매하고 이러한 순환이
계속된다.

　시장경제 또는 자본경제에서 소비자는 공급과 수요를 일으킨다. 이론적으
로 이러한 사회에서 정부의 개입은 극히 제한된다. 그러나 많은 경제학자들
이 이의를 제기한다. 경제학자들은 많은 연구 문헌을 통해 시장경제가 효율
적으로 움직이기 위해서는 기업들이 공정한 경쟁을 해야 하며, 기업들이 효
율적으로 활동할 수 있는 건강한 환경을 만들기 위해서는 정부가 개입해야 한다는 점에
동의하고 있다.

　[그림 7.1]은 시장경제가 어떻게 운영되는지를 설명하는 순환 모형이다. 시장경제는
수요와 공급을 위한 필요와 욕구에 반응함으로써 움직인다. 패션산업의 경우 어떤 스타
일에 대한 수요의 변화가 있을 때 공급에 있어서 변화가 발생할 것이다. 패션산업에서
는 이러한 변화가 빈번하다. 제조업체들은 소비자의 수요에 기초해 제품을 생산하는데,
가능한 한 제품을 가장 효율적인 방식으로 만들고자 분투한다. 소비자는 제품 구매를
통해 그 제품을 좋아하고 원한다는 메시지를 시장에 전달한다. 반대로 어떤 제품이 팔
리지 않는다면 소비자들이 그 제품을 거부한다는 확실한 메시지를 전달하는 셈이다.

　많은 국가가 정부 예산의 균형을 맞추고 국가 경제를 시장중심 구조로 구축하기 위해
민영화를 추진한다. 정부가 국영기업을 개인 시민들에게 파는 **민영화**(privatize)를 통해
시장은 더 크게 성공하거나 크게 실패할 수 있다. 중국은 글로벌화 시대의 주역이 되기
위해 계획경제에서 시장중심 경제로 전환해 왔다. 중국은 외국 경쟁업체들과의 경쟁을
위해, 그리고 해외 자본의 투자를 위해 몇몇 사업을 민영화했다. 중국의 의류 소매업은
최근 몇 년간 성장을 거듭하여 현재 400억 달러 규모에 달한다. 이 중 40%가량을 백화
점이 담당한다. 여기에는 중국 국내 소매업체뿐만 아니라 Walmart와 같은 소매업체
및 Hugo Boss 등의 브랜드도 포함된다(Chinese Fashion Industry). 스웨덴, 영국, 호
주 등은 사회주의적 정책을 가지고 있지만 자본주의적 특성과 함께 정부 개입이 더 강
한 것으로 알려져 있다.

미국의 경제는 자본주의와 자유기업제도에 기초한다. 그러나 소비자와 기업, 환경을 보호하고 자유롭고 공정한 경쟁을 보증하기 위한 강제 조항 등의 형태로 정부가 개입한다. 정부는 또한 지역, 주, 연방 법률을 통해 시장을 규제한다. 따라서 미국의 경제는 혼합경제이다. 혼합경제는 시장경제와 명령경제, 계획경제 시스템을 통합한 형태를 띤다. 세계적으로 대부분의 경제가 명령경제와 시장경제의 혼합경제 형태이다.

순수 시장경제에서는 의사결정에 있어서 정부의 통제와 영향이 존재하지 않는다. 시장은 세 가지의 기본적인 경제 질문에 대한 답을 줄 것이다(제3장에서 살펴본 바와 같이). (1) '무엇을 생산할 것인가?' 소비자는 시장에서의 구매를 통해 무엇을 생산할지 결정한다. (2) '어떻게 생산할 것인가?' 시장경제에서 기업은 어떻게 생산할 것인지를 결정한다. 이는 매우 경쟁적이기 때문에 기업들은 낮은 비용으로 높은 품질의 제품을 만들기 위해 노력한다. (3) '누구를 위한 제품을 만들 것인가?' 제조업체들은 제품을 필요로 하고 그 값을 지불할 수 있는 소비자들을 위해 제품을 만든다. 계획·명령경제에서는 필요한 훈련을 마친 사람들에게 직업을 보장한다. 계획경제는 혁신과 기업정신이 거의 없는 사회이다. 개인들은 미래나 생산에 대해 거의 이야기하지 않는다. 명령경제에서 정부는 모든 사람을 평등하게 대하는데, 이는 얼마나 노력을 기울이든 모든 사람에 대한 보상이 동등하다는 것을 의미한다.

계획·명령경제의 장점은 꼭 필요한 제품만을 생산한다는 것이다. 이러한 경제 체제하에서는 다른 나라들처럼 천연자원을 개발하고 노동력을 동원하고, 안정적인 가격을 유지하기 위해 외부의 재정적 자원에 의존하지 않고 경제를 확립할 수 있다. 이러한 경제의 단점은 전 국민을 위한 경제를 계획하는 것 자체가 어렵고, 정부가 경제 정책을 좌우하고, 직종의 가치에 따라 임금이 결정되고, 개별 이익에 대한 동기가 유발되지 않으며, 정부가 선호하는 경제 부문이 특별한 대우를 받게 된다. 단기간 동안의 계획·명령경제는 매우 효율적일 수 있다. 그러나 장기적으로 봤을 때 대부분의 명령 또는 계획경제는 실패한다. 계획경제하의 사회에는 패션산업이 존재하지 않는다. 욕구에 기초한 제품 생산이 아닌 오직 필요한 의류만을 생산하기 때문이다. 현존하는 계획경제 국가로 북한과 쿠바가 있다.

미국 패션산업에 대한 미국 정부의 관여

미국 정부는 산업적·소비자적·환경적 관점에서 패션산업에 관여한다. 정부는 무역, 상업, 특허, 등록상표법 등을 통해 산업을 보호한다. 정부는 또한 안전 및 복지 관련 법률을 통해 소비자를 보호한다. 환경적 관점에서 보았을 때, 정부는 환경 보호를 위해 제조업 단계에서 환경법을 적용한다. 예를 들어, 제4장에서 회사는 법 아래에 합법적 독립체로 운영되고, 법은 독점을 방지하기 위해 적용된다. 또한 미국에는 **지적재산** (intellectual property) 보호를 위한 수많은 법이 있다. [표 7.1]은 현재 패션산업에 적

표 7.1
패션산업에 영향을 미치는 법

경쟁 규제에 관한 법

독점금지 및 불공정경쟁법	경쟁법들은 '독점금지법'으로도 알려져 있다. 독점금지법의 주요 목적은 소비자의 이익을 보호하고 사업체들이 상업을 독점하고 제한하는 것을 방지하는 것이다.
클레이턴 반트러스트법[1]	이 법률은 소비자 가격이 상승하거나 경쟁이 감소할 수 있는 회사들의 인수·합병을 금지하기 위해 제정되었다. 이 법에서는 벌금형만을 내릴 수 있다.
연방거래위원회법	이 법은 연방거래위원회(Federal Trade Commission, FTC)를 구성하기 위해 만들어졌다. 이 법은 불공정 상관습에 관한 구체적인 가이드라인을 제시하고, 회사들이 이 가이드라인을 위반했을 때 정지명령을 내릴 수 있는 위원회의 권한을 명시하고 있다.
로빈슨 패트맨법	이 법에서는 가격차별화(price discrimination)[2]와 같은 생산업체의 반경쟁 행위를 불법으로 간주한다.
셔먼법[3]	이 법은 기업연합 및 독점을 금지하기 위해 제정되었다.
셀러 케포버법[4]	이 법에서는 경쟁을 제거하기 위해 둘 또는 그 이상의 회사들이 합병하여 독점하는 행위를 불법으로 규정한다.

제품 및 상표에 관한 법

양모제품 상표법	이 법에서는 제품에 대체품 또는 혼합물을 사용했는지를 밝히도록 하고 있다.
미국산	회사가 자사의 제품을 'Made in the USA'라 하기 위해서는 제품이 상당 부분 미국 내에서 만들어졌음을 증명해야 한다.
모피제품 상표법	이 법은 가짜 상표 부착, 거짓 광고, 부정 송장 등을 금지한다.
가연성 소재에 관한 법	이 법에서는 가연성 의복 및 섬유의 제조 및 판매를 불법으로 간주한다.
섬유 소재 확인법	이 법은 섬유의 소재를 속이는 것을 금지한다.
공정포장 및 표시법	이 법은 주와 주 사이의 거래 및 해외 무역거래에서 기만적인 표시 및 포장을 금지한다.
의복섬유제품 취급표시 규정	이 규정은 소비자들이 의복을 적합하게 관리할 수 있도록 모든 의류제품에 취급 표시를 부착하도록 한다.

용되는 법의 일부이다.

---

1) 클레이턴 반트러스트법(Clayton Antitrust Act) : 1914년 미국의 연방의회가 제정한 법률. 셔먼법(1890)의 결함을 시정하고 독점을 방지함으로써 기업 간의 경쟁을 촉진하기 위하여 만들어졌다.(출처 : 두산백과)

2) 가격차별화(price discrimination) : 동일한 상품에 대하여 지리적·시간적으로 서로 다른 시장에서 각기 다른 가격을 매기는 일. 이렇게 하여 설정된 가격을 차별가격이라고 한다. 동일한 상품에 별개의 가격이 매겨지는 경제적인 이유는 뚜렷이 구별할 수 있는 몇몇 시장에서 수요의 가격탄력성의 크기가 서로 다르기 때문이다. 일반적으로 가격탄력성이 상대적으로 큰 시장에서는 낮은 가격이, 탄력성이 보다 적은 시장에서는 상대적으로 높은 가격이 설정된다.(출처 : 두산백과)

3) 셔먼법(Sherman Antitrust Act) : 1890년 제정된 미국의 독점금지법(반독점법) 중 하나. 국내외 거래를 제한할 수 있는 생산 주체 간 어떤 형태의 연합도 불법이며, 미국에서 이루어지는 거래 또는 통상에 대한 어떤 독점도 허용할 수 없다는 등의 두 가지 핵심조항을 담고 있다. 독점을 기도하거나 이를 위한 공모에서부터 가격 담합, 생산량 제한 등 불공정행위를 포괄적으로 금지하였고, 위반 시 법원이 기업 해산명령 및 불법활동 금지명령을 내리거나 벌금·구금에 처할 수 있으며, 불공정행위의 손해 당사자들이 손해액의 3배를 청구할 수 있는 권리를 부여하고 있다. 셔먼법을 보완해 1914년 클레이턴법과 연방거래위원회법이 제정되기도 했다.(출처 : 시사상식사전)

4) 셀러 케포버법(Celler-Kefauver Act) : 1950년 합병 규제를 강화한 법. 주식 취득 제한에서의 탈법 행위를 방지하기 위해 의결권이나 대리권 위임 방식에 의한 주주권 행사도 규제 대상에 포함시키고, 주식 취득에 의한 기업 결합뿐만 아니라 자산 취득에 의한 기업 결합도 규제할 수 있도록 했다.(출처 : 김선빈, 강성원 김창욱, 박준, 이갑수(2009), 상생의 경제학, 삼성경제연구소, p. 123)

표 7.1
패션산업에 영향을 미치는 법(계속)

노동에 관한 법

노동규준법	이 법은 고용주가 최소 임금을 지급하고 1.5배에 해당하는 추가근로수당을 지급할 것을 요구한다. 이 법은 또한 미성년자에 대한 근로 환경을 규정한다.
직업안전 및 보건법	이 법은 회사들에게 건강과 안전에 관한 기준을 제시한다. 또한 고용주에게 심각하게 인지할 수 있는 위험이 없는 근로 환경을 제공할 것을 요구한다.
연방공무원 보상법	이 법은 연방공무원이 업무수행 중 사망하거나 장애를 얻을 경우 보상을 제공하도록 규정한다.
고용인에 대한 거짓말탐지기 사용규제법	이 법은 특별한 경우를 제외하고 고용주가 고용인에 대한 거짓말 탐지기 사용을 금지한다.
소비자 신용 보호법	이 법은 근로자의 임금에 대한 채권 압류 통보를 규제한다.
가족 및 의료 휴가법	이 법은 근로자 50인 이상의 회사가 출산 또는 입양, 본인 및 배우자, 자녀, 부모의 심각한 질병 간호를 위해 12주간의 무보수 휴가를 보장하도록 한다.

등록상표, 특허, 지적재산권에 관한 법

1881년 상표법	이 법은 상표 등록에 관한 최초의 법안이다. 이 법에 의해 등록된 모든 상표는 30년간 법적인 보호를 받는다.
상표권 침해법	이 법은 연방 상표법을 개괄한다. 이 법은 거짓 광고, 상표 침해, 그리고 상표가치 희석을 금지한다.
지적재산권	특정 기간 동안 개인 또는 회사에게 자신의 창조적 아이디어에 대한 권리를 부여한다.
미국특허법	미국에서 특허법은 저자 및 발명가에게 자신의 글 및 발명품에 대한 독점적인 권리를 부여하기 위해 제정되었다. 특허는 등록일로부터 20년간 보존된다.

출처: Danielle Ashe에 따름

경쟁

패션산업에서 경쟁과 경쟁의 역할을 이해하는 것은 성공을 향한 기초가 된다. 경쟁은 보통 미시경제학에서 연구되는데, 인플레이션과 실업의 문제에서 중요한 개념이다. 이제 경쟁에 대해 좀 더 살펴볼 것인데, 이를 통해 거시경제학에 대해 좀 더 깊이 있게 이해할 수 있을 것이다.

완전 경쟁(perfect competition) 모형에는 수많은 구매자와 판매자가 포함된다. 구매자는 가격을 알고, 어디에서 그 제품을 구매할 수 있는지를 알고, 그 제품의 제조에 대해 이해하고 있다. 회사와 자원은 극히 유동적이다. 회사는 제품의 가격을 통제하지만 제품 생산에 사용된 원자재 가격 및 운송비, 인건비 변동 등이 가격에 영향을 미친다. 최상의 자원을 가장 좋은 가격에 조달하는 것이 구매자 또는 제품 개발자의 직무이다. 완전 경쟁이란 존재하지 않는다. 이는 경제학에서 사용되는 모형일 뿐이다. 완전 경쟁은 다른 유형의 경쟁을 측정하는 기준이다. 필요보다는 욕구에 기초하기 때문에 패션산업은 경쟁으로 가득하다. [표 7.2]는 2002년부터 2010년까지의 매출을 기준으로 한 상위 50위의 의류 회사들이다. 패션 회사들의 경쟁 변수로는 가격, 디자인, 색상, 독점성, 상표명, 트렌드, 시장 출시 속도 등이 있다. [그림 7.2]는 경쟁의 변수들을 보여주는 사례이다. 이제 경쟁의 변수들의 정의를 살펴보도록 하자.

가격(price)은 결정적인 변수다. 과도하게 높은 가격의 제품은 정체를 일으키고 불필

표 7.2
상위 50위 의류 기업

2010 순위	전년 순위	회사명	회계년도	최근 회계년 ($)	전 회계년 ($)	매출 변화율 (%)	최근 회계년 ($)	전 회계년 ($)	순수익 변화율 (%)	최근 회계년 순이익률 (%)	전 회계년 순이익률 (%)
1	25	Wet Seal	1월	560.9	593.0	(5.41)	93.4	30.2	209.27	16.65	5.09
2	1	True Religion Apparel	12월	311.0	270.0	15.19	47.3	44.4	6.5	15.2	16.44
3	2	The Buckle	1월	898.3	792.0	13.42	127.3	104.4	21.93	14.17	13.18
4	3	lululemon athletica	2월	452.9	353.5	28.12	58.3	39.4	47.97	12.87	11.15
5	5	Guess?	1월	2,128.5	2,093.4	1.68	246.3	215.0	14.56	11.57	10.27
6	4	Urban Outfitters	1월	1,937.8	1,834.6	5.63	219.9	199.4	10.28	11.35	10.87
7	13	Aeropostale	1월	2,230.1	1,885.5	18.28	229.5	149.4	53.61	10.29	7.92
8	7	Gymboree	1월	1,014.9	1,000.7	1.42	101.9	93.5	8.98	10.04	9.34
9	11	Polo Ralph Lauren	3월	4,978.5	5,018.9	(0.80)	479.5	406.0	18.10	9.63	8.09
10	10	JoS. A. Bank	1월	770.3	695.9	10.69	71.2	58.4	21.92	9.24	8.39
11	20	Maidenform Brands	1월	466.3	413.5	12.77	37.0	24.7	49.80	7.93	5.97
12	31	J. Crew	1월	1,578.0	1,428.0	10.50	123.4	54.1	128.10	7.82	3.79
13	17	Gap	1월	14,197.0	14,526.0	(2.26)	1,102.0	967.0	13.6	7.76	6.66
14	6	Nike	5월	19,176.0	18,627.0	2.95	1,486.7	1,883.4	(21.06)	7.75	10.11
15	18	Volcom	12월	280.6	334.3	(16.06)	21.7	21.7	0.00	7.73	6.49
16	21	UniFirst	8월	1,013.4	1,023.2	(0.96)	75.9	61.0	24.43	7.49	5.96
17	27	Carter's	1월	1,589.7	1,494.5	6.37	115.6	77.9	48.40	7.27	5.21
18	32	Philips-Van Heusen	1월	2,398.7	2,491.9	(3.74)	161.9	91.8	76.36	6.75	3.68
19	14	VF	1월	7,220.3	7,642.6	(5.53)	461.3	602.7	(23.46)	6.39	7.89
20	9	Cintas	5월	3,774.7	3,937.9	(4.14)	226.4	335.4	(32.50)	6.00	8.52
21	19	American Eagle Outfitters	1월	2,990.5	2,988.9	0.05	169.0	179.1	(5.64)	5.65	5.99
22	22	Under Armour	12월	856.4	725.2	18.09	46.8	38.2	22.51	5.46	5.27
23	16	Colombia Sportswear	12월	1,244.0	1,317.8	(5.60)	67.0	95.1	(29.55)	5.39	7.22
24	26	The Children's Place	1월	1,643.6	1,630.3	0.82	88.4	82.4	7.28	5.38	5.05
25	28	Nordstrom	1월	8,258.0	8,272.0	(0.17)	441.0	401.0	9.98	5.34	4.85
26	39	Limited Brands	1월	8,632.0	9,043.0	(4.54)	448.0	220.0	103.64	5.19	2.43
27	30	Cato	1월	884.0	857.7	3.07	45.8	33.6	36.31	5.18	3.92
28	40	The Warnaco Group	1월	2,019.6	2,062.8	(2.09)	96.0	47.3	102.96	4.75	2.29
29	24	Dress Barn	7월	1,494.2	1,444.2	3.46	69.7	74.1	(5.94)	4.66	5.13
30	34	Timberland	12월	1,285.9	1,364.6	(5.77)	56.6	42.9	31.93	4.40	3.14
31	New	rue21	1월	525.6	391.4	34.29	22.0	12.6	74.60	4.19	3.22
32	46	Chico's FAS	1월	1,713.2	1,582.4	8.27	69.7	(19.1)	464.92	4.07	(1.21)
33	50	G-III Apparel Group	1월	800.9	711.1	12.63	31.7	(14.0)	326.43	3.96	(1.97)
34	23	Levi Strauss	12월	4,105.8	4,400.9	(6.71)	151.9	229.3	(33.75)	3.70	5.21
35	33	Citi Trends	1월	551.9	488.2	13.05	19.7	17.4	13.22	3.57	3.56
36	36	Men's Wearhouse	1월	1,909.6	1,972.4	(3.18)	45.5	58.8	(22.62)	2.38	2.98

표 7.2

상위 50위 의류 기업(계속)

2010 순위	전년 순위	회사명	회계 년도	최근 회계년 ($)	전 회계년 ($)	매출 변화율 (%)	최근 회계년 ($)	전 회계년 ($)	순수익 변화율 (%)	최근 회계년 순이익률 (%)	전 회계년 순이익률 (%)
37	29	Zumies	1월	407.6	408.7	(0.27)	9.1	17.2	(47.09)	2.23	4.21
38	8	bebe Stores	7월	603.0	687.6	(12.30)	12.6	63.1	(80.03)	2.09	9.18
39	New	Stage Stores	1월	1,431.9	1,515.8	(5.54)	28.7	(65.1)	143.82	2.00	(4.32)
40	42	Superior Uniform Group	12월	102.8	123.8	(16.93)	2.0	2.1	(4.76)	1.95	1.70
41	New	Stein Mart	1월	1,219.1	1,326.6	(8.10)	23.6	(71.3)	133.10	1.94	(5.37)
42	44	Delta Apparel	6월	355.2	322.0	10.31	6.5	(0.5)	1400.00	1.83	(0.16)
43	Back	Oxford Industry	1월	800.7	947.5	(15.49)	14.6	(271.5)	105.38	1.82	(28.65)
44	47	Perry Ellis International	1월	754.2	851.3	(11.41)	13.5	(12.3)	209.76	1.79	(1.44)
45	37	Hot Topic	1월	736.7	761.1	(3.21)	11.9	19.7	(39.59)	1.62	2.59
46	Back	Casual Male	1월	395.2	444.2	(11.03)	6.1	(109.3)	105.58	1.54	(24.61)
47	35	Hanesbrands	1월	3,891.3	4,248.8	(8.41)	51.3	127.2	(59.67)	1.32	2.99
48	38	Amarican Apparel	12월	558.8	545.1	2.51	1.1	14.1	(92.20)	0.20	2.59
49	Back	Christopher & Banks	3월	455.4	530.7	(14.18)	0.2	(12.8)	101.56	0.04	(2.41)
50	15	Abercrombie & Fitch	1월	2,928.6	3,484.1	(15.94)	0.3	272.3	(99.89)	0.01	7.82

* 주 : New=상위 50위 의류 기업 순위에 최초로 등장한 회사. Back=이전에 상위 50위 의류 기업에 들었으나 성과 부진, 거래 부진 등의 이유로 전년도에는 들지 못한 회사. 금액은 1백만 미국 달러 기준. Levi Strauss는 개인 회사이나 재무정보를 공식적으로 발표함. 본 순위에 백화점은 포함되지 않음. Nordstrom의 경우 미국 증권거래위원회(SEC)에 '소매-가족 의류 매장(Retai-Family Clothing Stores)' (표준산업분류코드 5651)으로 등록되어 있음.

출처 : Apparel Magazine, Egell Communications.

그림 7.2 경쟁의 변수들을 보여주는 의복의 예
출처 : Hawa Stwodah

요한 마크다운을 야기한다. 너무 낮게 책정된 가격의 제품은 어쩐지 질이 떨어지는 듯한 인상을 준다. 요령 있고 심사숙고한 가격 결정은 경험 많고 효과적인 구매자의 특징이다. 가격 책정은 회사가 계획한 순매출을 달성하기 위한 열쇠이다. 계획된 순매출액을 달성하는 것은 매출 총이익과 최종적으로 이윤을 남기기 위한 필수조건이다. 판매되는 무수한 제품의 가격은 제품에 따라 가격이 매겨졌을 것이라 여겨진다. 소비자들은 높은 가격은 높은 품질과 훌륭한 솜씨로, 낮은 가격은 낮은 품질로 연결시킨다.

디자인(design)은 의복의 스타일과 실루엣 변형에 관한 것이다. 티셔츠는 평범한 실루엣이다. 그러나 티셔츠 내에서의 변형은 디자인이다. 티셔츠는 크루 넥이나 브이 넥, 스쿱 넥, 또는 보트 넥일 수 있다. 소매는 짧거나, 7부이거나, 길 수 있다. 장식물과 자수가 달려 있을 수도 있고, 아무것도 달려 있지 않을 수 있다. 기본 실루엣의 티셔츠에 더한 각각의 변형이 모두 디자인이 된다.

색상(color)은 소비자가 의복 구매를 결정하는 가장 중요한 이유이다. 새롭고 흥미로운 컬러는 소비자를 유인한다. 하위시장의 특성에 따라 컬러에 대한 선호가 달라진다. 미국 남부의 여성 소비자들이 빨강, 밝은 핑크, 노랑, 오렌지 등의 컬러를 좋아하는 반면, 북동부 지역의 남성 소비자들은 검정과 회색 톤의 컬러를 선호한다. 소비자의 색상 선호도를 파악하고 그에 따라 제품을 개발하는 것은 성공적인 소매업을 위한 필수 조건이다.

독점성(exclusivity)은 소매업체가 경쟁업체에서는 팔지 않는 제품을 판매한다는 것을 의미한다. 독점성은 특정 소매업체의 자사상표 제품에서부터 경쟁자보다 일주일 먼저 제품을 선보이는 것 등으로 나타난다. Charter Club은 Macy's의 자사상표로 다른 소매업체에서는 찾아볼 수 없다. Tommy Hilfiger는 Macy's의 독점 브랜드인데, 이는 Tommy Hilfiger가 글로벌 브랜드이지만 미국 내에서는 Macy's에서만 판매하기 때문이다. Ralph Lauren은 여러 소매업체에서 찾아볼 수 있지만 Macy's와의 계약에 의해 새로운 컬렉션을 다른 소매업체보다 몇 주 먼저 Macy's에 입고시킨다. 이로 인해 Macy's는 일정 기간 동안 Ralph Lauren의 신제품에 대한 독점성을 확보한다. 이러한 요소들은 Macy's가 경쟁우위를 확보하기 위한 계획이다.

상표명(brand name)은 품질과 신뢰, 가치, 솜씨를 함축적으로 내포한다. 상표명은 복제품들이 모방하는 '진짜'이다. 상표명 제품은 백화점에 준비되어 있다. Hanes, Nine West, Jones NY, Coach, Levi's 등이 상표명의 예이다.

트렌드(trends)는 시장의 일반적인 방향 또는 움직임을 나타낸다. 패션산업은 트렌드에 의존적이며 적합한 시간에 올바른 트렌드 제품을 보유하고 있다. 타이밍은 트렌드의 모든 것이라 할 수 있는데, 소비자의 수요가 트렌드를 창조하기 때문이다. 트렌드를 너무 앞서가면 소비자들이 아직 준비되지 않았기 때문에 실패하게 된다. 트렌드에 뒤처지게 되면 매출을 극대화하기 힘들다.

시장 출시 속도(speed to market)는 패션산업에서 종종 사용되는 표현인데, 패스트 패션과 거의 같은 의미이다. 소매업체는 새로운 트렌드를 소비자에게 판매하는 첫 번째 매장이 된다. 이것이 'me-first' 라는 경제학 원칙이다. 대표적인 예로 유명 스타들이 런웨이에서 바로 내려온 디자이너들의 아름다운 창작물을 입고 등장하는 아카데미 시상식(Academy of Motion Pictures Awards Show, Oscars)을 들 수 있다. 기민한 제조업체들은 시상식이 끝나기 전에 프로토타입을 스케치하고 봉제하여 48시간 안에 이 복제품을 매장 옷걸이에 진열한다. 이것은 시상식날 밤의 드레스를 미국 소비자들의 손에 경쟁업체보다 먼저 쥐어 주는 제조업체들 간의 치열한 경주이다.

경쟁에 대한 비즈니스 모델에서 회사들이 포함하는 몇 개의 변수들이 있다. 이제 두 개의 명품 브랜드와 쇼핑몰 중심의 매장을 운영하는 두 브랜드의 경쟁 모델에 대해 논의하고자 한다. 이 두 브랜드가 경쟁에 사용한 변수들을 탐색해 볼 것이다.

명품 패션 경쟁사 : Louis Vuitton과 Fendi

명품 제품들은 디자인 혁신과 제품의 품질에 기초한 패션 리더들이다. 어떤 패션 소매업체들에게 경쟁은 가격의 문제가 아니다. 제품의 품질과 장인의 솜씨, 브랜드의 지위, 서비스의 수준 등에 관한 것이다. Louis Vuitton과 Fendi는 가격 이외의 것들로 경쟁한다. [그림 7.3]은 Louis Vuitton의 핸드백이다. Louis Vuitton과 Fendi와 같은 브랜드의 디자이너들은 소비자들 사이에서 명품 핸드백과 의상을 제안하는 제조업체이면서 소매업체로 인식된다. 이 두 브랜드는 일반 대중이 따라하고 싶어 하는 럭셔리 라이프스타일의 대표적인 예이다. 이들 브랜드의 정교한 솜씨, status signatures, 탁월한 서비스(공급업체 또는 소매업체로서 모두) 등으로 구분된다. 이러한 경쟁력 있는 요소들로 인해 두 브랜드 모두 명품 아이템과 연합된 높은 가격을 유지할 수 있다.

그림 7.3 Louis Vuitton은 소비자들 사이에 잘 알려진 브랜드이다.
출처 : Newscom

쇼핑몰 중심의 경쟁사 : Aeropostale과 Pacific Sunwear

Aeropostale과 Pacsun은 쇼핑몰 중심의 경쟁 브랜드들이다. 두 브랜드는 유사한 연령대의 소비자 집단을 목표로 하고 있다. Aeropostale은 14세에서 17세, Pacsun은 12세에서 14세 청소년들을 타깃으로 한다. 이 두 브랜드 모두 패셔너블한 라이프스타일을 가진 젊은이다운 소비자를 반영하는 전통 있는 브랜드를 표방한다. 가치 지향적인 가격대를 제안하며, 각각의 브랜드 매장과 브랜드 웹사이트를 통해서만 구매할 수 있다.

이 두 회사는 경쟁을 전제로 운영된다. 경쟁은 회사들이 각자 자신의 일을 더 잘하게 하므로 사업이 번성하고 성장하게 하는 건강한 환경으로 향하게 하는 좋은 것이다. 정부는 경쟁을 장려하고, 고용을 창출해 사람들이 제품과 서비스를 살 수 있는 돈을 벌게 하고, 우리 경제에 재정적 안정을 유지하게 하기에 이러한 소매업체들을 지지한다.

실업, 그리고 패션에서의 의미

미국은 경제 안정성을 추적하기 위해 실업률을 지속적으로 통계화하고 있다. 실업이 높으면 경제는 둔화된다. 실업률이 계속 높아지면 경기 불황이 임박했음을 의미한다. 패션 회사들은 사람들이 고용되어 있을 경우 패션에 돈을 쓸 것이라고 가정한다. 만약 실업률이 높거나 높아지고 있다면 회사는 고객을 유지하기 위해서 더 이상 기존의 비즈니스 모델을 고집해서는 안 된다. 2006년 전 세계적으로 실업률이 증가하고 백화점들이 신규 고객을 유인하고 기존의 고객을 유지하면서 이윤을 창출하기 위해 분투했다. 부진한 경제에서 살아남기 위해 대부분의 백화점들은 디자이너와 합작 브랜드를 만들거나 독점적인 자사 브랜드에 초점을 맞추었다. Kohl's는 Vera Wang의 독점 라인인 Simply Vera, Ralph Lauren의 Chaps, Avril Levine의 Abby Dawn을 런칭했다. Prada, Coach와 같은 명품 브랜드들은 정보만을 전달했던 기존의 웹사이트와는 달리 자사 웹사이트를 통해 제품 판매를 하기 시작했다.

노동부(Department of Labor)에 따르면 2010년 12월 미국에서 1억 3,026만 명의 사람들이 직업을 가지고 있었다. 2007년 말부터 시작된 불황과 함께 고용인 수가 줄어들기 시작했다. 2008년 12월 미국의 고용인 수는 1억 3,438만 3천 명이었다. 2008년부터 2010년까지의 높은 실업률로 인해 패션업계의 도매 및 소매업체들은 사업을 조정했다. 패션산업에서 많은 사람들이 일을 잃었고, 취약한 경제의 타격을 최소화하기 위해 회사들은 재고 수준을 낮추고, 소매업체들과 제조업체들은 기대 매출을 낮추었다.

인플레이션, 그리고 패션에서의 의미

인플레이션(inflation)이란 제품과 서비스의 가격이 전반적이고 지속적으로 상승하는 것을 의미한다. 인플레이션의 원인은 과잉 통화 공급과 초과 수요에 있다. 인플레이션은 여러 방면에서 소비자에게 영향을 미치는데, 구매력의 감소는 소비를 둔화시키고, 음식이나 주거, 기타 생필품 등 필수품마저도 높은 가격에 구매해야 하는 상황을 초래한다. 식비와 주유비의 상승은 소비자의 구매력에 영향을 미치고, 임의 소득을 줄어들게 만들어 소비에 있어서 신중을 기하게 한다. 인플레이션 기간에는 의류 및 액세서리의 비용도 상승하기 마련이다. 티셔츠 한 장을 만드는 데 보통 10달러가 든다고 하면 인플레이션으로 인해 비용이 12달러로 오른다. 2달러의 증가분은 소비자 가격으로 만회해야 한다.

패션은 필수품이 아니다. 따라서 패션 회사들은 경제 환경에 적응해야만 한다. 인플

그림 7.4 인플레이션과 소비자
출처 : Hawa Stwodah

레이션 기간에 패션 회사들은 미래를 위한 계획을 수립하기가 더 어려운데, 인플레이션 동안에는 프로젝트에 투자해야 하는 비용이 더 상승하기 때문이다. 게다가 자산을 지키고 손실을 최소화하는 것이 최우선 과제가 된다. 회사의 소유주들은 완충재고의 양을 줄이고 노동자들을 해고하는 등 부진한 경제와 씨름한다. 이로 인해 실업률은 상승하고 손실은 감소한다. 이 모든 것이 패션산업에서 순차적으로 발생하는 현상이다. 2007년에서 2010년의 불황 동안 수많은 회사와 소비자가 같은 일을 겪었다. [그림 7.4]는 인플레이션이 소비자 가격에 미치는 영향을 도식화하고 있다.

2007년 초, 집값을 지나치게 상승시킨 주택 모기지 부실 위기로 인해 이율은 하락했고 경제는 둔화되기 시작했다. 주택 거품으로 알려진 이러한 현상으로 인해 경제 전반이 영향을 받았다. 사람들은 집과 직장을 잃고 연방준비은행(Federal Reserve Bank)이 통화를 안정시키고 정착시키기 위한 정책에 착수했다. 그 결과 소비자 신뢰는 급락했고, 소비는 하락했으며, 고용주들은 글로벌 패션산업 환경에서 도산을 피하기 위해 감원을 단행했다. 회사들은 재고와 재고대비 매출비율, 예상 매출을 수정했다. [표 7.3]은 2007~2010년까지 도산한 회사의 명단이다. Kohl's, Walmart, Target 등은 불황의 영향을 받지 않은 회사들이다. 이 회사들은 그들의 저가격 정책으로 인해 매출 상승을 기록했다.

정부는 어떻게 통화의 공급과 인플레이션, 디플레이션, 불황을 통제하고 경제를 안정화하는가? 연방준비은행은 경제 안정화에 중요한 역할을 하는데, 패션을 공부하는 학생들로서 연방준비은행의 재정 및 통화 정책을 이해하는 것은 매우 중요한 일이다. 이제 이러한 기능들에 대해 살펴보도록 하자.

표 7.3
2007~2010년 사이 사업을 정리한 의류 회사 명단
2007~2010년 사이 폐업한 의류 회사
Bombay Company
Levitz
Sharper Imag
CompUSA
Friedman's Jewelers
Whotehall Jewelers
Boscov's
Goody's Family Clothing
Cirkit City
Eddie Bauer
Borders Booksellers
Mervyn's
Linens n Things

주 : 이것은 폐업한 회사들 중 일부만을 나열한 것임. 상기 명시된 회사들 중 어떤 회사는 사업을 정리하면서 회사 이름을 다른 회사에게 판매하여 현재 같은 이름으로 운영되고 있는 경우도 있음.

미국 경제의 재정 및 통화 정책

미국의 재정 및 통화 정책은 회사들과 소비자들의 경제 관련 의사결정에 영향을 미친다. 통화 정책은 인플레이션과 실업, 경제 생산 등의 요인에 반영되는 경제성과에 영향을 미친다.

재정 정책

기업이 효율적으로 운영되기 위해서는 경제에 있어서 자금의 순환이 필요하다. 정부는 세금 및 정부 지출 등의 재정 정책을 통해 기업 운영과 소비자 소득에 영향을 미친다. 정부가 통제하는 이러한 변수들은 총수요와 공급에 영향을 미친다. 즉, 거시경제 환경에 영향을 미치는 것이다. 정부는 경제를 안정화하기 위해 관련 변수들을 통제한다. 이를 **경제안정 정책**(stabilization policy)이라 한다. 정부가 경제안정 정책을 시행하지 않을 때는 없다. 기업과 실업, 인플레이션을 매일 추적한다. GDP에 의해 추적되는 경제안정화 정책의 목적은 경제를 안정적으로 유지하고 예측하지 못한 변화를 피하는 것이다.

이윤(제5장에서 살펴본 바와 같이)은 회사의 성공의 결과이다. 이윤은 제품을 판매하고, 회사가 성장할 수 있는 현금을 창출함으로써 발생한다. 제품은 시간이 지남에 따라 변화하지만 회사는 회사가 추구하는 경기 순환(business cycle)은 끝나지 않는다. 가격

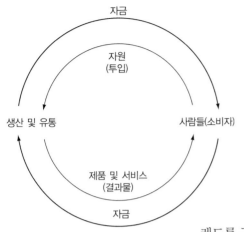

그림 7.5 경기 순환의 예

과 실업을 기준으로 경기 흐름이 높을 때와 낮을 때를 묘사한 경기 순환을 도식화하면 [그림 7.5]와 같다. 전년도, 전분기, 또는 전월과의 비교에 기초한 경제지표들을 통해 경기 순환을 측정할 수 있다. 예외적으로 패션 사업은 전통적인 경기 순환을 따르지 않으며 경제의 경쟁 환경에 좌우되지 않는다. 패션은 주기에 의해 움직이며 패션 비즈니스도 마찬가지인데, 패션의 시즌성이 패션 비즈니스의 주기를 가속화한다. 일반적인 회사는 최고점과 최저점이 반복되는 경기 순환을 이용해 회사의 성장을 분석할 수 있다. 이러한 순환 주기는 거시 및 미시경제 환경요인들에 따라 기간을 두고 반복될 것이다. 트렌드의 성공과 함께 패션 회사는 소비자가 트렌드를 구매할지 안 할지에 따라 이윤을 얻거나 얻지 못할 수 있다. 1980년대 초반 데님 소재의 고급화로 패션 비즈니스 사이클에 변화가 일어났다. 프리미엄 진을 판매하는 회사들은 성공적이었고, 경기 순환은 쇠퇴하지 않았다. 반면 같은 시기에 소매업체들은 70년대 후반에 크게 유행했던 벨 바텀 스타일을 계속 생산했는데, 이 스타일은 곧 쇠퇴의 길을 걷게 되었다. 결과적으로 패션 비즈니스의 주기는 전통적인 경기 수치들(소비자 지출, 경제 상황, 경기 성장 및 쇠퇴 등)로 측정하는 일반적인 경기 순환과는 달리 상당히 짧은 기간 동안의 특정 결과에 의해 결정된다. 경기침체나 불황과 같은 경기 변동은 산업화된 모든 국가에서 언제든 나타날 수 있는 현상이다. 경기 상황에 따라 패션 회사들은 경기 고점과 저점에 대응한다. 'National Bureau of Economics'의 문서에 따른 경기 순환의 네 단계는 다음과 같다.

- **쇠퇴기**(contraction)는 경기 둔화가 시작되는 시기이다. 이 시기에 패션 회사는 수년간 지속적으로 퇴보할 수 있다. 패션산업에서 이러한 쇠퇴기는 수년간, 혹은 짧게는 두 달, 또는 느린 시즌 동안 발생할 수 있다.
- **저점**(trough)은 쇠퇴기의 정점이다. 이 시기에 일반 회사들은 보통 불경기로 인해 판매 부진을 겪게 된다. 패션 회사의 경우 어떠한 제품을 판매하느냐에 따라 이 시기를 극복하고 살아남을 수 있다. 불황의 시기는 패션산업 전반에 있어서 매우 어려운 기간이지만, 소비자들은 여전히 소비를 하고 그들의 욕구를 충족시키는 패션 제품을 선택할 것이다.
- **성장기**(expansion)는 경제 및 경기가 성장하는 시기이다. 패션 회사들은 각각 자사의 상황에 따라 성장하고 확대할 타이밍을 찾는다. 회사들은 낮은 금리와 침체된 경기 덕분에 회사의 성장과 리포지셔닝의 기회를 얻을 것이다.
- **고점**(peak)은 경기 주기에서 기업활동이 최고점에 달했을 때를 의미한다. 매출이 극대화되고 회사는 최상의 기량을 보여준다.

[그림 7.6]은 2007년부터 2010년 사이 불황기 동안 운영된 두 회사를 보여준다. 한 회사는 순매출액이 지속적으로 상승했으나, 다른 회사는 그렇지 못했다. 순매출액 정보

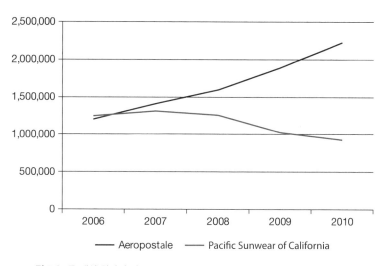

그림 7.6 두 패션 회사의 비교

는 두 회사의 2010년 연간 보고서에서 발췌한 것이다. 그림에서 보는 바와 같이 Pacific Sunwear는 지속적으로 경기 주기의 저점을 겪고 있다.

패션 사업의 주기는 시즌에 따라 변화 또는 유지가 결정된다. 한 시즌에 어떤 실루엣이 잘 팔리지 않았다면 회사는 다음 시즌에 실루엣에 변화를 주거나 그 실루엣의 생산을 중단할 수 있다. 회사가 모든 시즌을 처음부터 시작하지 않는 한 패션 경기의 주기에는 재빠르게 방향을 전환할 틈새가 있다. 주기적인 경기 순환은 훨씬 길다. 산업에 따라 방향을 전환하거나 신제품을 재빠르게 개발하는 것이 어렵지 않을 수 있다. 따라서 전통적인 경기 순환은 응용될 수 있다.

통화 정책

1913년 Woodrow Wilson 대통령이 통과시킨 **연방준비법**(Federal Reserve Act)의 목적은 분권화된 은행인 **연방준비은행**(Federal Reserve Bank, the Fed)이 개설하는 것이었다. 미국 전역에 12개의 연방준비은행이 있으며, 미국 대통령이 임명하고 상원이 승인한 7인의 연방준비제도이사회(seven-member Board of Governors)에 의해 운영된다. 이사회는 국제 및 국내 경기를 분석하고 그에 따른 통화 정책을 수립한다. 또한 국가의 지급 시스템을 감시하고 여러 금융기관을 감독하고 규제한다. 이사회는 5명의 연방준비은행 대표와 함께 연방공개시장위원회(Federal Open Market Committee, FOMC)[5]에도 참석한다. FOMC는 경제 상황에 대한 토론을 위해 연 7회 모임을 갖는다.

FOMC의 회원들은 간략한 보고를 받는데, 토론 전에 경제 상황에 관한 세 권의 책을 받는다. '**그린 북**(green book)'은 연방준비이사회 직원들이 예측한 경제 전망에 관한 정보를, '**블루 북**(blue book)'은 경제분석 정보를, '**베이지 북**(beige book)'은 각 지역

---

5) 원서에 약어가 'FMOC'로 표기되어 있으나 'FOMC'가 맞는 표기임.

의 경제 현황 정보를 담고 있다. 충분한 토론 후 FOMC는 경제를 더욱 건강하게 만들기 위해 연방준비은행이 무엇을 해야 하는지에 대한 조언을 한다. 베이지 북은 대중에 공개되며 http://www.federalreserve.gov/fomc/beigebook/2008/에서 볼 수 있다. 다음은 2008년 버지니아 연방준비은행의 Richmond의 보고서 중 제조업에 관한 베이지 북의 내용 중 일부이다. "제조업 분야는 5월 신규 주문과 선적이 다소 부진함에 따라 약간의 감소를 보고했다. 이는 국내 판매 감소에 기인하는 것으로 보인다. North Carolina의 의류 제조업체는 해외에서의 매출 성장을 보고했으나 원부자재 비용의 상승으로 이익이 상쇄되었음을 강조했다." 이러한 보고에 기초하여 경기에 대한 분석과 토론이 벌어진다. 토론의 결과에 기초하여 경기가 안정, 혹은 불안정적이든, 또는 성장하고 있든, 경기를 안정시키기 위한 정책들이 결정될 것이다.

연방준비은행의 정책

통화 정책의 목적은 완전 고용 및 물가 안정 등 지속 가능한 경제 성장을 촉진하는 데 있다. 통화 정책을 통해 연방준비은행(the Fed)은 물가를 안정시키고 경제 성장을 촉진하며 고용을 최대화할 수 있다(Federal Reserve Education). 연방준비은행이 통화 및 신용 조건에 영향을 미치고자 할 때 사용하는 세 가지 **통화 정책**(monetary tools)은 **할인율**(discount rate), **지급준비금**(reserve requirement), **공개시장**(open market)이다. 연방준비은행은 은행들의 은행이다. 이는 국가의 통화 공급을 통제하고 국가의 통화 정책을 정립하는 기관이다(Federal Reserve Education).

FOMC는 토론회 마지막에 경제를 어떻게 제어하고 어떠한 정책을 적용할 것인지에 대해 투표를 한다. 투표 결과 일반 은행이 연방정부은행으로부터 받은 단기 차입금에 대한 이자율(interest rates)을 올릴 것인지, 시중 은행이 스스로 혹은 연방준비은행에 보유하고 있어야 하는 금액인 지급준비금(reserve requirements) 수준을 올리거나 낮출 것인지, 또는 가장 많이 사용되는 공개시장조작(open market operation)[6]을 할 것인지가 결정된다. 이러한 정책들을 통해 연방준비은행은 주식을 사고파는데, 이는 연방자금금리(federal funds rate)에 영향을 미칠 수 있다. 연방자금금리는 일반 은행이 지급준비금의 과부족을 조정하기 위해 상호 간 대차할 때 적용되는 금리이다.

연방준비은행이 지불준비금을 낮추고자 할 때에는 보유증권을 매도하여 자금을 회수한다. 반대로 지불준비금 수준을 높이고자 할 때에는 증권을 매입하여 시중에 자금을 공급한다. 세 번째로 일반 은행 및 금융기관이 연방준비은행으로부터 돈을 빌릴 때 부과되는 금리인 할인율을 낮추는 정책이 있다.

연방준비은행의 결정은 소비자 및 패션 회사의 의사결정, 심지어 이들의 감정에까지 영향을 미칠 수 있다. 연방준비은행이 이율을 낮추는 경우 패션 회사는 확장을 고려할

---

6) 공개시장조작(open market operation) : 중앙은행이 국채 및 기타 유가증권 매매를 통해 금융기관과 민간의 유동성을 변동시켜 시장금리에 영향을 주는 정책수단이다.(출처 : 시사경제용어사전)

수 있다. 이때가 낮은 금리로 돈을 빌릴 수 있는 기회이기 때문이다. 소비자들은 연방준비은행이 금리인하를 통해 경제를 활성화시키고자 한다고 생각하게 되어 의류제품 구매에 대해 더욱 확신을 갖기 시작한다.

경제 성장

경제 성장은 일정 기간 동안 생산된 모든 제품과 서비스의 총합을 의미한다. **국내총생산**(gross domestic product, GDP)은 경제 성장을 측정하는 도구이다(GDP에 대해 본 장 후반에서 더 다룸). 경제 성장은 소비자의 지출 없이는 일어날 수 없다. 수요가 높을 때에는 이러한 수요를 충족시키기 위해 생산성이 높아지고 성장이 일어난다. 두 패션 회사의 성장 역사를 살펴보자. 첫째 사례는 Calvin Klein이 1970년대 유명인들과의 합작을 통해 회사의 성격을 어떻게 형성했는지를 보여준다(p. 208, '사례연구 : Calvin Klein' 참조). 그는 간편한 옷을 입고자 하는 소비자들의 욕구에 초점을 맞추었다. 소비자들은 편안하고 장식이 없는 옷을 입고 싶어 했다. 또 다른 사례는 Kellwood인데, 이 회사는 Sears의 공급업체에서 출발했다. Kellwood는 계획적이고 조직적이며 체계적인 기업이다. 오늘날 Kellwood는 많은 유명 브랜드와 라이선스를 보유하고 있다(p. 210, '사례연구 : Kellwood' 참조).

패션산업에서 **효율성**(efficiency)은 매우 중요한 개념이다. 효율성은 가장 논리적이고 시간에 민감하며 비용을 절감할 수 있는 방법이기 때문이다. 제6장에서 효율성과 효율성의 유형, 그리고 효율성이 패션산업에서 얼마나 중요한지에 대해 논의했다. scarcity와 관련된 생산 및 자원 **배분의 효율성**(allocation efficiency)을 설명하고 예측하는 데 사용된 그래프가 생산가능곡선(production possibility curve)이다. [그림 7.7]은 목도리와 스웨터의 생산가능곡선을 보여준다. 이 그래프는 목도리와 스웨터 생산을 비교하고 있다. 곡선 C는 공장이 최대한 가동되는 경우를 가정한다. 즉 '생산이 효율적'이라고 이야기할 수 있다. B 지점에서 공장은 800개의 목도리와 60개의 스웨터를 생산할 수 있다. A 지점에서는 1,000개의 목도리를 생산할 수 있다. A 지점에서 B 지점으로 생산을 옮기고자 한다면 목도리 생산은 희생될 것이다. 이것을 기회증가의 법칙(law of increasing opportunity)이라 한다. A 지점과 B 지점에서 공장은 효율적으로 가동되지 않는다. 곡선 안쪽의 어느 지점도 효율적이지 않다. D 지점을 보라. 시설을 충분히 활용하지 못해 400개의 목도리와 40개의 스웨터만을 생산할 뿐이다. 기술 발전이나 자원을 증가시키면 곡선 바깥쪽으로의 이동이 가능하다.

본 장의 나머지 부분에서는 경제지표에 대해 살펴보겠다. 모든 유형의 비즈니스에서 매일매일의 의사결정을 위해 경제지표를 활용한다. 이러한 의사결정은 바이어나 매니저 수준이 아닌 최고경영자(CEO)나 재무담당 최고책임자(CFO), 이사회 수준에서 내려지는 결정들이다. 지표들을 통해 현재 경기에 어떠한 일들이 일어나고 있는지, 과거에

사례연구

Calvin Klein

{ 나는 Calvin Klein이라는 브랜드가 있는지조차 모르는 사람들을 만나 보았다. 그들은 이것이 그저 어떤 제품의 이름이라고 생각했다.
– Calvin Klein

Calvin Klein에 대하여

Calvin Klein은 1959년부터 1962년까지 뉴욕의 Fashion Institute of Technology에 다녔다. 1968년 그는 자신의 회사를 설립했는데, 이때 붙인 회사 이름이 Calvin Klein, Inc.였다. 이 시점에 그는 1만 달러를 투자한 Barry Schwartz와 동업을 시작했는데, Klein이 디자인을 총괄하고 Barry Schwartz가 회사의 다른 업무들을 담당했다. 이 패션계의 거물은 처음에 여성복 외투에 초점을 맞추었으나, 이후 스포츠웨어 컬렉션을 추가했고, 1970년대 중반에는 여성복 full line을 완성했다. Calvin Klein은 70년대에 패션의 세계에 직면했고, 1977년에는 이미 연간 1억 달러의 매출을 기록했다(McKenna, 2007). 그는 최초로 디자이너 진을 선보였으며, 이는 광고의 세계에도 혁명을 불러일으켰다(A&E Television Networks, 2008). Calvin Klein jeans가 처음 출시된 첫 주에만 20만 벌의 청바지가 팔렸다(McKenna, 2007).

15세의 Brooke Shields가 "나와 Calvin 사이에는 아무것도 없어요."라고 말하는 광고로 그의 청바지는 광고시장을 뒤흔들어 놓았다(Media Awareness Network, 2008). 그는 어린 모델을 기용하고 성적인 본능을 자극하는 광고로 한계를 치고 올라갔다.

80년대에 들어서 Klein의 패션 혁명은 더욱 빛을 발했다. 그는 남성 속옷을 기능적인 아이템에서 누구나 원하고 갖고 싶어 하는 아이템으로 바꾸어 놓았다(A&E Television Networks, 2008). 그의 광고는 전형적인 블랙 & 화이트였고, 그 광고를 보는 사람들은 책을 뚫고 뿜어 나오는 열기를 느낄 수 있었다. Klein은 Mark Walberge를 언더웨어 광고모델로 기용하여 사람들의 '남성용 붙는 팬티(tighty-whities)'에 대한 고정관념을 완전히 바꾸어 놓았다(NY Fashion, 2008). 그의 남성 속옷 사업은 순식간에 7,000만 달러 규모의 캐시 카우로 성장했다(McKenna, 2007). 그는 상품을 성적으로 어필하는 대명사가 되었고, 이러한 접근은 현재까지도 사용되고 있다.

80년대에 Klein은 지금도 생산되고 있는 Eternity와 Escape 등 그 유명한 향수 라인을 런칭했다. Kate Moss가 유니섹스 향수로 유명한 CK One의 주 광고모델이었다. 그의 광고에서는 계속 어린 모델들을 성적인 주제로 사용했다(Vogue, 2008). 1984년 그는 전 세계적으로 12,000여 개의 매장에서 6억 달러어치의 상품을 팔았다(McKenna, 2007).

Klein은 Brooke Shields, Mark Walberg, Kate Moss 등 유명 모델과 함께하는 것으로 유명세를 얻었다. Klein은 깔끔한 라인과 장식이 없는 룩을 클래식으로 보여준다. 그는 기본적인 컬러를 사용하고 자신의 옷을

입은 남성 또는 여성의 몸매가 드러나는 것을 두려워하지 않는다.

Calvin Klein은 자신의 다른 비즈니스 벤처와 더불어 데님, 속옷, 향수 시장에서 성공을 거두었다. 오늘날 그의 라인들은 연간 총 30~50억 달러 규모를 이룬다(NY Fashion, 2008). 2003년 Klein과 그의 파트너 Schwartz는 회사를 7억 달러에 Phillips-Van Heusen(PVH) Corporation에 매각했다. PVH는 Keneth Cole, Izod, Arrow, Bass, CHAPS 등의 브랜드를 소유한 회사이다. 그들은 '미국 남성 드레스셔츠 3개 중 하나는 우리 것'이라고 주장하며, 글로벌 시장으로의 확장을 위해 Calvin Klein을 매입했다. 비평가들은 이러한 매각이 회사의 사형선고나 다름없다고 비판하였다.

PVH는 Calvin Klein을 보다 더 글로벌한 브랜드로 만들기 위해 회사를 매입했다. Calvin Klein의 대표인 Tom Murry는 "최근 몇 년간의 대대적인 마케팅 캠페인을 통해 새로운 수요를 창출했다."고 말했다(McKenna, 2007). 그는 또한 Calvin Klein의 글로벌화를 위한 전략은 "그것은 더 이상 미국의 것이 아니다. 우리가 판매하는 것은 글로벌 이미지이다."라고 했다(McKenna, 2007).

Yahoo Finance의 그래프에 의하면 2003년 이후 매출이 꾸준히 증가하고 있다. 2003년 PVH에 인수된 이후 소매 매출은 28억 달러에서 45억 달러로 증가해 60%의 성장을 기록했다(McKenna, 2007).

Calvin Klein은 브랜드를 판매하는 데 연간 약 2억 달러를 소비한다. 이 비용의 90%는 상표권 사용권자(licensee)들로부터 발생한다. 회사는 여전히 모든 제품의 매출에 대하여 고정된 비율의 로열티를 지급받는다. 로열티 비율을 공개하지는 않지만 분석가들은 "패션산업에서 라이선스 계약은 보통 7~10% 선에서 이루어진다."고 밝힌다(McKenna, 2007). 결과적으로 그들의 제품을 개발하고 유통시키는 파트너들에게 나머지 90%가 돌아간다. Calvin Klein은 PVH의 총수익 중 약 10%를 차지하지만, 놀랍게도 이윤의 40%를 차지한다. Calvin Klein은 PVH의 비즈니스 중 수익성이 가장 좋은 것으로 증명되었고, 주식은 2003년 이수 이후 4배까지 올랐다(McKenna, 2007).

Warnaco의 사례

Warnaco Group은 90년대 말 Calvin Klein jeans의 제조업체였는데, Calvin Klein, Inc.와 불화를 겪었다. Warnaco가 권한이 없는 유통업체에게 Calvin Klein의 진 제품을 판매함으로써 라이선스 계약을 어긴 것이다(Kaufman, 2001). Klein의 진은 Sam's Club, BJ's, Costco와 같은 소매업체들에 유통되었다. 이것은 Klein이 추구하는 브랜드 이미지와 전혀 맞지 않는 것이었고, 결국 맨해튼의 연방법원에 소송을 제기했다. "Klein은 또한 Warnaco가 제품의 디자인을 변경하고 품질을 날림으로 만들었다는 혐의를 제기했다."(CNN Money, 2001). 이 사건은 Warnaco의 주가에 악영향을 미쳤다. 2001년 초 주당 12달러였던 Warnaco의 주가는 주당 1달러까지 떨어졌다.

Klein은 이 소송에서 수백만 달러의 손해에 대한 책임만이 아니라 지난 44년간의 라이선스 계약을 해지하고자 했다. 이 전쟁은 Klein이 Larry King Live에 출연한 이후 Warnaco의 맞소송으로 더욱 거세졌다. Warnaco는 'Klein을 '부정거래 및 명예훼손'으로 고발했다(CNN Money, 2001). 재판이 끝난 이후 그 결과는 공개되지 않았다. Klein의 대변인 Don Nathan은 법원 판결에 대해 "소송과 관련된 모든 이슈들이 정리되었다."고만 언급했다. Warnaco와의 라이선스 계약 기간이 남아 있었기 때문에 두 회사가 모두 패션산업에서 회사의 명예를 지키고 강화하는 것에 동의한 것으로 이해할 수 있다(CNN Money, 2001).

세계를 향하여

Murry 대표는 글로벌 소비자들을 향한 회사의 전략을 "글로벌을 기준으로 모든 적합한 제품 카테고리와 모든 적합한 유통 채널을 확보하는 것이다."라고 설명한다(McKenna, 2007). 그는 더 나아가 "우리는 우리 브랜드를 손상시키는 어떠한 일도 원하지 않는다. 우리는 우리 브랜드의 가치를 높이고 더 강하게 만들 수 있는 일들에 초점을 맞춘다."라고 말했다(McKenna, 2007).

브랜드를 구축하는 활동에는 화장품 산업으로의 진출도 포함된다. 그들은 화장품 전 라인을 생산하기 위해 미국 기반의 화장품 제조업체인 Markwins International과 협력하고 있다(Rozario, 2007). Calvin Klein은 또한 중국과 같은 개발도상국으로 진출하고 있다. 중국은 수매 시장에서 그 중요성이 증대되고 있으며, 2015년에는 미국을 넘어 가장 큰 명품시장이 될 것이라 예측되고 있다. 그들은 뉴욕, 밀라노, 두바이 등 전 세계 패션 중심지들에 매장을 오픈하기 시작했다(The Wall Street Journal, 2006). 이와 같은 확장을 통해 해외의 잠재적 고객에게 도달하고 브랜드 인지도를 구축할 수 있다.

그들은 또한 미래의 고객들을 위해 지속적으로 새로운 제품들을 도입하고 있다. 신제품 도입의 또 다른 예로, 그들은 여행 아이템을 기획했다(Rozario, 2006). 이를 통해 전 세계 공항과 부티크에 가죽제품을 선보일 수 있었다. Klein의 라이선스 매출 중 약 절반이 북미 이외의 지역에서 발생한다. 가장 중요한 두 지역이 유럽과 아시아다. 특히 아시아는 가장 빠르게 성장하는 시장이다(McKenna, 2007). Calvin Klein에 대한 글로벌 비전을 가지고 있던 PVH로의 매각과 함께 세계 수준의 회사들과 협력하면서 Calvin Klein의 인기는 수그러들 줄 모르고 있다.

오늘날 글로벌 비즈니스를 위해 Calvin Klein은 유럽, 아시아, 일본에 회사(division)를 운영한다. Calvin Klein이라는 한 남자의 이름으로 시작한 브랜드는 현재 세계적으로 잘 알려진 세 개의 라인이 있다. Calvin Klein Collection(men, women, home), cK for men and women, 그리고 cK jeans for men, women, and children이 그것이다.(A&E Television Networks, 2008). Calvin Klein의 성공요인 중 가장 중요한 열쇠는 소비자의 옷장에 기본 아이템으로 남아 있고, 패션 트렌드를 따라 움직이는 것이 아니라 자신의 라인을 클래식으로 고수한 것이다. Klein은 "나는 심플한 것을 좋아한다. 나는 순수한 것을 좋아한다. 나는 모던한 것이라면 어떤 것이라도 좋다. 그러나 그것은 흥미롭고 재미있어야 한다."라고 말한다(Klein, 2008). 그는 소비자들이 그가 시작할 때부터 유지한 클래식한 디자인과 광고에서 보여지는 섹슈얼리티에 지속적으로 흥미를 갖게 했다. Calvin Klein은 전 세계에서 누구나 아는 이름이 되었다.

참고자료

A & E Television Networks. (2008). *Biography*. Retrieved March 31, 208, from http://www.thebiographychannel.co.uk/biography_story/298:130/1/Calvin_Klein.htm

CNN Money. (January 22, 2001). *Klein, Warnaco settle: Last minute agreement avert high-profile legal battle*. Retrieved April 1, 2008, from http://money.cnn/01/22/companies/warnaco/

Kaufman, L. (January 10, 2001). *Calvin Klein-Warnaco License trial finally set to begin*. Retrieved March 27, 208, from http://query.nytimes.com/gst/fullpage/html?resE5D7163CF93AA25752C0A9679C8B63

Klein, C. (2008). *Quotes*. Retrieved March 25, 2008, from http://www.thebiographychannel.co.uk/biography_quotes/298:130/Calvin-Klein.htm

McKenna, B. (2007). *Fashion forward*. Retrieved March 25, 208, from http://www.lexisnexis.com.proxy.lib.o여.edu/us/lnacademic/results/docview/docview.do?risb=21_T3430509573&format=GNBFI&sort-RELEVANCE&startDcoNo=1&resultsUrlKey=29_T3430509578&cisb=22_T3430509577&treeMax=true&treeWidth=0&csi=303830&docNo=1

Media Awareness Netword. (2008). *Calvin Klein: Acasestudy*. Retrieved April 1, 2008, from http://www.mediaawareness.ca/english/resources/educational/handouts/ethics/calvin_klein_case_study.cfmT

NY Fashion. (2008). *Calvin Klein*. Retrieved March 27, 2008, from http://nymag.com/fashionfashionshows/designers/bios/calvinklein/

Rozrio, K. (May 1, 2006). *Calvin Klein review focus on leathergoods*.

Retrieved March 31, 2008, from http://www.lexisnexis.com/us/lnacadimic/results/docview/docview.do?risb=21_T3433728067&format=GNBFI&sort=RELEVANCE&sortDocNo=1&resultsUrlKey=29_T3433728070&cisb=22+T3433728069&treeMax=true&treeWidth=0&csi=140610&docNo=1

Rozario, K. (October 15, 2007). Beauty report: ck Calvin Klein beauty. Retrieved March 31, 2008, from http://www.lexisnexis.com.proxy.lib.odufrom,.deu/us/lnacademic/results/docview/docview/do?risb=21_T3430463907&format=GNBFI&sort=RELEVANCE&sortDocNo=1&resultsUrlKey=29_T3430463910&cisb=22_T3430463909&treeMax=treu&treeWidth=0&csi=140610&docNo=8

The Wall Street Journal. (November 6, 2006). *Calvin Klein plans luxury stores in China*. Retrieved March 25, 2008, from http://www.lexisnexis.com.proxy.lib.odu.edu inacademic/results/docview/docview.do?risb=21_T3430509573%format=GNBFI&sort=RE:EVANCE&startDocNo=1&resultsUrlKey=29_T3430509578&cisb=22_T34305095 77&treeMax=true&treeWidth=0&csi=303830&docNo=6

Vogue. (2008). *Who's sho-Calvin Klein*. Retrieved March 27, 2008, from http://www.vogue/co/uk/「_who/calvin_Klein/default/html

Yahoo Finance. (2008). *CALVIN*. Retrieve April 2, 2008, from http://finance.yahoo.com/q/bc?s=CALVIN&t=my&i=on&z=l&q=l&c=

출처 : Media Awareness Network에서 발췌

사례연구

Kellwood

{ "Kellwood는 자신의 다양한 유통경로, 다양한 고객층, 그리고 다양한 가격 정책을 항상 자랑스러워한다."

–Robert C. Skinner, Jy., Kellwood의 회장 겸 CEO(Seeking Alpha, 2007, p. 2)

Kellwood에 대하여

"Kellwood Company는 의류 및 섬유제품을 판매하는 선도기업이다." (Kellwood Company, 2008). 이 회사의 본사는 미주리 주 세인트루이스에 위치하고 있으며 뉴욕에 대표 사무실을 두고 있다. 회사의 브랜드들은 고객의 필요와 기대를 만족시키고 더 뛰어넘고자 한다. Kellwood는 '브랜드 제품의 전문화'를 통해 이를 달성해 왔다(Kellwood Company, 2008). "Kellwood는 모든 유형의 유통 채널을 통해 제품과 브랜드를 판매한다. 제품과 브랜드는 각 채널의 특성에 맞게 전문화되어 있다." (Kellwood Company, 2008) "Kellwood는 모든 유형의 소매업체를 위해 다양한 브랜드 및 유통업체 상표의 제품을 디자인하고 판매한다." (Appleson, 2008)

Kellwood의 사명

다양성의 초석을 구축한다. 다양한 계층의 소비자들에게 어필하는 최고의 섬유제품 브랜드들을 운영하는 회사로서 우리의 입지를 강화하기 위한 패션과 가치.(Kellwood Company, 2008)

역사적 관점

Kellwood Company는 전세계적으로 '의류, 가정용 가구류, 레크리에이션 제품의 유통업체 상표 및 일반 브랜드를 제조, 기획, 판매하는' 선도적인 회사이다(Kellwood Company History, 1997, p.1). 이 회사의 브랜드들은 모든 유형의 소비자들을 목표로 삼고 그들에게 접근하기 위해 다양한 유통 채널을 통해 판매되고 있다. 이 회사의 핵심 제품군은 의류이다. International Directory of Company Histories에 의하면 "의류 매출의 73%는 여성복에서, 24%는 남성복, 3%는 아동복에서 발생한다." Kellwood는 캐나다, 미국, 카리브해 연안, 극동지역 등 세계 전역에 공장을 보유하고 있다. 내수 및 세계시장의 소비자들이 신중한 구매로 인해 회사는 성장에 상당한 시간을 겪었는데, 이러한 과정을 통해 Kellwood의 제품 라인들이 완성되었다(Kellwood Company History, 1994).

1961년, Sears와 Roebuck and Co.에 섬유제품류를 납품하던 독립된 공급업체들의 합병으로 Kellwood Company가 탄생했다. Kellwood라는 회사의 이름은 Sears의 선대 대표인 Charles H. Kellstadt와 Robert E. Wood의 이름을 따서 만들었다. 이 신생 회사는 서로 다른 관리와 제품 라인으로 구성되었다. 제품 라인은 방대한 범위의 의류와 캠핑장비, 침구류 등을 포함했다. 회사는 '7,000명의 근로자와 10개 주 22개

공장'으로 출발했다. 이때의 순매출액이 '8,610만 달러', 수익은 '190만 달러'였다. 이는 미국 의류 제조업체 3위에 해당하는 규모였다. Kellwood의 초대 대표였던 Maurice Perlstein은 McComp Manufacturing Co.의 대표였다. 이 회사는 시카고에 대표 사무실을 둔 Delaware corporation으로 알려져 있다.

1962년 Kellwood는 5개년 계획을 수립했다. 1963년 회사는 목표매출을 초과 달성했다. Kellwood의 매출을 대부분 Sears에 의존하고 있었기 때문에, 매출 성장을 위해 보다 다양한 제품 라인을 도입하기로 결정했다. 이러한 결정 이후 매출은 1억 달러 수준으로 뛰어올랐다. 회사는 11개 주 29개 지역으로 확장했고, 해외시장으로도 진출했다. 그들은 킹스턴, 자메이카에 공장을 설립했는데, 이는 이후 회사의 성공을 견인하는 글로벌화의 시초가 되었다(Kellwood Company History, 1994).

1964년, Kellwood Company로 합병하기 전 독립된 공급업체 중 한 회사의 대표였던 Fred W. Wenzel은 Kellwood의 CEO 겸 이사회 회장으로 선출되었다. 이때 Kellwood Company의 로고가 개발되었다. 로고 'K'는 바늘구멍을 통과하는 실을 상징한다. 회사의 창립 5주년이 되었을 때 매출은 첫해보다 '75%' 상승했다. 회사는 계속 성장하여 1966년에는 13개 주에 36개의 공장을 운영하고 11,000명이 넘는 근로자를 고용했다. 이때 회사의 본사가 시카고에서 세인트루이스로 이전했고, 테네시에 첫 번째 정보처리 센터를 설립했다. 이를 통해 회사는 재고를 추적하고 관리 비용을 절감할 수 있었다(Kellwood Company History, 1994).

Kellwood는 회사의 창립자들이 수립한 모든 목표를 달성했으며, 설립 10년 후에는 Sears의 섬유제품 최대 공급업체가 되었다. 10년간 소득에는 변동이 있었지만, 1971년에 이르러 회사는 안정기에 접어들었다. 이 시기에 회사는 제품 라인을 완성할 수 있는 다른 회사들을 매입하는 데 눈을 돌리기 시작했다. Kellwood는 또한 1965년부터 팩토리 아웃렛을 오픈하기 시작했는데, 1973년에는 아웃렛의 수가 29개까지 늘어났다. 아웃렛은 Kellwood에 큰 성공을 가져다주었다(Kellwood Company History, 1994).

1974년까지 Kellwood는 창립 이후 14년간 제품 라인 및 제조공장 면에서 급속한 성장을 이루었다. 근로자 수는 '17개 주 62개 공장에서 18,000명'에 이르렀다(Kellwood Company History, 1994, p.1). 수익은 '850만 달러' 규모로 성장했는데, 이는 Sears에 대한 판매가 그만큼 성장했기 때문이다. Sears는 Kellwood 매출의 약 80%를 차지했으므로 Kellwoo의 성공은 Sears로 인한 것이라 해도 과언이 아니었다.

1975년, Kellwood의 성공은 막을 내렸다. 불경기로 인해 Sears의 매출이 감소하면서 Kellwood의 수익은 전년 대비 40만 달러 감소했다. 이는 Kellwood로 하여금 다른 한 회사에 너무 가까이 의존하는 것이 얼마나 위험한 것인지를 깨닫게 했다. 이는 Kellwood가 Sears와의 관계를 재평가하고 회사의 미래 방향을 재검토하는 계기가 되었다.

(Kellwood Company History, 1994)

이듬해 회사의 개편 후 수익은 7백만 달러까지 뛰어올랐다. Kellwood는 유통업체 상표보다는 제조업체 브랜드 사업에 주력하는 방향으로 전환했다.

디스코와 피트니스가 전국적으로 유행하면서 Danskin[7]이 최초로 선보인 타이트하고 가벼운 댄스용 탑에 대한 수요가 급증하면서, Kellwood는 Van Raalte라는 브랜드의 시장 점유율 확보의 발판을 마련하고자 했다. 당시 바디웨어 시장은 Danskin이 확고부동한 선두를 차지하고 있었기 때문에 Kellwood는 2위 바디웨어 제조업체인 Sears의 자리를 빼앗는 것을 목표로 삼았다. 그러나 Kellwood는 Sears에게 그다지 큰 공격을 하지 못했다. Sears는 여전히 Kellwood 매출의 80%를 차지했고, Kellwood 지분의 22%를 소유하고 있었다(Kellwood Company History, 1994, pp.1~2).

Kellwood의 제품 대부분은 Sears의 주문을 만족시키는 데 초점을 맞추고 있었다. 데님제품에 대한 미국 소비자들의 수요가 지속적으로 증가했고, 1977년 Sears의 청바지 매출은 Kellwood의 다른 모든 제품 라인의 매출을 앞질렀다. 1970년대 후반 더 많은 사람들이 운동과 놀이를 위해 아웃도어로 향함에 따라 Kellwood는 기존의 텐트 및 침낭 라인에 백팩을 더했다(Kellwood Company History, 1994).

매출이 5억 달러, 수익은 약 1,350만 달러에 달했던 1978년, Kellwood는 브랜드 비즈니스를 확대하기 위한 노력을 게을리하지 않았다. 이때 양말류에 대한 Fruit of the Loom의 브랜드 사용권을 구매했는데, 양말시장은 Hanes Corp.와 Kaysrer-Roth의 양대 제조업체가 시장을 선도하고 있었고, 양말시장에서 Kellwood는 13억 9천만 달러에 이르는 점유율을 차지하기를 기대했다(Kellwood Company History, 1994).

1980년, Kellwood는 홍콩의 Smart Shirts Ltd. 지분의 절반 가까이를 매입하면서 해외 사업에 투자하기 시작했다. 1972년 Kellwood는 수출입 업무를 돕기 위해 홍콩에 Kellwood International Ltd.를 설립했다. Smart Shirts Ltd.에 Macy's of New York, Inc., Federated Department Stores, The May Company, J.C. Penney Company, Inc. 등 쟁쟁한 바이어들의 주문이 이어지면서 Kellwood는 Sears에 대한 의존도를 점차 늦출 수 있었다(Kellwood Company History, 1994).

이듬해 Kellwood는 대대적인 비즈니스 전략 수정을 단행했다. Sears가 Kellwood의 중요한 고객이기는 하지만, Kellwood에게는 보다 안정적인 판매처가 필요했다. Wenzel 회장은 Kellwood의 철학은 Sears에 파는 것에 만족하지 말고, 다른 고객들에게 더 많이 판매함으로써 Sears에 대한 판매비중을 줄이는 것이라고 말했다. 이를 달성하기 위해 Kellwood의 관리팀은 근본적으로 해외 생산과 소싱을 확대하기로 결정했다. 즉, 재단한 원단을 해외로 보내 봉제하고 완성된 제품을 미국으로 다시 들여오는 것이었다. 회사는 중앙아메리카와 카리브해 연안, 극동지역에 초점을 맞추었다. Kellwood는 안정적이지 못한 수익으로 인해

Van Raalte와 Fruit of th Loom 브랜드를 철수했다(Kellwood Company History, 1994).

Kellwood는 여전히 유통업체 상표제품을 주로 생산하는 업체로서 창업 30주년에 접어들었다. 1982년, 두 해 전 216,000달러에 불과했던 수익이 8백만 달러 이상으로 회복되었다. 1년 전 단행한 의사결정이 결과가 나타나기 시작했던 것이다. Sears에 대한 의존도를 줄여가고자 했던 결정이 Kellwood의 매출에 영향을 미쳤으나, 재고 감소로 인해 수익은 오히려 증가했다. 1982년에는 또한 타이완과 홍콩에 생산설비를 증축하면서 글로벌 의류 제조업체로서의 입지를 더욱 강화시켜 나갔다(Kellwood Company History, 1994).

"1984년 7월, Kellwood는 Sears가 보유하고 있던 자사의 나머지 지분을 모두 매입했다. 이로 인해 4반세기 동안 이어져 온 두 회사 간의 투자 관계에 마침표를 찍었다."(Kellwood Company History, 1994, p.2). 다음해 Sears에 대한 Kellwood의 매출은 다른 바이어들에 대한 매출과 유사한 수준으로 떨어졌다. Sears에 대한 이러한 매출 감소는 Kellwood의 전체 매출 규모에 영향을 미쳤으나, 1985년 Cape Cod-Cricket Lane, Inc.를 매입함으로써 매출을 확보하고 내수 운영을 견인할 수 있었다. 1983년 Kellwood는 Smart Shirts의 나머지 지분을 모두 매입하고, Smart Shirts의 이름으로 스리랑카의 자유무역 지대에서 구매가 가능해지면서 극동지역에서의 입지를 더욱 강화했다. 1984년 Kellwood가 극동지역에서의 탐색과 구매를 돕기 위해 Kellwood Asia Ltd.를 설립하면서 회사는 글로벌 기업으로 성장하는 발판을 마련했다(Kellwood Company History, 1994).

1980년대 말 Kellwood는 패션 중심의 제조업체 브랜드를 소유한 국내 및 해외의 의류업체들에 대한 매입을 가속화했다. Sears에 저가대의 상품을 공급해 왔던 과거에 비교했을 때, 보다 높은 가격대의 제품군은 더 낮은 재고 수준과 더 높은 이윤 가능성을 제공했다. Kellwood가 내수시장에서 급성장할 수 있었던 것은 브랜드 업체들을 인수하여 Sears에 대한 매출 감소를 만회할 수 있었기 때문이다. 80년대 말 Sears에 대한 Kellwood의 매출비중은 약 1/4 수준으로 떨어졌다(Kellwood Company History, 1994).

1989년 말레이시아 북 마리아나제도에 위치한 Saipan Manufacturers, Inc.를 매입하면서 Kellwood의 극동지역 비즈니스 또한 성장했다. 이 회사는 Smart Shirts의 관리하에 운영되었다. 80년대 말, Smart Shirts는 Kellwood 영업이익의 40% 이상을 차지했고 Sears에 대한 매출 감소를 대체하는 성장 촉진제 역할을 했다(Kellwood Company History, 1994).

"1990년대에 들어서면서 Kellwood는 지난 30년간의 성장을 통해 미국에서 선도적인 의류 제조업체로 자리매김했다."(Kellwood Company History, 1994). Kellwood는 현재 25,000여 개 매장을 포함한 250개 이상의 주요 소매 계정을 보유하고 있다. 또한 회사의 Sears에 대한 의존에

---

7) 1882년 뉴욕에서 타이트한 무용복과 간단한 액세서리를 만들어 판매하던 작은 상점에서 시작된 브랜드로, 현재 무용 및 무용 관련 액세서리뿐만 아니라 각종 여성 피트니스복을 판매하는 전문 브랜드로 성장했다.(출처 : http://news.naver.com/main/read.nhn?mode=LSD&mid=sec&sid1=101&oid=050&aid=0000003771)

서 벗어나 다양한 고객 기반을 확보하고 있다(Kellwood Company History, 1994).

2008년 2월, Kellwood Company는 7억 6,700만 달러에 Sun Capital Securities에 매각되었다(Sun Capital, 2008). Sun Capital은 이전에도 Kellwood를 인수하려는 시도를 했었으나 입찰 경쟁이 너무나 치열했다. 이번 인수는 Kellwood 측의 주식 점유율이 낮았기 때문에 성사될 수 있었다. Kellwood의 CEO Robert C. Skinner, Jr.는 "강력한 개인회사로서 Kellwood는 브랜드 중심의 마케팅 회사로서의 전략적 우위를 지속적으로 이어나갈 것이다."라고 말했다(Appleson, 2008, p.1).

Kellwood의 브랜드

Kellwood Company의 주요 목표는 다양한 라이프스타일을 만족시키고, 전 세계의 광범위한 고객층을 아우르는 다양한 브랜드들을 제안하는 것이다. "비즈니스와 저녁 행사, 그리고 가족과의 주말 활동까지, Kellwood는 모두를 위한 특별한 것들을 가지고 있다."(Kellwood Company, 2008). [표 1]은 Kellwood의 브랜드들과 이러한 브랜드들이 어떠한 채널을 통해 유통되고 있는지를 보여준다.

결론

브랜드, 유통업체 상표, 그리고 레크리에이션 및 가정용 섬유제품 등 광범위한 라인에 해당하는 Kellwood의 제품들은 지속적으로 소비자들의 옷장을 채우게 될 것이다.

생각해 볼 문제

1. Kellwood는 어떻게 이러한 거대 복합기업으로 성장했는가?
2. Kellwood는 다시 자립하기 위해 다른 회사에 합병되어야만 했을까?
3. Kellwood는 합병을 막기 위해 1981년에 했던 것처럼 전략 수정을 단행해야 했을까?
4. 합병 이후 Kellwood의 미래는 어떠할 것인가? Kellwood는 여전히 패션산업의 최대 거대기업 중 하나로 남을 것인가?
5. Sun Capital Securities는 Kellwood 매입에 얼마를 지불했는가?
6. Kellwood 웹사이트(www.kellwood.com)에서 연간 보고서를 찾아보고 다음 질문에 답해 보라. (a) 2006년 총이익은? (b) 순이익은? (c) 경기 상황이 Kellwood의 총이익과 순이익에 어떠한 영향을 미쳤는가?

표 1

Kellwood 브랜드

브랜드	유통 경로	구매처
Baby Phat	온라인, 백화점, 전문점	Soho NYC, babyphat.com, Nacy's, macys.com, Dilllards, Carson Pirie Scott, D.E.M.O., Man Alive
Briggs New York	체인점, 백화점	Macy's, Carson Pirie Scott, Bon-Ton, JCPenney, Kohl's, Goody's
Calvin Klein*	중고가 백화점, 전문점	Macy's, Bloomingdale's, Lord & Taylor, Gottschalk's, Hudson Bay, A. S. Cooper
CK Calvin Klein*	고급 백화점, 전문점	Neiman Marcus, 편집샵
David Meister*	백화점, 전문점, 카탈로그	Neiman Markus, Saks Fifth Avenue, Nordstrom, Bloomingdale's, Lord & Taylor
DBY	체인점, 전문점	JCPenney, Charming Shoppes
Democracy	중고가 백화점 및 전문점	Macy's, Belk, Loehmann's, Marshall's
Dorby	체인점, 백화점	JCPenney, Belk, Sears, Goody's, Stage Stores
Gerber Beginnings "the best place to start"	백화점	Select Sears, Beall's and Peebles
Gerber Everyday Essentials	양판점, 전문점, 식품 및 드러그 스토어	Walmart, Target, Kmart, Toys R Us, Babies R Us, Burlington Coat Factory, Fre Meyer, Meijer, BJ's Wholesale club, Shopko, AAFES
Hanna Andersson	온라인, 카탈로그, 소매점 및 아웃렛	Hanna Andersson 홈페이지에서 확인
Hollywould	백화점, 전문점, 온라인	Hollywould Boutiques, hollywold.com, Berfdorf Goodman, Nordstrom, Neiman Marcus, zappos.com, piperlime.com
Jolt Girls Sportswear	백화점, 전문점	Nordstrom, Macy's, macys.com, Dillards, Belk, Parisians, SSI

표 1		
Kellwood 브랜드(계속)		
Jolt Junior Sportswear	백화점, 전문점	Nordstrom, Macy's, macys.com, Dillards, Belk, Parisians, SSI
Kelty	아웃도어 전문점 및 전국 체인점, 스포츠용품점, 온라인	Kelty 홈페이지에서 안내
Koret	백화점, 전문점, 카탈로그, 체인점, 우편주문, 온라인	Sportsear: Gottschalk's, Stage, Peebles, shopkoret.com, Koret Rail 및 아웃렛
My Michelle	백화점, 전문점, 체인점	JCPenney, Dillard's, Belk, Macy's, SSI, Kohl's, Nordstrom, Parisians
Napa Vally	백화점	Dillard's에서만 판매
Onesies	양판점, 백화점, 전문점, 음식 및 드러그 스토어	Walmart, Target, Kmart, Sears, Toys 'R Us, Babies 'R Us, Burlington Coat Factory, Fred Meyer, Meijier, BJ's Wholesale Clum, Shopko, AAFES
Pantology	백화점	Macy's
Phat Farm	온라인, 백화점, 전문점	Soho NYC, www.phatfarm.com, Macy's, Dillard's, D.E.M.O., Man Alive
Plaza South	백화점, 전국 체인점, 전문점, 우편주문	Belk, Dillard's, Macy's, Parisians, Stage Stores
Prophecy	백화점, 전문점	판매 예정
Rewind Girls Sportswear	중가 백화점	Kohl's, JCPenney, Mervyns
Rewind Junior Sportswear	중가 백화점	Kohl's, JCPenney, Mervyns
Royal Robbins	아웃도어 전문점, 스포츠용품점, 아웃도어 전국 체인점, 온라인, 부티크	Royal Robbins 홈페이지에서 안내
Sag Harbor	백화점, 전문점, 카탈로그, 온라인	Beall's, Belk, Boscov's, Colony Shops, Fre Meyer, Goody's, JCPenney, Kohl's, McRae's, Meijer, Mervyns, Miltary Exchanges(Nexcom, Airforce, Marines), Moore's, Palais Royal, Peebles, Proffitt's, Stage, www.sag-harbor.com, Sag Harbor 아웃렛, Sag Harber 소매점
Sangria	백화점, 전문점, 전국 체인점, 양판점, 카탈로그	Federated, Dillard's, Belk, BonTon, Boscov's
Sierra Designs	독립 전문점, 스포츠용품점, 아웃도어 전국 체인점	Sierra Designs 홈페이지에서 안내
Slumberjack	스포츠용품점, 아웃도어 전국 체인점, 독립 전문점, 카탈로그 소매업체	Slumberjack 홈페이지에서 안내
Vince	미국, 캐나다, 유럽, 아시아의 명품 전문점 및 백화점	Barneys, Bergdorf Goodman, Neiman Marcus, Saks Fifth Avenue, Nordstrom, Bloomingdale's
Wenger*	스포츠용품점, 아웃도어 전국 체인점, 인터넷 소매업체	Wenger 홈페이지에서 안내
Wenzel	양판점, 회원제 할인점, 스포츠용품점, 아웃도어 전국 체인점, 인터넷 소매업체	Wenzel 홈페이지에서 안내
XOXO*	백화점, 전문점, 체인점, 온라인	Macy's, macys.com, Parisian, Carson Pirie Scott, Boscov's, Belk, Bon-Ton, Dillard's, SSI, XOXO.com

주 : * 표시는 라이선스 상표임
출처 : www.Kellwood.com "Brands" 2008

참고자료

Appleson, G. (2008). Kellwood agrees to Sun Capital offer. *St. Louis Post-Dispatch*, 1-2, Retrieved April 1, 2008, from http://www.stltoday.com/stltoday/business/stories.nsf/yourmoney/9C947D4ED95E163D862573ED000F542B?OpenDocument

Kellwood Company History. (1994). *International Directory of Company Histories*, Vol. 8. St. James Press. Retrieved April 1, 2008, from http://www.fundinguniverse.com/company-histories/Kellwood-Company-Company-History.html

Kellwood Company. (2008). Retrieved April 1, 2008, from

http://www.Kellwood.com

Seeking Alpha, (2007). Kellwood Company: A Share Price in Tatters, 1-4. Retrieved April 1, 2008, from http://seeingalpha.com/atrivle/46103-kellwood-company-a-share-tprice-in-tatters

Sun Capital Partners, Inc. (2006-2008). Retrieved April 1, 2008, from http://www.suncappart.com

출처 : Kellwood Brands에서 발췌

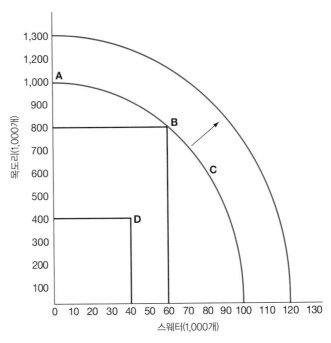

그림 7.7 생산가능곡선

는 어떠했고 미래에는 어떻게 변할지를 알 수 있음을 명심하라. 이것이 경제를 바라보는 통계학적 관점이다.

패션산업의 선행 경제지표

패션 회사들은 미국 상무부(Department of Commerce) 산하에 있는 미국 통계국(U.S. Census Bureau)의 정보 및 Forrester Research International Council of Shopping Centers의 자료를 활용한다. 미국 통계국은 미국의 국민과 소득, 주거 등을 측정하기 위해 기업 및 소비자에 관한 여러 조사를 실시한다. 이러한 통계 자료들은 미국 통계국의 New American Fact Finder 웹사이트에서 찾아볼 수 있다. 이는 미국의 도시와 카운티, 그리고 그곳에 살고 있는 사람들에 대한 큰 그림을 보여준다.

American Fact Finder의 정보는 패션 회사들이 어디에 매장 및 제조시설, 유통 센터를 설치할지 등에 대한 의사결정을 하는 데 도움을 준다. 업체는 성별 및 연령과 같은 인구통계학적 정보를 통해 노동력이 풍부한 지역을 쉽게 확인할 수 있다. 어떤 지역의 민족 특성이 소매업체에게는 매우 중요하다. 민족 특성이 목표 소비자 집단을 설정하고 제품 구색을 갖추는 데 큰 영향을 미치기 때문이다.

미국 상무부의 웹사이트에는 "미국 상무부는 경제 성장을 촉진하고 미국 국민들의 일자리 기회를 증진시키는 책임이 있다."고 명시되어 있다. 미국 상무부는 통계국, 경제개발부(Economic Development Administration), 국제무역부(International Trade Administration) 등 12개 부서로 구성되어 있다(p. 216, '미국 상무부' 참조). "상무부의 임무는 미국의 기업들이 국내에서는 더욱 혁신적이고 해외에서는 더욱 경쟁력을 갖도록 돕는 데 있다."(U.S. Department Commerce, n.d.) 정부는 월별, 또는 분기별로 제조공장에서 만들어 낸 제품, 소규모 소매점의 단위면적당 매출 등의 경제활동에 대한 정보를 제공한다. 상무부 또는 통계국과 같은 해당 부서가 이러한 정보를 다양한 유형의 경제지표들로 수치화하여 발표한다.

경제지표는 소매거래에서부터 실업률에 이르기까지 다양한 정보에 기초한 경기 현황을 통계적으로 산출한 결과이다. 상무부의 경제 및 통계 부서에서 이러한 경제지표를 발표한다. 경제를 연구하는 개별 회사들은 자사의 웹사이트에 경제지표들을 발표한다. 전문적인 경제학자들은 경제에 관한 보고서를 작성하기 위해 경제를 측정하고 분석한다. 패션산업의 소매업, 도매업, 그리고 서비스 분야에서는 이러한 보고서와 정보들을 성장 및 축소, 재고, 투자 등에 관한 의사결정에 활용한다.

경제지표에는 다음과 같은 유형이 있다. (1) **선행지표**(leading indicator)는 경기와 동일한 방향으로 움직이는 경향을 갖는다. 기업 재고량(business inventories), 공장 및 설비에 대한 주문 계약, 소비재 및 원부자재 주문 등의 변화가 이러한 선행지표에 속한다. (2) **동행지표**(coincident indicator)는 일반적으로 경기 주기와 함께 발생한다. GDP, 제조 및 무역 규모, 산업 생산 등이 여기에 속한다. (3) **후행지표**(lagging indicator)는 경기 주기를 뒤따라가는 지표이다. 단기 이율, 제조 및 무역 재고, 단위 생산당 인건비 등이 후행지표에 해당한다. 패션 경영자들이 의사결정을 위해 이러한 지표들을 모두 참고해야만 하는 것은 아니다. 패션산업에서 활용하기에 적합한 지표들에는 **고용동향**(employment situation), **개인 소득 및 지출**(personal income and spending), **소매업과 요식업의 전월 매출**(advance monthly sales for retail and food services), **전자상거래 소매 매출**(e-commerce retail sales), **주간 연쇄점 매출**(weekly chain-store sales), **소비자 신뢰지수**(consumer confidence index), **국내총생산**(gross domestic product), **제조업체 선적/재고/주문 보고서**(manufacturer's shipments, inventories, and orders report), **월별 및 연간 도매업 보고서**(monthly and annual wholesale trade report) 등 9가지가 있다. 이러한 지표들이 경기를 분석

미국 상무부

경제분석국(Bureau of Economic Analysis, BEA)

산업안전국(Bureau of Industry and Security, BIS)

미국 통계국(U.S. Census Bureau)

경제개발국(Economic Development Administration, EDA)

국제무역부(International Trade Administration, ITA)

소수민족 비즈니스 지원국(Minority Business Development Agency, MBDA)

국립해양대기청(National Oceanic and Atmospheric Administration, NOAA)

국립정보통신국(National Teclocommunications and Information Administration, NTIA)

국립표준기술연구원(National Institute of Standards and Technology, NIST)

국립기술정보서비스국(National Technical Information Service, NTIS)

미국 특허상표국(U.S. Patent and Trademark Office, USPTO)

출처 : 미국 상무부

하고 예측하기 위한 도구임을 명심하자. 기업들은 의사결정에 있어서 경제지표들에만 의존하지 않는다. 지표에 대한 정보를 과거 매출 정보, 현재 매출 동향, 과거 및 현재 재고 동향, 제품의 시장 공급 가능성, 패션 트렌드, 프로모션 활동 등 다양한 정보들과 함께 고려하여 최종적인 의사결정을 하게 된다. 이제 경제지표 중 고용동향에 관한 내용부터 살펴보도록 하자.

고용동향

매월 첫 번째 금요일에 노동통계국(Bureau of Labor Statistics)은 **고용동향에 관한 보고서**(Labor Report라고도 함)를 발표한다. 이 보고서는 전월의 고용에 관한 통계로, 웹사이트(http://stats.bls.gov/news.release/empsit.nr0.htm)에서 볼 수 있다. 미국의 고용동향에 관한 현재의 통계정보는 노동통계국의 웹사이트(www.bls.gov)에서 확인할 수 있다. Bernard Baumbohi는 "이는 대단한 정보이다! 고용 보고서(jobs report)만큼 주식 시장을 흔들고 시장을 결합시키는 경제지표는 없다."고 했다. 고용시장에 대한 예측, 가구 수입, 미래의 주식시장은 이 보고서에 포함된 정보의 영향을 받는다. 보고서가 *Wall Street*를 놀라게 한다면 그 영향력은 매우 극적이다. 고용 현황을 측정하기 위해 가구 조사(household survey)와 **기업체 조사**(establishment survey) 두 가지를 실시한다. 가구 조사는 실업률을 측정하고 인구통계학적 단위의 정보를 제공하기 때문에 널리 활용되고 있다. 노동부(Department of Labor)에서는 미국의 6만 가구를 대상으로 조사를 실시하며 약 5만 7천 개의 응답을 받는다. **기업체**(establishment) 조사는 회사들이 현재 고용에 대한 급여 총액을 합한 것이다. **가구 조사**(household survey)와 기업체 조사는 고용에 관한 표본 조사이다.

　고용동향 조사는 약 40%의 20인 미만 소규모 회사들이 포함하며, 고용 및 실업에 대한 정보를 수집한다. 조사에서 성별, 연령, 민족에 따라 노동자 계급, 노동자의 상태, 파트 타임(part-time)/상근(full-time), 직종, 근무시간, 생산에 대한 급여 총액, 비관리직 근로자 등에 대한 정보를 세분화한다. 매달 발표되는 고용동향에는 두 가지의 표가 들어 있다. 표 A는 가구 조사에서 얻은 정보를 분석한 내용이고, 표 B는 기업체 조사의 결과이다. 계절변동의 부족으로 결과의 왜곡이 발생할 수 있다는 점이 고용동향 보고서의 단점이다.

실업자 통계가 높을수록 경제에 대한 전망이 암울하다는 것이 기본 전제이다. 실업자들은 소비할 돈이 적으며, 따라서 시장에 소비되는 돈이 줄어들게 되고, 결과적으로 경기가 하락하게 된다. 의류는 특히 실업으로 인한 경기 불황기에 취약한데 대부분의 의류 구매는 '필요'가 아닌 '욕구'에 기초하기 때문이다. 게다가 임금과 월급이 가구의 가장 큰 수입원이고 가구 소비가 총 경제 생산의 2/3 이상을 차지한다. 고용동향 보고서가 경제에 미치는 영향이 막대한 것을 쉽게 알 수 있다.

개인 소득 및 지출

미국에서 개인 소득이 발생했을 경우 할 수 있는 선택은 쓰거나 저축하는 것 둘 중 하나이다. 미국 경제분석국(Bureau of Economic Analysis, BEA)은 매달 개인 소득 및 지출에 관한 보고서(Personal Income and Outlays Report)를 발표한다. **개인 소비 보고서**(Personal Consumption Report)라고도 불리는 이 보고서는 개인의 소득과 개인의 지출 및 소비에 대한 내용으로 구성된다. 미국인들의 세전 소득이 얼마이고, 얼마를 소비하고, 얼마를 저축하는지에 대한 기록에 기초하여 소비자 행동과 총 경제 소비를 측정한다.

개인 소득(personal income)은 임금과 월급, 배당금과 이자, 임대소득, 그리고 기타 소득 등으로 벌어들인 세전 총소득을 의미한다. 재고 및 채권, 부동산 판매를 통한 이윤은 개인 소득에 포함되지 않는다. 임금과 월급이 모든 소득의 대부분을 차지한다. 개인 지출(personal outlays)은 대부분 제품 및 서비스에 대한 개인 소비로 구성된다. 개인 소비에 포함된 지출로 **내구재 소비**(durable consumer goods) 구매가 있는데 식기세척기, 자동차, 가구 등이 이에 포함된다. 내구재는 보통 3년 또는 그 이상의 수명을 갖는다. 긴 수명과 비싼 가격으로 인해 내구재 소비는 소비자 지출의 12~14% 정도를 차지한다(Baumbohl, 2008). 미국인들은 또한 식료품, 인쇄지, 의류 등의 **비내구재**(nondurable goods)도 소비한다. 비내구재는 3년 또는 3년 미만의 수명을 갖거나 한번 사용으로 수명을 다한다. 이는 의류, 화장품, 휘발유, 사무용품 등 덜 비싼 제품들이다. 비내구재 소비가 총 소비자 지출의 30%를 차지한다(Baumbohl, 2008). 매니큐어, 병원, 잔디 관리, 드라이클리닝 등은 **서비스**(services)에 속한다. 이는 세 항목 중 가장 빠르게 성장하는 부문으로 총 소비자 지출의 60%를 차지한다(Baumbohl, 2008). 위의 세 항목 중 서비스 항목의 지출이 가장 많고 비내구재, 내구재 순이다.

개인 소득 및 지출에 관한 보고서는 **실질개인소득**(real personal income), **가처분 소**

표 7.4

실질개인소득 계산

(A) 미국 개인 소득(2011.9)	(b) 미국 인구*	(a)/(b) 미국 인구당 소득
13,022,100,000	312,882	41,619.8

*인구는 미국의 총인구를 의미함. 해외 주둔 군인 및 장기요양환자 포함. 월별 추정은 그달 첫날의 수치와 다음 달 첫날의 수치의 평균치임. 연간 및 분기별 추정은 월별 추정의 평균치임.

출처 : Bureau of Economic Analyses, U.S. Department of Commerce, News Release, http://www.bea.gov/iTable/iTable/cfm?ReqID=5&step=1

득(disposable personal income, DPI), 그리고 **개인저축률**(personal savings rate) 등 소비에 대한 필수적인 정보를 제공한다. 실질개인소득 또는 1인당 소득은 개인 소득을 인구 수로 나누고 인플레이션을 반영하여 계산한다(표 7.4). 가처분소득(DPI)은 개인 소득에서 세금을 제한 것으로 집으로 가져가는 실제 금액과 거의 같다. [표 7.5]는 2010년 개인저축률을 보여준다. DIP에서 개인 지출을 뺀 것이 개인저축률이다. 개인저축률은 DPI에 대한 비율로 표시된다.

개인소비지출(personal consumption expenditures, PCE)은 사람들이 얼마를 쓰는지에 대해 조사하는 것이다. 세계 경제지표의 비밀(*The Secrets of Economic Indicators*)의 저자 Bernard Baumbohl은 "전통적으로 가구 소득의 95%가 소비로 지출되며, 이러한 높은 소비가 모든 경제활동의 2/3를 차지한다."고 했다. 개인소비지출(PCE)은 개인 소비를 가장 광범위하게 평가하는 것으로, 국내총생산(GDP)의 가장 큰 요소이기도 한다. 그렇기 때문에 PCE에 어떤 의미 있는 변화가 발생한다면 이는 경기 주기에도 중요한 영향을 미칠 수 있다. PCE는 소비자의 소매품에 대한 지출뿐만 아니라 사람들이 신용카드 이자 지출에 얼마를 소비하는지도 알게 해준다. 각각의 발표는 올해 초부터 현재까지 매달의 결과뿐만 아니라 지난 3년간의 결과도 함께 알려 준다. 사회보장 원천징수세와 자영업자의 연금 지출은 PCE에서 공제된다. PCE는 사람들이 무엇을 구매하는지 판단하기 위해 내구재, 비내구재, 서비스의 세 가지 항목에 대한 지출을 검토한다.

사람들은 무엇을 저축하는가? 제품과 서비스, 대출 이자, 신용카드대금 등을 지불하고 남는 것을 저축한다. 간단하게 가처분 소득에서 지출을 뺀 것으로 계산할 수 있다. 현재 미국에서는 사람들이 버는 것보다 쓰는 것이 많은 경향을 보이고 있다. 경제학자들은 이러한 경향을 금리 상승으로 인해 반전될 것이라 믿는다. 신용 비용의 상승은 소

표 7.5

개인저축률

(A) 가처분 소득	(B) 개인 지출	(A)−(B)=개인저축률
11,608,500,000	11,135,700,000	472,800,000

출처 : http://www.bea.gov/iTable.cfm?ReqID=5&step=1

비를 멈추게 한다. 이와 유사하게 높은 금리는 소비자들이 투자에 대해 더 많은 이자를
돌려받게 함으로써 저축을 장려한다.

소매업과 요식업의 전월 매출

소매업과 요식업의 전월 매출(The advance monthly sales for retail and food services)
은 소비자 지출에 관한 월별 보고서 중 가장 먼저 발표된다. 미국 상무부의 통계국에서
발표하는 이 보고서는 매달 방대한 양의 개정된 정보들로 가득하다. 각각의 보고서에는
보다 완벽한 정보를 반영하기 위해 직전 두 달의 자료에 대한 수정 사항이 포함된다. 매
년 3월에 발표되는 연간 보고서는 직전 3년 또는 그 이상의 자료를 포함한다.

이것은 매우 중요한 보고서이다. Bernard Baumbohl은 세계 경제지표의 비밀(*The
Secrets of Economic Indicators*)에서 다음과 같이 언급했다.

> 탁자에서 세 개의 다리를 제거하면 그것은 더 이상 테이블이라고 하기 어렵다. 미국의 경
> 제가 탁자이고 소비자 지출이 네 개의 다리 중 세 개에 해당한다고 한다면, 왜 그렇게 많
> 은 투자집단이 구매자들의 분위기와 행동에 대한 통찰을 제공하는 모든 지표에 극도로
> 주의를 기울이는지 알 수 있을 것이다. 소비자 지출은 모든 경제활동의 70%를, 그리고
> 소매 매출의 1/3을 차지한다. 소비자들이 금전등록기를 계속 울리는 것은 경제가 성장하
> 고 번영할 징조이다.

미국 상무부 웹사이트에 의하면 미국 통계국은 전월 소매 교역 매출에 대한 조사를
실시한다. Advance Monthly Retail Trade and Food Service Survey(MARTS)로 불
리는 이 조사는 미국의 소매업 및 외식 산업 분야의 월별 매출에 대한 초기 추정을 제공
한다. Monthly Retail Trade Survey(MRTS)에서 선택된 약 5,000명의 고용주들은 매
월 설문지를 받는다. 이로 인해 경제학자들은 소매 매출 보고서가 소비자 지출을 가늠
하는 가장 중요한 정보라 판단한다. MARTS에 참가하는 회사들은 전국 매출액의 약
65%를 차지한다. 전월 매출의 변동 사항은 현재 및 전월에 보고된 정보로 추정한다.

전자상거래 소매 매출

미국 통계국에 의하면 전자상거래 소매 매출은 '인터넷, 엑스트라넷, **전자정보교환**
(Electronic Data Interchange, EDI), 네트워크, 또는 기타 온라인 시스템을 통해 제품
및 서비스를 주문하거나 가격 및 거래 조건 협상으로 발생하는 매출'이다. 이 지표는 분
기별로 발표되는데, 미국 통계국이 실시하는 '소매 및 외식 서비스에 대한 매출 추정 및
소매점 보유 재고를 제공하는 조사'인 MRTS에서 모은 정보를 보여준다. 국내총생산
수치는 이 조사와 더불어 미국 통계국 및 노동부(Department of Labor), 기타 연방 정
부 기관들의 조사 정보들을 포함한다.

이 보고서를 통해 전자상거래와 소매업의 매출 정보를 파악할 수 있다. 미국 통계국

에 따르면 '정부를 통해 학계와 업계 모두'에게 이러한 정보가 유용할 것이다. [표 7.6]은 미국 통계국이 발표한 **소매 전자상거래 매출**(retail e-commerce sales)에 대한 정보이다. 미국 통계국이 전자상거래 정보 수집의 중요성을 인식하고 E-Stats-Measuring the Electronic Economy라는 이름의 사이트를 운영하고 있다는 사실에 주목해야 한다. 온라인에서 구매하는 소비자가 점점 더 많아짐에 따라 패션산업에서도 이와 관련된 통계 정보가 점점 더 중요해지고 있다. 명품 브랜드들의 경우 웹사이트를 상품 판매의 수단으로 사용하기보다는 정보를 전달하는 목적으로 이용해 왔다. 2007년 이후 Gucci나 Prada 등의 명품 브랜드들은 자사의 웹사이트에 쇼핑 기능을 추가하기 시작했다. "거의 모든 **무점포 소매업**(nonstore retail) 온라인 판매가 인터넷 쇼핑과 우편주문 산업 분야에서 발생했다. 여기에는 카탈로그와 우편주문이 포함된다. 이들 중에는 인터넷만을 통해 제품을 판매하는 'pure plays'가 있고, 기존의 점포 소매상의 한 분야로 인터넷 쇼핑몰을 운영하는 경우가 있다." 소매 전자상거래 매출에 관한 월별 보고서에는 추정 매출 정보와 계절 조정에 대한 설명이 포함되며, 분기별 매출액 비교, 동년 및 전년 전체 소매업 매출과의 비교 등의 정보도 들어 있다. "상무부의 통계국은 2010년 3분기 미국 소매 전자상거래 매출 추정액(계절 변동 조정, 가격 조정 안 함)을 발표했다." 패션 소매업체가 온라인 판매를 계속할 것인지, 상품 판매를 위한 웹사이트를 새로 개발할 것인지, 혹은 기존의 매장을 폐쇄할 것인지 등을 결정하고자 할 때 전자상거래

표 7.6
전자상거래 소매업

미국 출하, 매출, 수익, 전자상거래 : 2009년, 2008년
(출하, 매출, 수익은 10억 달러 단위)

항목	출하, 판매, 또는 수익				연간 변화율		전자상거래 비중	
	2009		2008				2009	2008
	합계	전자상거래	합계	전자상거래	합계	전자상거래		
합계*	20,014	3,371	22,470	3,774	-10.9	-10.7	100.0	100.0
B-to-B*	9,602	3,073	11,630	3,482	-17.4	-11.8	91.2	92.3
제조업	4,436	1,862	5,468	2,171	-18.9	-14.2	55.2	57.5
도매업	5,166	1,211	6,162	1,311	-16.2	-7.6	35.9	34.7
MSBOs[1] 제외	3,707	729	4,435	739	-16.4	-1.4	21.6	19.6
MSBOs	1,459	483	1,727	572	-15.5	-15.7	14.3	15.2
B-to-C*	10,412	298	10,840	292	-3.9	2.1	8.8	7.7
소매	3,638	146	3,953	142	-8.0	2.1	4.3	3.7
선택 서비스	6,774	153	6,887	150	-1.6	2.2	4.5	4.0

* 다음과 같은 가정을 통해 B-to-B와 B-to-C 전자상거래 추정: 제조 및 도매 전자상거래는 B-to-B로, 소매 및 서비스 전자상거래는 모두 B-to-C로 가정. 또한 출하(shipments), 매출(sales), 수입(revenues)의 의미상 차이는 무시함. 추정된 B-to-B와 B-to-C 결과(직접 측정하지 않음)는 전자상거래 활동에 의해 발생한 거의 모든 금액을 포함함. 표의 '합계'와 관련된 주의사항은 "독자를 위한 주(Note to reader)"를 보라.

[1] 제조업체 판매 대리점 및 사무실(Manufacturers' Sales Branches and Offices).

출처 : 미국 통계국

의 트렌드에 대한 이러한 정보를 매우 유용하게 활용할 수 있다.

주간 연쇄점 매출

국제쇼핑센터위원회(International Council of Shopping Center)는 매주 화요일 오전 9시에 주간 연쇄점 매출(weekly chain-store sales) 보고서를 발표한다. 이는 의사결정 및 소매 연쇄점 포지션 계획에 있어서 중요한 지표이다. 패션산업에서뿐만 아니라, 연쇄점들의 매출을 비교해 보면 그 인기는 휴가 시즌(holiday season)과 개학(back-to-school) 시기에 더욱 분명하다.

소비자 신뢰지수

컨퍼런스 보드(Conference Board)가 매월 마지막 주 목요일에 발표하는 소비자 신뢰지수는 5,000가구에 대한 조사 결과로, 소비자들이 경제와 근로 조건, 소비 등에 대하여 어떻게 느끼는지를 조사한 것이다. 이는 평범한 소비자들의 신뢰를 측정한 것이다. 컨퍼런스 보드에 더하여 미시건대학교와 ABC 뉴스/워싱턴포스트도 소비자 신뢰에 관한 조사를 실시한다. 미시건대학교의 소비자 태도 조사는 매달 500명의 성인을 대상으로 설문조사를 하며, ABC 뉴스/워싱턴포스트의 주간 소비자 안정지수는 매주 250명의 사람들을 인터뷰한다. 컨퍼런스 보드가 발표하는 월간 보고서는 온라인에서 확인할 수 있다(p. 222, 상자글 참조). 소비자는 자신의 개인적인 상황과 국가의 경제 환경이 모두 건강하고 튼튼하다고 느낄 경우 더 많이 소비하는 경향을 보인다. 소비자들이 쇼핑하고 여행하고 투자하면 그 혜택으로 경제가 활성화된다. 우울한 경제, 불안한 고용시장 등의 인식은 사람들로 하여금 소비를 멈추게 만든다. 소비자 지출의 감소는 미국 경제의 성장을 둔화시킨다. 대중의 인식이 경제에 결정적인 역할을 하기 때문에 소비자 신뢰가 조금이라도 감소한다는 신호가 보이면 월스트리트와 워싱턴은 이를 주목할 수밖에 없다.

국내총생산

국내총생산(GDP)은 통화를 측정한 것이다. Bernard Baumbohl의 저서 **세계 경제지표의 비밀**에서는 GDP를 다음과 같이 설명한다. "GDP는 미국에서 생산된 모든 제품과 서비스의 소매가격을 합산한 것이다. 즉 망치, 자동차, 집, 아기 침대, 비디오 게임, 의료비, 책, 치약, 핫도그, 미용실, 안경, 요트, 연, 컴퓨터 등 특정 기간 동안 미국에서 팔린, 혹은 해외로 수출된 모든 것의 가격을 합한 것이다." GDP는 미국의 경제가 얼마나 건강한지를 보여주는 가장 기초적인 지표이다. GDP는 국가의 연간제품 및 서비스의 생산 결과를 측정하거나, 경제가 얼마나 빠르게 또는 천천히 성장하는지를 측정한다. GDP는 경기의 방향에 대한 예측 변수이다. GDP는 총수요의 개념으로도 사용되는데, 주어진 해에 한 국가에서 생산된 모든 최종제품 및 서비스의 총시장가치를 의미한다. GDP는 한 국가에서 고용된 자국민 및 외국인 노동자에 의해 생산된 모든 제품과 서비

컨퍼런스 보드 소비자 신뢰지수® 소폭 상승

2011년 7월 26일

6월에 감소했던 컨퍼런스 보드 **소비자 신뢰지수**(Consumer Confidence Index®)가 7월에는 소폭 상승했다. 6월 57.6이었던 지수는 59.5(1985=100)를 기록했다. 현재상황지수(Present Situation Index)는 36.6에서 35.7로 감소했다. 기대지수(Expectation Index)는 71.6에서 75.4로 상승했다.

전세계 소비자들이 무엇을 구매하고 바라보는지에 대한 정보와 분석을 제공하는 선도기업 The Nielsen Company가 매월 확률 무작위 표본 추출방법을 통해 소비자 신뢰지수조사(Consumer Confidence Survey®)를 실시한다. 2011년 7월 14일은 7월 예비조사 결과의 마감일이었다.

컨퍼런스 보드 소비자 연구 센터(Consumer Research Center)의 책임자 Lynn Franco는 "소폭 상승한 것으로 나타난 7월 소비자 신뢰지수는 소비자들의 단기간 전망이 다소 향상되었음을 보여주는 결과이다. 그러나 현재의 비즈니스 및 고용 현황에 대한 소비자의 평가는 노동시장이 지속적으로 소비자 태도를 짓누르는 만큼 덜 우호적인 것으로 나타났다. 결과적으로 소비자는 미래에 대해 불안한 상태이나 지난달보다는 조금 나아진 것으로 보인다."

현재 상황에 대한 소비자의 평가는 7월 들어 더 약해졌다. 경기 상황이 '좋다'라고 응답한 비율이 13.7%에서 13.4%로 떨어진 반면 '나쁘다'는 응답은 38.4%에서 39.0%로 상승했다. 고용시장에 대한 소비자의 평가 또한 우호적이지 않았다. 직업을 '구하기 어렵다'는 응답이 43.2%에서 44.1%로 상승한 반면 직업이 '충분하다'는 응답은 지난달과 같은 5.1%에 머물렀다.

소비자의 단기간 전망은 다소 상승했다. 다음 6개월간 경기가 회복될 것이라는 기대가 16.5%에서 17.7%로 상승했다. 그러나 경기가 더 악화될 것이라는 기대 또한 14.9%에서 15.2%로 상승했다.

다음 6개월간 노동시장에 대한 소비자 전망도 엇갈렸다. 직업이 늘어날 것이라는 기대가 13.8%에서 16.7%로 늘어남과 동시에 줄어들 것이라는 전망 또한 20.7%에서 21.8%로 상승했다. 소득이 증가할 것이라는 기대는 14.1%에서 15.7%로 상승했다.

출처 : The Conference Board, Inc.의 허가하에 편집됨. The Conference Board Consumer Confidence Index™ ⓒ1967-2011, The Conference Board, Inc.

스를 포함한다. [그림 7.8]은 1980년부터 2010년까지의 GDP를 보여준다. [그림 7.9]는 2004년부터 2010년까지 섬유 및 의류산업 분야가 GDP에 얼마나 기여했는지를 보여준다. 그림에서 알 수 있듯이, 섬유 및 의류산업의 국내 생산량은 해외 생산의 증가로 인해 점점 줄어들고 있다.

미국 경제분석국(BEA)에서는 분기별로 GDP를 발표한다. GDP는 국가 경제가 얼마나 건강한지를 측정하는 지표가 될 뿐만 아니라, 1인당 국민 소득(GDP per capita)에 따라 국가의 생활수준을 평가하는 기초가 된다. 세계 **경제지표의 비밀**에 따르면 GDP는 해당 분기에 보고된 모든 통계치 중에서 가장 중요한 수치이다. GDP를 정확하게 평가하기 위해서는 생산된 제품 및 서비스를 정확히 한 번씩만 계산해야 한다. 생산물을 측정한다는 것, 대중이 평가하고자 하는 각각의 제품의 상대적 가치는 해당 제품의 가격에 의해 결정된다. 생산물의 가치는 창고에 저장되어 있거나 고객에게 판매된 제품들을 반영한다. 제품을 생산하는 과정에서 제품의 일부를 사고파는 과정이 여러 번 반복된다. 이러한 거래의 중복 측정을 방지하기 위해 GDP에는 최종 제품의 시장가치만이 포함되며, 중간재(intermediate goods)는 측정되지 않는다. 이러한 측정 방법을 통해 모

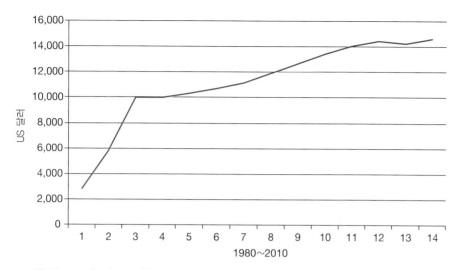

그림 7.8 1980년부터 2010년까지 미국 국내총생산
출처 : Bureau of Economic Analysis에서 발췌

든 중간 제품 및 서비스는 최종 제품의 가격에 포함된다.

중간재(intermediate goods)란 재판매 또는 생산의 다음 단계를 위해 구매하는 제품 또는 서비스를 의미한다. 티셔츠 제조업체는 10가지 색상의 기본적인 반팔 크루넥 티셔츠를 생산한다. 'blanks'로 불리는 이 티셔츠들은 다음 단계의 제조업체로 넘어가 프린트, 장식 달기, 스톤 워싱, 타이 염색 등의 과정을 거치게 된다. 'blank'였던 티셔츠는 두 번째, 세 번째 제조업체들을 거쳐 최종 상품으로 완성되어 매장으로 팔린다. 재판매되거나 또 다른 생산공정을 거치게 될 제품이 아닌 최종 소비자에게 판매된 제품이 **최종재화**(final goods)이다. 앞의 티셔츠 사례에서 볼 수 있듯이, 매장에서 제품을 판매하고, 소비자는 제품을 입고, 더 이상 추가적인 생산공정은 필요 없다.

GDP에는 제품의 최종 가격만이 포함된다. 따라서 생산의 각 단계에 가치를 부가함으로써 중복 측정을 방지할 수 있다. 부가가치는 최종 생산물의 가치에서 그 생산물을 만들기 위해 투입한 가치를 뺀 값이다. 즉, 회사가 제품에 지불한 금액과 제품 판매로

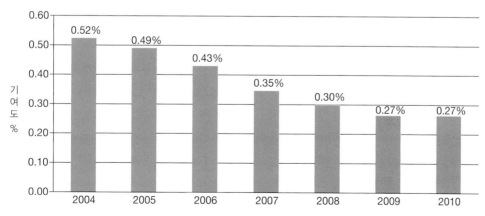

그림 7.9 2004~2010 GDP에 대한 의류 및 텍스타일의 기여도
출처 : http://www.bea.gov/iTable/iTable.cfm?ReqID=5&step=1

표 7.7 생산과정에서 발생하는 부가가치			
생산 단계	판매가치	부가가치($)	
	0		
목화 재배업체	30	30	(=30-0)
면화 생산업체	45	15	(=45-30)
청바지 제조업체	55	10	(=55-45)
청바지 도매업체	75	20	(=75-55)
소매업체	180	105	(=180-105)
총 판매가치	$385		
부가가치		180	

출처 : Campbell R. McConnel and Stanley L. Brue(2008). *Economic Principles, Problems, and Policies*, Table 6.2, p.107에서 발췌

받는 금액의 차이인 것이다. [표 7.7]은 부가가치의 개념을 보여준다.

GDP를 설명하는 두 가지 관점이 있는데, 하나는 지출접근법이고 다른 하나는 소득접근법이다. 지출접근법에서는 GDP를 최종 제품 및 서비스에 지출한 금액을 합산하여 측정한다. 소득접근법에서는 최종 제품 및 서비스를 판매함으로써 벌어들인 소득을 모두 합산하여 GDP를 측정한다. 따라서 GDP는 그 해의 모든 생산물에 대한 지출의 합산, 또는 모든 생산물의 판매액 합산으로 결정될 수 있다. 구매와 판매는 동일한 거래의 양쪽 측면이다. GDP의 지출 측면에서 모든 최종 제품은 가구, 기업, 정부, 또는 해외 구매자에 의해 구매된다. 소득 측면에서 판매로 얻은 모든 수익은 근로자 임금, 임대료, 이자, 수익 등으로 재분배된다.

통계 결과에서 '실질'과 '명목'의 개념을 잘 구분해야 한다. 어떤 드레스 공장에서 한 해의 매출이 500만 달러이고, 이는 전년 대비 15% 성장한 것이라 보고했다고 하자. 500만 달러는 이 회사의 명목 매출을 의미한다. 이 수치들은 어떠한 의미를 갖는가? 이 드레스 공장이 드레스를 15% 더 많이 생산했다는 것인가? 가격인상으로 인해 매출이 15% 상승했다는 것인가? 만약 가격을 15% 인상하여 매출이 전년 대비 15% 상승했다면, 이 공장의 드레스 생산량은 사실 전년과 동일하다. 회사 입장에서 매출 성장이 가격인상에 의한 것인지, 생산 증가로 인한 것인지를 파악하는 것은 매우 중요한 일이다. 국가적으로 GDP가 실제로 증가하기 위해서는 생산량의 실질적인 증가가 뒷받침되어야 한다. 실질 GDP의 증가는 미국인들의 생활수준 증가를 반증한다. 반대로 인플레이션에 의한 GDP 성장은 오히려 생활수준의 저하를 가져오는데, 이는 사람들이 같은 제품에 대해 더 많은 비용을 지불해야 함을 의미하기 때문이다.

제조업체의 출하, 재고, 주문 보고서

공장 주문(Factory Orders)이라고도 하는 제조업체의 출하, 총재고, 주문 보고서는 **재**

고 주문서(M3) 자료 결과 중에서 제조 매출 및 주문량에 대한 기록이다. 이 조사에서는 473개의 제조산업에 기초하여 89개의 산업 유형을 분류한다. 연간 출하량이 5천 억 달러 이상인 업체들을 대상으로 질문지를 배포하고, 업체가 자발적으로 응답하는 방식으로 조사가 진행된다. M3 survey의 **출하량**(value of shipments) 정보는 순매출액을 의미한다. 순매출액은 공장에서 고객에게 선적된 제품에서 가격할인과 공제를 제외하고 운임 및 세금을 뺀 것을 의미한다. 계약에 따라 공장 소유의 원부자재로 다른 곳에서 만들어진 제품 또한 출하량에 포함된다. 출하량 계산에 포함된 내용은 제품의 재판매, 폐품 및 반품제품의 판매와 같은 기타 활동, 그리고 공장 근로자들이 수행하는 설치 및 보수 작업 등과 같이 계약된 업무에 대한 수익금이다.

M3 survey의 **총재고**(inventories)는 월말 재고가치를 기준으로 합산된다. 재고란 생산의 각 단계에 해당하는 가치를 의미한다. 즉 원부자재, 생산 중인 제품, 그리고 완성된 제품 등의 가치가 모두 포함되는 것이다. 총재고의 숫자는 제조 과정 중에 있는 재고들에 관한 것이다. 제조 과정에 있지 않은 재고는 총재고 계산에 포함되지 않는다.

신규 주문 및 수주 잔고 보고서(New Orders Received and Unfilled Orders report)는 내구재 보고서(Durable Goods Report)에 포함된 정보를 바탕으로 작성된다. 그러나 패션산업에서는 비내구재에 관한 정보가 더욱 중요하기 때문에 의류 등을 포함한 비내구재 관련 정보 또한 보고서에 포함된다. 신규 주문 및 수주 잔고 보고서는 주문 취소, 그달에 받은 주문 및 완료된 주문, 그리고 앞으로 납품해야 할 주문 등에 관한 것이다. 이 보고서는 소매 판매액 등 공급 및 수요지표에 기초하여 소비자의 수요를 반영한다. 공장 주문은 제조업체의 향후 생산 및 경제 총생산 수준을 예측할 수 있는 지표가 되기 때문에 중요한 요소이다. 공장은 전면 가동될 때 가장 비용 효율적인 상태가 된다. 그러나 주문이 없다면 공장은 전면 가동될 수 있다. 이는 회사의 몰락을 가져올 수 있고, 경기 둔화의 지표가 될 수 있다. [표 7.8]은 월별 신규 주문 정보를 보여준다. 주문이란 서명된 계약서, 의향서, 가계약서 등 법적 효력이 있는 문서에 의한 것이어야 하지만, 일부 산업에서는 이러한 기준이 엄격하게 적용되지 않기도 한다. [표 7.9]는 패션산업이 포함된 산업 그룹에서 제조업체의 신규 주문 가치를 보여준다. 보고서에 포함된 이전 시기의 발표 자료들로 인해 이 보고서의 시장에 대한 영향력은 줄어든다. 그러나 이 보고서는 미래의 경제 총생산을 예측하고 GDP를 계산하는 데 중요한 요소가 된다.

월간 및 연간 도매거래 보고서

월간 및 연간 도매거래 보고서는 세 가지 중요한 통계 수치를 제공한다. 월별 매출, 월별 총재고, 그리고 재고대비 매출비율이다. 미국의 4,500여 도매업체가 월간 도매 거래 조사(Monthly Wholesale Trade Survey, MWTS)와 연간 도매거래 조사(Annual Wholesale Trade Survey, AWTS)를 활용한다. 대부분의 도매업체들은 최종 소비자에

표 7.8
2011년 3월 내구재 제조업의 신규 주문

표 1. 내구재 제조업체 출하 및 신규 주문
[단위는 백만 달러이며 제조업체의 출하, 재고, 주문 조사에 기초하여 작성됨]

| 항목 | 계절 조정 | | | | | | 계절 비조정 | | | | | |
| | 월별 | | | 변화율 | | | 월별 | | | 연초부터 오늘까지 | | |
	2011. 6월[2]	2011. 5월[r]	2011. 4월	5~6 월[2]	4~5 월[r]	3~4 월	2011. 6월[2]	2011. 5월[r]	2010. 6월	2011	2010	2011/ 2010 비율
내구재												
합계:												
출하	196,000	195,049	194,103	0.5	0.5	-1.4	212,357	196,034	197,621	1,162,143	1,080,280	7.6
신규 주문[4]	191,983	196,011	192,350	-2.1	1.9	-2.5	205,182	194,906	191,049	1,160,026	1,060,322	9.4
운송수단 제외:												
출하	150,177	149,075	147,839	0.7	0.8	-0.7	161,289	150,570	148,512	885,163	814,635	8.7
신규 주문[4]	146,554	146,382	145,432	0.1	0.7	-0.1	156,058	147,607	146,026	874,874	801,469	9.2
군수품 제외:												
출하	185,980	184,984	183,930	0.5	0.6	-1.2	201,292	186,150	185,097	1,101,383	1,006,090	9.5
신규 주문[4]	181,051	184,316	181,571	-1.8	1.5	-2.7	193,301	185,155	179,189	1,091,360	985,452	10.7
수주 잔고 포함 제조:												
출하	141,867	140,785	139,538	0.8	0.9	-2.0	154,828	142,325	145,035	838,395	778,842	7.6
신규 주문	143,974	148,221	144,500	-2.9	2.6	-2.6	152,630	146,873	141,839	873,981	791,766	10.4
1차 금속:												
출하	23,800	23,151	22,569	2.8	2.6	0.2	25,704	24,475	19,827	138,896	109,249	27.1
신규 주문	23,023	22,792	22,637	1.0	0.7	1.5	24,346	24,109	18,710	139,526	113,209	23.2
가공 금속제품:												
출하	24,947	24,753	24,616	0.8	0.6	-1.4	26,592	25,438	25,201	146,812	139,167	5.5
신규 주문	25,640	25,104	24,662	2.1	1.8	-1.9	26,533	25,969	24,277	152,154	142,123	7.1
기계류:												
출하	29,054	28,329	27,700	2.6	2.3	-5.2	31,504	29,091	29,119	171,558	155,560	10.3
신규 주문	31,202	31,932	31,665	-2.3	0.8	0.9	32,620	32,285	31,558	188,613	163,681	15.2
컴퓨터 및 전자제품[4]:												
출하	30.268	30,823	31,094	-1.8	-0.9	4.4	31,835	28,650	30.340	178,745	172,310	3.7
신규 주문	24,413	24,374	24,299	0.2	0.3	2.0	26,903	21,841	27,000	141,550	139,357	1.6
컴퓨터/관련제품:												
출하	5,583	5,594	5,726	-0.2	-2.3	1.7	6,540	4,856	6,045	31,848	28,013	13.7
신규 주문	5,713	5,759	5,659	-0.8	1.8	-1.0	6,670	5,021	6,235	31,837	28,190	12.9
통신장비:												
출하	3,092	3,120	1,243	-0.9	-3.8	3.5	3,536	2,978	4,393	18,573	21,997	-15.6
신규 주문	3,454	2,998	2,757	15.2	8.7	-2.3	3,700	2,372	3,872	17,374	20,856	-16.7

항목	계절 조정						계절 비조정					
	월별			변화율			월별			연초부터 오늘까지		
	2011. 6월²	2011. 5월ʳ	2011. 4월	5~6 월²	4~5 월ʳ	3~4 월	2011. 6월²	2011. 5월ʳ	2010. 6월	2011	2010	2011/ 2010 비율
전자장비/가전제품/부품												
출하	10,214	10,155	9,985	0.6	1.7	−2.5	11,037	10,182	10,413	59,918	55,826	7.3
신규 주문	10,476	10,431	10,114	0.4	3.1	−5.2	11,198	10,467	10,964	62,601	58,914	6.3
운송수단 장비												
출하	45,823	45,974	46,264	−0.3	−0.6	−3.7	51,068	45,464	49,109	276,980	265,645	4.3
신규 주문	45,429	49,629	46,918	−8.5	5.8	−9.3	49,124	47,299	45,023	285,152	258,853	10.2
자동차 및 부품												
출하	28,522	28,945	28,898	−1.5	0.2	−5.3	30,964	28,914	29,075	174,631	157,714	10.7
신규 주문	28,548	28,944	28,864	−1.4	0.3	−5.3	30,718	28,747	24,678	174,229	156,819	11.1
민간 항공기 및 부품												
출하	6,963	6,719	6,820	3.6	−1.5	−2.0	8,481	6,398	7,701	40,584	37,593	8.0
신규 주문	6,832	9,610	7,314	−28.9	31.4	−29.0	7,198	8,794	5,636	46,070	35,942	28.2
군사 항공기 및 부품:												
출하	4,241	4,241	4,195	0.0	1.1	−4.9	4,968	9,956	5,484	24,996	30,408	−17.8
신규 주문	4,092	5,145	4,539	−20.5	13.4	0.9	4,754	4,421	5,598	27,750	31,149	−10.9
군사 항공기 및 부품:												
출하	31,894	31,864	31,875	0.1	0.0	−0.6	34,617	32,734	33,612	189,234	182,523	3.7
신규주문	31,800	31,749	32,055	0.2	−0.1	−0.7	34,458	32,936	33,517	190,430	184,185	3.4
자본재³:												
출하	75,457	74,846	74,095	0.8	1.0	−1.9	82,619	73,944	79,222	442,750	422,811	4.7
신규 주문	78,416	81,740	77,510	−4.1	5.5	−5.1	83,488	78,455	79,235	470,909	429,283	9.7
민간 자본재:												
출하	67,706	66,968	66,135	1.1	1.3	−1.4	74,360	66,084	69,370	394,951	362,457	9.0
신규 주문	69,767	72,743	69,144	−4.1	5.2	−5.3	74,345	70,900	69,947	415,692	368,848	12.7
항공기 제외:												
출하	63,862	63,236	62,206	1.0	1.7	−1.5	69,583	62,424	64,693	372,373	340,492	9.4
신규 주문	66,140	66,427	65,319	−0.4	1.7	−0.4	70,631	65,036	66,877	388,763	347,835	11.8
군사 자본재:												
출하	7,751	7,878	7,960	−1.6	−1.0	−6.0	8,259	7,860	9,852	47,799	60,354	−20.8
신규 주문	8,649	8,997	8,366	−3.9	7.5	−3.6	9,143	7,555	9,288	55,217	60,435	−8.6

조사설명

본 보고서는 미국 통계국의 제조업체의 출하, 총재고, 재고 주문서(M3) 조사 결과에 따라 작성된 것이다. 이 조사는 제조업체의 출하 가치, 신규 주문(취소 제외), 월말 수주 잔고(미완료 주문), 월말 총재고(현재 금액 또는 시장가치), 생산 단계의 재고(원료 및 자재, 작업 중, 완성품 등)에 대한 정보를 제공한다. M3는 약 4,300여 개의 보고 단위를 포함한다. 보고 단위들은 89개 산업군 하에 대기업의 다양한 자회사들, 동일업종의 대기업들, 그리고 개별 제조업체들로 구성된다. 월별 사례가 작기 때문에 89개의 산업군은 65개의 발표 단위로 통합되었다. 본 조사에서는 월별 조사에서 회사들의 모든 운영 상황에 대한 월간 변화가 각 산업군을 구성하는 모든 회사들의 월간 움직임을 잘 대변한다고 가정한다. 본 조사는 월별 조사에서 보고된 정보가 총 제조 수준의 약 60% 정도의 출하량 추정을 보여준다. 발표된 정보는 표시된 달의 제조를 의미한다. 정보수집은 미국연방법(United States Code)의 Title 13에 의해 자발적으로 참여한 조사에 기초한다.

본 보도에 사용된 정보는 4,300개 단위의 패널에 의해 수집된 정보에 기초하며 제조업 구간에 속한 활동 정보를 제공한다. 결과는 모든 제조업체 조사 결과와는 다르다. 또한 조사에 응답한 4,300개 단위의 회사들이 서로 다른 결과를 산출할 수 있다. M3 패널은 5억 달러 이상의 출하량을 갖는 회사들과 제한된 수의 더 작은 회사들로 구성된다. 통계적 관점에서 패널은 확률표본이 아니다. 따라서 일반적인 표본 조사에서 제공되는 포본오차는 산출될 수 없다. 다양한 원인에 기인한 비표본오차가 존재할 수 있다. 월간 변화를 추정하기 위해 회사 또는 부서의 보고서를 사용하는 것은 비표본오차 발생의 한 원인이 될 수 있다. 모든 회사들의 월간 변화를 파악하기 위해 대기업들의 정보를 주로 이용하는 것 또한 비표본오차를 발생시킬 수 있다. 상세 보고서에는 오류가 수정될 것이다. 상세 보고서 발표 이후에 수정된 정보는 다음 달 보고서에 발표될 것이다. 두 달 이후에 발생하는 변경사항은 연간 보고서에 기록될 것이다.

http://www.census.gov/m3에서 추가적인 보고서를 볼 수 있음.

미국 통계국 뉴스
미국 상무부, 워싱턴 DC, 20233
즉시발표
2011년 7월 27일 수요일, 오전 8 : 30. EDT

Chris Savage or Adriana Stoica   M3-1 (11)-06
Manufacturing and Construction Division   CB11-129
(301)763-4832

내구재 제조업체 출하, 재고, 주문 진행 보고서
2011년 6월

신규 주문

6월 제조된 내구재에 대한 신규 주문은 40억 달러 또는 2.1% 감소한 1,920억 달러였다고 미국 통계국이 오늘 발표했다. 5월 1.9% 상승에 이어 지난 석 달 중 두 달 동안 감소가 발생했다. 운송수단을 제외한 경우 신규 주문은 1.9% 상승했다. 군수품을 제외하면 신규 주문은 1.8% 감소했다.

운송수단 장비 또한 지난 석 달 중 두 달 동안 감소했는데, 42억 달러 또는 8.5% 감소한 454억 달러로 감소폭이 가장 컸다. 이는 민간 항공기 및 부품 분야가 28억 달러 감소했기 때문이다.

출하

6월 제조된 내구재 출하는 지난 일곱 달 중 여섯 달 상승했는데, 10억 달러 또는 0.5% 상승한 1,960억 달러였다. 5월 0.5% 상승에 이은 것이다.

지난 다섯 달 중 넉 달 동안 상승한 기계류는 7억 달러 또는 2.6% 상승한 291억 달러로 상승폭이 가장 컸다.

재고

6월 제조된 내구재 재고는 8개월 연속 상승했는데, 16억 달러 또는 0.4% 상승한 3,572억 달러를 기록했다. 이는 NAICS 기록 이후 가장

높은 수치이며, 지난 5월의 1.2% 상승에 이은 것이다.

운송수단 장비 또한 연이어 상승했는데, 12억 달러 또는 1.1% 상승한 1,091억 달러로 가장 큰 상승폭을 기록했다. 이 또한 NAICS 기록 이후 가장 높은 수치이며 지난 5월 1.7% 상승에 이은 것이다.

자본재

6월 자본재에 대한 민간 신규 주문은 30억 달러 또는 4.1% 감소한 698억 달러였다. 출하는 7억 달러 또는 1.1% 상승한 677억 달러였다. 수주 잔고는 21억 달러 또는 0.4% 상승한 5,047억 달러였다. 재고는 21억 달러 또는 1.3% 증가한 1,627억 달러였다.

6월 군사 자본재 신규 주문은 3억 달러 또는 3.9% 감소한 86억 달러였다. 출하는 1억 달러 또는 1.6% 감소한 78억 달러였다. 수주 잔고는 9억 달러 또는 0.6% 증가한 1,503억 달러였다. 재고는 5억 달러 또는 2.3% 감소한 203억 달러였다.

수주 잔고

6월 제조된 내구재 수주 잔고는 지난 15개월 중 14개월 동안 상승했으며, 21억 달러 또는 0.2% 오른 8,627달러였다. 5월 0.9% 상승에 이은 결과이다.

17개월 연속 오른 기계류는 가장 큰 상승폭을 보였으며, 21억 달러

또는 2.0% 상승한 1,112억 달러였다. 이는 이 항목이 1992년 NAICS에 기록된 이후 최대치이며 5월 3.4% 상승에 이은 것이다.

주문 4,453억 달러에서 4,449억 달러로 수정, 출하 4,439억 달러로 변동 없음, 수주 잔고 8,609억 달러에서 8,606억 달러로 수정, 총재고 5,930억 달러에서 5,925억 달러로 수정.

5월 정보 수정

5월 모든 제조산업에 대하여 계절 조정 수정 내용은 다음과 같다. 신규

본문의 수치는 계절 조정되었지만 인플레이션은 고려하지 않음. 신규 주문 및 수주 잔고 수치에 반도체 제조는 제외됨. 더 많은 정보는 전화(301)763-4673 또는 http://www.census.gov/m3으로 문의.

수정된 정보와 보다 상세한 수치, 비내구재 정보 등은 2011년 8월 31일 오전 10:00 EDT에 발표될 것임. 7월 내구재 사전 보고서는 2011년 8월 24일 오전 8:30 EDT에 발표될 예정임. 앞 페이지의 조사설명 참고.

표 2. 내구재 제조업체 수주 잔고 및 총재고
[단위는 백만 달러이며 제조업체의 출하, 재고, 주문 조사에 기초하여 작성됨]

| 항목 | 계절 조정 | | | | | | 계절 비조정 | | | |
| | 월별 | | | 변화율 | | | 월별 | | | |
	2011. 6월[2]	2011. 5월[r]	2011. 4월	5~6 월[2]	4~5 월[r]	3~4 월	2011. 6월[2]	2011. 5월[r]	2010. 6월	2011/ 2010 비율
내구재										
합계:										
수주 잔고[4]	862,707	860,600	853,164	0.2	0.9	0.6	865,044	867,242	811,597	6.6
총재고	357,177	355,584	351,488	0.4	1.2	1.2	356,195	359,840	317,157	12.3
운송수단 제외:										
수주 잔고[4]	365,669	363,168	359,387	0.7	1.1	1.2	367,612	367,866	324,475	13.3
총재고	248,116	247,752	245,507	0.1	0.9	1.4	247,441	250,492	224,783	10.1
군수품 제외:										
수주 잔고[4]	693,246	692,051	686,245	0.2	0.8	0.6	693,734	696,748	646,954	7.2
총재고	331,400	329,435	325,772	0.6	1.1	1.4	330,469	333,659	292,098	13.1
수주 잔고 포함 제조:										
수주 잔고	862,707	860,600	853,164	0.2	0.9	0.6	865,044	867,242	811,597	.6.
총재고	293,454	291,514	287,738	0.7	1.3	1.4	292,705	295,014	257,804	13.5
1차 금속:										
수주 잔고	32,034	32,811	33,170	-2.4	-1.1	0.2	32,291	33,649	27,661	16.7
총재고	33,862	33,733	33,333	0.4	1.2	2.3	34,282	34,441	29,346	16.8
가공 금속제품:										
수주 잔고	63,732	63,039	62,688	1.1	0.6	0.1	64,630	64,689	61,611	4.9
총재고	44,886	44,767	44,160	0.3	1.4	1.7	44,977	45,138	40,769	10.3
기계류:										
수주 잔고	111,214	109,066	105,463	2.0	3.4	3.9	111,333	110,217	84,403	31.9
총재고	57,585	57,239	56,358	0.6	1.6	1.4	57,241	57,923	50,108	14.2

| 항목 | 계절 조정 | | | | | | 계절 비조정 | | | |
| | 월별 | | | 변화율 | | | 월별 | | | |
	2011. 6월[2]	2011. 5월[r]	2011. 4월	5~6 월[2]	4~5 월[r]	3~4 월	2011. 6월[2]	2011. 5월[r]	2010. 6월	2011/ 2010 비율
컴퓨터 및 전자제품[4]:										
수주 잔고	124,336	124,067	124,042	0.2	0.0	−0.1	124,379	124,334	120,570	3.2
총재고	48,083	48,110	47,968	−0.1	0.3	1.4	47,327	48,576	44,341	6.7
컴퓨터/관련제품:										
수주 잔고	3,643	3,513	3,348	3.7	4.9	−2.0	3,643	3,513	3,721	−2.1
총재고	5,633	5,711	5,816	−1.4	−1.8	7.2	5,509	5,969	5,972	−7.8
통신장비:										
수주 잔고	28,642	28,280	28,402	1.3	−0.4	−1.7	28,392	28,228	28,430	−0.1
총재고	9,947	9,739	9,637	2.1	1.1	0.6	9,655	9,752	8,698	11.0
전자장비/가전제품/ 부품:										
수주 잔고	25,794	25,532	25,256	1.0	1.1	0.5	25,935	25,774	21,719	19.4
총재고	15,408	15,476	15,400	−0.4	0.5	1.0	15,415	15,699	14,293	7.8
운송수단 장비:										
수주 잔고	497,038	497,432	493,777	−0.1	0.7	0.1	497,432	499,376	487,122	2.1
총재고	109,061	107,832	105,981	1.1	1.7	0.8	108,754	109,348	92,374	17.7
자동차 및 부품:										
수주 잔고	13,534	13,508	13,509	0.2	0.0	−0.3	13,394	13,640	13,005	3.0
총재고	24,993	24,899	24,601	0.4	1.2	0.7	24,670	25,340	22,035	12.0
민간 항공기 및 부품:										
수주 잔고	343,757	343,888	340,997	0.0	0.8	0.1	342,902	344,185	329,428	4.1
총재고	59,219	57,839	56,600	2.4	2.2	2.1	59,336	58,866	45,519	30.4
군사 항공기 및 부품:										
수주 잔고	54,327	54,476	53,572	−0.3	1.7	0.6	54,859	55,082	21,812	5.9
총재고	14,253	14,599	14,259	−2.4	2.4	−0.8	14,305	14,639	13,974	2.4
기타 내구재:										
수주 잔고	8,559	8,653	8,768	−1.1	−1.3	2.1	9,044	9,203	8,511	6.3
총재고	48,292	48,427	48,288	−0.3	0.3	0.5	48,199	48,715	45,926	4.9
자본재[3]:										
수주 잔고	655,053	652,094	645,200	0.5	1.1	0.5	656,371	655,502	616,673	6.4
총재고	183,033	181,457	178,739	0.9	1.5	1.5	182,322	183,772	158,057	15.4
민간 자본재:										
수주 잔고	504,709	502,648	496,873	0.4	1.2	0.6	504,281	504,296	469,231	7.5
총재고	162,720	160,667	158,368	1.3	1.5	1.8	162,112	162,990	138,041	17.4

항목	계절 조정						계절 비조정			
	월별			변화율			월별			
	2011. 6월²	2011. 5월ʳ	2011. 4월	5~6 월²	4~5 월ʳ	3~4 월	2011. 6월²	2011. 5월ʳ	2010. 6월	2011/ 2010 비율
항공기 제외:										
수주 잔고	202,068	199,790	196,599	1.1	1.6	1.6	202,484	201,436	176,964	14.4
총재고	111,782	111,030	109,894	0.7	1.0	1.5	110,957	112,446	100,288	10.6
군사 자본재:										
수주 잔고	150,344	149,446	148,327	0.6	0.8	0.3	152,090	151,206	147,442	3.2
총재고	20,313	20,790	20,371	-2.3	2.1	-1.2	20,210	20,782	20,016	1.0

ʳ 늦은 영수증과 계절 조정으로 인해 수정된 정보.

1 출하 및 신규 주문 추정치는 해당 기간 동안에 해당하는 수치임. 수주 잔고 및 총재고 추정치는 해당 기간 말의 수치임. 계절 조정되지 않은 출하 및 신규 주문은 캘린더 스케줄에 따르지 않는 보고자들을 위한 조정된 정보를 포함. 계절 조정된 수치는 모델 모수의 최신 연간 리뷰의 결과에 기초하여 휴일 및 거래일의 차이와 계절변동에 대한 동시 조정을 포함. 가격변화에 대한 조정은 하지 않음.

2 이전 표본에 기초함. 제조업체의 출하, 재고, 주문 수치는 조사 오류가 발생하거나 수정될 수 있음. 주요 조사 오차에는 조사범위 오차 및 응답 및 미보고 등이 포함된 비표본 오차가 있음. 조사 대상 패널은 확률표본이 아니기 때문에 표본오차에 대한 수치는 산출되지 않음. 더 많은 정보는 http://www.census.cov/manufacturing/m3에서 제공.

3 자본재 산업에는 민간산업이 포함됨 : 소형 총포; 농장 기계류 및 장비; 건설 장비; 광산, 유전, 천연가스전 장비; 산업 장비; 자동판매기, 세탁 및 기타 장비; 전자 컴퓨터; 컴퓨터 저장 장치; 기타 컴퓨터 주변 장치; 통신 장비; 탐색 및 항법 장치; 전자의료, 측정 및 조종 장치; 전기 장비; 기타 전기 장비 및 부품; 대형 화물 트럭; 항공기; 철도차량; 배와 보트; 사무실 및 기관용 가구; 의료 장비 및 부품. 군사 자본재에는 다음이 포함됨 : 소형 총포, 통신 장비, 항공기, 미사일, 우주선 및 부품, 배와 보트, 탐색 및 항법 장치.

4 반도체 산업의 출하에 대한 추정치는 더 이상 따로 보고되지 않음. 반도체 산업의 출하 및 재고의 수치 및 변화율은 컴퓨터 및 전자제품에 포함됨. 신규 주문 및 수주 잔고의 수치 및 변화율에서 반도체 산업 정보는 제외됨.

출처 : 미국 통계국, http://www.census.gov/manufacturing/m3/adv/pdf/durgd.pdf

표 7.9
월별 제조업체 신규 주문[1]

표 2. 산업군에 따른 제조업체 신규 주문 가치[1]
[단위는 백만 달러이며 제조업체의 출하, 재고, 주문 조사에 기초하여 작성됨]

산업	계절 조정 월별			변화율			계절 비조정 월별				연초부터 오늘까지		
	2011.3월P	2011.2월	2011.1월	2~3월	1~2월	12~1월	2011.3월P	2011.2월	2011.1월	2010.3월	2011P	2010	2011/2010 비율
모든 제조 산업[2]	462,914	449,387	446,417	3.0	0.7	3.3	494,762	413,236	412,703	436,921	1,320,701	1,184,405	11.6
운송업 제외[2]	408,048	397,739	395,225	2.6	0.6	0.7	430,715	365,970	367,047	387,310	1,163,732	1,041,346	11.8
국수품 제외[2]	451,628	438,669	433,222	3.0	1.3	3.0	479,683	402,675	399,489	419,941	1,281,847	1,140,052	12.4
수주 잔고 포함[2]	159,260	154,602	153,776	3.0	0.5	4.7	178,412	143,403	143,394	156,869	465,209	419,560	10.9
내구제 산업[2]	209,530	203,651	202,018	2.9	0.8	3.7	233,659	188,731	185,820	206,719	608,210	553,370	9.9
1차 금속	24,598	23,602	23,375	4.2	1.0	2.9	26,818	22,256	23,286	21,324	72,360	58,338	24.0
철 및 강철 공장	11,535	10,898	11,358	5.8	-4.1	3.2	12,547	9,986	11,767	9,928	34,300	28,053	22.3
일루미늄 및 비철 금속	11,594	11,252	10,596	3.0	6.2	2.6	12,704	10,891	10,137	10,082	33,732	26,808	25.8
철 금속 공장	1,469	1,452	1,421	1.2	2.2	3.3	1,567	1,379	1,382	1,314	4,328	3,477	24.5
가공 금속제품	28,807	29,169	28,387	-1.2	2.8	1.3	31,370	27,481	26,106	29,778	84,957	79,339	7.1
기계류	29,136	27,906	27,772	4.4	0.5	-12.8	33,238	26,215	27,411	29,470	86,864	73,080	18.9
건설장비	3,422	3,505	3,562	-2.4	-1.6	-1.4	3,743	3,454	3,551	2,856	10,748	6,110	75.9
광산, 유전, 천연가스전 장비	1,795	1,923	1,562	-6.8	23.3	11.2	1,948	1,839	1,467	1,758	5,254	4,459	17.8
산업장비	3,664	3,230	2,234	13.4	44.6	-43.4	4,121	2,645	2,779	3,324	9,545	8,536	11.8
사진장비	765	766	764	-0.1	0.3	41.5	818	698	730	810	2,246	2,159	4.0
환기, 난방, 냉방, 냉장장비	2,608	2,828	3,338	-7.8	-15.3	-7.3	3,340	1,847	3,361	3,761	8,548	8,357	2.3
금속공작 기계	1,839	2,258	1,946	-18.6	16.0	-8.8	1,975	2,206	1,897	1,886	6,078	5,068	19.9
티비, 발전기, 기타 전도장치	4,364	3,050	3,527	43.1	-13.5	-37.4	4,666	3,006	3,454	3,444	11,126	7,810	42.5
하여기계	1,881	1,640	1,955	14.7	-16.1	-4.5	2,232	1,700	1,902	1,959	5,834	5,107	14.2
컴퓨터 및 전자제품[2]	26,962	27,191	27,154	-0.8	0.1	-5.2	30,413	24,604	23,665	31,151	78,682	77,149	2.0
컴퓨터	4,477	4,004	4,070	11.8	-1.6	-3.6	4,442	3,243	3,902	4,683	11,587	11,063	4.7
민간 통신장비	2,601	2,651	2,664	-1.9	-0.5	-19.6	2,581	2,461	1,988	3,091	7,030	8,346	-15.8

산업	계절 조정 월별			변화율			계절 비조정 월별				연초부터 오늘까지		
	2011. 3월P	2011. 2월r	2011. 1월	2~3월	1~2월	12~1월	2011. 3월P	2011. 2월r	2011. 1월	2010. 3월	2011P	2010	2011/ 2010 비율
군사 통신장비	321	375	536	-14.4	-30.0	-16.6	566	364	547	977	1,477	2,064	-28.4
전자부품	3,849	3,743	3,777	2.8	-0.9	-4.1	4,078	3,544	3,508	4,218	11,130	11,736	-5.2
민간 탐색 및 항법장치	885	1,180	1,161	-25.0	1.6	16.8	1,071	1,254	1,098	1,303	3,423	3,154	8.5
군사 탐색 및 항법장치	2,503	3,142	2,757	-20.3	14.0	-24.3	3,165	3,417	2,227	3,824	8,809	8,878	-0.8
전자료, 측정 및 조종장치	9,539	9,430	9,525	1.2	-1.0	5.1	11,221	8,323	8,373	10,005	27,917	24,970	11.8
전자장비/가전제품 부품	10,756	10,391	10,190	3.5	2.0	-5.1	11,501	10,057	9,744	10,858	31,302	28,703	9.1
전기 조명장비	1,159	1,113	1,268	4.1	-12.2	4.3	1,223	1,114	1,213	1,377	3,550	3,381	5.0
가전제품	1,772	1,743	1,521	1.7	14.6	-13.2	1,940	1,631	1,353	1,857	4,924	4,826	2.0
전기장비	3,721	3,443	3,626	8.1	-5.0	-6.9	4,066	3,394	3,542	3,572	11,002	9,554	15.2
운송장비	54,866	51,648	51,192	6.2	0.9	29.7	64,047	47,266	45,656	49,611	156,969	143,059	9.7
자체, 부품, 트레일러	18,561	17,839	17,448	4.0	2.2	1.2	20,121	17,271	16,268	17,123	53,660	48,270	11.2
민간 항공기 및 부품	10,876	10,780	7,978	0.9	35.1	5,558.2	13,325	8,080	4,979	4,609	26,384	18,271	44.4
군사 항공기 및 부품	4,758	4,476	5,334	6.3	-16.1	18.9	6,005	4,170	5,471	6,444	15,646	18,178	-13.9
배, 보트	2,774	1,061	3,707	161.5	-71.4	136.0	3,251	1,236	4,113	2,262	8,600	7,233	18.9
가구 및 관련제품	6,150	5,867	5,778	4.8	1.5	1.2	6,738	5,808	5,334	5,949	17,880	16,652	7.4
비내구재 산업	253,384	245,736	244,399	3.1	0.5	3.0	261,103	224,505	226,883	230,202	712,491	631,035	12.9

P 예비 결과. r 늦음은 영수증과 계절 조정으로 인해 수정된 정보.

1 출하 및 신규 주문 추정치는 해당 기간 동안에 해당하는 수치임. 수주 잔고 및 총괄고 주정치는 해당 기간 말의 수치임. 계절 조정되지 않은 출하 및 신규 주문은 캘린더 스케줄에 따르지 않는 보고기들을 위한 조정된 정보를 포함. 계절 조정된 수치는 모델 모수의 최신 연간 리뷰의 절과의 차이와 계절 변동에 대한 동시 조정을 포함. 가격 변화에 대한 조정은 하지 않음.

2 반도체 산업의 신규 주문 정보는 제공되지 않음. 신규 주문 수치 및 변화율은 반도체 산업 정보는 포함되지 않음.

주: 제조업체의 출하, 재고, 주문 수치는 조사 오류가 발생하거나 수정될 수 있음. 주요 조사 오차에는 조사범위 오차 및 응답 및 미보고 등이 포함된 비표본 오차가 있음. 조사 대상 패널은 확률표본이 아니기 때문에 표본오차에 대한 수치는 산출되지 않음. 더 많은 정보는 http://www.census.gov/manufacturing/m3/adv/pdf/durgd.pdf 제공.

출처: 미국 통계국, http://www.census.cov/manufacturing/m3에서 제공.

게 직접 판매하는 것이 아니라 최종 소비자에게 재판매하기 위한 소매업체에게 제품을 판매한다.

　도매 매출 및 재고 정보는 회사 및 산업 내에서 어떠한 일들이 일어나고 있는지에 대한 통찰을 보여준다. 재고대비 매출비율은 내달의 생산 성장 속도를 예측케 하는 정보이다. 즉, 제조업체는 매출을 맞추기 위해 생산을 조절해야 한다. 그렇지 않으면 물량 부족이 발생할 수 있다. 반대로 매출이 예상보다 줄어들 경우에는 과잉 재고를 방지하기 위해 제조를 축소시켜야 한다. 적정 재고와 과잉 재고 사이의 균형을 맞추는 것은 매우 까다로운 과정이다. 도매 매출 및 재고 보고서(Wholesale Sales and Inventory report)는 경제 전망을 관측하는 데 도움이 될 만한 정보들을 제공한다.

요약 summary

본 장에서는 거시경제 환경이 실루엣, 색상, 가격 책정 등 패션의 방향과 트렌드에 미치는 영향에 대해 살펴보았다. 어떤 시즌의 패션 방향은 1년에 두 번 열리는 패션위크와 함께 시작된다. 패션위크는 뉴욕에서 가장 먼저 열리며 런던, 밀라노, 파리에서 잇따라 열린다. 런웨이는 비공식적인 경제지표와도 같아서 경기의 분위기를 나타낸다. 경기 전망이 암울할 경우 런웨이는 보수적인 디자인으로 가득 찬다. 반대로 밝은 컬러와 짧은 햄라인은 경기가 좋아질 것임을 반증하는 것이다. 본 장에서는 또한

가격을 안정시키고 공정한 경쟁을 하도록 격려하며 고용 창출 및 유지를 통해 경기를 안정시키는 정보의 역할에 대해서도 학습하였다. 그리고 미국 의류 및 신발협회가 미국의 의류 및 신발 기업들을 대신하여 무역정책을 비롯하여 안전 규정에 이르기까지 미국 의회에 행사하는 영향력에 대해서도 살펴보았다. 마지막으로 본 장에서는 기업의 성장에 대해 학습하고, 실업과 인플레이션, 통화 정책, 그리고 경제지표들이 패션과 경기를 연결시키는지에 대해 살펴보았다.

핵심용어 terms

가격(price)

가구 조사(household survey)

가처분 소득(disposable personal income, DPI)

개인 소득(personal income)

개인 소득 및 지출(personal income and spending)

개인 소비 보고서(Personal Consumption Report)

개인소비지출(personal consumption expenditures, PCE)

개인저축률(personal savings rate)

경제안정 정책(stabilization policy)

경제지표(economic indicator)

계획 · 명령경제(planned/command economies)

고용동향(employment situation)

고점(peak)

공개시장(open market)

공장 주문(Factory Orders)

국내총생산(gross domestic product, GDP)

그린 북(green book)

기업체 조사(establishment survey)

기업체(establishment)

내구재 소비(durable consumer goods)

독점성(exclusivity)

동행지표(coincident indicator)

디자인(design)

무점포 소매업(nonstore retail)

미국 의류 및 신발협회(American Apparel and Footwear Associations, AAFA)

민영화(privatize)

배분의 효율성(allocation efficiency)

베이지 북(beige book)

블루 북(blue book)

비내구재(nondurable goods)

상표명(brand name)

색상(color)

서비스(services)

선행지표(leading indicator)

성장기(expansion)

소매업과 요식업의 전월 매출 (advance monthly sales for retail and food services)

소매 전자상거래 매출(retail e-commerce sales)

소비자 신뢰지수(consumer confidence index)

쇠퇴기(contraction)

시장경제(market economies)

시장 출시 속도(speed to market)

신규 주문 및 수주 잔고 보고서(New Orders Received and Unfilled Orders report)

실질개인소득(real personal income)

연방준비법(Federal Reserve Act)

연방준비은행(Federal Reserve Bank, the Fed)

완전 경쟁(perfect competition)

월별 및 연간 도매업 보고서 (monthly and annual wholesale trade report)

저점(trough)

전자상거래 소매 매출(e-commerce retail sales)

전자정보교환(Electronic Data Interchange, EDI)

전통경제 시스템(traditional economic systems)

제조업체 선적/재고/주문 보고서 (manufacturer's shipments, inventories, and orders report)

주간 연쇄점 매출(weekly chain-store sales)

중간재(intermediate goods)

지급준비금(reserve requirement)

지적재산(intellectual property)

총재고(inventories)

최종재화(final goods)

출하량(value of shipments)

통화 정책(monetary tools)

트렌드(trends)

할인율(discount rate)

혼합경제 시스템(mixed economic systems)

효율성(efficiency)

후행지표(lagging indicator)

복습문제

1. 패션산업의 관점에서 경제를 분석하는 것의 중요성을 설명하여라.

2. 거시경제가 소비자의 구매 결정에 직접적인 영향을 미치는 이유는 무엇인가?

3. 패션위크는 비공식적인 경제지표이다. 이에 동의하는가, 동의하지 않는가? 그 이유는?

4. 패션산업에서 경쟁이 중요한 이유는 무엇인가?

5. 다섯 가지 경쟁요인을 나열하고 그에 대해 논의하여라.

6. 럭셔리 경쟁과 몰 경쟁의 차이점을 비교하여라.

7. 패션산업에서 실업이 내포하는 의미는 무엇인가?

8. 패션산업에서 인플레이션이 갖는 의미는 무엇인가?

9. 통화 정책이 어떻게 작용하는지에 대해 설명하여라. 통화 정책의 세 가지 도구는 무엇인가?

10. 경기 순환의 4단계에 대해 논의하여라.

11. 경제 성장이 경기에 중요한 이유는 무엇인가?

12. 효율성은 언제나 중요하다. 지난 10년 간 RFID가 사업의 기술적 효율성을 증대시킬 것이라는 평가를 받아왔는가? 효율성을 증대시킬 수 있는 또 다른 유형의 요

소들을 나열해 보라.

13. 경제지표에 대한 정보는 어디에서 찾을 수 있는가?

14. 패션산업의 세부 구간들은 어떻게 측정되는가?

15. 고용현황이 주식 및 채권시장에 영향을 미치는 이유는 무엇인가?

16. 개인 소득 및 개인 소비를 결정짓는 요소들은 무엇인가?

17. 소비자 지출에 대한 첫 번째 보고서는 무엇인가? 이 보고서가 중요한 이유는 무엇인가?

18. 인터넷상에서의 제품 및 서비스의 판매를 무엇이라 부르는가? 이것과 패션산업 간의 관계는 어떠한가?

19. 제조업체의 출하, 재고, 주문 보고서의 개념을 비교·설명하여라. 이들의 공통점은 무엇인가?

20. 경제지표를 발표하는 비정부 기관에는 무엇이 있는가?

21. 공장 주문 지표가 미래의 경제를 예측하는 데 중요한 이유는 무엇인가?

22. [그림 7.2]와 여기에 속한 변수들의 정의를 읽어 보아라. 의복에 대한 것이 아닌 다른 요소들이 회사를 경쟁력 있게 만들 수 있다고 생각하는가? 있다면 그것은 무엇인가?

비판적 사고

1. 당신이 명품 패션 브랜드의 대표라고 가정한다. 당신의 브랜드가 속한 세분시장은 경제지표와 관계없이 성공적이었다. 명품 소비자들의 구매행동을 예측하는 것은 복잡하고 도전적이다. 명품 브랜드의 대표로서 당신은 어떤 경제지표를 개발할 수 있겠는가? 그리고 그 지표를 무엇으로 측정할 것인가? 다음의 사이트는 새로운 경제지표를 개발하는 데 도움을 줄 것이다. http://www. economicindicators.gov/. 당신의 경제지표를 발표해 보라.

2. 반을 네 그룹으로 나누고 그룹당 경제 유형을 할당하라. 경제 유형에 기초하여 자신이 속한 정부의 유형에 따라 패션산업이 어떻게 작동될 것인가를 설명해 보라. 그룹별로 5년간 생산할 패션의 유형의 예를 들어 발표해 보라.

인터넷 활동

1. 현재의 패션산업에서 지속 가능성은 매우 중요한 이슈이다. 다음 사이트를 방문해 보라. 이들이 제시한 지속가능성 지표들 중 최소 두 가지 이상에 대해 논의하여라. 이 이슈가 중요한 이유는 무엇인가? 이들의 지속가능성을 측정하기 위한 접근방법에 동의하는가?
http://www.rprogress.org/sustainability_indicators/about_sus-tainability_indicators.htm

2. Amarican Apparel and Footwear association의 웹사이트 www.amaricanapparelandfootwear.org를 방문해 보고, 그들이 공을 들이고 있는 정책적 이슈들이 무엇인지 확인해 보라. AAFA의 트위터를 팔로우하거나 웹사이트를 살펴보아라. 반에서는 한 달 동안 사이트를 지속적으로 방문하고, 그 기간 동안 어떠한 변화가 있었는지 추적하라. 한 달 후 그러한 변화에 대해 논의해 보라. 선생님이 이 과제를 수행하는 데 가장 적합한 방법을 알려줄 것이다.

참고문헌 bibliography

Baumbohl, B.(2008). The secrets of economic indicators: Hidden clues to future economic trends and investment opportunities, 2nd ed. Upper Saddle River, NJ: Pearson Education Inc.

U.S. Department of Commerce. (n.d.). Retrieved from www.commerce.gov

패션산업의 주요 세분시장

학습 목표

● 패션산업 세분시장의 구성요소에 대해 이해한다.

● 여성복, 남성복, 아동복, 인티밋 어패럴(intimate apparel)[1], 화장품, 액세서리
  와 홈패션 세분시장에 대해 토의한다.

● 해외에서 성장 중인 패션산업 세분시장에 대해 살펴본다.

----

1) 인티메이트 어패럴(intimate apparel)로도 표기되며 여성용의 실내복이나 잠옷, 파운
   데이션, 란제리, 라운지 웨어를 총칭하는 용어.(역자 편집, 출처 : 패션전문자료사전)

사람은 스스로를 꾸밀 줄 알기에 다른 동물들과 다른
것이다.

−Robert Harling(*Steel Magnolias*의 저자)

8

패 션산업은 제1차 세계대전이 끝난 20세기 초반부터 본격적으로 성장하기 시작하면서 의류의 수요가 공급능력을 초과하게 되었다. 대공황 시기였던 1921년에 일시적으로 소비가 감소하면서 생산이 위축되고 의류의 가격이 하락하였으나 1920년대부터 의류전문점과 백화점이 인기를 끌면서 패션산업의 성장세는 이어졌다. 이 시기 의류전문점과 백화점과 같은 의류소매업체들은 취급하는 의류의 분류를 통해 사업을 체계화하고 운영 효율성을 제고시킴으로써 제품의 구매 및 판매 과정을 단순화시키고 고객들의 쇼핑 편의도 높일 수 있었다. 취급하는 제품들을 분류하여 점포 내부에 분리해 진열하게 되면서 패션산업의 주요 세분시장들이 대두되고, 발전하게 되었다(Nystrom 1928, pp. 397~425).

본 장에서는 **여성복, 남성복, 아동복, 인티밋 어패럴, 액세서리, 화장품**과 **홈패션**을 비롯한 패션산업 내의 주요 세분시장에 대해 알아본다. 여성복, 남성복, 아동복과 인티밋 어패럴 생산과 관련된 기본적인 사항들을 살펴보면 별다른 차이를 발견할 수 없으나 표적시장이 어떤 것인가에 따라 최종 생산물은 달라질 수 있다. 미국에서 화장품산업은 생산과 관련해서 미국 정부로부터 온갖 규제를 받고 있다. 액세서리산업은 의류산업의 패션 성향을 따르고 있다. 옷맵시를 완결 또는 개선시켜 주는 액세서리 세분시장은 의류업체의 종속기업 또는 독립기업으로 존재하면서 독자적인 운영을 통해 수익을 창출하고 있다. 마지막으로 홈패션 부문에 대한 고찰을 통해 패션 세분시장을 마무리한다.

패션산업 세분시장의 기본 구성요소

패션산업의 4대 기본요소는 제조업체, 도매업체, 소매업체(이상 제4장에서 설명함), 그리고 소비자이다(제9장에서 설명할 예정임). 제조업체는 생산한 제품을 소매업체에게 판매한다. 이런 행위를 **도매**(wholesale)라고 하는데, 이는 대량생산이 이루어지기 위한 전제 조건의 하나이다. 아울러 소매업체는 단순히 제조업체가 제공하는 제품만을 받아 상품으로 판매하는 데 그치지 않고 자체적으로 기획하고 디자인한 상품에 고유의 상표를 달아 대량생산하여 유통시키기도 한다.

패션산업 내의 **세분시장**(segment)들은 각각의 고유한 특성에 의해 구별된다. 예들 들어 의류 세분시장과 홈패션 세분시장 내의 섬유제품들은 텍스타일 생산과 연관되어 있다. 화장품과 미용 및 위생용품(personal-care products)의 생산은 연구 및 개발 노력을 수반하면서 수많은 정부규제를 받고 있다. 제4장에서 설명한 북미산업분류시스템(NAICS)은 패션산업 내 주요 세분시장들의 생산 및 도매업 부문에 적용될 수 있다. 비록 각 세분시장에 속하는 개별적인 제품마다 생산 및 유통 과정이 다를 수 있지만 NAICS는 주요 세분시장별로 묶어서 분류함으로써 미국 정부는 특정 시점에서 경제 상황을 파악해 볼 수 있는 재고 수준을 비롯한 여러 가지 통계지표를 구할 수 있다. 본 장에서는 패션산업 내 모든 세분시장의 공통요소인 생산과 도매에 대해 먼저 알아본다.

텍스타일과 의류의 생산

미국의 제조업에 있어서 생산은 고도로 컴퓨터화되어 있다. 비록 여전히 사람 손과 기계에 의존하는 봉재가 부분적으로 이루어지고는 있으나 자동화가 확대되고 있다. 미국의 의류 및 텍스타일 생산 부문의 대부분은 중국, 인도, 방글라데시와 같은 저임금 노동력을 얻을 수 있는 지역으로 이전하였다. 미국 내에서 텍스타일 생산은 섬유를 가공한 실을 이용해 직조하거나 편직한 직물이 생산되는 캘리포니아 주, 조지아 주와 노스캐롤라이나 주 지역에 집중되어 있다(Textile). 텍스타일 제품 생산공장들은 "카펫, 깔개, 수건, 커튼, 침대시트와 같은 생활용품과 각종 끈 종류, 가구, 자동차시트 커버와 섬유로 만든 산업용 벨트 등을 생산한다."(Textile) "이 미국 산업에 속하는 업체들은 주로 직조 또는 편조방식으로 생산한 폭이 좁은 원단을 최종 제품으로 내놓거나, 보다 폭이 좁은 제품으로 가공할 수 있도록 특별히 제직되는 폭이 넓은 원단을 생산하기도 하며, 이와 함께 직물을 감은 탄성사를 병행 또는 단독 생산하기도 한다."(Textile) 섬유를 실로 가공하는 방법은 다양한데, 그러한 실로 직조만 하는 업체가 있고, 직조와 후가공을 병행하는 업체도 있으며, 어떤 업체들은 직조, 후가공을 거쳐 직접 최종 텍스타일 제품을 생산하기도 한다(Textile). 소매업이 NAICS에 의해 분류되는 것과 같은 방식으로 제조업도 NAICS에 의해 분류되고 있다. 개별적인 산업 세분시장을 살펴보면서 NAICS 분류번호에 대해서도 알아보게 될 것이다. NAICS는 의류도매업을 아래와 같이 정의하고 있다.

> 의류제조업의 하위업종(subsector)에 속하면서 다음과 같은 분명한 두 가지 생산 프로세스를 갖춘 업체들: (1) 재단 및 봉제(즉, 원단을 구매하고 의류 생산을 위한 재단과 봉제공정을 구비), (2) 먼저 직물을 편직한 후 원단을 재단하고 봉제하여 의류를 생산. 의류제조업의 하위업종에는 모든 종류의 기성복과 맞춤복을 생산하는 다음과 같은 다양한 형태의 업체들이 있다. 타인 소유의 원재료를 재단 또는 봉제하는 임가공을 제공하는 하청업체(contractors), 의류 생산과 관련된 거래를 성사시키는 기능을 담당하는 조버(jobbers), 개별 고객을 위한 맞춤복을 제작하는 재단사 등을 포함한다. 편직은 그 자체만 놓고 보면 텍스타일 제조업의 하위업종으로 분류되나 완성복 생산과 결합될 경우에는 의류제조업으로 분류된다.

패션산업의 도매 부문은 경우에 따라 생산에 우선될 때도 있고 그렇지 않을 때도 있다. 어떤 제조업체들은 소매업체들에게 먼저 견본제품을 보여준 후 주문이 들어오면 생산을 한다. 다른 제조업체들은 생산할 제품의 스타일과 양을 먼저 결정한 후 생산된 제품의 재고가 소진될 때까지 판매를 하게 된다. 앞서 말한 두 가지 생산방식을 모두 채용하는 제조업체도 물론 있을 수 있다. 본 장에서는 각 세분시장을 공부하면서 세분시장에 따라서는 도매 또는 도소매 모두의 관점에서도 살펴보게 될 것이다. 주요 세분시장에 대해 살펴봄으로써 각 세분시장 내부에 존재하는 다양성을 조명하는 정보를 얻을 수 있을 것이다.

패션산업 내의 주요 세분시장

패션산업은 매우 큰 산업으로 많은 세분시장 간에 겹치는 부분들이 있다. 주요 의류 세분시장에는 여성복, 남성복과 아동복이 포함된다. 소매업체들과 도매업체들 모두 사업상 필요에 의해 각 세분시장들을 분류하고 있다. 이러한 분류를 통해 세분시장 내의 특정한 의류 형태를 구분하게 된다. 더 나아가 하나의 분류는 다시 분화되면서 **하위분류**(subclassification)가 이루어져 주 세분시장을 보다 체계적으로 파악할 수 있게 된다. 예를 들면, 여성복의 한 가지 분류인 드레스의 하위분류로 데이 드레스(Day Dress)를 들 수 있다. 제조업체와 판매업체가 사용하는 분류체계는 표준화되어 있지는 않으나 제조업체와 판매업체가 사용해 온 상이한 분류체계가 시간의 경과와 함께 어우러져 보편화된 분류가 이루어지고 있다. 예를 들면, [그림 8.1]에서 볼 수 있는 젊은 여성과 남성은 전형적인 청소년 소비자이다. 제조업체와 판매업체 모두는 이들 어린 소비자들의 취향이 자주 변화하기에 이들의 필요를 충족시키기 위해 끊임없이 노력해야 한다는 것을 인식하고 있다.

현재 사용되는 의류 분류체계(classification)의 대부분은 소비자들의 수요에 맞춰 변화함으로써 분류체계에 따른 통계 정보의 수집에 의미를 부여하고 있다.

의류 분류체계의 도입은 패션 사업을 보다 작고, 쉽게 관리할 수 있는 체제로 조직화하고 보다 효율적으로 운영하는 데 기여한다. 예를 들면, 1970년대 이전에 데님이나 진 의류는 별개의 부문으로 분류되지 않고 바지류의 하위분류인 작업복으로 분류되고 있었다. 분류체계는 시장의 형성과 트레이드 쇼의 개최에도 영향을 미친다. 오늘날 트레이드 쇼를 방문하는 의류 바이어는 데님을 비롯하여 다양하게 분류된 제품들을 만날 수 있다. 트레이드 쇼의 개최자들은 유사 상품들을 묶어서 전시하며, 이는 시간에 쫓기는 바이어들에게 특히 도움이 된다. 도매업체들은 자신들이 취급하는 상품 라인에 따라 상품들을 어떻게 분류할지를 결정하며, 소매업체들은 자신들의 영업 정책에 따라 상품의 분류를 결정한다.

그림 8.1 전형적인 청소년 소비자의 모습
출처 : Taylor Francis

여성복

오늘날 여성복은 패션 의류 부문에 있어서 가장 큰 세분시장이지만 산업 혁명이 일어난 이후에야 비로소 대다수 여성들에게 여성복은 구매할 수 있는 대상이 되었다. 산업 혁

315212 성인 여성, 여아와 유아용 의류 재단 및 봉제 하청업자들

이 업계는 (1) 타인 소유의 원재료를 성인 여성, 여아 및 유아용 의류와 액세서리 생산을 위해 재단 및 또는 (2) 타인 소유의 원재료를 성인 여성, 여아 및 유아용 의류와 액세서리 생산을 위해 봉제하는 흔히 하청업자(contractor)라고 불리는 사업체들로 구성되어 있다.

주로 다음과 같은 일에 종사하는 사업체

● 구매한 원단으로 성인 여성과 여아용 의류를 생산 : 성인 여성과 여아용 의류의 재단 및 봉제업으로 31523 업종으로 분류

● 구매한 원단으로 유아용 의류를 생산 : 유아용 의류의 재단 및 봉제업으로 315291 업종으로 분류

● 구매한 원단으로 성인 여성, 여아와 유아용 의류 액세서리를 생산 : 의류 액세서리와 기타 의류 제조업으로 31599 업종으로 분류

● 하청 또는 수수료 계약을 통해 성인 여성, 여아와 유아용 의류에 자수를 놓음 : 그밖의 기타 텍스타일제품 제조업으로 314999 업종으로 분류

그림 8.2 성인 여성, 여아와 유아용 의류 재단 및 봉제 하청업체에 대한 NAICS 분류
출처 : 미국 통계국

명 이전에는 부유층만이 의류를 구매할 수 있었고, 그 이외의 사람들은 옷을 직접 만들어 입었다. 여성복 업계는 **미스**(misses), **쁘띠뜨**(petites), **우먼스**(women's)와 **주니어**(juniors)의 4개 부문으로 구분되는 의류를 생산하고 유통시키는 제조업체, 도매업체와 소매업체로 구성되어 있다. 미스 부문은 25세 이상의 소비자를 겨냥하는데 제조업체들은 미스 부문 내의 여러 연령대를 대상으로 하는 의복을 제조하고 있다. 쁘띠뜨는 신장 약 163cm 이하의 소비자를 가리키는 것이나, 단순히 신장보다는 균형 잡힌 체형에 초점을 맞추고 있다. 우먼스 부문은 체중이 많이 나가는 소비자를 위한 사이즈를 생산하고, 주니어 부문은 11세에서 19세까지의 연령대에 있는 젊은 소비자를 겨냥하고 있다.

여성 소비자의 대부분은 위에서 설명한 4개 부문 중 자신들이 어디에 속하든지 간에 상관없이 쇼핑을 즐기는 것으로 나타난다고 한다. 영국의 마케팅 리서치 전문업체인 Mintel이 2010년 12월에 발표한 보고서에 따르면 "설문에 응답한 여성 10명 중 9명은 2009년 중 자신이 입을 목적으로 옷을 구매하려고 했고, 10명 중 8명은 실제로 구매를 했다."고 응답했다. 패션 태도(fashion attitude), 패션에 대한 관심(fashion interest)과 자신의 최선의 모습을 보이고자 하는 욕망 등이 여성복에 대한 수요를 뒷받침하는 요소들이다. 여성복 세분시장 전체는 여성들의 쇼핑의 대상이 되고 있으나 세분시장을 세부적으로 들여다보면 차이가 있다는 것을 알 수 있다. 미스, 쁘띠뜨, 우먼스와 주니어 부문 간에 있어서의 사이즈 차이(아래에서 설명)는 의류의 분류, 사이즈, 표적시장과 패션 리더 등에 있어서 분명하게 드러난다. [그림 8.4], [그림 8.9]와 [그림 8.12]는 각각 여성복, 남성복과 아동복의 분류를 보여주고 있다. [그림 8.2]는 여성용 의류 생산에 연관된 업체들의 NAICS 분류체계를 보여준다. 다음에서는 여성복 업계의 패션 리더들에 대해 다룬다.

패션 리더

패션은 대중문화와 유행의 첨단을 걷는 사람들에 의해 영향을 받는다. 시간이 흘러도 변하지 않는 것을 찾아보기 어려운 가운데 패션이라는 것 자체가 워낙 변화무쌍하여 카메라 플래시 세례를 받고, 가십거리가 되고, 패션블로그에 오르내리면서 사람들의 영향력도 스러져 간다. 좀 더 성숙한 소비자들이 소비하는 미스 부문은 Halle Berry, Jennifer Lopez, Cher, Faith Hill과 같은 연예인, Christy Brinkly와 Cindy Crawford와 같은 슈퍼모델은 물론이고 심지어는 Hillary Clinton과 Sarah Palin과 같은 정치인들로부터도 영향을 받는다. Kristin Stewart, Blake Lively, Lady Gaga와 Beyonce와 같은 젊은 연예인들과 Audrina Patridge 같은 리얼리티 TV쇼 스타들은 주니어 부문에 속하는 좀 더 젊고 유행을 좇는 소비자들에게 영향을 끼친다. 주니어 패션은 현재의 유행을 한 발 앞서 나가는 형태를 보인다.

사이즈와 체형

[그림 8.3]은 미스, 쁘띠뜨, 우먼스와 주니어 부문 간의 체형 차이를 보여주고 있다. 미스 부문은 2 사이즈에서 시작해 16 사이즈까지 있는데 모든 사이즈는 짝수이다(사이즈 2~16). 쁘띠뜨 부문은 쁘띠뜨 사이즈 2에서 시작해 14 사이즈까지 있는데 이 역시 모든 사이즈가 짝수이다(사이즈 2P~14P). 우먼스 부문은 제일 작은 것이 14 사이즈이고 제일 큰 것은 26 사이즈 또는 그 이상이 될 수 있다(사이즈 14~26W). 주니어 부문은 0 사이즈에서 시작해 홀수 단위로 사이즈가 커지는데 보통 13 사이즈까지 있는데 어떤 경우에는 15와 17 사이즈도 있다(사이즈 0~17). 생산 및 판매되는 사이즈는 업체마다 상이

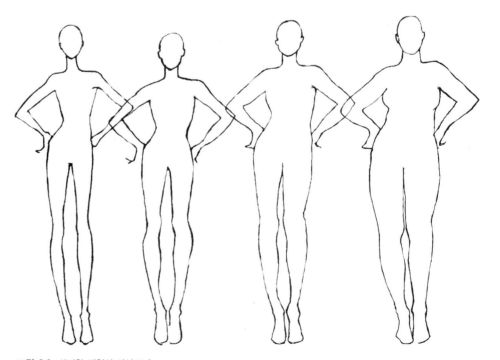

그림 8.3 상이한 체형의 여성 모습
출처 : Hawa Stwodah

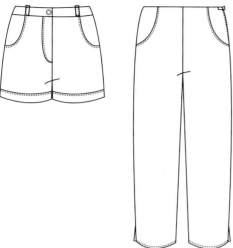

반바지와 카프리
반바지는 허리춤에서 시작하여 다리를 감싸고 내려와
무릎 위쪽에 끝단이 있고,
카프리는 끝단이 무릎 아래에 있다.

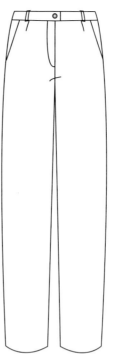

바지
보통 허리춤에서 시작하여 두 다리를
각각 감싸면서 끝단이 발목 부위에 있다.

드레스
스커트와 보디스(bodice)가
이어진 의상

스웨터
사람의 손이나 기계로 짠 의상

코트
안에 옷을 갖추어 입고 걸치는 겉옷으로
스타일과 함께 보온기능이 있다.

정장
보통 재킷과 바지 또는 스커트로
구성된 투피스 한 벌

운동복
스포츠활동을 위해 입는 옷

그림 8.4 여성복 : 반바지와 카프리, 바지, 드레스, 스웨터, 코트, 정장, 운동복
출처 : Hawa Stwodah

할 수 있는데 보통 표적시장이 무엇인가에 따라 달라질 수 있다(그림 8.4).

주요 여성복 업체

여성복 업계에서 큰 영향력을 행사하는 업체들에는 Vanity Fair, Kellwood와 The Gap 등이 포함된다. 가장 큰 영향력을 행사하는 업체인 Vanity Fair는 기업가치가 70억 달러가 넘는 거대기업으로 많은 남성 및 여성 브랜드를 보유하고 있다.(Vanity Fair가 보유하고 있는 브랜드는 [그림 8.5]에서 볼 수 있다.) 전 세계 150개 국가에서 제품을 판매하고 있는 Vanity Fair는 여성복 부문에 있어서 지속적인 성장을 구가하고 있는 강자이다. [그림 8.5]에 빠져 있는 Vanity Fair의 최근 인수업체는 진 의류업체인 Rock and Republic이다.

여성복 업계에서 두 번째로 영향력이 큰 업체는 Kellwood로 디자인, 제조, 판매와 다수의 브랜드 라이선스 사업을 벌이고 있는 거대기업이다. Kellwood가 보유하고 있는 브랜드로는 Rebecca Taylor, Sag Harbor와 XOXO 등을 들 수 있다. Kellwood는 투자회사인 Sun Capital Partners에 인수된 비상장기업으로 재무 상황이 알려져 있지 않으나 Kellwood의 임원 중 한 명인 Mike Kramer에 따르면 2010년에 Kellwood의 매출액이 10억 달러에 달하였으며, 2014년에는 다시 기업공개를 할 수도 있다고 한다. AP통신은 Mike Kramer를 인용하여 현재 Kellwood는 중급 백화점인 Macy's에서 최고급 백화점인 Neiman Marcus로 판매창구를 격상시킬 수 있는 수준의 브랜드 인수를 추진하고 있다는 기사를 게재하였다(Kumar).

세 번째로 영향력이 큰 업체는 The Gap으로 2010년 매출액이 147억 달러에 이르렀다. The Gap은 자체 브랜드를 생산하여 직접 판매하는 업체로 1969년 이래로 여성, 남성과 아동용 베이직 의류를 취급하고 있다. The Gap은 독자적인 유통망을 확보한 다수의 브랜드를 보유하고 있는데 본 장 후반에 다루게 될 아동용 브랜드들 이외에 Gap, Banana Republic과 Athleta 등이 있다. Piperlime은 The Gap의 인터넷 판매창구로 신발류에 특화하면서 Gap 이외에 다른 브랜드 제품들을 소비자에게 판매하고 있다.

시장에서 확고한 입지를 확보하고 있는 위에서 설명한 세 개 업체는 미국의 대다수 여성들에게 어필하는 클래식 스타일의 의류들을 취급한다. Vanity Fair, Kellwood와 The Gap의 브랜드 제품들의 대부분은 중간 수준의 가격대에 포진하고 있으며, 소수의 브랜드만이 좀 더 높은 가격대에 있다. 앞에서 이미 다루었지만 다시 한 번 언급할 가치가 있는 것은 Walmart, Kohl's와 Target과 같은 소매업계의 강자들이다. 이들 소매업체들은 각각의 고유 브랜드와 프라이빗 레이블(private label)[2]을 활용하면서 내셔널 브랜드들도 취급하고 있다.

---

2) 소매업체가 독자적으로 기획해서 발주한 오리지널 제품에 붙인 스토어 브랜드를 두고 일컫는 말인데 'Private Brand'와 혼용되어 쓰인다. 또는 의류업체 브랜드 중에서 그 판매가 일정한 지역으로만 한정된 브랜드도 프라이빗 브랜드라고 부른다. (역자 편집, 출처: 패션전문자료사전)

브랜드명	출시 연도	연령대	웹사이트 주소
7 for All Mankind®	2000	유행을 좇는 소비자를 위한 프리미엄 패션	7forallmankind.com
Aura by Wrangler®	2005	Wrangler에서 나온 여성용 맞춤형 진	wrangler.com
Bulwark	1991	공장노동자를 위한 안전하고 튼튼하고 믿을 수 있는 작업복	bulwark.com
Chef Designs	2006	요리를 위한 의상	chefdesigns.co
Eagle Creek	1975	전 세계 여행자를 위한 고품질의 기능성 의류	eaglecreek.com
EASTPAK	1960	미국업체가 생산하는 배낭, 가방, 여행용 짐가방과 의류	eastpak.com
Ella Moss®	2001	18~39세 여성용 재미있고 여성스러운 의류	ellamoss.com
Harace Small	1937	공공안전업무 종사자를 위한 의류	haracesmall.com
JanSport®	1967	배낭, 노트북 가방과 기타 기능성 가방 등 운동, 등산 및 업무용 가방류	jansport.com
John Varvatos®	2000	18~55세 창의적인 남성을 위한 고급 정장과 캐주얼 의류	johnvarvatos.com
Kipling®	1987	최신 유행의 패셔너블하고 실용적이면서 격식을 따지지 않는 야외활동이 많은 소비자	kippling-usa.com
Lee®Europe	1889	모든 종류의 직업에 종사하는 현대적 감각을 갖춘 도시민	eu.lee.com
Lee®North America	1889	25~50세를 위한 여성복과 남성복	lee.com
Lee®South America	1889	25~35세 자신감이 넘치는 남녀	eu.lee.com
Lucy®	1999	활동적인 여성의 생활방식에 맞는 의류	lucy.com
Majestic®	1976	야구광을 위한 의류	majesticathletic.com
Napapijri	2000	여행자를 위한 전문적인 용도의 배낭, 가방과 의류	napapijri.com
Nautica®	1983	25~44세 남녀를 위한 깔끔하고 눈에 띄는 세련되고 클래식한 캐주얼	nautica.com
Red Kap®	1923	공장 및 서비스 노동자를 위한 의류	redcap.com
Reef®	1984	16~24세 남녀를 위한 브랜드	reef.com
Rider's® by Lee	1949	25~55세의 전통을 지키고자 하는 여성용 의류	ridersjeans.com
Riggs Workwear® by Wrangler®	2003	거친 작업 환경을 위한 고급 작업복	riggsworkwearbywrangler.com
Rustler®	1965	25~54세 남성을 위한 튼튼한 바지와 반바지	rustler.wrangler.com
SmartWool®	1994	활동적인 야외생활을 위한 기능성 의류	smartwool.com
Splendid®	2002	20~50세 남녀를 위한 스타일 좋고 편안한 의류	splendid.com
The North Face®	1966	등산, 스키, 스노우보드, 각종 야외활동용 의류	thenorthface.com
Timberland®	1918	등산화, 야외활동용 의류와 용품	timberland.com
Vans Shoes®	1966	BMX 라이더와 스케이트보더를 위한 의류	Vans.com
Wrangler®−Real Comfort Jeans	1947	25~54세 남성을 위한 편안하고 스타일 좋은 의류	wrangler.com
Wrangler® Europe	1947	사교적이면서 스타일을 추구하는 21~35세	eu.wrangler.com
Wranger® Western	1947	40~60세의 진짜 카우보이를 위한 의류	wranglerwestern.com

그림 8.5 Vanity Fair의 보유 브랜드
출처 : Vanity Fair 회사자료

표 8.1
여성복 생산 및 출하 일정

시즌	바이어/판매상의 주문	생산	출하	소비자 구매
봄	9~10월	11월	1~3월	2~5월
여름	11~1월	1~2월	4~5월	5~7월
가을 I/개학	2~3월	5~6월	6~8월	8~10월
가을 II/겨울	4~5월	6~7월	9~11월	10~12월
홀리데이(Holiday)	6월	7~8월	10월	10~12월
리조트(Resort)	8월	9~10월	11~12월	12~1월

시즌

여성복 업계에서는 일반적으로 1년을 6개의 시즌으로 나눠 보는데, 이러한 시즌에 맞춰 제조업체가 의류를 생산하고, 판매업체에게 출하가 이루어지며, 최종적으로 소비자에게 판매된다. 소비자가 제품을 필요로 하는 시기에 인접하여 생산한 제품을 적기에 출하한다면 판매업체는 신상품을 원활하게 공급받게 되고, 재고 회전율을 높일 수 있게 되는데(제5장 참조), 이는 판매업체의 수익 창출에 있어서 중요한 요소 중 하나다. 패션의 빠른 변화와 제품의 구매 및 출하와 관련된 여러 변수들 때문에 소비자들이 시즌에 구애받지 않고 원하는 의류를 손쉽게 구할 수 있게 되면서 점점 시즌의 구분이 모호해지고 있다. [표 8.1]에서는 전통적인 시즌의 구분과 함께 시즌별로 일반적인 소매점에 상품이 출하되는 시기를 설명하고 있다.

남성복

남성복 세분시장은 남성 소비자를 겨냥하여 의류를 생산하고 유통시키는 업체들로 구성되어 있다. [그림 8.6]은 NAICS 분류를 보여준다. 남성복은 1960년대 이후 급격한

315211 성인 남성과 남아용 의류 재단 및 봉제 하청업자들

이 업계는 (1) 타인 소유의 원재료를 성인 남성과 남아용 의류와 액세서리 생산을 위해 재단 및 또는 (2) 타인 소유의 원재료를 성인 남성과 남아용 의류와 액세서리 생산을 위해 봉제하는 흔히 하청업자라고 불리는 사업체들로 구성되어 있다.

주로 다음과 같은 일에 종사하는 사업체

- 구매한 원단으로 성인 남성과 남아용 의류를 생산 : 성인 남성과 남아용 의류의 재단 및 봉제업으로 31522 업종으로 분류
- 구매한 원단으로 유아용 의류를 생산 : 유아용 의류의 재단 및 봉제업으로 315291 업종으로 분류
- 구매한 원단으로 성인 남성과 남아용 의류 액세서리를 생산 : 의류 액세서리와 기타 의류 제조업으로 31599 업종으로 분류
- 하청 또는 수수료 계약을 통해 성인 남성과 남아용 의류에 자수를 놓음 : 그밖의 기타 텍스타일제품 제조업으로 314999 업종으로 분류

그림 8.6 NAICS 남성복 분류
출처 : 미국 통계국

변화를 보여 왔는데 1960년대 당시만 해도 남성복은 운동복, 작업복과 여가활동 또는 가정에서 착용하는 일상복의 세 가지로만 분류되었다. 오늘날 남성복의 분류는 보다 세분화되어 데님, 정장과 세퍼레이트 수트(의복), 퍼니싱(내의, 양말, 넥타이), 야외활동복, 상의(캐주얼 셔츠, 드레스 셔츠, 니트 셔츠와 티셔츠), 바지(캐주얼, 정장)와 액세서리 등이 포함되었다. 과거에 남성복은 전통적이고 보수적인 색채 위주였다. 오늘날의 남성복은 생기가 넘치는 색채를 사용하고 있다.(그림 8.7은 남성 패션의 현대적인 면모를 보여준다.)

주요 남성복 업체

남성복 부문에 있어서 큰 영향력을 행사하는 업체 중 하나는 Philips Van Heusen(PVH)으로 130년이 넘는 역사와 함께 Calvin Kein, Tommy Hilfiger, Izod, Arrow, Van Heusen과 Bass 등 6개의 브랜드를 보유하고 있다. Philips Van Heusen은 Geoffrey Beene, Donald J. Trump, Michael Kors Collection과 Timberland를 비롯해 다수 브랜드의 라이선스 사용권도 보유하면서 거대한 글로벌 패션회사 중의 하나로 군림하고 있다. 다양한 가격대에 걸쳐 다수의 브랜드를 운용하면서 Philips Van Heusen은 꾸준한 성장세를 견지하고 있다. Philips Van Heusen은 자사 브랜드 제품들을 백화점, 직영매장과 PVH 웹사이트 등을 통해 판매하고 있다.

Ralph Lauren은 2010년에 49억 8천만 달러의 매출액을 기록하였으나 이러한 매출이 전부 남성복을 통해 이루어진 것은 물론 아니다. Ralph Lauren은 40여 년 전에 넥타이 제품 라인으로 시작하여 많은 이들이 희구하는, 그러면서 다른 업체들의 도전을 허용하지 않는, 하나의 라이프스타일을 규정하는 브랜드로 성장하였다. Ralph Lauren의 브랜드로는 Polo, Black Label, Purple Label과 RLX 등이 있다. Ralph Lauren은 JC Penny와의 콜라보레이션을 통해 American Living이라는 브랜드를 선보였다. Ralph Lauren의 제품들은 Macy's와 Dillard's 같은 백화점, 직영매장과 인터넷을 통해 판매되고 있다.

Joseph A. Bank는 100년이 넘는 역사를 자랑하는 남성복 업계의 강자 중의 하나이다. 이 회사는 2010년에 전년에 비해 20.6% 증가한 8,580만 달러의 순매출액을 기록하였다. 미국 내에 500개의 판매점을 확보한 이 회사는 자사의 성공 요인을 "오랜 품질관리와 기술개발의 전통, 멋지게 제작한 선택의 폭이 넓은 클래식한 스타일의 정장과 캐주얼 의류, 경쟁사들에 비해 20~30% 저렴한 가격"이라고 설명하고 있다.

그림 8.7 패셔너블한 복장의 젊은 남성
출처 : Taylor Francis

그림 8.8 Matt Lauer는 언제나 패셔너블한 복장을 하고 있다.
출처 : Alamy

셔츠
원래 버튼다운식 셔츠는 폴로 경기 때 입던 것으로
John Brooks가 폴로셔츠를 개량하면서 옷깃도
단추를 채우게 하여 폴로 경기 중 옷깃이 날리지
않게 했다. 오늘날 이러한 셔츠는 남성 의류
대표 품목 중 하나이다.

바지
허리춤에서 시작하여 두 다리 전체를 각각 감싸고 내려온다.
앞쪽에 지퍼가 달려 있는데 이것은 원래 소변을 쉽게 볼 수
있게 하기 위한 것이었다. 주름이 잡혀 있으며, 벨트를 낄 수
있게끔 허리 부분에 벨트고리가 달려 있다.

반바지
무릎 위쪽에 끝단이 있는 바지

스포츠 의류
주로 운동 경기와 체력 단련 시
입지만 그 자체가 하나의
패션이기도 하다.

정장과 세퍼레이트 수트
상하의가 앙상블을 이루는 남성용 투피스로
바지와 재킷으로 구성. 재킷은 단추가
2개, 3개 또는 5개이다. 상하의는 같이
또는 따로 구매할 수 있다.

코트와 재킷
안에 옷을 갖추어 입고 걸치는
겉옷으로 보온기능을 한다.

그림 8.9 남성복 : 셔츠, 바지, 반바지, 스포츠 의류, 정장과 세퍼레이트 수트, 코트와 재킷
출처 : Hawa Stwodah

Joseph A. Bank의 제품은 직영매장과 인터넷을 통해 판매된다.

패션 리더

여성들이 유명인사들과 옷을 잘 입는 다른 여성들을 롤모델로 삼듯이 남성들도 다른 남성들을 통해 패션 지식을 얻는다. 옷을 잘 입는 유명인사들로는 Ryan Seacrest, George Clooney와 Robert Pattison 등을 들 수 있다. Barack Obama 미국 대통령과 Mitt Romney 메사추세츠 주지사와 같은 정치인들도 남성들의 패션 롤모델이 되고 있다. Brian Williams, Anderson Cooper와 Matt Lauer(그림 8.8 참조)와 같은 방송인들의 패션감각은 남녀 모두로부터 찬사를 받고 있다. Giorgio Armani와 Karl Lagerfeld와 같은 패션 디자이너들의 개인적 스타일도 남성들에게 영감을 주고 있다 (그림 8.9). Justin Bieber, Justin Timberlake, Chris Brown, Sean Combs, Eminem과 Russell Simmons 등 음악계 인사들도 패션과 관련하여 넘치는 영감을 제공하고 있다.

남성복 시즌

여성복과 마찬가지로 남성복의 생산 및 출하 시기와 관련하여 많은 혼란이 발생하고 있다. 제조업체들은 최적의 생산가능곡선을 도출하기 위해 안간힘을 쓰기 마련이다. 그러나 제품에 대한 수요문제와 함께 면화 가격의 변동성, 정확한 날짜 산정의 어려움, 생산 계획상의 차질 등의 요인으로 남성복 출하 시기는 종잡을 수 없게 된다(George Bridgforth, 2011년 6월 16일자 개인 서신). [표 8.2]에서는 남성복 업계의 통상적인 생산 및 출하 시기를 보여주고 있다.

아동복

1950년대까지 아동복 업계는 성인 패션을 모방하기에 급급했다. 아동들은 부모가 입은 옷의 축소판처럼 생긴 옷을 입곤 했다. 현재 아동복 업계는 더 이상 성인 의류를 모방하지 않고 아동들만을 위한 스타일, 컬러와 디자인을 만들어 내면서 번창하고 있다. 아동복은 여아용, 남아용과 유아용으로 구분된다. 대부분의 아동복은 전문점, 백화점 또는

표 8.2

이 표에서는 5개 시즌에 걸쳐 전개되는 남성복의 비즈니스 사이클과 제조업체, 제품 출하, 판매업체와 소비자의 구매단계에 이르기까지의 시간 흐름을 보여준다.

시즌	바이어/판매상의 주문	생산	출하	소비자 구매
봄 I	4월	6~7월	12~2월	2~5월
봄 II	전년도 6월	7~8월	2~4월	3~6월
여름	전년도 8월	8~9월	4~5월	5~7월
가을 I/개학	전년도 10월	11월	6~8월	8~10월
가을 II/겨울	1월	2~3월	9~11월	10~12월

그림 8.10 버지니아 주 리치먼드 지역의 유행의 첨단을 달리는 사람들을 다루는 블로그 'Dirty Richmond'에 오른 8살 정도로 보이는 꼬마 숙녀
출처 : Dirty Richmond Blog,
의상은 디자이너 Kristin Caskey의 작품이다.

할인점을 통해 판매되고 있으나 최근 들어 인터넷을 통한 판매가 급속히 확산되고 있다. 2007~2009년의 불황기에는 미국 내에서 중고 아동복 위탁판매점이 늘어났다. Mintel이 2009년에 발표한 '어린이 의류-미국'이라는 보고서의 추산에 따르면 2009년 아동복 시장 규모는 441억 달러에 달한다고 한다.

패션 리더

오늘날 아동복 부문의 패션 리더는 Willow Smith와 Jayen Smith 남매로 배우 부부인 Will Smith와 Jada Pinkett Smith의 자녀들이다. 두 어린이는 영화에 출연했고 현재는 자신들의 이름을 딴 의류 출시와 관련하여 협의 중에 있다. 배우 Tom Cruise와 Katie Holms 부부의 딸인 Suri Cruise와 가수 겸 작곡가이면서 패션 디자이너이기도 한 Gwen Stafani와 가수이자 배우인 Gavin Rossdale 부부의 아들인 Kingston Rossdale은 언론에서 어떤 옷을 입는지를 자주 다루고 어떤 경우에는 두 아이들이 옷에 얼마만큼 돈을 쓰는지도 기사화되고 있다. 2011년 6월 13일 Comcast.net에

그림 8.11 최신 유행의 옷을 입은 10대 초반 어린이들
출처 : Holly Alford

게재된 Audrey Morrison의 기사에 따르면 Suri Cruise는 약 15만 달러에 달하는 신발을 가지고 있는데 그중에는 Louboutin의 수제 신발도 포함되어 있다고 하며, 갖고 있는 의류는 그 가치가 약 320만 달러에 이른다고 한다. 유행의 첨단을 걷는 어린이들은 미국 어디에서나 볼 수 있는데 [그림 8.10]에 보이는 어린 소녀의 사진은 버지니아 주 리치먼드에 소재하는 인기 있는 패션블로그 'Dirty Richmond'에 오른 것이다. [그림 8.11]은 인기 있는 아동복 패션을 선보이고 있는 어린 패션 리더들을 보여주고 있다. [그림 8.12]는 다양한 아동복을 보여주고 있으며, 아동복 또한 여성복, 남성복과 마찬가지로 의류산업의 주요 경쟁품목이다.

주요 아동복 업체

아동복 업계 상위 3개 업체는 The Children's Place, Inc., The Gymboree Corporation과 The Gap이다. 이들 업체들은 자체 브랜드를 직접 개발하고 디자인하고 생산한다. 이들 업체의 판매점은 주로 쇼핑몰에 소재하고 있으나, 인터넷을 통해서도 판매하고 있고, 아웃렛 매장도 운영하면서 계절별로 카탈로그를 통한 통신판매도 하고 있다.

The Children's Place, Inc.는 아동복 전문업체로서 신생아, 영아, 유아, 10세까지의 소년 및 소녀용 의류를 생산하고 있다. 취급품목은 의류, 액세서리와 신발류 등이 있다. 북미 지역에 995개의 판매점과 함께 성공적인 인터넷 판매망을 보유하고 있는 이 회사의 2009년 매출액은 16억 7천만 달러에 달하였다.

Gymboree, Gymboree Outlet, Janie and Jack과 Crazy 8 등의 브랜드를 거느리고 있는 The Gymboree Corporation은 의류를 디자인, 생산하고 판매한다. 아울러 이 회사는 Gymboree Play and Music을 통해 "독특한 교육 과정의 영유아 발달놀이 프로그램을 완성하여 놀이, 음악과 미술교육을 실시하고 있다." 2010년 Gymboree는 11억 달러의 매출액을 기록하였다(Gymboree).

The Gap의 아동복 브랜드로는 Gap Kids와 Baby Gap이 있다. 이들 브랜드는 전용 매장을 통해 신생아에서 10대 초반 어린이를 대상으로 하는 의류와 액세서리를 판매하고 있다. 앞에서 이미 언급한 것과 같이 Gap의 2010년 매출액은 147억 달러이다.

인티밋 어패럴

산업통계자료 전문검색엔진인 ReportLinker.com이 발표한 보고서에 따르면 2007년에 란제리 부문의 판매액은 90억 달러를 상회하였다. 인티밋 어패럴(intimate apparel) 업계는 2007년 불황으로 심각한 타격을 받았는데 이는 인티밋 어패럴로 분류되는 품목 중에는 남들의 눈에 뜨이지 않는 품목들이 포함되기 때문으로 소비자들이 인티밋 어패럴 대신 다른 의류를 구매한 것이다. 그러나 "과거 20년간 란제리는 의류업계에 엄청난 돈을 벌어다 주는 세분시장으로 변신하였다."(ReportLinker.com) 여성들은

아동복의 품목별 정의는 여성복 및
남성복과 동일하며, 단지 사이즈가
작을 뿐이다. 스타일은 유행에 따라
변한다.

영유아복
아기의류세트, 신생아의류 세트,
속싸개, 커버올과 아기양말 등을
포함한다.

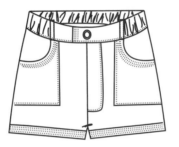

남자 아동복
바지, 외투, 반바지, 셔츠,
스웨터와 정장류를 포함한다.

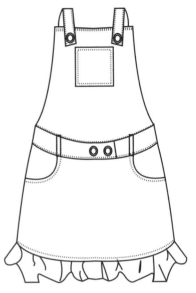

여자 아동복
드레스, 진, 바지, 스웨터, 후디
등을 포함한다.

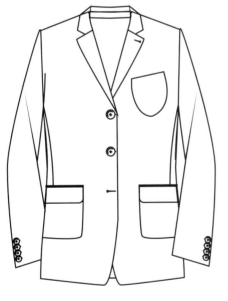

교복
바지, 스웨터, 양말, 스커트와
카키복을 포함한다.

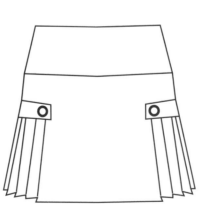

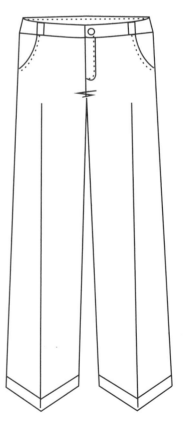

그림 8.12 아동복 : 영유아복, 남자 아동복, 여자 아동복, 교복
출처 : Hawa Stwodah

대개 자신들이 입는 인티밋 어패럴을 매년 개비하는데 이러한 사실은 Simon Warburton의 기사를 통해 입증되었다. Simon Warburton에 따르면 "여성은 …… 1년에 두 개의 브래지어와 다섯 벌의 팬티를 구매함으로써 옷장에는 보통 5개에서 8개의 브래지어가 있다."(Global) 소비자의 수요가 증대하면서 인티밋 어패럴 업계는 빠른 속도로 성장하고 있다. [그림 8.13]은 오늘날 볼 수 있는 란제리를 보여주고 있다. 오늘날의 인티밋 어패럴은 1950년대에 보던 것과 현저하게 다른 모습을 보여주는데 옷 안에 감춰지기보다는 보여줘도 무방하다고 할만한 제품들이 많이 등장하고 있다. 인티밋 어패럴(그림 8.14) 제작에 있어서 주요 고려사항은 편안한 착용감이다.

그림 8.13 모델이 입고 있는 란제리 의류는 외출복으로도 입을 수 있다.
출처 : dreamstime

주요 인티밋 어패럴 업체

인티밋 어패럴 부문에서 가장 큰 영향력을 행사하는 업체로는 주로 Victoria's Secret을 드는데 이 회사는 Limited Company를 모기업으로 두고 있으며 Pink라는 브랜드도 보유하고 있다. 2010년 회계년도에 96억 달러의 매출액(Limited Company 산하의 모든 브랜드의 매출합계액)을 기록한 이 회사는 란제리, 화장품과 향수를 판매하고 있다. Pink는 보다 젊은 계층의 인티밋 어패럴 구매자를 표적시장으로 하고 있다. Victoria's Secret은 글로벌 브랜드로 전세계 1천여 개의 매장, 웹사이트와 카탈로그를 통해 제품을 판매하고 있는데, 이 회사의 가장 잘 알려진 마케팅 수단은 TV로 방영되는 연례 패션쇼이다.

Maidenform은 인티밋 어패럴 업계의 또 다른 강자이다. 2009년에 Maidenform의 회장은 연례 보고서에 수록된 서한을 통해 "미국 인티밋 어패럴 시장 전체에 비해 높은 성장세를 기록했다."라고 발표했는데, 그해 순매출액은 5억 5,700만 달러에 달하였다. 이 회사는 1922년부터 브래지어를 생산·판매하고 있다. 현재 이 회사는 Sweet Nothing, Inspirations, Luleh, Control It, Maidenform, Bodymate, Self Expressions 등의 자체 브랜드를 보유하면서 두 개의 라이선스 브랜드 DKNY와 Donna Karan Intimates를 운용하고 있다.

Sara Lee라는 이름은 대부분의 사람들에게 있어서 인티밋 어패럴 부문에서는 전혀 낯선 것일 수 있다. 식품업체로 널리 알려진 Sara Lee는 1968년 Gant Shirts라는 업체를 인수하면서 의류업에 진출하였으며, 식품뿐만 아니라 의류 브랜드도 꾸준히 인수하면서 사업을 다각화해 왔다. 이 회사는 Playtex, Bali, Hanes, Champion과 Wonderbra와 같은 잘 알려진 브랜드들을 보유하고 있다. Sara Lee는 2010 회계년도에 108억 달러 규모의 매출액을 기록하였다.

화장품

화장품 세분시장은 남성과 여성 그리고 최근 들어서는 10대 초반(tween consumer)을 포함한 소비자들의 외모와 체취를 개선 및 향상시키는 제품의 생산 및 도소매에 관여하

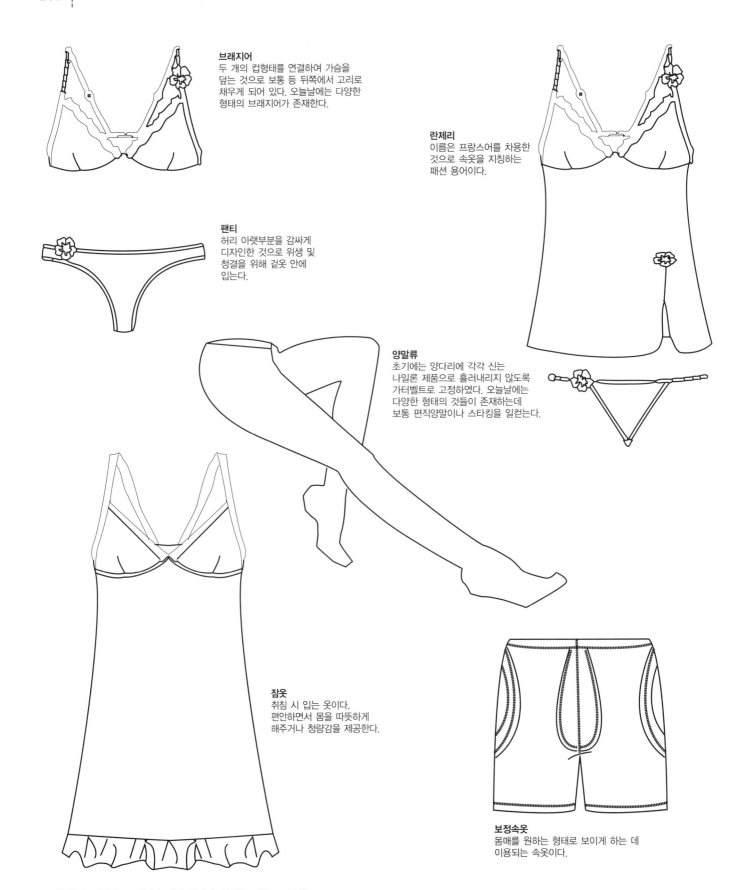

브래지어
두 개의 컵형태를 연결하여 가슴을
덮는 것으로 보통 등 뒤쪽에서 고리로
채우게 되어 있다. 오늘날에는 다양한
형태의 브래지어가 존재한다.

란제리
이름은 프랑스어를 차용한
것으로 속옷을 지칭하는
패션 용어이다.

팬티
허리 아랫부분을 감싸게
디자인한 것으로 위생 및
청결을 위해 겉옷 안에
입는다.

양말류
초기에는 양다리에 각각 신는
나일론 제품으로 흘러내리지 않도록
가터벨트로 고정하였다. 오늘날에는
다양한 형태의 것들이 존재하는데
보통 편직양말이나 스타킹을 일컫는다.

잠옷
취침 시 입는 옷이다.
편안하면서 몸을 따뜻하게
해주거나 청량감을 제공한다.

보정속옷
몸매를 원하는 형태로 보이게 하는 데
이용되는 속옷이다.

그림 8.14 란제리 : 브래지어, 팬티, 란제리, 양말류, 잠옷, 보정속옷
출처 : Hawa Stwodah

는 업체들로 구성되어 있다. 화장품 부문은 피부관리(항노화제품, 모이스춰라이저, 토너와 클리너), 파운데이션, 블러셔(blush), 파우더, 아이라이너, 마스카라, 립스틱과 립글로스, 모발관리용품(샴푸, 컨디셔너, 스타일링 제품) 그리고 목욕용품(향수, 비누, 샤워젤, 로션) 등으로 분류된다. 화장품과 미용 및 위생용품 업계는 미국 **식품의약국**(Food and Drug Administration, FDA)에 의해 엄격한 규제를 받고 있는데 **연방 식품, 의약품 및 화장품에 관한 법**(U.S. Food, Drug, and Cosmetic Act)은 "모든 화장품과 미용 및 위생용품은 제조에 들어간 성분의 안전성을 시장에 내놓기 전에 입증하여야 한다."고 규정하고 있다. FDA는 미국 내에서 시판되는 11억 개가 넘는 미용 및 위생용품을 관리감독하고 있다(CosmeticInfo.org).

화장품의 규제에 있어서 중요한 부분을 차지하는 것은 **성분표시**(labeling)인데 이것도 미국 식품, 의약품 및 화장품에 관한 법과 **공정포장 및 표시법**(Fair Packaging and Labeling Act)에 의해 규제받고 있다. 다른 국가들에 비해 미국은 제품의 안전성 및 성분표시와 관련하여 보다 엄격한 규제를 시행하면서 상대적으로 제품의 위해성과 관련된 시비는 낮은 수준으로 유지되고 있다. [그림 8.15]에서는 NAICS에 따른 화장품 분류를 보여주고 있다. [그림 8.16]은 다양한 화장품의 종류를 보여주고 있다.

화장품 업계는 지속적인 연구개발을 통해 젊음을 유지하는 비법을 찾아내고자 한다. 이러한 노력의 결과물 중에는 피부관리제품에 섬유성분을 이용하는 것도 있다. New Beauty라는 잡지는 2011년 봄호에 의류에 흔히 쓰이는 섬유성분이 피부관리와 항노화제품의 제조에 쓰이고 있다는 기사를 실었다. 예를 들면 면화는 피지 흡수에 효과적이면서 미백성분도 있다는 것이다. 캐시미어는 피부를 촉촉하고 건강하게 유지시키는 효과가 있으며, 스판덱스는 피부세포의 재생을 촉진시킨다고 한다. 실크와 리넨도 피부를 치유시키고 건강하게 유지하는 데 도움이 되는 성분을 갖고 있다. 이런 획기적인 발견은 화장품 업계의 연구개발 노력의 결실이다('Skin care with' 2011).

주요 화장품 업체

L'Oreal은 최대의 화장품 제조업체로서 보유하고 있는 브랜드로는 Maybelline, Ralph Lauren, Garnier, Diesel, L'Oreal Paris, Kiel's, Lancome과 The Body

---

44612 NAICS 분류코드 – 화장품

정의 화장품과 피부관리 제품을 생산하거나 판매하는 업체

관련 NAICS 산업분류코드

NAICS 코드

　　325620 : 화장품 제조업

　　446120 : 화장품, 미용용품과 향수 판매점

그림 8.15 NAICS에 의한 화장품 분류
출처 : 미국 통계국

목욕용품
목욕용 오일, 목욕용 염제, 목욕용
타블릿 등은 목욕 시 세척을
용이하게 하고 청결감을 준다.

아기용품
베이비로션, 오일, 파우더와 크림

**모발관리, 염색, 손발톱관리, 구강, 피부관리,
선스크린과 선탠 제품**
많은 수의 업체들이 생산하는 모발, 손발톱과 구강관리 제품들은
신체의 특정 부위를 위한 것들이다. 이러한 제품들은 그 효능 및
용도에 차이가 있다. 햇빛 관련 제품들은 태양으로부터 피부를
보호하는 기능을 수행하는데, 그 효능이 여러 단계로 나누어진
제품들이 나오고 있다.

눈화장 제품

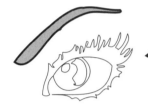

눈썹연필
눈썹에 색을 입히는 제품

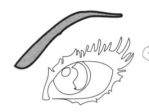

아이라이너
눈을 크게 또는 뚜렷하게
보이게 하기 위해 눈 주위에
색을 칠하는 제품

아이컬러

눈화장 리무버
눈화장을 쉽게 지울 수
있게 해주는 제품

마스카라
속눈썹을 굵고, 길고,
진하게 보이게 하기
위해 사용하는 제품

치크컬러
볼 주위에 바르는 제품

파우더
피부색을 달리 보이게 하는 제품

파운데이션
크림, 로션 또는 파우더
형태의 제품

입술화장품
입술의 색을 바꾸고,
질감과 광택을 주는 제품

향수 제품

오드콜로뉴
향기를 내는 액체제품으로
알코올과 다양한 향유로 만들어진다.

향수
향기로운 냄새를
발산하는 제품

향미스트

그림 8.16 다양한 종류의 화장품류
주 : 화장품 전체 품목은 CosmeticInfo.org을 참고할 것
출처 : Hawa Stwodah

Shop 등이 있다. 이 회사의 2010년 순매출액은 195억 달러였다.

Proctor and Gamble은 생활용품, 미용용품과 건강용품 세 개 부문에 걸쳐 제품을 생산하고 있다. 이 회사의 이미용용품 브랜드로는 Braun, Clairol, Cover Girl, Frederic Fekkai & Co., Fusion, Gillette, Head & Shoulders, Herbal Essences, I-Iman, Ivory, Max Factor, Nice & Easy, Olay, Old Spice, Pantene, Safeguard, Secret, Ultresse와 Wella 등이 있다. 2010년에 이 회사는 이미용용품 부문에서 271억 달러의 매출액을 기록하였다. Olay는 전 세계 이미용용품 브랜드 중 1위이다.

화장품과 피부관리 제품으로 잘 알려진 Estee Lauder는 1946년 창업자인 Estee Lauder가 자신의 부엌에서 제조한 화장품을 뉴욕의 백화점에 팔러 가면서 시작되었다. Estee Lauder는 최초로 무료 샘플을 나눠 줌으로써 여성들로 하여금 구매하지 않고 제품을 써 볼 수 있게 했다. 현재도 회사 지분의 77%를 Lauder 가족이 소유하고 있으며, 보유 브랜드로는 Estee Lauder, Clinique, Bobbi Brown과 Tim Ford 등이 있다. 2010년 순매출액은 778억 달러였다.

액세서리

WeconnectFashion.com에 따르면 액세서리 세분시장은 250억 달러 규모의 산업으로 제조업체와 도소매업체로 구성되어 있다. 액세서리 업계는 여성, 남성과 아동을 대상으로 벨트, 스카프, 장갑, 신발, 타이류 또는 보석류의 장신구를 제조·판매한다. 의상을 보완하는 역할을 하는 액세서리는 의류와 홈패션 부문의 트렌드를 좇는다. 트렌드는 색채, 섬유, 염색 또는 장식 등에 나타난다. 2011년의 헤리티지(Heritage) 트렌드와 같은 메가트렌드는 사람들이 착용하는 액세서리와 가정집의 실내장식에도 영향을 미친다. 액세서리는 대개 크기가 작으며, 의상을 더욱 돋보이게 하는 용도로 쓰인다. 남성정장이 팔리게 된다면 그것에 어울리는 넥타이, 셔츠, 커프스 단추와 정장 재킷 윗주머니에 꽂아 장식하는 손수건 등도 따라서 팔릴 수 있다. 많은 경우에 충동구매가 이루어지는 액세서리는 매장 내에서 계산대나 의류 바로 옆 등 판매가 쉽게 이루어질 수 있는 위치에 진열된다. [그림 8.17]은 NAICS에 따른 액세서리의 분류체계를 보여주면서 그러한 분류에 대한 정부의 시각도 엿볼 수 있게 해준다.

주요 액세서리 업체

액세서리 부문(그림 8.18)에서는 업계를 선도하는 업체를 특정하기가 어려운데 이것은 액세서리를 취급하는 업체들이 워낙 많기 때문이다. 백화점, 여성용품 전문점, 남성의류 매장과 종합소매점(general merchandise store, GMS) 등과 같은 소매업체가 액세서리를 취급한다. 이러한 소매점들 중 일부는 다른 곳들과 같은 브랜드의 상품을 취급하고, 일부는 프라이빗 레이블을 붙인 제품을 판매하기도 하며, 또 다른 일부는 디자이너 브랜드 상품을 취급한다. IBIS World라는 시장조사업체에 따르면 Coach

31599 의류 장신구와 기타 의류 제조업

이 업종은 주로 의류와 액세서리를 생산하는 사업체들로 구성되어 있다.(편직의류 제조업체, 재단 및 봉제의류 하청업자, 성인 남성과 남아용 재단 및 봉제의류, 성인 여성 및 여아용 재단 및 봉제의류와 기타 재단 및 봉제의류는 제외한다.) 원재료 구매, 디자인, 샘플 준비, 원재료가 의류 장신구로 제작될 수 있도록 하는 준비작업과 생산완료된 의류 장신구의 마케팅 등 의류 장신구 생산과 관련된 거래를 성사시키는 기능을 담당하는 자버도 이 업종에 포함된다. 이러한 사업체들이 생산하는 제품에는 벨트, 테가 없는 모자(caps), 장갑(의료용, 스포츠용과 작업용), 테가 있는 모자(hat)와 넥타이 등을 예로 들 수 있다.

주로 다음과 같은 일에 종사하는 사업체

- 의류 장신구를 제작하기 위해 타인 소유의 재료를 재단하고 봉제 : 재단 및 봉제의류 하청업자로 31521 업종으로 분류
- 종이로 만든 테가 있는 모자와 테가 없는 모자의 제작 : 기타 가공지(Converted Paper) 제품 제조업으로 32229 업종으로 분류
- 플라스틱 또는 고무로 만든 테가 있는 모자와 테가 없는 모자의 제작(수영모자 제외) : 플라스틱과 고무제품 제조업으로 하위업종 326으로 분류
- 권투장갑, 야구장갑, 골프장갑, 타격용 장갑, 라켓볼 장갑 등 운동용 장갑의 제작 : 운동 및 체육용품 제조업으로 33992 업종으로 분류
- 메탈페브릭(metal fabric), 메탈메쉬(metal mesh) 또는 고무장갑의 제작 : 의료장비 및 용품 제조업으로 33911 업종으로 분류
- 벙어리장갑, 장갑, 테 있는 모자와 테 없는 모자 등의 편직제품 제작 또는 벙어리장갑, 장갑, 테 있는 모자와 테 없는 모자 등을 위한 편직물과 의류제품의 제작 : 의류편직업으로 업종 그룹(Industry Group) 3151로 분류
- 타인 소유의 의류용 원재료를 재단 및 또는 봉제 : 의류 재단 및 봉제 하청업자로 31521 업종으로 분류

그림 8.17 NAICS 액세서리 분류
출처 : 미국 통계국

Incorporated의 2009년 순매출액이 32억 3천만 달러였는데, 이 중 핸드백의 비중이 62%였고 액세서리의 비중은 29%였다. 1941년 설립된 Coach는 '가죽제품, 벨트, 핸드

그림 8.18 다양한 액세서리의 종류

출처 : Hawa Stwodah

여성, 남성과 아동용 액세서리에는 예를 든다면 벨트, 선글라스 핸드백, 신발과 스카프 등이 포함된다.
의상과 함께 착용하여 몸을 치장하는 용도로 만들어진다. 액세서리는 장식 이외에도 어떤 기능을 하도록 하기 위해 사용될 수 있는데 우산의 경우 햇빛이나 비를 피할 수 있게 해주고 벨트 같은 경우에는 바지가 흘러내리지 않게 하는 기능을 한다.

백, 신발, 보석류, 장갑, 모자, 스카프와 서류가방'을 제작 판매한다(IBIS World).

Limited Group은 앞에서 언급했었는데 여기에서는 그냥 '여성용 인티밋 어패럴과 기타 의류, 미용 및 위생용품과 다양한 상표의 액세서리'를 취급하는 소매업체로 지칭하기로 한다. 2009년에 Limited Brands의 순매출액은 86억 달러에 달하였다.

와인과 주류, 고가 가죽제품, 향수, 시계와 상업용 부동산 등의 사업을 영위하고 있는 대규모 기업집단인 LVMH Group 산하의 Louis Vuitton도 액세서리 업계의 주요 업체 중 하나이다. 고가의 가죽제품이 2010년 LVMH 매출의 37%를 차지하였다. Louis Vuitton의 로고는 세계에서 가장 많이 위조되는 로고로 알려져 있다.

2007년 5월 27일 Apollo Management VI. L.P.에 인수된 Claire's는 패션 액세서리의 생산 및 판매를 통해 패션 사이클이 정점에 이르는 단계에서의 트렌드를 최대로 활용하는 업체이다. Claire's는 자사 웹사이트를 통해 '10대 초반 아동과 청소년'들을 만족시키는 트렌디한 매장의 완벽한 사례라고 스스로를 평가하고 있다. Tiffany's는 이 회사가 내세우는 또 다른 간판으로 고급 보석류, 선글라스, 스카프와 필기류를 취급한다. Claire's의 표적시장은 7~17세의 소녀들로 제품의 가격대는 2~20달러이다. 핸드백, 소형 가죽제품, 모조 보석류 등 대부분의 액세서리 품목과 함께 귀뚫기(ear piercing) 서비스도 제공하는 Claire's는 소매매장, 인터넷과 카탈로그 판매를 통해 2010년에 13억 4,200만 달러의 순매출액을 기록하였다(Claire, 2010, p. 24).

홈패션

홈패션 업계는 가정에서 실용적인 용도 및 또는 장식용으로 쓰여지는 물건들의 제조, 도매 및 소매에 종사하는 업체들로 이루어져 있다. [그림 8.19]는 홈패션 제품으로 분류되는 **홈퍼니싱**(home furnishings) 품목들을 설명하고 있다. 홈패션 부문은 수익성이 상당히 좋아 많은 패션 디자이너들이 진출해 있다. 디자이너들은 자신들이 직접 홈패션 제품 라인을 만들거나 제조업체에 자신의 이름을 빌려준다. Ralph Lauren, Vera Wang, Tommy Hilfiger, 그리고 Isaac Mizrahi 등은 디자이너 홈패션 라인을 갖춘 패션 브랜드들이다. 미국의 대형 마트인 Target은 최근 Missoni 홈패션 라인을 런칭했다. Missoni와 Target은 2011년 9월에 콜라보레이션을 통해 40달러 미만의 저렴한 가격대의 의류와 액세서리들을 선보였다. 이런 한정판 상품들은 소비자들의 많은 기대를 받기에 대부분의 점포에서 불과 몇 시간 만에 품절되었다. 심지어 Target의 웹사이트는 소비자들의 접속이 일시에 몰리면서 다운되기도 했다. Target과 Missoni는 또한 600달러짜리 파티오 세트(파티오와 같은 실외공간에 내놓을 수 있는 가구)와 한정판 자전거를 선보이기도 했다(Clifford).

대다수의 홈퍼니싱 도매업체들은 노스캐롤라이나 주 하이포인트에 위치한다. [그림 8.20]은 하이포인트에 있는 전시장의 사진이다. Gerald T. Fox 박사, Richard M. Hargrove 박사와 David L. Bryden 공저의 **노스캐롤라이나 주 트라이어드 지역에 홈퍼니**

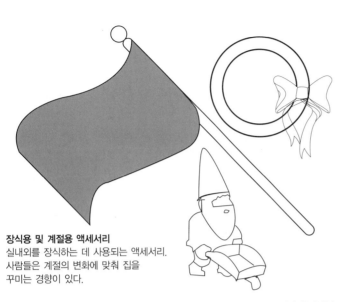

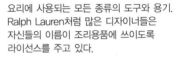

키친과 조리용품
요리에 사용되는 모든 종류의 도구와 용기.
Ralph Lauren처럼 많은 디자이너들은
자신들의 이름이 조리용품에 쓰이도록
라이선스를 주고 있다.

장식용 및 계절용 액세서리
실내외를 장식하는 데 사용되는 액세서리.
사람들은 계절의 변화에 맞춰 집을
꾸미는 경향이 있다.

기타 홈퍼니싱
다른 품목들에서 언급되지 않은
모든 것을 포함한다. 가구, 샤워
커튼, 그림 액자, 또는 욕실용품
등 많은 것들이 있을 수 있다.

창문용 제품
실용적인 용도 및 또는 장식용으로
창문을 꾸미는 데 쓰인다. 목제,
섬유, 기타 물질로 만들어진다.

섬유제품
섬유로 만든 모든 생활용품을 가리킨다. 베개, 이불류, 냅킨 등 식탁용품,
식탁보, 의자 커버, 가구 커버 등을 포함한다. Michael Kors, Ralph Lauren과
Calvin Klein 등 많은 디자이너들은 자신의 이름을 붙인 제품을 내놓고 있다.

바닥용 제품
각종 카펫 및 깔개, 원목마루, 대나무마루 등
모든 바닥용 제품. 일부 디자이너들은 자신의
이름을 바닥용 제품에 쓰는 것을 허용했으나
아직까지 출시된 제품은 없다.

그림 8.19 지난 20년간 인기를 얻어 온 홈패션 부문의 다양한 품목
출처 : Hawa Stwodah

싱 업계가 미친 경제적인 영향(*The Economic Impact of the Home Furnishings Industry in the Triad Region of North Carolina, 2007*)에 따르면 홈퍼니싱 산업이 이 지역에 미친 경제적 기여는 80억 달러 이상에 달한다고 한다. IBIS World의 미국 홈퍼니싱 부문 도매업 시장 조사(U.S. Home Furnishing Wholesaling Industry Market Report)에 따르면 2010년의 전체 홈퍼니싱 업계의 수익은 481억 달러에 달하였다. [그림 8.21]은 홈퍼니싱 부문의 도매업 내에서 차지하는 품목별 비중을 보여준다.

그림 8.20 홈패션 업계의 중심지인 노스캐롤라이나 주 하이포인트에 소재한 전시장의 모습
출처 : AP Wideworld Photos

주요 홈패션 업체

홈패션 부문의 도매업 수준에서는 특별히 대형 업체들은 없다. 그러나 2009년에 Home Furnishings Magazine이 최고의 홈패션 브랜드를 찾기 위해 실시한 설문조사에 따르면 설문에 응답한 평균연령 49세의 미국 여성들은 Rubbermaid를 1위로 꼽았다. 패션 디자이너 Ralph Lauren은 섬유, 가구, 그리고 식탁용품 부문에서 12위, 그리고 Liz Claiborne과 Laura Ashley는 섬유제품 부문에서 각각 25위와 29위를 차지하였다.

IKEA, Euromarket Designs, 그리고 Bed, Bath, and Beyond는 상위 3개 소매업체이다. IKEA는 2009년에 가구, 홈퍼니싱, 주방용품, 그리고 독특한 소품들을 팔아 325억 달러의 매출을 올렸는데 프라이빗 레이블을 붙인 제품들을 판매하기 위해 대규모 전시장을 이용한다. 이 회사는 소비자가 직접 원하는 물품을 집에서 조립할 수 있도록 부품과 공구를 판매함으로써 판매 가격을 낮추고 있다.

Crate and Barrel로 널리 알려져 있는 Euromarket Designs는 세계적인 소매업 및 서비스업체인 Otto Group이 소유하고 있다. Crate and Barrel의 지분 96%를 갖고 있는 Otto Group은 계열회사별 실적을 공개하지는 않고 유통 경로별로만 실적을 공개하고 있다. 따라서 매출 규모는 알 수 없지만 Crate and Barrel은 세련되고 트렌디한 디자인의 가구와 홈패션 제품을 합리적인 가격대에 판매하는 것으로 잘 알려져 있다.

Bed, Bath, and Beyond는 "미국 1위의 소매 슈퍼스토어로 미국, 푸에르토리코, 그리고 캐나다에 965개의 매장을 갖고 있다. 매장에 있는 천장까지 닿아 있는 선반들에는 좋은 품질의(유명 브랜드와 프라이빗 레이블) 가사용품(침실용 리넨, 욕실과 부엌용품)과 홈퍼니싱(조리도구, 소형 가전제품, 액자 등) 제품들이 진열되어 있다."(www.hoovers.com)

미국 홈퍼니싱 분류

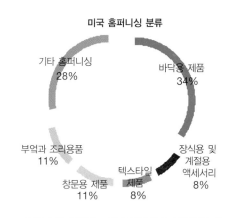

기타 홈퍼니싱 28%
바닥용 제품 34%
부엌과 조리용품 11%
창문용 제품 11%
텍스타일 제품 8%
장식용 및 계절용 액세서리 8%

그림 8.21 그래프는 미국 홈퍼니싱 도매업계를 세분해 보여주고 있다. 이 업체들은 소비자들을 직접 상대하는 소매업체에 판매할 제품을 생산한다.
출처 : IBIS Home Furnishings Wholesaling, U.S. Report

해외에서 성장 중인 패션산업 세분시장

그림 8.22 아시아에 진출한 명품 브랜드
출처 : Alamy

기업들의 해외 진출은 현재 자신들이 활동하는 시장에서 더 이상 성장할 수 없지만 해외시장에서는 자신들의 제품에 대한 수요가 있을 때 이루어진다. 세계화에 대해서는 제11장에 자세하게 설명되어 있다. 중국이나 인도 같은 나라의 경제가 성장하면서 소비자들의 가처분 소득은 늘어나고 그러한 가처분 소득 중 많은 부분은 앞에서 설명한 것과 같이 패션에 쓰여진다. 수요는 공급을 움직이게 되고 이에 따라 기업은 해외의 새로운 시장으로 진출하게 된다. 외국으로 진출하는 기업들은 환율, 언어, 무역장벽, 관세율 등과 같은 세계화의 문제들과 맞닥뜨리게 된다. 이러한 문제들을 해결해야지만 새로운 시장에 진입해 고객기반을 확보할 수 있고 세계시장에서 주목을 받을 수 있다. Jason Chow가 월스트리트 저널 기사 '매스마켓 소매업체들 홍콩으로 진출하다(Mass-Market Retailers Head to Hong Kong)'에서 홍콩 시장에 Abercrombie & Fitch, The Gap, 그리고 Forever 21이 진출하는 것을 보도했듯이 서구의 브랜드들은 이제 세계 어느 시장에서든 흔히 볼 수 있다. 대량 소매업체(mass retailers)들이 진출하기 전에는 Prada나 Gucci 같은 명품 브랜드들만이 홍콩에서 영업을 하고 있었다. [그림 8.22]는 아시아에 진출해 있는 명품 브랜드를 보여준다. 최근 미국에 나타난 트렌드는 미국 이외의 지역에서 성장한 대중 패션(mass fashion)과 패스트 패션(fast fashion) 업체들의 미국시장 공략이다. 스페인의 Zara와 Mango, 스웨덴의 H&M, 그리고 일본의 Uniqlo는 미국 시장에 매우 성공적으로 진출했다.

결론적으로 패션산업 내의 모든 세분시장들은 경제가 발달하고 가처분 소득을 보유하고 있는 소비자들이 있는 세계 곳곳의 국가들에서 성장하고 있다. 이러한 국가들의 소비자들은 자신들의 가처분 소득을 옷이나 액세서리 등에 사용한다. 점점 자라나는 패션 소비자 기반이 증대되고 있는 시장들로는 동유럽, 아프리카, 남아메리카, 뉴질랜드, 인도와 중국 등을 들 수 있다.

요약 summary

본 장에서는 제1차 세계대전이 끝난 1900년대부터 시작된 패션산업의 성장을 다루고 있다. 패션산업의 성장은 의류에 대한 수요가 위축된 대공황 직전까지 이어졌다. 1920년대에는 의류전문점과 백화점이 인기를 얻으면서 성장하고, 소매업체들이 의류를 품목별로 분류하면서 소비자들의 구매를 쉽게 하는 한편 소매업체들은 제조업체들로부터의 구매를 단순화시킬 수 있었다. 매장 내부를 취급 품목별로 구획했던 행위는 결과적으로 본 장에서 다룬 여성복, 남성복, 아동복, 인티밋 어패럴, 액세서리, 화장품과 홈패션과 같은 패션산업 내의 각 세분시장의 발달을 가져왔다

핵심용어 terms

공정포장 및 표시법 (Fair Packaging and Labeling Act)

남성복(menswear)

도매(wholesale)

미국 식품의약국(Federal Drug Administration)

미스(misses)

쁘띠뜨(petites)

성분표시(labeling)

세분시장(segment)

아동복(children's wear)

액세서리(accessories)

여성복(women's wear)

연방 식품, 의약품 및 화장품에 관한 법(U. S. Food, Drug, and Cosmetic Act)

인티밋 어패럴(intimate apparel)

주니어(juniors)

하위분류(subclassification)

홈패션(home fashion)

홈퍼니싱 (home furnishings)

화장품(cosmetics)

복습문제 questions

1. 의류와 액세서리의 종류에 따라 패션산업 내에 주도적인 세분시장이 형성되는 이유는 무엇인가?

2. 본 장을 통해 알게 된 패션산업 세분시장들의 보편적인 공통점 두 가지는 무엇인가?

3. 왜 북미산업분류체계는 패션산업의 관점에서 볼 때 미국 정부에게 매우 중요한가?

4. 세 가지 주요 의류 세분시장은 무엇인가?

5. 하위분류는 무엇인가? 하위분류는 왜 중요한가? 예를 들어 보라.

6. 우먼스, 미스, 그리고 주니어의 차이는 무엇인가?

7. 각 세분시장별로 주요 회사를 하나씩 예를 들어 보라.

8. 남성복, 여성복, 그리고 아동복 부문의 패션 리더들은 누구인가?

9. 소매업체는 봄·여름 남성복을 언제 구매하는가?

10. 가을·겨울 여성복은 언제 만들어지는가?

11. 란제리 업계의 최고 업체는 어디인가?

12. 미국의 화장품산업은 누가 규제하는가?

13. 화장품의 성분표시는 왜 법으로 규정하고 있는가?

14. 미국의 홈퍼니싱 도매업체들의 대부분은 어디에 소재하고 있는가?

15. 홈패션 업계 상위 3개 업체는 어디인가?

비판적 사고

1. 당신은 백화점 매니저이다. 현재 많은 판매량 때문에 우먼스와 미스 의류를 두 개의 별개 부문으로 나누는 것을 고려 중이다. 하지만 당신의 상관은 그러한 분리를 바라지 않는다. 그는 우먼스와 미스 의류를 한 장소에 놓고 판매하길 원한다. 두 부문을 분리해 각각 별도의 공간에서 판매할 때의 장점을 5~6가지 설명하라. 자신의 설명의 근거를 확보하기 위해 백화점에 가 봐야 할 수도 있을 것이다.

2. 화장품 부문에 있어서 여성뿐만 아니라 남성도 중요한 고객이다. 또한 화장품산업은 점차 개인의 웰니스(wellness)를 위한 산업으로 바뀌고 있는 것으로 나타나고 있다. 이러한 두 가지 현상을 연구자료에 기반하여 입증하라. 만약 당신이 국제적인 화장품 회사의 임원이라면 여성과 남성을 모두 겨냥하기 위해 마케팅 방법을 어떻게 바꿀 것이고 단순한 화장품이 아닌 개인의 웰니스를 증진시키는 제품이라는 것을 어떻게 설명할 것인가?

인터넷 활동

1. 패션산업 내 세 가지 세분시장에 속하는 업체들의 연차보고서 세 건을 찾아내고 세 건 모두에 대해 아래의 질문들에 답하여라.

   (a) 회사의 리스크 요소는 무엇인가?
   (b) 성장을 위한 회사의 계획은 무엇인가?
   (c) 순매출액은 얼마인가?
   (d) 제품에 대해 설명하라.
   (e) 표적시장은 무엇인가?
   (f) 제품의 가격대는 어떻게 되는가?
   (g) 과거 2개년과 비교해서 회사의 매출은 증가했는가 아니면 감소했는가?

2. 본 장에서 다룬 각각의 세분시장을 지원하는 협회 또는 이익단체를 찾아내고 그 단체에 대해 설명하라. 여성복, 남성복, 아동복, 인티밋 어패럴, 화장품, 액세서리와 홈패션 세분시장

참고문헌

Bed, Bath and Beyond. (2011). *2010 Annual report.* Retrieved from http://phx.corporate-ir.net/phoenix.zhtml?c=97860&p=irol-reportsannual

Bureau of Labor Statistics, U.S. Department of Labor, Career Guide to Industries, 2010-11 Edition, Textile, Textile Product, and Apparel Manufacturing, Retrieved from http://www.bls.gov/oco/cg/cgs015.htm (accessed May 14, 2011).

Children's Place. (2011). *2010 Annual report.* Retrieved from http://phx.corporate-ir.net/phoenix.zhtml?c=120577&p=irol-irhome

Claire's. (2010). *2009 Annual report.* Retrieved from http://www.clairestores.com/phoenix.zhtml?c=68915&p=irol-reportsannual

Clifford, Stephanie. "Demand for Target Fashion line crashes web site." *New York Times* [New York], September 13, 2011, no page, Web, Retrieved from March 18, 2012, http://www.nytimes.com/2011/09/14/business/demand-at-target-for-fashion-line-crashes-web-site.html?_r=1

CosmeticsInfo.org. (n.d.). The Personal Care Products Council, cosmetic definitions, Web, April 13, 2010. Retrieved from http://www.cosmeticsinfo.org

Driscoll, Marie. (2011). "Apparel & footwear, retailers and brands." *Standard and Poor Industry Survey*, March 10.

Estee Lauder. (2011). *2010 Annual report*. Retrieved from http://phx.corporate-ir.net/phoenix.zhtml?c=109458&p=irol-reportsannual

Gap. (2011). *2009 Annual report*. Retrieved from http://www.gapinc.com/content/gapinc/html/investors.html

Gerald T. Fox, Richard M. Hargrove, David L. Bryden. (2007). *The economic impact of the home furnishings industry in the triad region of North Carolina*. Retrieved from http://www.highpointchamber.org/regional/images/HPUStudy.pdf

Gymboree. (2011). 2009 *Annual report*. Retrieved from http://ir.gymboree.com/secfiling.cfm?filingID=1193125-10-71089

IBIS, Nikoleta Panteva. (2010, December). *Leather Good & Luggage Manufacturing in the US 31619*. Retrieved from http://www.ibisworld.com.proxy.library.vcu.edu/industryus/default.aspx?indid=374

IBIS World, Janet Shim. (2011, April). Home Furnishing Wholesaling in the US 42122.

IKEA. (2011). (2010) Welcome inside yearly summary. Press release. Retrieved from sales. http://www.ikea.com/ms/en_CN/about_ikea/press/press_releases/Welcome_inside_2010.pdf

Kellwood tries on luxury brands. *St. Louis Post-Dispatch*, 6 March 2011.

L'Oreal. (2011). *2010 Annual report*. Retrieved from http://www.loreal.com/_en/_ww/l-Oreal-Finance.aspx

Louis Vuitton. (2011a). LVMH at a glance. Retrieved from http://?www.lvmh.com/comfi/pg_enbref.asp?rub=7&srub=0

Louis Vuitton. (2011b). *2010 Annual report*. Retrieved from http://www.lvmh.com/comfi/pg_rapports.asp.

Maidenform. (2011). *2010 Annual report*. Retrieved from http://ir.maidenform.com/phoenix.zhtml?c=190009&p=irol-IRHome

Mintel. (2009, August). *Children's clothing – US*. Retrieved from http://academic.mintel.com.proxy.library.vcu.edu/sinatra/oxygen_academic/search_results/show&/display/id=395070

Mintel. (2010, December). *Women's attitudes toward clothes shopping – US*. Retrieved from http://academic.mintel.com.proxy.library.vcu.edu/sinatra/oxygen_academic/search_results/show&/display/id=483004

Nystrom, Paul. (1928). *Economics of Fashion*, 1st ed. New York: The Ronald Press Company, pp. 397-425.

Otto Group. (2011). *Crate and Barrel*. Retrieved from http://www.ottogroup.com/crate_and_barrel1.html?&L=0

Phillips Van Heusen. (2011). *2010 Annual report*. Retrieved from http://www.pvh.com/investor_relations.aspx

Polo Ralph Lauren. (2011). *2010 Annual report*. Retrieved from http://investor.ralphlauren.com/

Proctor and Gamble. (2010). *2009 Annual report*. Retrieved from http://www.pg.com/en_US/investors/financial_reporting/index.shtml

ReportLinker. (2008). *Report Summary for U.S. Market for Women's Intimate Apparel (Lingerie)*, Retrieved from http://www.saralee.com/InvestorRelations ~/media/SaraLeeCorp/Corporate/Files/PDF/InvestorRelations/2010_AR.ashx

Skin care with fabrics. (2011, Spring/Summer). *New Beauty*, 7(2), 72-76.

The Limited. (2011). *2011 Annual report and proxy*. Retrieved from http://www.limitedbrands.com/investors/default.aspx

U.S. Census Bureau. (2007a). *2007 NAICS definitions, 31599, Apparel Accessories and Other Apparel Manufacturing.* Retrieved from http://www.census.gov/cgi-bin/sssd/naics/naicsrch

U.S. Census Bureau. (2007b). *2007 NAICS definitions, 44612, Companies that manufacture Cosmetics and other Cosmetic type of Manufacturing.* Retrieved from http://www.census.gov/cgi-bin/sssd/naics/ naicsrch

U.S. Census Bureau. (2007c). *2007 NAICS definitions, 315212, Companies that manufacture Women's, Girls', and Infants' Cut and Sew Apparel Contractors.* Retrieved from http://www.census.gov/cgi-bin/ sssd/naics/naicsrch

U.S. Census Bureau. (2007d). *2007 NAICS definitions, 315211, Companies that manufacture Men's and Boys' Cut and Sew Apparel Contractors.* Retrieved from http://www.census.gov/cgi-bin/sssd/naics/naicsrch

국내외 패션 소비자

학습 목표

- 인구통계학 및 시장조사 자료를 통해 국내 소비자를 이해한다.
- 해외 소비자를 이해하고 해외 소비자의 국내 및 글로벌 패션산업에 있어서의 중요성을 이해한다.
- 소비자 행동과 의사결정에 대해 이해한다.
- 소비자 세분화에 대해 알아본다.

모든 세대는 낡은 패션을 비웃고 새로운 패션을 종교와 같이 따른다.
-Henry David Thoreau

9

전 세계 어디를 보나 패션산업을 굴러가게 하는 것은 의류, 액세서리, 그리고 패션 관련제품에 대한 소비이다. 앞에서 이미 다루었듯이 소비자를 이해하고 그들의 취향, 행동, 그리고 동기를 파악하는 것은 패션제품을 제조하고 판매하는 업체들의 성공에 필수적이다. 본 장에서는 국내외 소비자들을 규명하고 소비자의 결정을 유도하는 소비자들의 인구통계와 사이코그래픽스(psychographics)에 대해 알아볼 것이다. 본 장은 국내(미국) 소비자들에 대한 검토로 시작한다.

국내 소비자

미국인들은 물건과 서비스를 소비하는 데 있어서 다른 나라 사람들에 비해 좀 유별나다. 유럽 사람들에는 좀 못 미치지만 미국 소비자들은 패션과 관련제품에 열정적으로 빠져든다. 구매한 제품의 종류와 제품별 비중은 구매자의 민족적·인종적 배경과 연관성이 있다. 그리고 연령, 소득, 교육, 심리적 요인들이 구매행위에 영향을 미친다. 제품 선택과 관련된 심리적 요인들은 본 장의 뒷부분에서 살펴볼 것이다.

미국인들은 옷을 단순히 필요한 것을 넘어서 착용자와 관련된 정보를 세상에 노출시키는 것이기에 자기 표현 수단의 하나라고 믿는다. "옷은 몸을 따뜻하게 해주는 것 말고도 여러 가지 기능을 한다. 예를 들면, 옷은 사회경제적 수준을 보여주고 개인의 정체성을 보여주는 수단이 된다."(Datamonitor, 2009) 아래에서 살펴볼 데이터처럼, 인종과 민족성에 상관없이 미국 남성과 여성은 모두 패션과 액세서리를 사랑한다는 것은 분명하다.

산업

미국의 패션산업은 변하고 있다. 패션산업은 2010년에 꾸준한 성장세를 보이면서 회복의 조짐을 보여줬다. 이러한 회복과 성장은 미국인들이 다시 쇼핑을 하고 있다는 것을 의미하는 것으로 사람들이 쇼핑을 하면 생산이 늘어나고 관련업체들의 형편은 소비자와 마찬가지로 좋아진다는 것을 의미한다. 패션산업은 아울러 생산 측면에서 긍정적인 변화를 겪고 있다. 지난 세월 동안 역외생산(offshore production)[1]은 낮은 인건비 때문에 업계의 일반적인 현상이었다. 그러나 2010년 들어 제조업체들은 해외에서 인건비와 면화와 같은 원재료 가격이 상승하면서 미국 내에서 생산을 하기 시작했다. 또한 많은 미국 의류 제조업체들은 'made in America'가 가지는 이점이 해외 생산을 통한 비용 절감보다 크다는 것을 발견하기 시작하고 있다. 해외에서의 원재료 가격, 특히

---

1) '국외생산'의 뜻. 특히 개발도상국이나 NIES(신흥공업경제지역) 등이 선진국에게 우대조치를 준 공업 제품의 생산체제를 말한다. 공업화의 촉진과 외화획득을 목적으로 한 것으로서, 이를테면 선진국은 전 제품 수입을 조건으로 세제 등의 각종 우대조치를 받게 된다. 또한 노동임금의 저렴함과 효율성 때문에 적극적으로 도입된 것으로서 오프 쇼어 인더스트리, 오프 쇼어 비즈니스라고도 한다.(출처: 패션전 문자료사전)

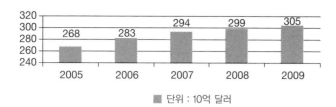

그림 9.1 2005년에서 2009년까지의 미국 의류산업 판매액

면화 가격의 상승은 업체들의 마진에 약 1% 정도의 타격을 준다(Ellis, 2011b). 의류 소매업 또한 변화를 겪고 있다. 2010년에 온라인 판매가 10% 수준의 증가를 보였는데 (Independent retailer.com, 2011), 이것은 소비자들에게 기존의 전통적인 소매점 이외의 선택권이 있다는 것을 보여주는 것이다.

2010년에 미국 내 의류 판매는 약 2% 성장하였는데 대부분의 증가분은 성인복 부문에서 온 것이었다. 남성복과 여성복이 각각 3% 정도 성장하였다. 아동복 금액은 감소했지만 판매수량은 증가했다(Independent retailer.com). Datamonitor에 따르면 2009년 미국 내 의류 판매액은 3,050억 달러로 이는 전 세계 의류 판매액의 약 30%를 차지하는 것이다. [그림 9.1]은 2005년에서 2009년까지의 연도별 판매액을 보여주고 있다. 여성복은 1,620억 달러로 미국 전체 의류 판매액의 53%를 점하였다. 남성복은 960억 달러로 전체의 31%, 그리고 아동복은 16%를 차지하였다. [그림 9.2]는 미국 의류산업의 부문별 판매액을 보여준다.

미국의 의류산업이 비록 성장하고는 있지만 세계 곳곳, 특히 신흥시장으로부터 도전을 받고 있다. 뉴욕 경제개발공사(New York City Economic Development Corporation)의 대표인 Seth Pinsky에 따르면 "우리는 우리의 다음 세대가 반드시 변화의 선두에 서서 새롭게 성장하는 우리 기업들을 도와 남아시아, 인도 그리고 중국과 같은 신흥시장으로 뻗어 나갈 수 있도록 해야 한다. 패션산업의 미래는 변화에 얼마나 민첩하고 유연하게 대처할 수 있느냐에 달려 있다."고 한다(Feitelbeg, 2010)

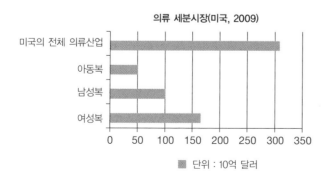

그림 9.2 미국 의류산업 부문별 판매액

경제

미국 경제는 세계 최대 규모이다. 그러나 국제통화기금(IMF)은 2016년에 중국의 경제 규모가 미국을 추월할 것이라고 예측하고 있다. 2007의 불황은 미국에 큰 타격을 주었고 결과적으로 미국 경제는 후퇴했다. 미국 법원행정처에 따르면 2010년에 파산신청이 전년 대비 14% 증가했다. 2011년에도 파산신청은 계속 늘어나고 실업률은 10% 수준에 근접하였다. 높은 실업률, 미래에 대한 불확실성과 신용경색 등은 소비자들로 하여금 의류에 대한 필요와 욕구를 충족시키기 위해 보다 저렴한 가격을 내건 매장으로 이동하게 만들었다. 대량 소매업체(mass merchandisers), 아웃렛 몰(outlet malls)과 오프 프라이스 스토어(off-price retailers)[2] 등으로 같은 돈으로 보다 많은 것을 얻고자 하는 소비자들이 몰리게 되었다. 비록 미국 경제가 2007년에 시작된 금융 위기로부터 회복되고는 있으나 현재와 같은 저성장으로는 미국이 세계 최대의 경제 규모를 유지하기는 어려울 것이다(Economy Watch, n.d.).

소비자들이 직면하는 어려움은 마찬가지로 제조 및 소매 부문에도 타격을 준다. 미국 내에서 사업을 확장하는 업체들을 찾아보기는 힘들지만, 낮은 환율 덕분에 수익성이 향상되면서 해외 진출이 확대되고 이에 따라 해외 바이어들은 보다 쉽게 원하는 제품(특히 명품)을 구매하게 되었다. 일부 명품 업체들이 불황기에도 사업을 확장하였으나 미국 내에서 확장이 이루어진 경우는 찾아보기 어렵다. 대부분의 명품 업체들은 중국, 인도와 러시아에 사업을 확장했다. 과거 낮은 임금과 원재료 가격 때문에 많은 업체들이 몰리던 중국에서 임금, 운송비용과 원면 가격이 상승하고 있다. 중국에서의 생산비용 상승은 미국 제조업체들의 수익성 저하로 연결되었다. 유럽과 아시아태평양 지역의 패션산업에 대해서는 본 장의 뒷부분에서 자세히 살펴볼 것이다.

인구통계

인구통계는 인구를 인종/민족, 소득, 성별, 연령 등으로 구분한다. 인구통계는 인구를 특정화시킴으로써 구체적인 설명과 관련 정보를 제공하여 인구를 보다 쉽게 이해할 수 있도록 해준다. 이러한 인구통계는 특정 집단의 행동을 예측하는 데 도움을 줌으로써 표적시장을 공략하려는 패션업체들에게 있어서 중요한 정보이다. 어떤 집단을 이해하고 그 구성원들의 행동을 예측할 수 있다면 패션업계 내의 제조 및 유통업체들은 소비자들이 원하는 것에 부응할 수 있는 비즈니스 모델을 만들 수 있게 된다. 미래를 위한 계획은 시장의 성장, 위축과 인구통계상의 변화에 기초하여 세워진다.

미국의 인구는 계속 증가하고 있다. 향후 가장 큰 인구 증가 요인은 주로 이민을 통한

---

2) 생략하여 'OPS'라고도 한다. 직역하면 '통상 가격을 벗어난 상점'으로 미국 소매업계에서 발전한 새로운 매장 형태를 말한다. 메이커의 브랜드 물품을 노브랜드로 팔고, 그 가격은 거의 시가(市價)의 반값 정도인 것이 두드러진 특징이다. 이러한 정책을 '오프 프라이스 비즈니스'라고도 부른다. 더욱이 브랜드가 직영할 때는 아웃렛 스토어라고도 한다.(출처 : 패션전문자료사전)

소수인종의 증가로 예측되고 있다. UN에 따르면 매년 2백만 명의 사람들이 가난한 나라들로부터 보다 여건이 나은 나라들로 이주하는데, 이들 중 절반 이상은 미국으로 간다(Kotkin, 2010). 히스패닉계와 아시아계가 미국 내 인구 증가를 주도할 것으로 전망되고 있다. 히스패닉계와 아시아계만큼은 아니겠지만 아프리카계 인구도 미국 전체 인구 증가율을 상회하는 수준으로 증가할 것이다. 히스패닉계와 아시아계 여성들의 숫자가 백인이나 아프리카계 여성들보다 빠르게 증가하고 있는데, 구매활동의 대부분이 여성에 의해 이루어진다는 것을 감안할 때 이것은 중요한 통계정보라고 할 수 있다. 2010년도 인구 조사자료에 따르면 전체 인구의 약 3%인 9백만 명이 하나 이상의 인종 그룹에 속하는데, 백인과 아프리카계 미국인들이 이러한 복합인종 그룹의 가장 큰 부분을 차지하였다("State and country" 2010). 보다 자세한 인종별 인구통계를 본 장에서 다루게 된다.

연령과 교육 또한 구매의사결정에 영향을 준다. 미국에는 고령화되고 있는 '**베이비부머**(baby boomers)'가 있다. 이들은 1942년에서 1964년 사이에 태어난 성인들로 그 수가 약 7,200백만 명에 달하면서 막대한 구매력을 보유하고 있다. 그러나 베이비부머들이 노령화되면서 근로활동을 할 수 있는 젊은층의 인구도 증가하고 있다. 18세~34세의 연령대는 베이비부머들보다 구매력이 낮음에도 불구하고 더 많은 구매를 하기에 마케터들에게 있어서 중요한 그룹이다. 교육은 무엇을 구매하고 어떻게 구매하는지에 영향을 끼친다. 소비자의 교육 수준이 높을수록 구매활동에 있어서 인터넷을 활용할 가능성이 높다.

주요 마케팅리서치 업체인 Mintel에 따르면 경기침체는 그 어떤 사회경제적 집단보다도 중하류층(lower-middle class)에 더 큰 타격을 주었다. 그러나 연간 2만 5천 달러 이상의 소득이 있는 가구들에게 있어서 가계소득은 구매행동에 별 영향을 미치지 않는다고 한다. 즉, 경기침체 이전과 변화가 거의 없었다. 따라서 소득이 커질수록 더 많은 소비를 하게 되고, 이것은 곧 더 많은 의류구매로 이어진다. 아울러 가계소득이 높을수록 소득이 낮은 계층보다 브랜드 충성도가 높다.

여성

시장을 지배하는 것은 여성이다. 활발한 사회활동, 교육, 그리고 다양한 쇼핑 선택권을 가진 여성들은 그 누구의 조언 없이도 스스로 구매의사결정을 할 수 있다. Mintel에 따르면 여성들은 일생 중 3년 이상의 기간을 쇼핑을 하는 데 보내며, 모든 연령대의 여성 10명 중 9명은 쇼핑을 하고 여성복을 구매한다. 지난 한 해 여성 10명 중 8명은 쇼핑을 하고 자신을 위해 의류를 구매하였는데, 미국 내 여성 인구가 2010년부터 2015년 사이에 760만 명이 증가하여 2005년 대비 9% 확대될 것으로 예상됨에 따라 이러한 여성의 숫자는 더욱 늘어날 것이다(그림 9.3). 여성들 중 18세에서 34세 사이의 연령대는 다른 연령대에 비해 쇼핑을 많이 하는데 65세 이상 여성들의 구매활동이 가장 저조한 것으로

	2005		2010		2015		2005~2015
	000	%	000	%	000	%	%
인종							
아시아계	6,447	4.3	7,569	4.8	8,728	5.3	35.4
아프리카계 미국인	19,759	13.2	20,851	13.2	21,973	13.3	11.2
백인계	119,806	79.8	124,395	79.0	129,110	78.2	7.8
기타 인종	4,084	2.7	4,664	3.0	5,306	3.2	29.9
히스패닉							
히스패닉계	20,578	13.7	24,391	15.5	28,421	17.2	38.1
비히스패닉계	129,518	86.3	133,088	84.5	136,696	82.8	5.5
전체	150,096	100.0	157,479	100.0	165,117	100.0	10.0

그림 9.3 2005~2015년 미국 내 여성 인구의 인종별 분포
출처 : Mintel

나타난다. 여성 인구 중 가장 빠르게 증가하고 있는 것은 55~74세 연령대인데 이들 또한 구매활동이 가장 저조한 그룹이다. "여성들이 주도하는 구매활동은 신규 주택의 91%, 컴퓨터의 66%, 휴가여행의 92%, 새로운 자동차의 65%, 은행계좌 개설의 89%, 식료품의 93% 등이다."("The new consumer" 2011)

백인 소비자

인구통계

현재 미국 내 백인 소비자 그룹에 대한 시장조사 자료는 거의 없는 실정이다. 백인 인구의 증가율이 가장 낮은 상황하에서 대부분의 소비자 연구는 인구 증가를 주도하고 있는 히스패닉계와 아시아계에 집중되고 있다. 저조한 인구 증가세와 함께 백인 인구는 노령화되고 있다.

쇼핑 습성

백인들은 백화점에서 쇼핑하는 것을 좋아하기는 하지만 의류의 경우 정상 가격을 다 지불하는 경우는 거의 없다. 베이비부머 인구가 많기에 25세 이상 여성들을 위해 보다 많은 매장이 필요하다. 대부분의 백인들은 자신들에게 잘 어울리는 옷을 찾는 데 어려움을 느끼기에 쇼핑을 즐거운 것이라기보다는 일이라고 생각하고 있다. 백인들은 사무직에 종사하는 비중이 훨씬 높기에 다른 인종에 비해 바지를 많이 구매한다. 백인들은 또한 손질이 편한 원단과 클래식한 스타일을 선호한다(Mintel).

아프리카계 미국인 소비자

패션 태도

Mintel에 따르면 아프리카계 미국인들에게 있어서 패션은 자신을 표현하는 방식의 하나로서 자신들을 바라보는 세상의 시각에 영향을 주기 위한 수단으로 이용된다. 이들은 패션을 통해 자신들이 타인의 승인이나 인정을 필요로 하지 않는 존재라는 것을 표현하고자 한다는 것이다. 연령과 상관없이 아프리카계 미국인들은 외모를 중시한다. 이들에게 있어서 외모는 부정적인 고정관념에 대항하면서 자부심을 배양하는 수단이다. 따라서 아프리카계 미국인 소비자들에게 브랜드 자체는 구매의 주요한 동기로 작용하지 않지만 뮤직비디오나 유명인의 블로그 등에 영향을 받는다. 마찬가지로 보기에 좋기만 하다면 내구성은 별 문제가 되지 않는다. 외모와 패션에 대한 이러한 태도는 아프리카계 미국인 베이비부머들의 부모 세대에 그 뿌리를 두고 있다. 인종차별과 인종분리제도로 고통을 겪었던 부모를 둔 아프리카계 미국인 베이비부머들(2015년에 아프리카계 미국인 인구 중 최대 연령 집단이 되는)은 자신들의 복장에 따라 다른 이들로부터 존중을 받을 수도 있고 성공한 이미지를 심어줄 수도 있다고 배웠다. 그러나 젊은 세대 아프리카계 미국인들도 모두 이런 생각을 공유하고 있는 것은 아니어서 패션에 대한 각각의 생각과 태도에 맞춰 옷을 입는다.

인구통계

Mintel에 따르면 아프리카계 미국인은 2005년에서 2015년까지 약 12% 증가할 것으로 예상되고 있는데, 이것은 백인에 비해서는 높지만 히스패닉계와 아시아계보다는 낮은 수준이다. 아프리카계 미국인은 미국 내 다른 인종에 비해 가계소득 수준이 낮은데 전체 가구의 39%가 연간 2만 5천 달러 미만을 번다. 또한 아프리카계 미국인은 다른 인종들보다 실업률이 높은데, 이는 가계소득에 부정적으로 작용하는 요인의 하나이다. 아프리카계 미국인은 평균적인 소비자들보다 6살 정도 젊으며, 그중 절반가량은 핵심 마케팅 대상 그룹인 18세에서 49세 사이의 연령대에 있다(Wasserman and O' Leary, 2010).

아프리카계 미국인들의 소득 수준이 낮기는 하지만 이들의 구매력은 1990년과 2008년 사이에 187%나 증가했다. 이것은 아프리카계 미국인들의 교육 수준이 높아지면서 이를 통해 보다 많은 소득을 얻는 직업을 얻을 수 있었기 때문이다. 아프리카계 미국인들의 구매력은 2014년에 1조 1천 억 달러에 달할 것으로 예상되는데, 2013년에는 전체 구매액의 9%를 아프리카계 미국인들이 차지하게 될 것이다. [그림 9.4]는 미국 내 인종 그룹별 구매력을 보여준다. 경기침체의 영향으로 45세 이상의 아프리카계 미국인들은 지난 12개월간 재량지출을 줄였으며, 55세 이상의 경우 의류구매를 줄인 것으로 나타났다.

아프리카계 미국인 시장의 잠재력을 인지하고 있는 소매업체로는 Home Depot를 들 수 있다. 이 회사는 아프리카계 미국인들을 유니크한 집단으로 대우하면서 그들의 요구

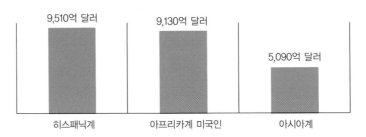

그림 9.4 2008년 인종별 구매력

를 충족시키기 위해 노력한다면 사실상 전인미답의 새로운 사업기회를 얻을 수 있을 것으로 생각하고 있다. 이와 관련된 전략의 일환으로 Home Depot는 Steve Harvey, Tom Joyner와 새로운 파트너십을 체결했다.

여성

아프리카계 미국인 여성들은 새로운 의류 및 액세서리의 쇼핑을 즐긴다. 2010년 조사에서는 10명의 여성 중 9명이 쇼핑을 한 적이 있고, 10명 중 8명의 아프리카계 미국인 여성은 의류쇼핑을 했으며, 일을 하는 35세에서 54세 사이의 여성들은 2009년과 2010년 사이에 의류를 구입하였다. 또한 55세 이상의 아프리카계 미국인 여성의 3분의 2는 전년도에 의류를 구입한 경험이 있다(Mintel).

아프리카계 미국인 여성들 또한 쇼핑을 할 때는 세일할 때를 기다렸다가 구매를 하기도 한다. 이들은 패션제품에 대해 정상 가격을 지불하려고 하기보다는 제일 좋은 가격에 제일 좋은 브랜드의 제품을 파는 가게에서 쇼핑을 한다. 이런 이유로 인해 아웃렛 몰과 오프 프라이스 스토어들은 아프리카계 미국인 여성들을 끌어들인다. 젊은 아프리카계 미국인 여성들은 Old Navy와 H&M과 같이 유행에 한 발 앞선 제품을 저렴하게 판매하는 곳에서의 쇼핑을 즐긴다. 또한 아프리카계 미국인 여성들에게 있어서 중요한 것은 공식행사에 입을 수 있는 여성스러운 복장이다. 아프리카계 미국인 사회에는 교회예배와 장례식 등 격식 있게 차려입어야 하는 행사들이 많이 있다(Mintel).

남성

Mintel에 따르면 근래의 경기침체가 다른 어떤 인구통계적 집단보다 아프리카계 미국인들에게 더 큰 영향을 미쳤다. 그럼에도 불구하고 아프리카계 미국인 남성들은 소득과 상관없이 자신들의 소비 습관을 좀처럼 바꾸지 않는다. 16세 이상의 아프리카계 미국인 남성들의 대부분은 실업 상태가 아니면 유니폼을 입는 직업에 종사하거나 또는 별다른 의상을 필요로 하지 않는 건설현장 등에서 일하기에 다른 연령대의 아프리카계 미국인들보다 덜 소비한다. 흥미롭게도 18세에서 34세 사이에 있는 아프리카계 미국인 남성들은 패션 트렌드에 큰 영향을 끼침에도 불구하고 35세 이상의 아프리카계 미국인 남성들보다 적게 구매한다.

아프리카계 미국인 남성은 자신의 '쿨(cool)' 함을 표현하는 복장을 통해 자신만의 독특한 스타일을 전하려고 한다. "쿨하다는 것은 다른 이와 차별되는 섹시하면서, 고독하며, 신비하고, 힙(hip)하면서, 자기확신을 가진, 뭔가 다르면서, 침착하고, 자신감이 넘치며, 반항적인 쿨은 그저 하나의 단어가 아니라 그 자체로서 라이프스타일을 표현하는 것이다."(Connor, 1995) 아프리카계 미국인 남성들의 스타일을 다른 모든 인종의 젊은 층들이 따라한다. 패션은 특히 젊은 랩퍼들의 영향을 많이 받는데, 단지 그들이 입는 의상뿐만 아니라, 태도와 걸음걸이에 의해서도 영향을 받는다. 뭐가 그리 블랙스러운데? (*What's Black about it?*)의 저자 Pepper Miller에 따르면 "쿨함의 표현은 옷으로 시작한다고 할 수 있을지 모르지만, 그것을 마무리짓는 것은 분명 태도라고 할 수 있다." (Miller, 2005)고 한다.

쇼핑 습성

아프리카계 미국인들은 패션을 즐기고 다른 어떤 인종이나 민족 집단보다 더 많은 의류와 신발류를 구매한다. 아프리카계 미국인들은 트렌드를 선도하지만, 그들 자신은 그런 트렌드를 좇지 않는다. 아프리카계 미국인들은 얼리 어댑터로서 새로운 브랜드를 먼저 받아들이고 다른 이들에 앞서 새로운 것들을 구매한다. 예를 들어, 아프리카계 미국인들은 힙합패션이 주류가 되기 훨씬 이전인 1980년대에 힙합을 받아들였다. 힙합 트렌드는 랩, 디제잉(deejaying), 브레이크 댄스와 힙합패션을 통해 언어, 패션과 문화를 표현해 낸 것이다. 힙합은 아프리카계 미국인들의 트렌드 세팅 능력을 잘 보여주는 예라고 할 수 있는데, 이는 21세기 들어 패션 트렌드가 스타일과 브랜드 충성도를 형성시켜 나가는 도시 지역에서 두드러지게 나타난다. 세상은 아프리카계 미국인들의 문화, 아이콘, 음악과 패션을 기꺼이 받아들여 왔으며, 제조 및 유통업체들은 아프리카계 미국인들에게 선택받은 것들은 다른 시장에서도 팔릴 수 있다는 것을 알고 있다. 도시 지역 기술 솔루션 제공업체(urban technology solutions provider)인 BrokenCurve의 설립자인 Neil Nelson은 '쿨하다는 것'과 '쿨한 것을 만드는 것'에는 분명한 차이가 있다고 말한다(Mintel).

Mintel에 따르면 아프리카계 미국인은 다른 인종 집단에 비해 소득에서 차지하는 의류비 지출비중이 높다. 그러나 경기침체로 인해 많은 아프리카계 미국인들의 의류 소비 습성에 변화가 일어났다. 2002년부터 2010년까지 아프리카계 미국인의 의류비 지출이 15.3% 증가한 데 비해 비아프리카계 미국인의 경우 9.7% 증가에 그쳤다. 같은 기간 동안 비아프리카계 미국인의 평균 연간 소비지출액이 36% 증가한 반면, 아프리카계 미국인의 경우 30.6% 증가했다. 이것은 아프리카계 미국인의 의류비 지출비중이 비록 다른 인종 집단에 비해서는 여전히 높은 수준이기는 하나 지출 규모의 증가세가 둔화되면서 전체 소비지출액에서 차지하는 비중이 저하되고 있음을 보여준다. 경제가 어려운 시기에는 아프리카계 미국인들은 구매시기를 연기하기보다는 같은 돈으로 더 많은 효용을 얼을 방안을 강구한다. 어린이용 의류 구매는 부모를 통해 이루어진다. 아프리카계 미국인 부모들은 자신들보다는 아이들의 의류 구매에 우선순위를 두는데 이러한 성향은 특히 연소득이 5만 달러 이상인 부모들에게서 두드러지게 나타난다.

아프리카계 미국인들은 패션에 빠져 있기에 기존 의류를 대체하기 위해서가 아니라 패션 그 자체를 위해서나 트렌드에 뒤처지지 않기 위해서 의류를 구매한다. 아프리카계 미국인 여성들은 특정한 용도에 맞춰 의류를 구매하는데, 교회와 각종 사교행사에 참석하는 데 있어서 적절한 의상을 착용하는 것이 이들에게는 중요하기에 백인이나 아시아계에 비해 많은 드레스를 구매한다. 아프리카계 미국인들은 디자이너 로고가 눈에 띄게 부착된 의류와 액세서리류를 구매하며, 3분의 1 이상의 아프리카계 미국인 여성들이 남성용 의류 및 액세서리를 구매한다. 아프리카계 미국인은 운동화를 기능성 상품이라기보다는 일종의 패션 액세서리로 생각하면서 백인 또는 아시아인에 비해 많은 수량을 구입한다. Nike가 이들에게 가장 인기 있는 운동화 브랜드이다. 소득 수준과 상관없이 아프리카계 미국인들은 중급 백화점, 오프 프라이스 스토어, 대량 소매업체와 같이 반품에 대해 까다롭지 않은 상점들을 선호하는데, 이들은 아웃렛 몰에서의 쇼핑도 즐긴다.

히스패닉계 소비자

인구통계

Mintel에 의하면 히스패닉계는 미국 내 최대의 소수인종 집단이다. 2010년도 미국 인구 조사에 따르면 5천만 명이 히스패닉계로서 미국 전체 인구의 16.3%를 점하였다. 2050년경 히스패닉계 인구는 1억 2백만 명으로 미국 전체 인구의 25%에 달할 것으로 예측되고 있다. 2005년부터 2010년까지 히스패닉계 여성의 수는 38.1% 증가한 것으로 추정된다. 히스패닉계는 대부분 멕시코계 출신이지만 푸에르토리코와 쿠바 출신들도 일정 부분을 차지하고 있다. 미국에 거주하는 히스패닉계의 60%는 미국 태생이다. [그림 9.5]는 미국 내 히스패닉계 인구 구성을 보여준다. 2006년에 비히스패닉계 가구의 구성원은 평균 2.47명이었으며, 히스패닉계 가구는 3.34명이었다. 가족은 히스패닉 문화에 있어서 소중한 부분으로 가족 전체가 한집에 사는 경우도 흔히 볼 수 있다. 또한 히

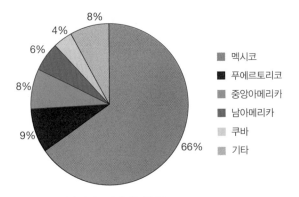

그림 9.5 미국 내 히스패닉계 인구의 출신지별 분포

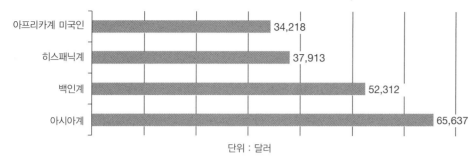

아프리카계 미국인   34,218
히스패닉계   37,913
백인계   52,312
아시아계   65,637

단위 : 달러

그림 9.6 2006년 인종 집단별 가계소득

스패닉계 가정은 14세 미만의 어린이들을 많이 두고 있다.

히스패닉계는 인구 수는 증가하고 있지만, 가계소득 수준은 아프리카계를 제외한 다른 인종 집단에 비해 낮은 실정이다. [그림 9.6]은 인종 집단별 가계소득을 보여준다. 대다수의 히스패닉계 가구는 연간 5만 달러 미만의 소득을 올리는데 평균 연간 가계소득은 3만 8천 달러 수준이다. 히스패닉계 가구의 약 32%가 연간 2만 5천 달러 미만을 버는데, 이러한 저소득은 낮은 교육 수준과 미숙련 또는 반숙련 노동에 종사하는 데 주로 기인한다. 그러나 이민자 수의 증가와 교육 수준의 향상에 힘입어 근래 들어 과세전 소득이 10% 수준 증가했다(Mintel). 히스패닉계의 구매력은 올해 1조 달러에서 2015년 1조 5천 억 달러로 확대될 것으로 예측되고 있다(Lockwood, 2011).

구매력 증대와 인구 수의 증가로 인해 히스패닉계는 Macy's, Walmart, Dillards's, J.C. Penny, Kohl's, Kmart, Sears와 L'Oreal과 같은 전국적인 유통업체들과 브랜드들로부터 주목을 받고 있다. 히스패닉계 소비자들을 겨냥한 갖가지 패션용품들의 등장과 광고세례는 패션산업 내에서 이들의 존재감이 증대되고 있음을 보여준다. [그림 9.7]은 히스패닉계 고객들을 유치하고자 노력하는 Walmart의 모습을 보여준다. 2009년에 히스패닉 시장을 직접 겨냥한 광고를 위해 J.C. Penny와 Walmart는 각각 5천만 달러와 6,610만 달러를 지출하였다(Lockwood, 2011). Jennifer Lopez와 Marc Anthony는 Kohl's와의 콜라보레이션을 통해 히스패닉계를 겨냥한 라이프스타일 브랜드를 개발하고 있다. L'Oreal의 마케팅 최고책임자(chief marketing officer)인 Marc Seichert는 "우리에게 있어서 히스패닉계 고객들은 매우 중요한 표적시장이다. 미래의 성장은 상당 부분 이들을 통해 이루질 것이라고 전망된다."(Elliott, 2011)고 밝혔다.

문화적 동화

문화적 동화(acculturation)는 서로 문화가 다른 사람들이 교류할 때 일어나는 변화이다. 이는 어떤 사람이 다른 나라로 이주하거나 방문하였을 때 그 나라 사람들의 문화와 행동을 습득하는 한편 자신의 문화를 그곳에 전파하게 되는 것을 말한다. 보통은 방문객들이 방문지역의 가치관, 신념과 언어를 많이 습득하게 되지만 히스패닉의 경우 비히스패닉 지역에 가게 되면 그곳 사람들에게 다양한 영향을 끼친다. 미국의 문화와 환경

그림 9.7 Walmart는 전 매장에 이중 언어 안내판을 설치하여 히스패닉계 고객들의 쇼핑편의를 도모하고 있다.
출처 : Alamy

이 다양한 가운데 히스패닉계 사람들의 저조한 수준의 문화적 동화는 낮은 수준의 임금을 받게 하는 한 요인이 되고 있다. 문화적 동화 수준을 잘 나타내는 지표로는 언어와 컴퓨터의 소유 여부 및 활용능력을 들 수 있는데 언어는 소비자 구매행동을 예측하는 데 있어서 좋은 단서이다. 집단으로서의 히스패닉계는 컴퓨터 소유비율이 낮고 따라서 컴퓨터 활용능력이 저조하다. 지속적으로 이민자 수가 증가하는 가운데 영어 습득률이 높지 않아 전반적으로 히스패닉계의 문화적 동화 수준에 별다른 변화는 없을 것으로 예상된다(Mintel).

쇼핑 습성

아프리카계와 아시아계의 성장세를 상회하는 미국 내 최대의 소수인종인 히스패닉계의 소비지출 규모는 빠르게 증가하고 있다. 교육, 음식료와 의류는 히스패닉계 소비자들의 가장 큰 지출 항목이다. 히스패닉은 쇼핑에 많은 시간을 쓰는데, 이는 쇼핑을 돈이 별로 들지 않는 일종의 오락으로 간주하는 데 기인한다. 이러한 이유와 함께 여러 세대에 걸친 가족이 한집에 같이 거주하는 문화적 특성으로 인해 히스패닉계는 혼자보다는 여러 명이 어울려 함께 쇼핑하는 성향을 보인다. 그러나 푸에르토리코와 쿠바 출신의 히스패닉계는 비히스패닉계와 유사한 구매 습성을 보인다. 문화적 동화 수준이 매우 높은 히스패닉의 경우 평균적인 미국인들에 근접한 구매행동을 보여준다.

히스패닉은 외모를 통해 사람의 성공 여부를 알 수 있다고 보기 때문에 트렌디하고 패셔너블한 것들을 좋아한다. 이것은 비히스패닉계 여성들이 연간 평균적으로 582달러를 의류 구매에 쓰는 것에 비해 히스패닉계 여성들은 717달러를 지출한다는 사실에서도 입증된다. 히스패닉은 전반적으로 실속이 없는 쇼핑을 하는데 대량 소매업체를 선호하고 패스트 패션 매장을 많이 이용한다. 일반적으로 이중 언어 안내판을 설치하고 고객보상 프로그램(loyalty program)을 채택하고 있는 매장들을 좋아하나 창고형 할인 매장은 잘 이용하지 않는다. 또한 어떤 사안을 후원하는 상품을 좋아하고 문화적으로 적합한 메시지를 담은 광고에 호응이 크다. 한편 히스패닉은 고가의 상품을 별다른 조사 없이 구매하는데, 이는 컴퓨터 활용능력이 부족한 것과 연관되며, 온라인 쇼핑을 잘 하지 않는 요인이기도 하다.

히스패닉은 전반적으로 연령대가 낮은 많은 아이들을 키우고 있기에 많은 양의 아동복을 구매한다. 이들은 상의를 하의보다 많이 구매하는데 이는 보다 적은 비용으로 다양한 새옷 구매효과를 볼 수 있기 때문이다. 많은 히스패닉이 진 의류가 적절한 복장인 육체노동에 종사함에 따라 진 의류를 많이 구매한다. 아울러 외모를 중요시하는 이들에게 디자이너 로고는 신분의 상징이기에 눈에 두드러지는 디자이너 로고가 부착된 의류에 열광한다.

아시아계 소비자

인구통계

아시아계는 미국에서 가장 빠르게 성장하고 있는 소수인종 집단으로 아시아계 가구의 구성원 수는 히스패닉계보다 적지만 미국 평균보다는 많다. X세대라고도 불리는 32∼43세 연령 집단은 아시아계 내에서 최대 비중을 차지하고 있으나 가장 빠른 속도로 증가하고 있는 것은 여성들이다. 아시아계 미국인 중 최대 집단은 중국계이며, 그 뒤를 인도계, 필리핀계, 베트남계와 한국계가 잇고 있다(그림 9.8). 아시아계 미국인의 47%가 서부 지역에 거주하고 있으며, 노동통계국(Bureau of Labor Statistics)에 따르면 아시아계 미국인의 99.3%가 대도시 지역에 거주한다고 한다. 아시아계는 매우 가족 중심적이어서 평균적인 미국인에 비해 결혼하는 비율과 혼인 관계를 유지하는 비율이 높다.

Mintel에 따르면 아시아계는 미국 내 인구통계 집단 중 가장 부유한데 이들의 소득은 아프리카계 소득의 중앙값보다 약 두 배 수준이며, 백인 소득의 중앙값보다는 25% 정

출신 국가	인구	아시아계 인구비율(%)
중국(대만 제외)	2,998,849	22.4
인도	2,495,998	18.6
필리핀	2,425,667	18.1
베트남	1,431,980	10.7
한국	1,344,267	10.0
일본	710,063	5.3

그림 9.8 미국 내 상위 6개 출신 국가별 아시아계 인구 수 및 비중
출처 : Mintel

도 많다. 아시아계 가구의 45%는 연간 7만 5천 달러 이상의 소득을 올리며, 연간 소득이 15만 달러 이상인 가구의 비율은 전국 평균의 두 배 수준이다. 일본계, 인도계와 필리핀계의 소득 수준이 가장 높은데 소득 중앙값이 7만 달러이다. 아시아계 여성은 백인, 아프리카계 또는 히스패닉계 여성들보다 높은 소득을 올리는데 이들의 주간 소득의 중앙값은 백인, 아프리카계, 히스패닉계 여성들에 비해 각각 5%, 22%, 46% 많다. 아시아계 여성의 구매력은 5,090억 달러에 이르며, 2013년까지 지속적으로 증가할 것으로 예상된다.

아시아계 미국인들은 전문직종에서의 성공에 가치를 두고, 다른 미국인들에 비해 석사학위와 전문직 관련 학위를 취득하는 비율이 두 배, 박사학위를 취득하는 비율은 거의 세 배에 달한다. 이들의 43%는 대학을 졸업하였으며, 6.5%는 법학과 의학 관련 학위 또는 박사학위를 갖고 있다. 2008년 기준 미국의 25세 이상 성인 인구 중 27.6%만이 학사학위 이상을 취득한 것을 고려하면 아시아계의 교육열이 어느 정도인지 알 수 있다. 약 26%의 아시아계가 영업, 경영 및 관리직에 종사하며, 약 24%는 블루칼라 직업을 갖고 있다.

그림 9.9 아시아계 모델이 등장하는 Eileen Fisher 광고
출처 : Eileen Fisher

문화적 동화

아시아계는 미국에서 가장 문화적 동화 수준이 높은 소수인종 집단이다. 이들은 자신들의 고유 전통을 유지하면서 미국 문화와 생활방식에 적응하고 있다. 미국에서 태어난 아시아인들조차도 미국식 생활방식을 좇으면서도 가정 내에서는 고유의 문화를 유지하고 있다. 아시아계는 영어 구사능력이 뛰어나서 영어 문제로 다른 소수인종들이 성공하기 어려운 직종에서 좋은 성과를 거두고 있다. 일본계 미국인들의 경우에는 대부분 가정 내에서도 영어만을 사용한다(Mintel).

쇼핑 습성

아시아계 미국인들은 품질이 높은 제품을 찾고, 유명 브랜드를 선호하며, 자신들이 좋아하는 브랜드를 고수한다. 이들은 다양한 형태의 매장에서 싸고 질 좋은 제품들을 찾아 구매하는데 대개의 경우 혼자보다는 여러 명이 같이 쇼핑을 한다. 컴퓨터 활용능력도 높은 수준으로 쇼핑, 사교, 오락, 뉴스와 상품 검색 등에 인터넷을 이용한다. 아시아인들의 65%는 상품 검색에 인터넷을 활용하며, 남녀 모두 인터넷을 통해 원하는 상품을 구매한다. 아시아계 남성들은 DVD, 음악, 비디오게임 등과 같은 오락 관련 상품을 구매하며, 여성들의 경우는 책과 패션상품들을 구매한다. 이들은 아시아계 모델이 등장하는 홍보활동과 인도주의적인 명분을 내세우는 업체들에 호의적인 반응을 보인다. Eileen Fisher는 인도주의적인 활동과 함께 아시아계 모델이 등장하는 광고를 통해 고가의 의류를 홍보함으로써 잠재력이 높은 아시아계 시장에 진출할 수 있는 기회를 움켜쥐었다(그림 9.9).

해외 소비자

전 세계인들에게 패션은 중요하다. 이는 패션을 통해 매출이 발생하고, 이윤이 창출되며, 수많은 사람들이 일자리를 얻기 때문이다. 세계 인구의 67%는 의류 쇼핑을 즐기는 것으로 알려지고 있다. 이러한 쇼핑을 좋아하는 나라들 중 선두는 인도이며, 그 뒤를 브라질, 콜롬비아, 이탈리아, 터키, 일본, 중국, 독일, 영국, 태국과 미국이 따르고 있다. 2009년 패션 관련 매출액은 2조 9천 억 달러로 섬유, 의류와 액세서리 매출액이 포함된 것이다. 2008/2009년의 불황시기에 패션산업도 타격을 받아 많은 패션 관련업체들이 어려움을 겪었으나 2009년부터 2014년 사이에 패션산업은 성장할 것으로 예측되어 2014년에는 매출액이 3조 9천 억 달러에 달할 전망이다. 패션산업은 보다 많은 업체들이 해외시장으로 진출하면서 국내외 모두에서 성장할 것이다(Datamonitor). 기업들의 해외 진출을 통해 세계화가 이루어진다. 세계화는 모든 산업에 있어서 뜨거운 화두로서 경제적 관점에서의 정의는 국제무역을 통한 국가와 국가의 연계이다. 브랜드를 세계시장으로 가져나갈 때 기업들은 상이한 문화를 상대하는 것과 관련된 문제와 브랜드의 세계화에 따른 영향을 따져 보게 된다.

전 세계 패션시장 중 3대 주요 시장은 유럽, 아시아태평양 국가와 미국(앞에서 논의되었음)이다. 이들 시장에 대해 살펴보게 되면 패션 태도, 구매력과 각국 경제에 있어서의 패션의 중요성 등과 관련된 정보를 파악할 수 있다.

유럽

유럽은 라이프스타일, 음식 그리고 물론 패션에 있어서 다양성이 풍부한 대륙이다. 유럽 경제에 있어서 패션산업은 커다란 기여를 하고 있다. 독일, 이탈리아, 영국, 스페인과 프랑스와 같은 나라들이 유럽 전체 의류 판매액의 72%를 차지하며 나머지 국가들의 비중은 28%에 불과하다. [그림 9.10]은 유럽 지역 의류 소매업의 국가별 비중을 보여준다(Datamonitor, 2009).

독일

독일은 패션과 관련해서 제일 먼저 머릿속에 떠오르는 유럽 국가는 아니다. 그러나 독일은 그 어떤 유럽 국가보다도 많은 의류를 판매하여 유럽 전체 의류 판매의

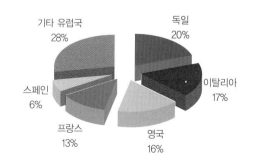

그림 9.10 유럽 지역 의류 소매업의 국가별 비중

그림 9.11 독일의 정상급 디자이너 중 한 명인 Wolfgang Joop
출처 : Alamy

20%를 점하고 있다. 2009년 독일 내 의류 판매액은 750억 달러에 달하였으나 향후 성장세는 저조할 것으로 예상된다. 전체 판매액에서 차지하는 비중은 여성복 부문이 가장 크며(56%), 그 뒤를 남성복(30%)과 아동복(14%)이 따르고 있다. 패션산업은 일자리 창출과 매출 측면에서 독일 경제에서 중요한 역할을 담당하고 있다(Datamonitor, 2009).

패션은 독일에서 오랜 논란의 역사를 갖고 있다. 18세기 중반 이후 프랑스식 패션이 패션의 척도가 되어 독일의 상류층 여성들이 옷장을 프랑스 의류로 채우던 시절이 있었다. 독일 여성들이 프랑스식 패션에 빠져 있었기에 독일의 디자이너들은 파리까지 가서 패션쇼를 참관하고, 시제품 의류를 구입하는 등 프랑스 패션 현장의 느낌과 감각까지 그대로 가져와 독일 소비자들에게 전달하였다. 여러 명의 독일 지도자들은 프랑스 패션의 유입을 막으려는 시도를 하였는데, 그중 한 명이 1740년부터 1786년까지 독일제국의 중심이었던 프러시아를 지배한 프리드리히 대왕이다. 프리드리히 대왕은 프랑스 패션의 침공을 저지하기 위해 프러시아 내 섬유산업을 장려하고 프랑스식 패션을 따르는 여성들에게 체벌을 가하였다. 히틀러 또한 프랑스식 패션을 비난하고 독일 여성들은 유럽에서 가장 옷을 잘 입어야 한다고 주장하였다. 1990년 독일이 통일된 이후 Jill Sander, Escada, Hugo Boss와 Wolfgang Joop(그림 9.11) 등의 독일 디자이너들과 브랜드들은 세계 패션시장에서 성공을 거두고 있다.

이탈리아

이탈리아 패션산업은 의류, 피혁제품, 섬유, 가죽 가공, 신발 등을 망라한다. 이탈리아 패션산업은 미국처럼 주로 중국으로의 제품 생산기지 이전으로 인해 타격을 입은 가운데 치솟는 가죽 가격으로 인해 고통이 가중되었다. 이탈리아는 유럽 전체 의류판매의 17%를 점하면서 2009년의 판매액은 670억 달러에 달하였다(Datamonitor, 2009). 여성복 부문이 가장 알찬 성과를 거두고 있으며, 그다음이 남성복과 아동복이다(Datamonitor). [그림 9.12]는 이탈리아 의류 소매시장의 현황을 보여준다.

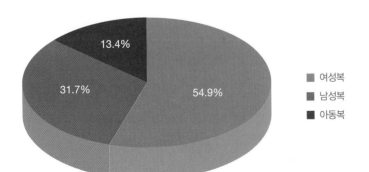

그림 9.12 이탈리아 의류 소매시장의 부문별 비중

영국

영국의 의류 소매업 또한 쇠퇴하고 있다. 2009년의 총매출액은 2008년보다 감소한 630억 달러에 그쳤다. 2009년부터 2014년까지 저조한 수준의 성장이 예상되며, 2014년 말에는 매출액이 670억 달러 수준이 될 것으로 전망된다. 독일과 이탈리아처럼 영국에서도 여성복 부문이 시장을 주도하고 있다. 유럽 전체 의류 판매의 약 16%가 영국에서 이루어진다(Datamonitor, 2009).

프랑스

패션으로 유명한 프랑스는 2009년에 독일, 이탈리아와 영국보다 적은 490억 달러의 의류 판매액을 기록하여 유럽 전체의 13%를 차지하였다. 패션과 관련된 파리의 명성과 프랑스인들의 패션에 대한 애정을 감안하면 이러한 사실은 뜻밖이라고 할 수 있다. 패션 산업은 2008년 이후 쇠퇴하고 있는데 의류 판매액은 정체 상태를 보여 2014년 말에 500억 달러로 정점을 찍을 것으로 예상된다. 여성복은 프랑스 전체 의류 소매 판매액의 50% 이상을 차지한다(Datamonitor, 2009).

프랑스 패션은 17세기 중반 루이 16세 치하에서 유럽을 주도하게 되었다(제1장에서 거론함). 당시 프랑스 정부는 의류산업을 소유하고 생산에서 판매까지 직접 관장했다. 제1차 세계대전과 제2차 세계대전의 혼란한 시기에도 파리는 세계의 패션 수도로서의 명성을 유지했다. 19세기의 파리는 패션과 예술을 포함해 모든 고상한 취향의 집결지였다. 19세기에는 의류업과 관련된 각종 이익단체들이 생겨나고 프랑스 패션산업의 중추라고 할 수 있는 의류 생산에 관련된 사람들의 계층 구조가 생겨났다. 오트쿠튀르 (haute couture)가 등장한 것은 19세기 후반의 일이다(제1장 참조).

1973년 프랑스에서 '프랑스 재단, 고급 기성복, 양장 재단사와 패션 디자이너 연맹 (Fédération Française de la Couture du Prêt-à-Porter des Couturiers & des Créateurs de Mode)'이 결성되었다. 이 '연맹'은 프랑스 패션산업의 순수성과 문화를 보전하고자 하는 활동을 전개하고 있다. 1980년대는 프레타포르테(Prêt-à-Porter)가 부상하면서 소규모 쿠튀르 중심이었던 프랑스 패션산업을 새로운 수준으로 끌어올렸다. 디자이너들은 기존의 쿠튀르 쇼들을 활용해서 채산성이 좋은 기성복 쇼들의 수준을 끌어올렸다. 향수나 액세서리 같은 디자이너 라이선스 제품들 또한 선택받은 화려한 쇼들의 혜택을 받았다.

프랑스의 패션제품들과 그 밖의 사치품들은 프랑스 경제의 커다란 버팀목으로 작용하고 있다. 또한 향수와 화장품과 같은 고가품들에 대한 높은 수요는 전 세계를 대상으로 한 프랑스의 수출을 견인하고 있다. 전 세계 디자이너들은 자신들의 작품을 파리 무대에 내놓음으로써 고급 패션계에서의 자신들의 입지를 구축하고 강화시키고자 한다. 이렇게 파리에서 개최되는 각종 패션 관련 쇼들은 세계 패션의 중심지로서의 파리의 명성을 높여주면서 경제적으로도 큰 보탬이 되고 있다. 프랑스의 사치품산업은 약 20만 명의 고용을 창출하고 있다.

스페인

스페인은 유럽 전체 의류 판매액의 약 6%를 차지하고 있다. 2009년의 경우 의류 판매액은 240억 달러에 달하였는데 그 규모는 당분간 감소세를 보일 것으로 예상된다. 앞에서 살펴본 다른 유럽 국가들과 마찬가지로, 여성복 부문이 시장을 주도하고 그 뒤를 남성복과 아동복이 잇고 있다(Datamonitor, 2009).

그림 9.13 스페인의 Zara는 세계적인 패스트 패션 소매업체이다.
출처 : Dreamstime

패션은 스페인에서 중요한 산업으로 그 성장을 촉진시키기 위해 민간 및 공공부문이 협업하고 있다. 스페인 정부는 홍보활동을 통해 패션산업을 지원하고 있으며, 바르셀로나 시와 마드리드 시 같은 경우에는 젊은 디자이너들을 위해 Cibeles[3]와 080 패션쇼[4]를 후원하고 있다. 여러 스페인 업체들이 2000년대에 접어들면서 글로벌 패션 리더가 되었다. Mango와 Zara(그림 9.13)는 저렴한 가격에 유행을 선도하는 패션을 제안하는 '패스트 패션'의 좋은 예이다. 스페인 패션산업을 격상시키기 위한 노력의 성과가 보이기는 하지만, 다른 패션 브랜드들의 세계화와 2005년에 이루어진 스페인 시장의 규제 완화로 인한 중국산 제품의 대량 유입은 스페인 패션 섬유 및 의류시장의 쇠퇴를 초래했다.

아시아태평양 지역

2005년부터 2009년까지 약 5%의 인구 증가가 이루어진 아시아태평양 지역은 세계에서 가장 큰 소매시장이다. 전문가들은 이 지역의 소매 매출액이 향후 2년 내에 유럽과 북미 지역을 추월하고 2035년경에는 경제 규모에서 세계에서 두 번째로 큰 지역이 될 것이라고 예측하고 있다. 중국, 일본, 인도와 한국이 매출액의 92%를 차지하는데, 이 중 중국과 일본이 각각 39%와 37%를, 인도와 한국은 합쳐서 약 17%를 점한다. 아직은 상대적으로 시장 규모가 작기는 하나 인도는 결코 무시해서는 안 되는 시장이다. 이 지역의 2009년 의류 소매 매출액은 2008년 대비 3% 증가한 2,640억 달러에 달하였으며,

---

3) Cibeles는 하늘과 땅의 여신인 시벨레스의 이름을 딴 마드리드를 상징하는 시벨레스 광장으로서 스페인 패션을 홍보하기 위한 Cibeles Madrid Fashion Week가 있다.(역자 편집)
4) 바르셀로나를 새로운 트렌드를 제시하는 글로벌 쇼케이스가 되기 위한 이벤트로서 국제적으로 패션과 디자인 부분에서 놓칠 수 없는 중요한 행사로 자리매김하고 있다.(역자 편집, 출처 : www. 080barcelonafashion. com)

이러한 증가세는 2014년까지 계속되어 매출 규모가 3,070억 달러를 상회할 전망이다. 여성복 부문이 전체의 48.5%를 점하고 남성복과 아동복이 각각 35%와 17% 수준에 있다. 여성복의 비중은 평균적으로 50%를 상회하는 유럽 국가들에 비해 낮은 수준으로 성장 가능성이 높다고 할 수 있다(Datamonitor, 2009.)

중국

인구가 14억 명인 중국은 아시아태평양 지역에서 가장 큰 시장이다. 중국은 소매상들이 수없이 많은데 Tesco, Walmart, Carrefour와 같은 거대 소매유통업체들도 진출해 있다. 2009년에 고객이 큰 폭으로 증가한 백화점을 포함하여 중국인들은 다양한 형태의 소매점에서 쇼핑하는 것을 즐긴다. 중국인들은 오프라인 매장에서의 쇼핑을 선호하여 아직까지 온라인 쇼핑은 걸음마 단계에 있다. 이러한 현상은 부분적으로는 아직까지 적은 수의 중국인들만이 신용카드를 사용하는 데 기인하나 신용카드 사용자 수가 늘어나면서 온라인 쇼핑도 확대되고 있다. 중국은 저축이 미덕인 나라로서 신용카드의 사용은 이러한 중국인들의 성향에 반하는 것이다. 그러나 MasterCard는 중국의 급속한 도시화 진전으로 2020년경에는 중국인들이 미국인들보다 신용카드를 더 많이 사용할 것이라고 확신하고 있다. 면제품의 소비촉진 사업을 전개하고 있는 Cotton Incorporated에서 발간하는 *Lifestyle Monitor*에 따르면 중국인 소비자들은 의류 소비에 있어서 가격보다는 선택의 폭을 더 중요시한다. 중국의 패션에 대한 논의에서 중요한 것은 중국인들의 쇼핑에 관한 인식과 태도의 변화이다. 중국은 공산주의 국가로서 자본주의와 소비는 유해하다는 인식을 갖고 있었지만, 근래 들어서는 그러한 인식이 변하면서 쇼핑을 사회적으로 용인되는 즐거운 행위로 간주하고 있다. Linda Lee에 따르면 "공산주의에서 자본주의로, 그리고 소비지상주의(consumerism)로의 중국의 근본적인 가치관의 변화는 브랜드라는 것에 반응하는 새로운 유형의 소비자 계층을 탄생시켰다."고 말한다. 아울러 중국인들은 외모를 중요시하면서 패션을 세상에 자신의 위상을 알릴 수 있는 수단의 하나라고 생각한다.

급속히 성장하고 있는 중국의 명품시장은 실제로 가격은 구매에 있어서 부차적인 요소라는 것을 보여주는 좋은 예이며, 중국에서 명품을 구매할 수 있는 능력을 가진 사람들이 계속 늘어나고 있음을 보여주고 있다. 소매 컨설팅 및 투자금융 회사 Davidowitz & Associates의 회장인 Howard Davidowitz에 따르면 "중국에서 부는 이 세상 어느 곳보다도 빠른 속도로 형성되고 있다."고 한다. 2010년 Linda Lee가 펴낸 **모피를 두르다: 중국의 사치품 소비자들**(*Wrapped in Fur: China's Luxury Consumer, 2010*)은 "오늘날 새롭게 부상하는 명품 쇼핑객들은 젊으며, 이들은 중국 내에서 자신들의 사회적 지위와 성공을 과시하는 데 열심이다. 중국은 25~40세 연령대의 인구가 대다수를 차지하는 젊은 국가다. 이들은 자신들의 사회적 지위와 부, 그리고 스타일을 과시하기 위해 보다 좋고, 보다 많은 세계적인 디자이너 브랜드 제품들을 갖기를 열망한다."고 썼

그림 9.14 2011년 1월 중국 정저우 시에 새로 개점한 Louis Vuitton 매장
출처 : Newscom

다. 이들의 명품에 대한 탐욕으로 명품시장의 성장에는 거침이 없을 것으로 보인다. 중국의 명품시장이 너무나 수익성이 좋은 나머지 Prada의 경우에는 본거지인 밀라노가 아닌 홍콩에서 기업공개(IPO)를 함으로써 많은 논란을 야기했다. 명품에 대한 중국인들의 사랑은 2008년에 시작된 경기침체로부터 명품시장업계를 구원해 낸 것으로 평가받고 있다. 중국시장의 수익성이 좋았기에 많은 명품 브랜드 업체들이 중국으로 진출했다. Cotton Incorporated가 발간하는 *Lifestyle Monitor*는 지난 3년간 새로 문을 연 명품 매장의 53%가 중국에 있다고 보도했다.

Armani, Hermes, Channel과 Valentino는 중국 내에서 1급지(top-tier market)가 포화 상태에 이르자 2급지(second-tier market)와 3급지(third-tier market)에서 신규 매장을 열고 있다. [그림 9.14]는 2011년 1월 중국 정저우(Zhengzhou) 시에 새롭게 문을 연 Louis Vuitton 매장의 모습이다.

집단주의(collectivism : 개인이 아닌 집단의 이익이 우선되어야 한다는 사고)와 문화는 중국 소비자의 의사결정 과정에 큰 영향을 미친다. 집단주의와 동조성은 중국 소비자로 하여금 개인의 취향보다는 집단에 순응하도록 하는 데 작용한다. 많은 중국인에게 있어서 다른 사람들 앞에서 체면을 잃지 않도록 행동하고 명예를 지키는 것은 매우 중요한 일이다. 그러나 중국 내 도시 거주민의 74.5%는 개인적 취향을 반영하는 의류와 액세서리를 선호한다고 응답해 근래 들어 중국인들 사이의 동조성이 완화되고 있음을 알 수 있다. 어떤 사회가 구성원들의 동조성을 기반으로 한다면 상품 구성 및 광고 기획에 있어서 중국 및 다른 아시아 국가들의 소비자들의 행동을 집단주의와 연관지어 고려해 보는 것이 필요하다.

2010년에 중국은 아시아태평양 지역의 GDP 증대를 주도하였다. GDP가 10% 증가하고 수입은 35% 확대되었으며 중국 경제의 성장이 둔화될 징후는 보이지 않는다. 미국으로의 섬유제품 수출은 지속적으로 확대되면서 2011년에 340억 달러에 달하였다 ("Trade in goods", 2012). 중국의 GDP는 10% 수준으로 증가하면서 일본을 추월하여 아시아태평양 지역 최대의 경제 규모를 갖게 될 것으로 전망된다. 한편 중국의 인구 증가율은 2005년부터 2009년까지 2%를 약간 상회하면서 전 세계 인구의 42%를 점하고 있는데 Cotton Incorporated의 *Lifestyle Monitor*에 따르면 중국인의 3분의 2는 쇼핑을 즐긴다고 한다(Datamonitor, 2009).

일본

일본은 아시아태평양 지역 최대의 경제대국이다. Cotton Incorporated가 발간하는 *Lifestyle Monitor*에 따르면 일본인의 70%는 쇼핑을 '좋아' 하거나 '사랑' 한다. 그러나 지난 수년간 일본 경제는 무기력한 모습을 보였고 향후 전망도 좋지 않은 상황이다. 일본 경제는 GDP의 200%에 달하는 국가채무에 발목이 잡혀 있는데, 경제에 활력을 불어넣고 소비자 신뢰를 제고하기 위해 수출에 큰 기대를 걸고 있다. 그러나 일본의 수출 증대 여부는 재정적으로 위태로운 모습을 보이고 있는 유럽에 크게 의존하고 있는데다 일본의 인구가 계속 줄고 있어 내수시장 활성화를 통한 성장에도 어려움이 있는 상황이다.

일본의 의류 매출은 지속적인 감소 추세에 있으며, 2009년의 경우 매출액이 2008년에 비해 소폭 감소한 970억 달러였다. 여성복이 전체의 66%라는 압도적인 비중을 차지하고 있으며, 남성복과 아동복은 각각 23%와 11%를 점하고 있다. 일본 내 의류 매출 전망은 암울한 상황으로 저가제품 판매업체들의 증가로 평균 판매가격은 하락할 전망이다(Datamonitor, 2009).

인도

인도는 경제대국이 되기 일보 직전에 있으나 정부의 규제로 의류업의 세계시장 진출이 어려웠으며, 이러한 정부의 규제가 완화되지 않는 한 별다른 진전이 이루어지기 어렵다. 그러나 인도는 원면의 수출을 제한함으로써 전 세계적인 원면가격의 상승을 초래하고 그 결과 패션산업 전반에 걸쳐 광범위한 영향을 미친 사실에서 알 수 있는 것처럼 세계 경제 상황에 여전히 별 관심이 있는 것 같지 않다. 그럼에도 불구하고, 인도는 미국 의류 및 섬유 수입시장에서 6%의 점유율을 점하고 있다(Ellis, 2011a).

2009년 인도 내 의류 매출액은 2008년 대비 9% 늘어난 280억 달러에 달하였는데 2014년에는 405억 달러에 이를 전망이다. 인도는 지금까지 살펴본 나라들과는 달리 남성복이 의류시장에서 최대 비중을 차지하고 있다. 2009년에 남성복 부문이 전체의 42%를 차지하였고 여성복과 아동복이 각각 36%와 22%를 기록하였다. 인도 경제는 건실한 편으로 향후 연간 8.5% 수준의 성장이 예상된다. 인도는 2005년과 2009년 사이에 아시아태평양 지역 국가들 중 가장 높은 7.5%의 인구 증가율을 기록하였다(Datamonitor).

인도의 패션업계는 5,000여 년의 전통을 배경으로 세계화와 산업화를 이루는 가운데 현대적 패션 트렌드를 수용하면서도 전통유산에 충실한 모습을 견지해 왔다. 인도의 의류는 고유의 섬유로 제작되는데 고대로부터 이어져 온 전통기술에 세속적인 영향이 가미되면서 인도 패션에는 과거와 현재가 조화롭게 공존하고 있다. 아름답고 정교하게 만들어지는 인도의 섬유산업은 농업 다음으로 많은 인력을 고용하고 있다.

인도가 독립을 쟁취한 1974년에 여성은 옷을 입는 방식에 따라 전통적인지 아니면 서구화되었는지를 알 수 있었다. 멋쟁이 여성은 35년간 사리(sari)를 착용한 모습으로

그림 9.15 인도의 전통의상인 사리를 착용한 여성
출처 : Shutterstock

만 사진에 포착된 Indira Gandhi와 같이 사리(그림 9.15)를 입었다. 1960년대에는 서구식 캐주얼 의류가 인도 사회에서 받아들여졌는데 세계의 다른 나라들과 마찬가지로 Jackie Kennedy의 패션 영향은 인도에도 전파되었다. 1970년대에는 서양적인 것들이 다시 한 번 인기를 얻었고 청바지는 사람들이 가장 원하는 것 중 하나가 되었다. 이 시기에 남성과 여성은 모두 홀치기염색 직물로 만든 옷을 입고 머리를 길게 길렀다. 1980년대에 미국, 영국, 유럽과 일본 등지에서 인도를 알리기 위해 열린 국제 페스티벌들은 인도 섬유 특유의 아름다움과 장인의 솜씨를 널리 알렸다. 한편 인도 정부는 경기침체와 가뭄과 같은 어려운 시기에 경제적 어려움을 타개하는 데 있어서 섬유산업의 가능성을 인지하게 되었다. 1990년대 중반에 인도는 보다 열린 마음으로 많은 외국 브랜드를 받아들였고, 이는 인도 패션에 두드러진 변화를 가져왔다. 위성 TV는 인도 소비자들을 MTV를 비롯한 서구 TV 프로그램에 노출시키면서 서구 제품의 광고를 통해 인도인들을 유혹하여 서구식 의복에 대한 수요가 폭발한 반면 전통의상의 인기는 하락했다. 그러나 인도 패션업계는 여전히 고유의 정체성과 훌륭한 전통유산을 견지해 오고 있으며, 국가 전체적으로 섬유산업의 잠재력을 인식하고 세계시장에서의 입지를 다지기 위해 노력하고 있다(Tyabji, 2007).

한국

2009년 한국의 의류 소매시장은 150억 달러 규모였다. 이 중 여성복 부문의 비중이 48%에 달하였고 남성복과 아동복은 각각 39%와 13%를 차지했다. 2009년에 의류 판매액은 전년 대비 3% 증가하였으나 2006년에서 2009년 사이의 성장은 지지부진했다. 이런 저성장은 한국 경제의 부진을 반영하는 것이다(Datamonitor, 2009).

패션과 옷을 입는 것에 대한 태도는 한국에서 오랜 세월에 걸쳐 변화해 왔다. 1870년대 중반에 선교사들과 서양 근로자들에 의해서 서구식 의상이 한국에 소개됐다. 한국의 근대화가 이루어지던 1900년대 초반 여성들의 사회적 지위가 향상되면서 여성들의 의상 또한 바뀌기 시작했다. 1910년부터 1915년 사이 일본이 한국을 점령하면서 사람들의 옷을 입는 방식이 전반적으로 변하기 시작하였는데, 많은 사람들이 서양식 옷을 선택하고 일부는 일본식 옷을 입기도 하였다. 서양식 패션의 수용과 보급은 1945년 독립 이후 급속히 확산됐다. 1956년에 많은 한국 여성들의 옷에 대한 생각을 바꾼 디자이너 노라 노의 작품들로 최초의 패션쇼가 열렸다. 이 당시 세련된 남성들은 수입된 영국산 원단으로 만든 검은색 또는 감색 정장과 흰색 셔츠를 입었다. 1960년 군사쿠데타로 집권한 정부는 경제를 개발하고 일본과의 관계를 개선하기 위해서 적극적으로 나섰다. 새로운 경제개발계획이 성과를 내면서 수출이 처음으로 1백만 달러에 이르렀다. 1970년대 중반 외국식 패션이 보편화되면서 패션 디자인이 전문적인 분야가 되었다. 이 시기에 한국섬유산업연합회(KOFOTI)와 패션협회(KFA)가 결성되었고 대학에서는 의류 및 섬유 관련 학과의 수가 증가했다(Kim).

한국은 환경친화적 사회로서 이것은 패션에도 반영되고 있다. 한국의 디자인은 장식이 없는 오프 화이트(off-white) 색상에 심플한 라인과 세련미가 특징이다. 한국 패션은 소박하고 절제된 느낌을 준다. 레이어링(layering)은 한국 의상에 있어서 중요한 요소이다(Kim).

거시경제시장을 볼 때 나라별로 소비자를 살펴보면 많은 것을 파악할 수 있다. 그러나 보다 작은 부문으로 소비자 집단을 나누게 되면 큰 집단에 속해 있는 작은 소비자 집단에 대해 보다 깊이 이해할 수 있다. 다음 절에서는 고객/시장 세분화에 대해서 살펴본다.

고객/시장 세분화

고객/시장 세분화(customer/market segmentation)는 고객들에게 보다 나은 서비스를 제공하기 위해 고객의 필요에 기초하여 시장을 나누는 과정으로 어떤 것을 필요로 하거나 원하는 것이 유사한 고객들을 같은 집단으로 묶는다. 기업은 세분화를 통해 경쟁상대들을 파악하고 자신과 경쟁상대들의 시장 내에서의 위치를 알 수 있게 해준다. 세분화는 기업 경쟁력을 강화시켜 주고 보유하고 있는 자원을 효율적으로 사용하는 데 도움을 준다.

세분화가 유용해지기 위해서는 세분시장들이 정확하게 규정되어야 하며, 규모가 있어야 하고, 접근 가능하면서, 상호연관성과 함께 동질성도 있어야 한다. 이러한 세분화가 가능하다면 기업은 표적시장을 보다 잘 이해하게 되어 소비자들에게 전달하고자 하는 제품 메시지를 정교하게 다듬을 수 있게 된다. 세분화를 통해 얻게 되는 정보는 시장의 필요를 충족시킬 수 있는 제품의 설계, 큰 비용을 들이지 않고 판매를 촉진할 수 있는 홍보전략의 결정, 경쟁상대에 대한 파악과, 마케팅 전략의 수립 등에 도움을 준다.

제대로 쓰여진다면 세분화는 효과적인 도구가 될 수 있지만 단점들도 있다. 우선 수시로 변하면서 브랜드 충성도에 악영향을 미치는 소비자들의 감정은 세분화를 통해 측정하기가 어렵다. 또한 세분화에는 비용이 많이 들기에 항상 비용대비 효과를 가늠해봐야 한다. 아울러 세분화는 쉽게 할 수 있는 것이 아니기에 기업 입장에서는 많은 시간과 노력을 투입해야 하는 부담을 안게 된다. 마지막으로 세분화는 소비자들을 개별적으로 세세하게 파악하는 것이 아니라 소비자 집단을 뭉뚱그려 놓고 본다는 것이다.

세분화는 다양한 형태를 띠는데 인구통계(demographics), 지오그래픽스(geographics), 사이코그래픽스(psychographics) 등이 있다. 세분화는 여러 세대에 걸쳐 다루어 온 주제로서 다수의 이론과 방법론이 존재한다. 본 장 말미에서는 Geert Hofstede™, VALS™와 Claritas PRISM™에 대해 알아본다.

인구통계

인구통계학은 통계적 관점에서 인구와 그 고유한 특성을 연구하는 학문이다. 미국은 10년마다 한 번씩 인구통계 자료를 수집하여 각 지역별로 갱신된 통계자료를 발표한다. 발표되는 정보에는 지역별 및 미국 전체의 인구 수, 연령, 성별, 인종, 가구소득과 가계소득, 가구 수와 가구 구성원 수 등을 포함한다. 인구, 인종, 성별과 연령에 대한 예측은 미국 국민 구성에 있어서의 변화 추이를 보여주는 것이다. 인구통계는 패션업체들에게 그들이 내놓은 상품에 영향을 미치게 되는 진행 중인 변화와 관련된 정보를 알려준다. [그림 9.16]은 미국 내에 존재하는 다양한 인구통계적 집단을 보여준다. 앞에서 살펴보았듯이 히스패닉계는 미국에서 가장 빠르게 성장하는 인구 집단이다. 기민한 패션업체라면 이러한 정보에 반응해서 계획을 세우게 될 것이다. 패션업체들은 인구통계적 변화가 자신들이 내놓은 상품에 어떤 영향을 미치게 되는지, 그에 따른 상품의 사이즈는 어떻게 구성해야 하는지, 색상 선택은 어떻게 해야 하는지 등에 대해 자문하고 고민해야 한다.

그림 9.16 미국의 인구통계에는 인종, 출신 국적, 연령, 직업과 소득이 포함된다.
출처 : Alamy

지오그래픽스

지오그래픽스(geographics)는 물리적 특성이나 지역에 따라 인구를 분류한다. 이것은 시장을 간편하게 구분하는 방법이지만 사람은 구매행동을 하는 데 있어서 자신이 사는 장소의 영향을 받기 때문에 결코 무시할 수 없다. 예를 든다면, 기후의 영향으로 뉴잉글랜드 지역에 사는 사람들은 미국 남동 지역에 사는 사람들보다 야외활동복을 많이 구매하는데, 이는 야외활동복 제조 및 유통업체들에게 있어서는 매우 중요한 사안이다. 의류 판매업체들은 대개 지리적 위치를 기준으로 매장에 상품을 할당하는데, 이는 각 매장의 지리적 특성에 부합되는 종류와 수량의 상품이 적절히 배정될 수 있도록 하기 위한 것이다. 인구통계학(demographics)과 지리학(geographics)의 합성어인 **지리인구통계학**(geodemographics)은 사람의 거주 지역, 생계 수단, 교육 수준, 인종적 배경과 연령 등에 대해 연구한다.

사이코그래픽스

사이코그래픽스(psychographics)는 1960년대 말에서 1970년대 초반 사이에 시작된 것으로 라이프스타일, 사회적 계급, 가치관, 태도와 기타 심리적 특성을 이용하여 사람들의 신념과 생각, 그리고 가치관을 파악하고 이런 정보를 통해 소비자행동을 예측한다. 수집된 심리적, 사회적, 그리고 인류학적 정보는 시장이 어떠한 집단들로 분할되어 있는지 또 그러한 집단이 제품, 사람과 이념에 대해 어떤 선택을 하는지 알려준다.

마케팅 담당자들은 현재와 미래의 고객들을 이해하는 데 있어서 사이코그래픽스를 이용하는데, 이는 제품을 누가, 어떻게 사용하는지를 알려주기 때문이다. 사이코그래픽스는 마케팅 담당자들로 하여금 표적시장을 규명하고, 소비자행동을 이해하며, 마케팅 전략을 수립하는 데 도움을 줌으로써 시장 위험을 최소화시킨다. 다만, 심리분석적 데이터가 복잡하고 수집에 많은 비용이 들기에 모든 사람이 그 유용성이나 타당성에 대해 동의하지는 않는다.

VALS™

1960년대에, 소비자 미래학자 Arnold Mitchell은 사회의 분열과 그것이 사회와 경제에 미치는 영향을 설명하기 위해 노력했다. 그의 노력의 결과가 바로 **VALS™ 설문조사**이다. "VALS™는 소비자들 간의 차이를 예측하기 위한 심리적 동기를 규명한다. VALS™는 연구자들이 소비자행동과 연관되어 실증적으로 입증한 개념들을 평가하기 위해 고유의 심리측정 기법을 사용한다."(About VALS, n.s.) VALS™ 설문조사는 소비자행동을 설명하기 위해 심리적 특성과 인구통계 정보를 이용하여 미국 내 성인들을 8개 집단으로 나눈다. 또한 주된 동기와 활용하는 자원(교육 수준, 지성, 소득, 건강, 자신감, 구입에 대한 열망, 활력)에 따라 고객을 세분한다. 주된 동기에는 이상, 성취와 자기표현 등이 포함된다. 이상을 동기로 가진 사람들은 지식과 원리원칙에 따라 행동한다. 성취 지향적인 사람들은 신분의 상징과 같이 사람들에게 자신들의 성공을 과시할 수 있는 것들을 찾고자 한다. 자기표현에 몰두하는 소비자들은 물리적·사회적 활동과 다양성을 추구하고 위험 부담을 감수한다. 소비자들이 활용하는 자원에는 경제력과 교육이 포함된다. 그러나 지성, 혁신성, 충동, 리더십, 에너지와 허영심 같은 것들도 자원의 범주에 포함된다. "자원은 사람이 부여받은 동기를 행동으로 나타내는 것을 부추기거나 억제시킨다."("US framework and vals types" n.d.) VALS™는 신제품 개발, 제품 포지셔닝 전략 수립, 신시장 공략, 광고 캠페인 기획과 트렌드 예측 등에 이용된다.

VALS™는 시장을 서로 구분되는 특성을 가진 총 8개의 세분시장으로 나눠서 본다(그림 9.17). 이들 세분시장은 혁신형, 사상형, 성취 추구형, 경험 추구형, 신뢰형, 노력형, 제작형과 생존형이다. 혁신형은 성공한 사람들로서 높은 자부심을 가지고 다른 이들을 이끌기에 이미지가 중요하다. 사상형은 이상을 동기로 삼기에 구매를 할 때 기능성과 실용성을 따진다. 성취 추구형은 이미지로부터 동기를 부여받는 데 높은 성취욕을

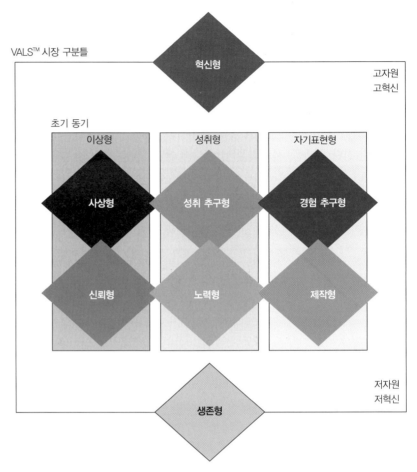

그림 9.17 VALS™는 소비자들에 대한 이해를 돕기 위해 각각 별개의 분명한 특성을 가진 8개의 세분시장으로 시장을 나눠서 본다.
출처 : Strategic Business Insights/VAL

갖고 있다. 경험 추구형은 충동적이면서 자기표현을 중요시한다. 신뢰형은 보수적이고 예측이 쉬운데 익숙한 제품과 널리 알려진 브랜드를 선호한다. 노력형은 트렌디하며, 다른 사람들에게 인정을 받고자 하는 것이 주된 동기로 쇼핑을 사회활동의 하나로 간주한다. 제작형은 스스로 해결하는 것을 좋아하며, 새로운 아이디어나 대기업들을 신뢰하지 않는다. 생존형은 매우 한정된 자원만을 갖고 있기에 신중한 소비자들이다("US framework and vals types" n.d.).

Claritas PRIZM™

1974년 Jonathan Robbing이 현재는 Nielsen Claritas Inc.라는 회사의 소유인 PRIZM™의 근거가 되는 이론을 개발했다. PRIZM™은 거주 지역의 유형(neighborhood types)을 이해하는 데 유용한 정보를 제공한다. 즉, 세분시장을 이해하는 데 있어서 유용한 도구이다. PRIZM™은 미국을 구분이 가능한 지역 경계선과 독특한 가치관 및 소비 습성을 가진 40가지 유형의 거주 지역으로 나눠 총 66개의 세분시장을 파악한다. PRIZM™이 제공하는 정보는 고객의 제품 선호도 이해, 매장 위치 선정,

광고 및 홍보전략 수립 등에 필요한 통찰력을 기업에 제공한다. 광고주, 은행, 다이렉트 메일업체, 의료서비스업체, 보험회사와 소매업체 등이 이용하는 PRIZM™은 동네 생활 정보를 지리인구통계 데이터와 지역생활정보를 연계시킴으로써 가계 데이터를 맞춤형 극세분시장(microsegmentation) 정보로 가공하는 능력을 보여준다.

Geert Hofstede™

1928년에 태어난 Geert Hofstede는 네덜란드 심리학자이다. 현대국가들의 다양한 문화에 대한 연구를 통해서 그는 국가별 문화에 대한 5개 차원의 모델(Model of Five Dimensions)을 개발하였고, 이를 통해서 문화들 간의 기본적인 가치관의 차이를 설명했다. 이 모델은 기본적인 가치관의 차이를 이해하는 데 도움을 주는 권력간격(power distance), 개인주의/집단주의, 남성성/여성성, 불확실성의 회피, 장기 지향성 등 5개 차원에 대해 다루고 있다. 개별 국가는 각 차원별로 0부터 100 사이의 점수를 얻는데 5개 차원은 모두 국가 간의 문화적 차이에 대해 설명하고 있다.

권력간격 차원은 상대적으로 힘이 약한 사회구성원이 권력이 균등하지 않게 배분되어 있음을 예상하고 수용하는 정도를 의미한다. 불균등한 권력배분에 대한 인식은 권력의 분산 형태와 권력에 대한 수용 태도에 영향을 미친다. 권력간격지수(power distance index)가 높은 문화일수록 사회적 계층구조를 받아들이고 각자 자신의 신분에 맞춰 행동하면서 권력에 순응한다.

개인주의/집단주의 차원은 서로 다른 사회에 속해 있는 개인들이 각각 해당 사회에서 자신과 자신의 역할에 대해 어떻게 생각하고 있는지에 대한 통찰력을 제공한다. 개인주의는 사람들이 자신과 자신의 직계가족만을 챙기는 것을 말한다. 개인주의적 사회는 개인과 개인의 차별성에 대한 필요성을 존중한다. 집단주의적 사회에서 개인의 정체성은 어떤 소셜 네트워크의 일원이 되고, 보다 큰 집단과 행동을 같이하는 데서 나온다.

남성성/여성성 차원은 한 문화에 있어서의 지배적인 가치관을 설명한다. 남성적인 문화에서는 성공과 성취, 그리고 그것을 통해 획득하는 신분이 중요한 가치이다. 남성적인 성향이 낮은 사회는 신분의 중요성이 상대적으로 떨어지고 보다 서비스 지향적이다. 여성적인 사회에서는 남에게 베푸는 것과 삶의 질이 우선한다.

불확실성의 회피 차원은 사람들이 불확실함과 모호함에서 느끼는 불안감과 그것으로부터 달아나려고 하는 정도를 살펴본다. 이 부문에서 점수가 높은 사회들은 규칙과 함께 형식과 구조의 정립을 필요로 한다. 점수가 낮은 문화들은 결과를 중요시하고 규칙이 적은 것을 좋아한다.

장기 지향성 차원은 진실은 하나가 아니라고 규정한다. 이 부문의 점수가 높은 문화들은 변화를 받아들이고, 많은 인내심을 견지하며, 근검절약하면서 마음의 안정을 추구한다. 반면에 단기 지향성 차원에서 높은 점수를 얻은 문화들은 저축보다는 소비를 미덕으로 여긴다.

요약 summary

패션상품의 유통 및 제조업체들은 국내외 시장에서 경쟁한다. 이들의 성공 여부는 국내외 소비자에 대한 이해에 달려 있다. 국내에서는 인종 및 민족적 특성뿐만 아니라 연령, 소득, 교육 등과 같은 다른 주요 인구통계적 정보가 패션업체들을 표적시장으로 인도해 준다. 해외시장에서의 경쟁은 각 나라의 문화 차이도 고려해야 하기에 더 어렵다. 그러나 소비자를 찾아내고, 그들이 좋아하고 싫어하는 것들과 그 밖의 선호도를 알아낼 수 있는 방법이 있다. VALS™와 PRIZM™은 심리학과 지리학이라는 다른 측면에서 소비자행동을 예측하는 데 도움을 주는 방법이다.

핵심용어 terms

문화적 동화(acculturation)	인구통계(demographics)	PRIZM™
베이비부머(Baby Boomer)	지리인구통계(geodemographics)	VALS™
사이코그래픽스(psychographics)	지오그래픽스(geographics)	
소비자 또는 시장 세분화(customer or market segmentation)	집단주의(collectivism)	

복습문제 questions

1. 문화적 동화를 정의하고 두 가지 예를 들어라.

2. 인구통계, 지오그래픽스, 그리고 사이코그래픽스의 차이를 설명하라.

3. 미국에서 가장 빠르게 증가하고 있는 인종은? 어떤 인종의 증가가 가장 부진한가? 특정한 인종 집단의 증가율이 중요한 이유는 무엇인가?

4. 유럽에서 소매 의류 매출이 가장 많은 나라는 어디인가?

5. 아시아태평양 지역의 가장 큰 소매 의류시장은 어느 나라인가?

6. 전 세계 디자이너들이 몰려가 1급지에 이어 2급지에서도 매장을 열고 있는 나라는 어디인가? 소매업의 관점에서 이 나라가 매력적인 이유는 무엇인가?

비판적 사고 thinking

1. VALS™의 8개 세분시장은 무엇이고, 이들 각 세분시장에 속하는 소비자들이 출입하는 상점의 형태와 이들이 구매하는 물품의 종류를 예를 들어 보라.

2. 각 인종/민족 집단의 다섯 가지 특성은 무엇인가? 각 집단 간의 차이에 대해 논하라.

3. 자신이 거주하는 지역의 인구통계를 찾아보고 데이터를 요약 정리하라. 어떠한 추세가 보이는가? 해당 지역의 예상되는 변화에 대해 설명하라.

인터넷 활동

1. VALS™의 웹사이트(http://www.strategicbusinessi nsights.com/vals/presurvey.shtml)를 방문하여 설문에 답해 보라. 자신에 대해 어떤 것을 알게 되었는가? VALS™의 평가내용에 동의하는가, 동의하지 않는가? 그 이유는 무엇인가?

2. PRIZM™의 웹사이트(http://www.claritas.com/ MyBestSegments/Default.jsp)를 방문하여 자신의 출생지나 거주지의 우편번호를 검색하라. 어떤 세분시장에서 살아왔는가? 해당하는 세분시장에 대해 설명하라.

3. Geert Hofstede™의 웹사이트(http://www.geert-hofstede.com/)를 방문하여 다음의 미국, 독일, 이탈리아, 프랑스, 영국, 스페인, 중국, 일본, 인도 또는 한국 중 한 나라를 선택해 검색한 후 그 나라가 5개 차원의 모델에서 어떤 점수를 얻었는가와 관련하여 알아낸 내용을 요약하라.

참고문헌

About vals. (n.d.). Retrieved from http://www. strategicbusiness insights.com/vals/about.shtml

Blythe, J. (2006). *Marketing.* Thousand Oaks, CA: SAGE Publishing Inc.

Cahill, D. (2006). *Lifestyle market segmentation.* New York, NY: The Haworth Press.

Cho, H. J., Jin, B., and Cho, H. (2010). An examination of regional differences in China by socio-cultural factors, *International Journal of Market Research,* 52(5), accessed March 26, 2011, http://web.ebscohost. com.proxy.library.vcu.edu/ehost/pdfviewer/ pdfviewer?hid=14&sid=dbe40f0e-96f8-44b7-9917-7c5cfd35d4a2% 40sessionmgr13&vid=28

Connor, Kim. (1995). *What is cool?: Understanding black manhood in America.* New York: Crown Publishing Group.

Datamonitor Apparel Retail in Asia-Pacific Reference Code: 0200-2005 Publication Date: December 2010, accessed March 27, 2011, http://web.ebscohost.com. proxy.library.vcu.edu/ehost/pdfviewer/pdfviewer?hid =14&sid=dbe40f0e-96f8-44b7-9917-7c5cfd35d4a2% 40sessionmgr13&vid=28

Datamonitor Apparel Retail in Canada Reference Code: 0070-2005 Publication Date: May 2010, accessed March 27, 2011, http://web.ebscohost.com.proxy. library.vcu.edu/ehost/pdfviewer/pdfviewer?hid=14&s id=dbe40f0e-96f8-44b7-9917-7c5cfd35d4a2%40 sessionmgr13&vid=31

Datamonitor Apparel Retail in China Reference Code: 0099-2005 Publication Date: December 2010, accessed March 27, 2011, http://web.ebscohost.com. proxy.library.vcu.edu/ehost/pdfviewer/pdfviewer?hid =14&sid=dbe40f0e-96f8-44b7-9917-7c5cfd35d4a2% 40sessionmgr13&vid=32

Datamonitor Apparel Retail in France Reference Code: 0164-2005 Publication Date: May 2010, accessed March 27, 2011, http://web.ebscohost.com.proxy. library.vcu.edu/ehost/pdfviewer/pdfviewer?hid=14&s id=dbe40f0e-96f8-44b7-9917-7c5cfd35d4a2%40 sessionmgr13&vid=33

Datamonitor Apparel Retail in Germany Reference Code: 0165-2005 Publication Date: May 2010, accessed March 27, 2011, http://web.ebscohost.com.proxy. library.vcu.edu/ehost/pdfviewer/pdfviewer?hid=14&s id=dbe40f0e-96f8-44b7-9917-7c5cfd35d4a2% 40sessionmgr13&vid=34

Datamonitor Apparel Retail in India Reference Code: 0102-2005 Publication Date: December 2010, accessed March 27, 2011, http://web.ebscohost.com.proxy.library.vcu.edu/ehost/pdfviewer/pdfviewer?hid=14&sid=dbe40f0e-96f8-44b7-9917-7c5cfd35d4a2%40sessionmgr13&vid=38

Datamonitor Apparel Retail in Italy Reference Code: 0171-2005 Publication Date: May 2010, accessed March 27, 2011, http://web.ebscohost.com.proxy.library.vcu.edu/ehost/pdfviewer/pdfviewer?hid=14&sid=dbe40f0e-96f8-44b7-9917-7c5cfd35d4a2%40sessionmgr13&vid=39

Datamonitor Apparel Retail in Japan Reference Code: 0104-2005 Publication Date: May 2010, accessed March 27, 2011, http://web.ebscohost.com.proxy.library.vcu.edu/ehost/pdfviewer/pdfviewer?hid=14&sid=dbe40f0e-96f8-44b7-9917-7c5cfd35d4a2%40sessionmgr13&vid=40

Datamonitor Apparel Retail in South Korea Reference Code: 0117-2005 Publication Date: December 2010, accessed March 27, 2011, http://web.ebscohost.com.proxy.library.vcu.edu/ehost/pdfviewer/pdfviewer?hid=14&sid=dbe40f0e-96f8-44b7-9917-7c5cfd35d4a2%40sessionmgr13&vid=51

Datamonitor Apparel Retail in Spain Reference Code: 0180-2005 Publication Date: May 2010, accessed March 27, 2011, http://web.ebscohost.com.proxy.library.vcu.edu/ehost/pdfviewer/pdfviewer?hid=14&sid=dbe40f0e-96f8-44b7-9917-7c5cfd35d4a2%40sessionmgr13&vid=52

Datamonitor Apparel Retail in the United Kingdom Reference Code: 0183-2005 Publication Date: May 2010, accessed March 27, 2011, http://web.ebscohost.com.proxy.library.vcu.edu/ehost/pdfviewer/pdfviewer?hid=14&sid=dbe40f0e-96f8-44b7-9917-7c5cfd35d4a 2%40sessionmgr13&vid=55

Datamonitor Apparel Retail in the United States Industry Profile Reference Code: 0072-2005 Publication Date: August 2009, accessed March 27, 2011, http://web.ebscohost.com.proxy.library.vcu.edu/ehost/pdfviewer/pdfviewer?hid=14&sid=dbe40f0e-96f8-44b7-9917-7c5cfd35d4a2%40sessionmgr13&vid=56

Datamonitor Apparel Retail in the United States Reference Code: 0072-2005 Publication Date: December 2010, accessed March 27, 2011, http://web.ebscohost.com.proxy.library.vcu.edu/ehost/pdfviewer/pdfviewer?hid=14&sid=dbe40f0e-96f8-44b7-9917-7c5cfd35d4a2%40sessionmgr13&vid=61

Datamonitor Global Textiles, Apparel & Luxury Goods Reference Code: 0199-1016 Publication Date: March 2010, accessed March 27, 2011, http://web.ebscohost.com.proxy.library.vcu.edu/ehost/pdfviewer/pdfviewer?hid=14&sid=dbe40f0e-96f8-44b7-9917-7c5cfd35d4a 2%40sess ionmgr13&vid=27

Economy watch. (n.d.). Retrieved from http://www.economywatch.com/world_economy/usa/

Elliott, S. (2011, April 5). A growing population, and target, for marketers. *The New York Times*, p. B3.

Ellis, K. (2011a, February 1). *Wwd.com.* Retrieved from http://www.wwd.com/business-news/asias-rising-tigers-3455895

Ellis, K. (2011b, March 8). Wwd.com. Retrieved from http://www.wwd.com/menswear-news/inflation-looms-over-apparel-industry-3544612#/article/menswear-news/inflation-looms-over-apparel-industry-3544612?page=1

Ellis, K., Casabona, L., Friedman, A., & Tran, K. (2011, January 10). *Wwd.com.* Retrieved from http://www.wwd.com/menswear-news/inflation-looms-over-apparel-industry-3544612/ article/menswear-news/inflation-looms-over-apparel-industry-

3544612?page=1

Feitelbeg, R. (2010, November 2). *Wwd.com*. Retrieved from http://www.wwd.com/markets-news/nyc-rolls-out-plan-to-boost-fashion-industry-3368899

Geert Hofstede. (n.d.). Retrieved from http://www.geerthofstede.nl/

Hallwarad, J. (2007). *Gimme! The human nature of successful marketing*. Hoboken, NJ: John Wiley & Sons, Inc.

Independent retailer.com. (2011, February 15). Retrieved from http://independentretailer.com/2011/02/15/reports-says-u-s-apparel-sales-were-up-in-2010

Kahle, L., & Chiagouris, L. (1997). *Values, lifestyles, and psychographics*. Mahwah, NJ: Lawrence Erlbaum Associates Publishers.

Kotkin, J. (2010, August). The changing demographics of America, *Smithsonian Magazine*. Retrieved from http://www.smithsonianmag.com/specialsections/40th-anniversary/The-Changing-Demographics-of-America.html?c=y&page=1

Lee, L. (2010). Wrapped in fur: China's luxury consumer, Unpublished Paper.

Lockwood, L. (2011, March 23). Hispanics seen as key market. WWD. Retrieved from http://www.wwd.com/markets-news/hispanic-buying-power-a-desirable-force-3562337#/article/markets-news/hispanic-buying-power-a-desirable-force-3562337?page=1

McGauran, A. (2001). Retail is detail: Cross-national variation in the character of retail selling in Paris and Dublin, *International Review of Retail, Distribution & Consumer Research*, 11(4), 437-458, doi:10.1080/09593960110073304, accessed March 27, 2011, http://web.ebscohost.com.proxy.library.vcu.edu/ehost/detail?hid=14&sid=dbe40f0e-96f8-44b7-9917-7c5cfd35d4a2%40sessionmgr13&vid=79&bdata=JkF

1dGhUeXBlPWlwLHVybCxjb29raWUsdWlkJnNpGU9ZWhvc3QtbGl2ZSZzY29?wZT1zaXRl#db=bth&AN=5253953

Miller, P. (2005). *What's black about it?* Ithaca, NY: Paramount Market Publishing.

Miller, R. K., & Washington, K. (2011). Buying influences. In *Consumer behavior* (pp. 48?52). Richard K. Miller & Associates. Retrieved from EBSCOhost, Accessed March 27, 2011, http://web.ebscohost.com.proxy.library.vcu.edu/ehost/detail?hid=14&sid=dbe40f0e-96f8-44b7-9917-7c5cfd35d4a2%40sessionmgr13&vid=71&bdata=JkF1dGhUeXBlPWlwLHVybCxjb29raWUsdWlkJnNpGU9ZWhvc3QtbGl2ZSZzY29wZT1zaXRl#db=bth&AN=58591670

Mooij, M. (2004). *Consumer behavior and culture consequences for global marketing and advertising*. Thousand Oaks, CA: SAGE Publications.

Ranieri, C. (2010, March 29). *Wwd.com*. Retrieved from http://www.wwd.com/footwear-news/italian-leather-firms-look-to-china-3016083

Song, K., & Fiore, A. (2008). Tradition meets technology: Can mass customization succeed in China? *Journal of Advertising Research*, 48(4), 506-522, doi:10.2501/S0021849908080586, accessed March 27, 2011, http://web.ebscohost.com.proxy.library.vcu.edu/ehost/detail?hid=14&sid=dbe40f0e-96f8-44b7-9917-7c5cfd35d4a2%40sessionmgr13&vid=86&bdata=JkF1dGhUeXBlPWlwLHVybCxjb29raWUsdWlkJnNpGU9ZWhvc3QtbGl2ZSZzY29wZT1zaXRl#db=bth&AN=35651369

The new consumer. (2011). *Sphere Trading*. Retrieved from https://www.inforummichigan.org/sites/default/files/uploads/Inforum%20-%20The%20New%20Consumer.pdf

Tyabji, L. (2007, October). Fashion in post-independence India. *Outlook*, Retrieved from http://www.

bergfashionlibrary.com.proxy.library.vcu.edu/view/bewdf/BEWDF

US framework and vals types. (n.d.). Retrieved from http://www.strategicbusinessinsights.com/vals/ustypes.shtml

U.S. Census Bureau. (2010). *State and county quick facts.* Retrieved from http://quickfacts.census.gov/qfd/states/00000.html

U.S. Census Bureau, Foreign Trade. (2012). *Trade in goods with China.* Retrieved from http://www.census.gov/foreign-trade/balance/c5700.html

Wasserman, T., & O'Leary, N. (2010). Report shows a shifting African-American population. *Brandweek,* 51(2), 6.

Weinstein, A. (1994). *Market segmentation using demographics, psychographics, and other niche marketing techniques to predict and model customer behavior.* Chicago, IL: Probus Publishing Company.

국제 패션센터가 미치는 경제적 영향

학습 목표

- 패션센터의 중요성에 대해 이해한다.
- 패션센터의 목적에 대해 알아본다.
- 세계 4대 패션센터에 대해 이해한다.
- 패션쇼에 대해 알아보고 그 중요성과 비용에 대해 검토한다.
- 패션쇼가 국내와 세계에 미치는 경제적 영향에 대해 알아본다.

길거리에서 보이지 않는 것은 패션이 아니다.
−Coco Chanel

10

서론

세계 어느 곳에서든 **패션센터**(fashion center)들은 패션을 만들어 내고 보급시킨다. 본 장에서는 세계 4대 패션센터를 알아보고 세계 패션산업계에서 현재와 같은 위상을 확보하게 된 배경과 역사를 살펴본다. 패션센터들은 패션쇼가 포함된 **패션위크**(fashion week)와 같은 행사들을 연 2회 개최한다. 이러한 쇼들을 통해 언론, 유통, 제조업계 관계자들과 패셔니스타로 불리는 패션 리더들은 다음 시즌을 위한 최근 트렌드를 알 수 있게 된다. 본 장에서는 많은 이들로부터 사랑을 받는 패션쇼가 단순히 엔터테인먼트에 그치는 것이 아니라는 사실에 대해 알아보게 된다. 이러한 쇼들은 국내 경제, 더 나아가 세계 경제에 영향을 미치는 경제적인 목적을 수행한다. 본 장에서는 먼저 패션센터에 대한 정의를 내린 후 국제 패션센터들의 경제적 영향력에 대해 살펴본다.

패션센터

패션시티라고도 불리는 패션센터는 패션이 만들어지고 팔리는 도시를 말한다. 패션센터는 원자재, 제조업자와 구매자가 상호의존적인 형태로 모여들어 패션제품의 소비와 관련업종의 발전을 촉진시켜 온 지역으로서의 오랜 역사를 갖고 있다. 패션센터들은 오랜 세월 동안 패션이 사회의 문화적 그리고 경제적 요소로서의 입지를 굳히는 데 기여해 왔는데, 특히 패션이 도시 생활과 같이해 온 서구 문화에서 이러한 현상이 두드러졌다. 패션산업의 명성이 높을 경우 그 도시의 문화적 역량은 강화된다. 도시들은 패션과 관련된 명성을 이용해 관광을 홍보하고, 미술관이나 화랑들과 같은 전통적인 예술 관련기관들은 패션을 한 도시의 총체적인 창의성을 표현하는 예술의 한 형태로 인정하고 있다.

오랜 역사와 굳건한 입지를 확보하고 있는 패션센터들이 있는 한편, 세계화의 영향으로 패션산업이 자리를 잡아가는 나라에서 새롭게 부상하는 곳들도 있다. 무역협정(제12장에서 더 알아봄)의 형태를 띠는 국가 간 협상은 세계 각국의 패션센터들을 연계시킨다. 이러한 협정을 맺는 나라들은 예술의 한 형태로서의 패션의 상징성 및 문화적 의미를 인지하고, 소비지상주의를 통해서 패션의 경제적 중요성을 인식하고 있다. 자신들의 도시가 패셔너블한 곳이라는 인식을 심어 주고자 하는 도시들은 패션을 관장하는 각종 심의회와 위원회를 구성한다. 4대 패션센터는 뉴욕, 파리, 밀라노, 런던으로 이들 지역에 대해 알아본다.

뉴욕

뉴욕이 주요 패션센터의 하나로 부상하는 데 있어서 이민자들은 의류의 제조에 필요한 노동력과 전문기술을 제공하면서 중추적인 역할을 했다. 패션산업이 태동하던 시기에 뉴욕의 파크 에비뉴는 그 중심에 있었다. 그러나 파크 에비뉴 주변의 일부 인사들이 파리나 런던에서 볼 수 있는 품격 있는 거리의 조성을 꿈꾸면서 의류사업체들과 노동자들

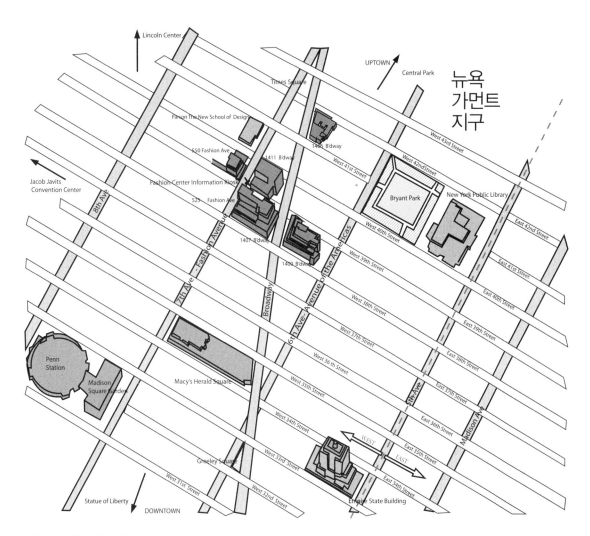

그림 10.1 뉴욕 가먼트 센터의 2011년 모습
출처 : Hawa Stwodah

을 몰아내려는 움직임이 시작됐다. 1916년 7월 25일에 미국에서는 최초로 토지이용규제법이 제정됐고, 그 해 가을경에는 95%에 이르는 의류사업체들이 파크 에비뉴에서 이전하여 나인스 에비뉴와 브로드웨이 사이의 34번가와 42번가 주변에 자리잡았다. 그로부터 10년 후 이 지역은 뉴욕에서 가장 빠르게 성장하는 지역으로 변신하여 현재의 가먼트 센터가 되었다. [그림 10.1]은 뉴욕 가먼트 센터의 지도를 보여주고 있다. 가먼트 센터에서의 의류 생산이 워낙 폭발적으로 늘어나면서 한때 미국 여성이 입는 기성복 코트와 드레스의 약 75%를 공급하기도 했다.

1930년대에 패션산업은 뉴욕의 최대 산업으로 미국 전체 산업 중 네 번째로 큰 규모였다. 독일의 파리 점령과 제2차 세계대전의 발발은 뉴욕을 '패션 수도'로 급부상시키는 결과를 초래했다. 뉴욕의 패션 수도로서의 잠재력과 함께 패션산업의 실패가 초래할 경제적 위험을 인식한 LaGuardia 뉴욕시장은 패션산업의 발전을 촉진시키기 위해 노동조합과 패션업계 지도자들과 힘을 합쳐 **뉴욕드레스협회**(New York Dress Institute)

그림 10.2 여성은 1950년대부터 스포츠웨어를 입기 시작했다. 전형적인 착용 형태는 카디건 상의에 스커트나 바지를 입는 것이다.
출처 : Alamy

그림 10.3 뉴욕의 가먼트 센터에 있는 세븐스 에비뉴는 패션가로 알려져 있다.
출처 : Alamy

를 설립하였다. 그러나 LaGuardia 시장 등은 미국 여성들의 옷을 입는 방식의 변화를 예측하지 못했다. 1950년대 초반부터 여성들은 믹스앤매치(mix-and-match)가 용이한 스포츠웨어를 선호하기 시작했다. [그림 10.2]는 1950년대에 여성들이 입었던 스포츠웨어의 전형을 보여주고 있다. 이와 같은 의류들의 경우 맞춤형 코트나 드레스의 제작에 필요한 수준의 기술을 필요로 하지 않기에 제조업자들은 보다 인건비가 낮은 생산지들을 찾기 시작했다. 미국의 다른 지역들에서는 인건비뿐만 아니라 임대료 또한 저렴하여 생산원가를 낮출 수 있었다. 이러한 변화로 인해 뉴욕에서 22,000개의 일자리가 사라지면서 뉴욕에 타격을 주기는 했지만, 미국 전체를 놓고 보면 경제적인 손실은 전무하였다. 1950년대 절정기에 뉴욕의 의류산업은 30만 명에게 일자리를 제공했다. 비록 고용은 감소하였지만 현재도 의류 관련 일자리는 뉴욕 전체 생산직 일자리의 28%를 차지하고 있다. 2010년의 경우 패션 부문이 제공한 일자리는 165,000개로서 뉴욕 전체 근로자의 5.5%를 점하면서 연간 약 90억 달러의 임금을 지불하고, 20억 달러의 조세를 납부하고 있다.

가먼트 센터의 중심은 [그림 10.3]에서 볼 수 있듯이 '패션가(Fashion Avenue)'라고도 불리는 세븐스 에비뉴이다. 미국 패션에 있어서 세븐스 에비뉴의 역할이 변하기는 했지만 여전히 미국 디자인의 과거와 미래를 보여주는 쇼케이스로서 건재하고 있다. 세븐스 에비뉴에 있는 '명성의 거리(walk of fame)'는 뉴욕에서 기반을 다지고 명성을 얻은 디자이너부터 신참 디자이너까지 망라하면서 미국 패션을 웅변하고 있다. Michael Bloomberg 뉴욕시장을 비롯한 많은 이들은 세븐스 에비뉴와 그것이 상징하는 모든 것이 미국 패션의 핵심으로 남아 있기를 간구한다. Bloomberg 시장은 550억 달러 규모의 패션산업을 붙들어 두면서 뉴욕의 세계 패션 수도로서의 입지를 공고히 하기 위한 계획을 입안하였다. 이러한 계획에 따르면 뉴욕을 독창성과 혁신을 추구하는 소매업체들의 시장으로 육성하는 한편, 차세대 디자이너와 상인들의 성공을 후원하는 기지로 만들겠다고 한다. 최근의 연구자료는 가먼트 센터는 생기에 가득 차 있으며, 새로운 아이디어의 인큐베이터로서의 미래가 보인다는 결론을 내림으로써 Bloomberg 시장의 생각을 확인시켜 주었다.

패션산업이 올린 550억 달러의 매출액은 뉴욕에 있어서는 빙산의 일각일 뿐이다. 매년 약 60만 명의 사람들이 패션 관련 행사 때문에 뉴욕을 방문하는데, 이들은 체류기간 중 숙식과 쇼핑에 약 1,500만 달러를 지출한다. 역외생산과 온라인 쇼핑의 증가와 같은 패션산업의 변화에도 불구하고 뉴욕의 지도자들은 이 도시가 패션을 선도할 방안을 모색하고 있다. 숫자만 놓고 본다면 뉴욕에는 900개 이상의 패션업체들이 소재하여 파리의 두 배 이상에 달하고 전 세계 어느 도시보다도 많아 단연 패션을 선도하고 있다고 할 수 있다. 이들 900개 이상의 업체들은 디자이너, 무역상, 머천다이저, 광고 인력, 장인, 운송업자 등 175,000명의 고용을 창출하면서 100억 달러에 달하는 급여를 지출하고 있는데 Bloomberg 시장에 따르면 패션은 뉴욕에서 두 번째로 큰 산업이다. Bloomberg 시장은 패션산업의 진정한 가치는 재능 있는 사람들이 만들어 내는 지적재산에 있다고 말한다.

파리

패션은 프랑스의 역사, 문화와 관습에 녹아 들어가 있다. 파리의 패션은 독창성, 생동감, 엘리트주의와 세계 패션 현장을 지배하는 거리패션의 전형을 보여준다. 파리 패션은 Christian Dior, Chanel과 Yves Saint Laurent과 같은 유명 프랑스 패션 디자이너들의 이름을 내세운 의류, 액세서리와 미용용품을 망라하는데, 이들 모두를 보면 프랑스 패션은 고급스러움과 신분 상승적 효과가 있다는 주장이 사실로 보여진다. 전 세계에서 모여든 디자이너들은 파리의 일부가 되기를 열망하는데, 영국, 아일랜드, 일본, 한국과 그 밖의 모든 지역에서 온 이들은 매년 파리에서 자신들의 컬렉션을 펼친다. 파리에는 패션의 예술성과 사업성을 지원하는 수많은 자원을 보유하고 있는데 이러한 것들에는 고급 직물, 스타일리스트, 트렌드 스포터, 패션쇼 제작자와 언론 등이 포함된다. 파리 패션 현장의 강점은 언제나 그렇듯이 여성복 디자인에 있다.

17세기 후반에 파리는 세계 최고의 패션 도시로 부상했다. 18세기에 유럽은 경제적으로 또 예술적으로 세계를 주도했고 유럽의 패션 또한 예외가 아니었다. 프랑스는 여성 패션을 지배했고 영국은 남성 패션을 주도했다. 18세기 중반 무렵에 젊은 귀족들이 프랑스 패션을 알게 되었고 이들의 후원을 통해 디자이너(couturier)들이 디자인과 최고급 의상 제작에 있어서 명성을 얻게 되었다. Rose Bertin과 같은 디자이너들은 자신들과 파리를 패션의 메카로 홍보하면서 명성을 올렸다. Rose Bertin은 18세기에 마리 앙투아네트(Marie Antoinette)의 의상제작자로 유명해졌는데 파리에서 구할 수 있는 다양한 구색의 최고급 자재와 물품을 사용한 독특한 스타일로 자신의 고상한 고객들을 만족시켰다. 파리는 멋진 디자인, 직물과 장식에 더하여 파리식 고급 여성복의 토대가 되고 파리가 세계 패션을 밝히는 불빛이 되는 데 발판이 된 뛰어난 솜씨를 가진 장인들의 근거지였다.

제2차 세계대전 기간인 1940년에 나치의 파리 점령은 파리 패션산업의 존립을 위협하였다. 히틀러는 오트 쿠튀르 산업을 통째로 베를린으로 옮기고 싶어 했으나 **파리의상조합**(Chambre Syndicale)의 노력으로 막을 수 있었다. 1868년에 결성된 파리의상조합은 조합원들에게 매우 엄격한 규칙을 지키도록 요구했다. 전쟁 후 옷감과 의류의 배급제도로 인하여 자재난이 야기됐다. 이에 따라 디자이너들은 섬유를 재활용하면서 파

그림 10.4 제2차 세계대전 후 여성들은 Christian Dior의 너무나도 여성적인 '뉴룩'에 열광했다.
출처 : Alamy

리의 명성에 부합되는 수준의 패션을 만들어 내기 위해 애를 써야 했는데, 그 결과물이 실용적인 남성적 스타일의 의류였다. 전쟁 후인 1947년에 허리선이 높고, 짧은 재킷과 벨트를 착용하는 A라인을 Christian Dior이 '뉴룩(new look)'(그림 10.4)으로 발표하였다. Dior의 너무나도 여성적인 뉴룩에 전 세계 여성들이 열광하였고, 파리는 다시 한 번 여성 패션 부문에서 스포트라이트를 받았다.

파리의상조합은 프랑스 패션에서 쿠튀르와 **프레타포르테**(ready-to-wear) 부문들을 관리하기 위해 결성되었다. **'프랑스 재단, 고급 기성복, 양장 재단사와 패션 디자이너 연맹** (Fédération Française de la Couture du Prêt-á-Porter des Couturiers & des Créateurs de Mode)'은 파리의상조합에서 갈라져 나와 1973년에 만들어졌다. 연맹은 파리의상조합의 개별 부문들의 실무 조직으로 프랑스 패션산업의 성장을 촉진하기 위한 정책을 집행하도록 하는 임무가 주어져 있다. 오트 쿠튀르, 기성복과 남성복 부문에는 각각 별도의 의상조합이 결성되어 있다. [그림 10.5]는 프랑스의 패션 관련 동업자 단체를 보여주고 있다. 이들 동업자 단체들에는 일본, 이탈리아와 벨기에의 몇몇 브랜드를 포함하여 100개의 세계적인 브랜드가 가입해 있는데 이는 패션의 세계화가 확대되고 있음을 잘 보여준다. 오트 쿠튀르 조합은 파리 패션의 세계시장에서의 존재감을 강화시키고 파리 패션산업이 뉴욕, 밀라노, 런던 등지와의 힘겨운 싸움에서 승자가 되도록 하기 위해 노력하고 있다.

프랑스 재단, 고급 기성복, 양장 재단사와 패션 디자이너 연맹
1. 오트 쿠튀르 조합
오트 쿠튀르 전문업체로 지정된 업체에 한해 가입을 승인하며, 매년 조합원 자격을 재심한다.
2. 프레타포르테 전문업체 및 디자이너 조합
여성용 기성복 업체 및 패션 디자이너들이 가입하는 조합
3. 프랑스 재단, 고급 기성복, 양장 재단사와 패션 디자이너 연맹
프랑스 패션 디자이너 연맹

그림 10.5 프랑스 재단, 고급 기성복, 양장 재단사와 패션 디자이너 연맹 산하의 3개 프랑스 패션 관련 업체. 산하의 3개 프랑스 패션 관련 단체

런던

런던은 영국의 수도이자 최대 도시이면서 패션산업의 허브로서의 역할을 하고 있다. 런던은 세계 최고 수준의 생동감 넘치고 창의적인 패션 도시이다. 런던에서 패션은 이 도시의 세계적인 위상을 나타내는 것으로서 문화적으로 큰 기여를 하고 있다. 런던은 London Fashion Week와 British Designer of the Year 시상식이 열리는 장소이기도 하다. 런던의 고급 쇼핑 지역에서는 Armani, Burberry, Gucci, Louis Vuitton, Dior, Paul Smith와 Vivienne Westwood와 같은 디자이너 제품들을 만날 수 있다. Top Shop, Harvey Nichols와 Liberty of London은 런던의 패션 현장을 잘 나타내 주는 의류 매장과 부티크의 일부이다. 영국 전체에서 팔리는 패션제품의 4분의 1 이상을 소화하는 런던에 유명 유통업체들이 몰리는 것은 당연한 일이다. 런던은 주요 유통업체들의 플래그십 스토어(flagship store) 숫자에서 파리, 밀라노, 도쿄와 로스앤젤레스 등을 제치고 뉴욕에 이어 2위에 올라 있다.

최신 패션을 주도하는 기업이 없거나 대규모 생산 기반이 없는 런던은 뉴욕이나 파리에 비해 불리한 여건에 있다. 그러나 런던의 혁신, 재능, 다양성과 스타일에 있어서의 명성은 경제적인 관점에서는 그렇지 않을지는 몰라도 문화적인 관점에서는 상당히 높다고 할 수 있다. 런던은 지역 내 소재하는 대학들을 통해 높은 평가를 받고 있는 패션교육 시스템을 구축하여 런던 패션의 트레이드 마크라고 할 수 있는 창의성과 혁신성을 고무, 독려하고 배양하고 있다.

런던 패션의 명성은 남성복에서 비롯됐다. 런던 **맞춤복**(bespoke)의 대명사인 **Savile Row**가 품격 있는 남성복을 만들어 내기 시작한 것은 17세기까지 거슬러 올라간다. 19세기에 런던은 엘리트와 중산층 고객들의 취향을 만족시키기 시작하면서 영국에 각종 패션 정보와 세계적인 수준의 쇼핑 기회를 제공하게 되었다. 19세기에 남성복에 대한 전문성과 명성을 유지하기 위해 디자이너들과 재단사들은 최신 트렌드와 여성복 관련 정보를 얻기 위해 파리를 참고하였다. 제1차 세계대전 후 몇몇 디자이너들이 파리에 있는 것들과 같은 양장점(couture house)을 정착시키려고 하였으나 모두 실패로 끝났다.

영국의 런던패션디자이너협회(Incorporate Society of London Fashion Designers)는 1942년 1월에 결성되었는데 프랑스의 파리의상조합과 비견되는 조직이다. 이 협회가 지향하는 세 가지 목표는 모두 영국 패션의 유지, 개발, 증진 및 보호에 초점을 맞추고 있다. 결성 초기에 이 협회는 수출을 증대시키고 세계 곳곳에서 영국 패션 관련 행사의 개최를 늘리는 데 있어서 성공적이었으나 그 후 20여 년간 실적부진이 계속되면서 1970년에 해산하였다. 1948년에 London Model House Group은 14개 기성복 업체들을 대리해 각종 쇼를 기획하고 수출을 증진시키기 위한 노력을 경주하였다. 이 단체는 1958년 Fashion House Group of London으로 단체명을 변경한 후 런던에서 연 2회 패션위크를 개최하였다. 그러나 이 단체의 결속력은 오래가지 못하고 1965년 영국 내에서의 기성복 개발과 관련한 분쟁으로 인해 해산하였다. 1983년에 결성된

그림 10.6 1971년에 Mary Quant의 최신 작품을 착용한 모델들
출처 : Alamy

British Fashion Council이 영국의 패션 디자이너계를 대표하면서 London Fashion Week와 British Fashion 시상식을 주관하고 있다. 이 단체는 아울러 디자이너들에게 멘토링 서비스와 각종 교육 프로그램을 제공하고 있다.

런던의 남성복 전문 재단사들의 본거지로서의 명성은 제2차 세계대전 초기부터 알려지기 시작했다. 전쟁 후 영국 내 예술대학교들에 패션 관련 학과들이 개설되었는데, 이들 학과에는 정부의 고등교육지원 장학금 덕분에 각 계각층 출신의 학생들이 다닐 수 있었다. 20세기 중반 무렵 런던의 디자이너들은 난제에 맞닥뜨리게 되었다. 이들 디자이너들은 훌륭한 기술과 함께 시장을 잘 이해하고 있었으나 충분치 못한 자금 사정과 자신감 결핍으로 획기적인 스타일을 선보이는 것과 같은 혁신을 가져오지 못했다. 이들은 런던 패션은 유명 디자이너들의 작품과 고급 기성복에 국한된 것으로 정의하고 스스로 족쇄를 채워 버렸던 것이다.

패션을 비롯한 예술 분야에 종사하는 젊은이들이 대거 런던 지역으로 이주한 1960년대에 들어서야 런던은 국제적인 패션 도시로서 개화하였다. 런던 인구의 3분의 1이 20대 미만으로 구성되면서 패션의 변화는 불가피했던 것이다. 이들 젊은이들은 60년대 중반에 'Swinging London' 현상을 불러왔다. 디자이너 Mary Quant가 런던의 새로운 미학을 나타내는 미니스커트, 무릎까지 올라오는 부츠와 헐렁한 스웨터 등을 통해 이를 선도하였다. [그림 10.6]은 Mary Quant의 1971년도 최신 작품을 선보이고 있는 모델들이다. 킹스로드에 소재한 Quant의 부티크는 킹스로드와 카나비 스트리트 주변에 트렌디한 매장들을 끌어들이면서 런던의 기성복에 새로운 의미를 부여하였다. 80년대 중반에는 영감이 충만한 일단의 무리가 등장하면서 런던 패션 현장이 전 세계의 주목을 받게 되었다. 90년대에는 젊은 세대들이 런던의 이스트엔드로 이주해 부티크를 열면서 또 다른 새로운 예술적 표현의 쇄도를 목격하였다.

20세기 후반에는 생산에 변화가 일어나면서 영국 내 의류 제조업자의 14%만이 런던에서 활동하였다. 소매업체들이 해외 생산공장들과 직거래를 하게 되면서 많은 도매업체들이 폐업하여 유통방식이 변화하였다. 생산과 유통 이외에도 보다 저렴한 임대료를 원하는 디자이너들과 소매업체들이 경제적으로 침체된 지역에 매장을 개설하면서 소매업 지형도 변화하였다. 카나비 스트리트는 다시 한 번 최신 유행의 젊고 전위적인 매장들이 넘치는 거리가 되었다.

런던의 패션산업은 뉴욕이나 파리와 같은 수준의 세계적인 경제적 영향력은 없을지라도 영국 경제에는 상당한 기여를 하고 있다. 연구에 따르면 런던의 패션산업이 영국 경제에서 차지하는 직접적인 가치는 약 210억 파운드이고 '**스필오버**(spillover)'라고도 하는 간접적인 영향은 160억 파운드 규모로 추산되고 있다. 여기서 말하는 스필오버는 패션 관련 업무차 런던을 방문하는 사람들이 방문기간 중 숙박이나 오락활동 등을 위해 소비하는 돈을 말한다. 2009년의 경우 관광객이 지출한 규모는 최소 9천 8백만 파운드로 추산된다. 패션산업의 경제적 효과는 총 370억 파운드 이상 또는 약 570억 달러에 달하였다. 런던의 패션산업에는 80만 명 이상의 사람들이 종사하면서 영국 내에서 열다섯 번째로 많은 고용을 창출하고 있다.

밀라노

밀라노는 상대적으로 새롭게 부각된 패션센터로 1980년대에 플로렌스로부터 그 지위를 승계하였다. 패션센터로서의 밀라노는 전세계에 이탈리아가 기성복산업을 인정했다는 것을 보여준다. 패션에 대한 태도에도 변화가 일어나 패션을 일종의 예술행위로 보던 것에서 품질과 좋은 취향을 표현하는 현대적인 산업으로 보게 되었다. 1960년대에 밀라노는 석유와 그 밖의 주요 산업들이 침체되면서 경제적 위기를 겪었는데 패션을 통해 경기회복이 이루어졌다. 이탈리아 패션산업은 이탈리아 경제의 핵심 중 하나로 건재하고 있으며, 2009년 매출액은 565억 유로 또는 785억 달러에 달하였다. 패션은 '**이탈리아의 기적**(Italian miracle)'으로 불리는 장기간에 걸친 경제 성장 기간 중 중추적인 역할을 했다.

1980년대의 프레타포르테의 성공을 통해 패션과 관련한 밀라노의 명성이 급상승하면서 새로운 패션 수도가 탄생되었다. 70년대에 처음 등장한 밀라노의 프레타포르테는 패션 디자이너의 이름을 붙인 제품을 디자이너와의 협업을 통해 대량생산하는 것이었다. 이런 방식은 80년대에 대성공을 거두었는데 소비자들에게 'Made in Italy' 상표가 당당하게 붙은 제품을 살 수 있는 기회를 제공한 것이었다. 고품질 원자재와 우수한 장인의 솜씨가 결합된 입을 만한 의류의 생산이 이탈리아 패션의 성공을 견인하였다. 밀라노의 실험정신과 개방적인 분위기는 프레타포르테가 성공하는 데 있어서 촉매제로서의 역할을 하였다. 창의성과 디자인이라는 단어들로 정의되는 밀라노는 많은 예술가들과 예술 분야에 종사하는 많은 사람들의 본거지로서 다양한 형태로 예술을 이해하고 평가하고 있는데 그러한 형태의 하나가 패션이다.

프레타포르테와 코스모폴리탄적인 분위기와 더불어 섬유산업은 패션센터로서의 밀라노의 성공에 중대한 역할을 하였다. 오랜 고품질 섬유 생산지로 알려져 온 밀라노에서는 이탈리아 북부 지역 섬유 제조업자들의 후원하에 이탈리아 의류 제조업자들이 쇼를 개최하고 있다. 패션센터로서의 밀라노의 성공에 있어서 또한 주목해야 할 것은 *Vogue Italia*가 밀라노에서 발간되고 있다는 점이다. 유연한 전문화(flexible

specialization)와 수직적 통합(vertical integration)과 같은 개념들이 밀라노의 산업화 모델이었던 것을 감안할 때 산업지대 한복판에 있는 밀라노의 지리적 위치 또한 이상적이라고 할 수 있다. 예술을 이해하는 지역 정서, 현대적인 제품 디자인과 관련된 명성, 평판이 높은 섬유산업, 이탈리아에서 가장 권위 있는 패션 잡지의 발간과 이상적인 지리적 위치와 같은 요소들이 결합되어 오늘날과 같은 패션 리더들의 도시라는 위상을 확보하게 된 것이다.

밀라노의 최대 매력으로 쇼핑이나 도매업의 위상 또한 간과할 수 없다. 밀라노에는 3,000개가 넘는 패션업체들과 600개의 쇼룸이 있다. 또한 홍보 및 광고회사, 사진작가들과 영화제작사들도 있다. 밀라노는 National Chamber for Italian Fashion(CNMI)의 본거지로서 Milano Collezioni, MIPEL(International Leather Goods Market), MICAM ShoEvent(International Footwear Fair)와 Milano Unica(Italian Textiles Fair) 등과 같은 널리 알려진 패션행사들을 개최한다.

4대 패션센터들은 이 세상에서 가장 멋진 쇼들이 열리는 곳들이다. 언론사, 바이어와 유명인사 등이 참석하는 이들 쇼는 세계 최고의 디자이너들을 등장시켜 다가오는 시즌을 위한 분위기를 조성한다.

패션쇼

역사

그림 10.7 19세기에 디자이너들은 자신들의 작품을 선보이기 위해 패션인형을 궁중으로 보냈다.
출처 : Hawa Stwodah

패션쇼는 디자이너와 소매업체만큼이나 패션 지형의 한 부분이다. 패션쇼의 기원은 명확히 알려진 것은 없으나 그 뿌리는 프랑스의 쿠튀르에 있다고 한다. 패션쇼의 진화는 궁중에 패션인형(그림 10.7)을 보내면서 시작되었는데, 초청된 소수만을 위해 오트 쿠튀르 매장에서 열리던 소규모 발표회가 오트 쿠튀르와 기성복을 망라하는 연 2회 개최되는 대규모 행사로 변모하였다. 이들 쇼들은 보통 초대받지 않으면 참석할 수 없으나 기술이 발달하면서 인터넷 등을 통해 어떤 경우에는 거의 실시간으로 평범한 소비자들도 볼 수 있게 되었다. 이들 쇼들은 언론을 통해 대대적으로 보도되는데, 디자이너부터 일반 참석자들까지 모든 것이 다루어진다. 언론을 통해 보다 많은 소비자들이 쿠튀르와 고급 디자이너 기성복에 대해 알게 된다. 디자이너와 모델들 또한 유명인사로 분류되는 가운데 할리우드 스타들의 참석은 이들 쇼의 매력을 더해 준다.

1800년대 중엽에 '오트 쿠튀르의 아버지'로 불리는 Charles Frederick Worth가 최초로 마네킹(제1장 참조)이라 불리는 살아 있는 모델을 기용해 고객들로 하여금 사람이 직접 의상을 걸친 모습을 통해 간접 경험을 하게 함으로써 보다 생동감 있게 작품을 발표할 수 있었다.

1800년대 종반에는 Worth로부터 영감을 받은 다수의 디자이너들이 살아 있는 모델을 기용하게 되었다. 파리에서의 일정이 끝난 오트 쿠튀르 쇼들은 미국으로 건너와 다시 열리는 경우도 있었다. 1910년경에는 미국의 백화점들이 패션쇼를 열기 시작했다. 1910년부터는 영화사들이 본 영화 상영 전에 주간 뉴스영상의 일부로서 패션 관련 영상들을 내보내기 시작했다. 패션쇼의 영상화는 뉴욕 소재 영화사가 1913년에 뉴욕에서 연 2회 개최되는 패션쇼를 촬영하면서 시작됐다. 제1차 세계대전 당시에는 패션쇼가 전국을 순회하면서 전쟁자금을 모금하였다. 1918년에 파리의 쿠튀르 업계는 파리를 찾아오는 외국 바이어들을 위해 2개의 대형 쇼를 계획했다. Jean Patou는 언론을 대상으로 연 2회 개최하는 쇼의 기획에 큰 역할을 했는데, 이런 언론 대상 쇼는 그가 자신의 무대총연습(full-dress rehearsal)을 특별 프리뷰쇼 형식으로 언론에 개방했던 것에 그 기원을 두고 있다. 1950년 중반에 패션쇼는 백화점에 흔히 개최하는 행사가 되었으며, 많은 경우에 자선행사의 배경무대로 활용되기도 했다. 1930~1950년대에는 모델들의 행진이 선호되는 패션쇼 스타일이었다. 패션쇼에는 정해진 순서와 코스가 있는데 웨딩드레스(그림 10.8, 쇼의 종반에 볼 수 있음)가 선보이는 것도 그러한 관례에 따른 것이다.

기성복 시장의 성장으로 인해 1950년대 후반에 패션쇼에 큰 변화가 일어났다. 기성복 부문으로 진출하는 제조업자와 디자이너들이 증가하면서 1950년대에 패션쇼 무대가 늘어나자 차별화를 위해 쇼들의 스케일이 점점 커지기 시

그림 10.8 패션쇼에 있어서 마무리 무대는 전통적으로 웨딩드레스가 담당한다. 사진은 Chanel의 2003년 겨울/가을 오트 쿠튀르 쇼에 등장한 웨딩드레스이다. 출처 : Alamy

작했다. 기성복 패션쇼가 늘어나면서 오트 쿠튀르 패션쇼들의 목적이 변질되어 개별 고객보다는 언론과 바이어들을 위한 쇼가 되어 갔다. 60년대는 패션쇼가 마케팅 수단으로 바뀌기 시작한 시기였다. 70년대에는 언론의 주목을 받기 위해 너도나도 화려하고 색다른 무대를 꾸몄다. 일본 디자이너 Kenzo는 한 발 더 나아가 춤과 곡예까지 동원해 무대를 공연장으로 바꿔 버리기까지 했다. Kenzo의 쇼는 패션쇼의 규칙을 '더 이상 규칙은 없다'로 바꿔 버렸다. 70~80년대의 패션쇼는 대규모 구경거리가 되면서 대중들로 하여금 패션쇼에 관심을 갖게 했다.

1980년에 Elsa Klensch가 CNN에 합류하면서 패션쇼의 무대를 토요일 아침마다 미국인들의 안방으로 끌어들여 미국인들의 패션에 대한 호기심과 열정을 충족시켰다. 'Style with Elsa Klensch'라는 이름의 이 쇼는 1980년부터 2001년까지 방영되면서

그림 10.9 1915년 44개월에 걸친 미국 경제의 호황이 시작되면서 처음으로 치맛단이 짧아졌다.
출처 : Alamy

아류작들을 양산했다. 디자이너들에 대한 매료는 이들의 무대 뒤 활동과 모델들로 연결되면서 '**슈퍼모델**(super-model)'이라는 용어가 만들어지기까지 그리 긴 시간이 걸리지 않았다. 80년대 내내 패션쇼는 진화를 거듭하여 파리의 루브르박물관과 같은 멋진 장소에서 수천 명이 참석하는 대규모 기획행사가 되었다. Thierry Mugler가 1984년 파리의 Zenith에서 개최한 쇼는 6,000명의 관중을 끌어들였다. 90년에 들어서 미니멀리스트(minimalist) 스타일이 부상하면서 패션쇼는 다시 변신하였으나 21세기에 접어들면서 과장된 스타일의 패션쇼가 대세를 이루고 있다. 슈퍼모델의 전성기였던 90년대 초반에 대중은 패션에 좀 더 관심을 갖게 되었으며, 이러한 현상은 인터넷으로 인해 더욱 확산되어 뭄바이부터 상파울루까지 패션위크가 생겨났다.

역사적으로 패션쇼 무대는 경제 성장과 치맛단 사이에 상관관계가 있음을 목격하였다. '**헴라인 지수**(hemline index)'는 경제학자 George Taylor가 1920년대에 주창한 이론인데, 그가 관찰한 결과에 따르면 주식의 가격이 올라가면 치맛단도 올라가고 반대로 주가가 내려가면 치맛단도 따라 내려간다는 것이다. 제1차 세계대전 기간인 1915년에 치맛단이 처음으로 올라갔는데(그림 10.9 참조) 그 당시 미국 경제는 44개월간 계속된 경기확장 단계에 있었다. 그 이전까지 스커트나 드레스의 끝단이 신발까지 내려왔기에 이런 변화는 눈에 띌 수밖에 없었다. 미국의 국가경제조사국(National Bureau of Economic Research)에 따르면 1914년 12월에 미국 경제는 그 후 44개월간 계속된 호황을 누렸다. 1960년대는 미니스커트로 대변되는데 미국 경제는 106개월에 걸쳐 성장하였고 치맛단은 그 이전 어느 때보다도 짧아졌다. 그러나 2000년대 후반들어 헴라인 지수는 더 이상 유효하지 않은 것으로 나타났다.

그 뿌리가 패션산업에 있는 또 다른 경제이론으로는 '**립스틱이론**(lipstick theory)'을 들 수 있다. 이 이론은 립스틱의 판매가 늘어나면 소비자 신뢰가 저하되는 것이라고 간주한다. 여성은 스스로에게 상을 주고 싶으면 립스틱을 구매하지만 경제 상황에 대해서는 좋지 않다고 느낀다는 것이다. 2001년 9 · 11 테러사건 이후 립스틱 판매가 증가세에 있는 것을 알게 된 Leonard Lauder가 이 이론을 처음으로 거론하였다. 클라인소비재연구소(Kline Consumer Products Research Practice)는 경제적으로 어려운 시기에 립스틱 판매가 증가한다는 사실을 확인해 주었다(Laudurantaye, 2011).

패션쇼의 중요성

패션쇼는 오늘날의 패션산업에서 핵심적인 요소 중의 하나로서 20세기부터 21세기에 걸쳐 패션산업의 성장과 발전을 장려해 왔다. 패션쇼의 주 목적은 상품을 판매하는 것이고 그런 측면에서 패션쇼는 마케팅 수단의 하나이다. 관중과의 소통이 이루어지는 가운데 상품을 돋보이게 하는 분위기를 조성하면서 사람의 몸을 통해 최고의 맵시가 나도록 하는 이와 같은 시각적인 상품 소개는 디자이너에게 있어 자신이 의도하는 상품(의류, 액세서리, 화장품과 향수 포함)에 대한 메시지를 전달할 수 있는 중요한 방식이다. 디자이너가 의도하는 메시지가 관중에게 제대로 전달될 경우 마술과 같은 일이 벌어진다. 디자이너의 작품에 흥분하고 열정이 생긴 사람들은 그러한 작품의 소비자로 자신을 대입시키시면서 디자이너의 재능에 대한 존경심이 생기게 된다.

패션쇼와 몸매, 과시적 소비, 그리고 소비지상주의 간에 어떤 관계가 있음이 분명하나 패션산업 관계자들이 가장 관심을 갖는 것은 패션쇼와 소비지상주의와의 관계이다. 물건을 팔리게 함으로써 경제에 크게 기여하는 패션쇼는 계속 굴러가면서 전 세계에 걸쳐 수많은 사람들에게 일자리를 제공하고 있다. 이들 쇼는 브랜드를 만들어 내고, 브랜드 인지도를 제고시키며, 의류와 기타 디자이너 상품들을 팔리게 하기 위해서 꼼꼼하게 기획되고 특수효과와 조명을 이용해 제작되고 있다.

패션쇼의 종류

패션쇼는 기본적으로 production show, formal runway show, informal show와 multimedia production show의 네 가지로 나뉘는데 이러한 쇼의 종류는 관중, 상품, 장소와 원하는 결과에 따라 결정된다.

Production show는 각본에 따르고 매우 극적임에 따라 세세한 기획과 구성을 필요로 한다. 이러한 쇼는 보통 쿠튀르, 야회복과 신부 의상을 대상으로 제작되는데 어떤 경우에는 기성복을 대상으로 하기도 한다.

Fashion parade라고도 불리는 formal runway show는 모델들이 의상을 입고 무대에서 행진을 하는 형태로 질서 있고 짜임새 있는 구성을 필요로 한다. 이러한 쇼는 주어진 테마에 맞춰 안무, 음악, 조명 등이 준비되며, 어떤 경우에는 쇼의 테마를 더욱 부각시키고 의상을 돋보이게 하기 위해 해설이 붙기도 한다. [그림 10.10]은 Marc Jacobs의 2011년 봄시즌을 위한 쇼에서 모델들이 무대를 행진하는 모습을 보여준다.

그림 10.10 Marc Jacobs의 2011년 봄시즌 쇼 무대
출처 : Newscom

Informal fashion show는 보통 식당이나 찻집(tea room)과 같은 환경에서 열리는 자선행사에 적합하다. 이런 종류의 쇼는 별도의 조명, 음악, 소품과 무대를 필요로 하지 않는다. 모델들은 실내를 이리저리 걸어다니면서 입고 있는 의상과 관련된 안내문을 나눠 주고 참석자들과 의상에 대한 대화를 나눈다. 이런 쇼에도 어느 정도의 준비작업은 필요하나 앞에서 설명한 다른 쇼만큼은 아니다.

Multimedia production show는 비디오나 인터넷과 같은 기술을 기반으로 하는 것으로 무대에서 열리는 쇼의 효과를 내면서 제품에 대한 안내와 트렌드의 확산을 손쉽게 할 수 있다. 이런 종류의 쇼의 목적은 언제, 어디서든 소비자들이 원할 때 제품을 구매할 수 있는 기회를 소개하는 데 있다. Burberry는 중국에서 개최한 첫 패션쇼에 기술을 접목시켰다. 무대가 없는 대신 디지털 기술을 이용하여 아바타를 살아 있는 모델과 연동시켰다. 최첨단 홀로그램 방식으로 투영되는 아바타 모델들은 Burberry의 트렌치코트를 입고 살아 있는 모델들과 조응했다(Karen Videtic의 개인 서신).

패션쇼의 비용

앞에서 설명했듯이 무대를 이용하는 패션쇼들의 목적은 패션을 판매하는 데 있다. 패션쇼는 언론을 끌어들여 디자이너들의 작품을 홍보하고 판매를 이끌어 낸다. 많은 사람들이 패션에 있어서 대중의 관심을 받는데 무대보다 나은 마케팅 수단은 없다고 믿는다. 그러나 무대의 이용에는 많은 비용이 들기 때문에 디자이너들과 브랜드들은 비용편익분석을 통해 무대를 이용하는 것이 현명한 투자인지를 따지게 된다.

패션센터에서 runway show를 제작하는 데 얼마만큼 비용이 들까? 비용은 천차만별이겠지만 적어도 미화 수십만 달러는 필요하며, 일부 쇼들은 1백만 달러 이상이 소요된다. Yves Saint Laurent은 파리의 로댕미술관(Musee Rodin) 뒷편에 설치한 텐트에서 쇼를 열기 위해 1백만 달러 이상을 사용하였다. 디자이너 진 브랜드인 Rock and Republic은 쇼 하나에 250만 달러를 썼다. 뉴욕의 패션위크 기간 중 열리는 평균적인 쇼의 경우에는 겨우 15분 만에 25~45개의 작품을 선보인다는 것을 염두에 두어야 할 것이다. 쇼 참석자들은 특수효과와 조명으로 꾸며진 아름다운 쇼를 보게 되나 이러한 화려한 구경거리를 제작하는 데 들어가는 비용에는 무지하기 마련이다.

패션쇼를 제작하는 데 있어서 장소를 마련하는 데 들어가는 비용이 가장 큰 항목이다. 뉴욕패션위크가 브라이언트 파크로부터 이전하기 전에 텐트 설치비용은 5만 달러에 달하기도 했다. 뉴욕패션위크는 보다 많은 사람을 수용하기 위해 현재 링컨 센터에서 열리는데 이곳의 텐트 설치비용은 2만 6천~5만 달러인 것으로 알려지고 있으나 이곳에서 11,148m² 면적의 runway show를 준비할 경우 50만~75만 달러가 든다고 한다. 패션쇼는 결코 싸게 치를 수 있는 것이 아니다. TV 드라마 Sex and the City에서 등장했던 인상적인 드레스를 디자인한 31세의 Mara Hoffman은 "텐트 값으로만 2만 8천 달러라니 너무 비싸요!"라고 목청을 높였다. "전체 비용을 다 합치면 7만 달러에 달할 거예요. 터무니없어요."(Puente, 2008) 링컨 센터의 텐트비용이 터무니없기는 하지만 쇼를 외부에서 열 경우에는 별도의 장비 등을 갖춰야 하기에 비용이 더 들 수밖에 없다.

장소 이용료 이외에 모델, 음악, 조명, 머리손질, 화장, 스타일리스트, 홍보, 초청장, 꽃, 그리고 적절한 분위기를 연출하기 위해 필요한 갖가지 것들에 비용이 들어간다. 모델은 지명도에 따라 1인당 250~5만 달러(모델 소개료 20% 별도)가 든다. 음악감독이나 DJ의 경우 하루에 6천~1만 달러를 지불한다. 조명연출의 경우 6만 5천 달러 정도가 드는데 어떤 디자이너는 쇼에 출연하는 유명인사가 젊어 보이게 하기 위해 조명디자인을 변경하면서 2만 달러를 추가로 지불하였다.

물론 그 어떤 패션쇼도 의상 또는 머리와 화장 없이 완성될 수 없기에 디자이너의 비전을 의상과 모델에 제대로 투영시킬 수 있는 스타일리스트를 고용한다. 일반적인 수준의 미용사는 3천 달러 수준이나 지명도가 있는 경우 그 정도에 따라 5천~1만 달러를 지급한다. 스타일리스트는 하루에 5천~1만 달러를 받기도 하는데 최소 4일 이상 고용해야 한다. 지명도 있는 스타일리스트는 하루에 2만 달러까지도 받는다. 메이크업 아티스트도 많은 돈을 받는데 여기에 덧붙여 필요한 화장용품의 비용만도 수만 달러에 달한다. "패션위크 직전에 최소한 20,000개의 섀도우를 주문받았는데 그건 단지 눈화장에 필요한 물량이었다."라고 MAC Cosmetics의 John Demsey 사장은 말했다. "최소한 45개 쇼가 진행되는데 쇼당 메이크업 아티스트가 25~30명 고용되니 전체 물량을 계산해 보시죠. 메이크업 아티스트의 메이크업 박스를 다시 채우는 데만도 최소 2천 달러가 듭니다. 그 비용은 정말 엄청나게 올라갈 수 있어요."(Prabhakar, 2007)

일반적으로 패션쇼가 열리는 달 내내 케이터링 비용이 하루에 400~600달러가 들수 있다. 뜻밖의 비용으로는 쇼에 참석하도록 유명인사들에게 지급하는 금액이다. 디자이너들은 적절한 인사를 맨 앞줄에 앉히기 위해서 부담할 수 있는 범위 내에서 최대한 지출한다. 일부 유명인사들과 그들의 홍보담당자들은 디자이너의 의상을 입고 맨 앞줄에 앉으며, 인터뷰 때 호평을 하는 대가로 쇼 하나에 5만 달러를 받는다. 디자이너들은 초청장을 발송하고 좌석배치도를 채우기 위해 홍보대행사를 고용한다. 2003년에 Sean 'Diddy' Combs는 초청장에만 7만 5천 달러를 쓰고 뉴욕의 유명 레스토랑 Cipriani를 하루 빌리는 데 15만 달러를 쓴 것으로 소문났다. Gucci는 밀라노에서 열린 쇼를 장식하기 위해 2만 5천 달러를 들여 남미에서 장미를 공수해 왔다.

Runway show의 제작에 워낙 많은 비용이 들어가다 보니 디자이너들과 업계 관계자들은 작품을 선보이는 방식에 대해 다시 생각하고 있다. 미국패션디자이너협회(Council of Fashion Designers of America)는 디자이너들에게 쇼를 합쳐서 비용을 절감하라고 제안하였다. 뉴욕패션위크를 주관하는 IMG는 자신들이 사용하는 텐트 하나를 작품발표회장으로 바꿔 원하는 디자이너들에게 제공하는 것을 생각하고 있다. 모델들로 하여금 무대를 활보하는 대신 마네킹과 같이 포즈만을 취하는 **발표방식**

(presentation)도 비용을 절감할 수 있는 대안이다. 이탈리아 패션업체 Marni는 2009년 남성복 컬렉션을 선보이면서 무대 대신 이런 발표방식을 채택하였다. 많은 디자이너들은 특히 장소 임대비용을 현저하게 줄일 수 있는 이 방식을 선호한다. 많은 바이어들과 패션 잡지 편집자들도 이러한 발표방식을 선호하는데, 이는 의상을 보다 가까이서 볼 수 있게 해주기 때문이다. 디자이너 Carmen Marc Valvo는 보통 25만 달러 정도 드는 runway show보다 현저하게 적은 비용이 드는 발표방식의 쇼를 고려하고 있다. 몇몇 디자이너들은 자신들의 부티크를 무대로 활용하고 있는데, 이를 통해 수십만 달러의 비용을 절감하고 있다. 그러나 발표방식이 무대방식보다 항상 저렴한 것은 아니다.

일부 디자이너들은 runway show에 소요되는 비용을 절감하기 위해 사이버 쇼를 이용하고 있다. 뉴욕의 디자이너 Marc Bouwer는 runway show에 비해 14만 달러의 비용이 덜 들어간 인터넷으로 방송되는 쇼를 열었다. 2008년 9월 네덜란드의 2인조 디자이너 Viktor & Rolf는 파리패션위크 참가를 포기하고 2009년 봄시즌 쇼를 자신들의 암스테르담 스튜디오에 마련하면서 인터넷을 통해 공개하였다. 런던의 디자이너 Alice Temperley도 Viktor & Rolf와 유사한 방식을 채택하여 1년에 4회 작품을 발표하여 연간 10만 달러 이상을 절약하게 되었다. 이런 접근방식이 먹히는 것은 runway show가 1백만 달러 이상의 비용이 들 수 있는 반면에 인터넷 쇼는 거의 비용이 들지 않기 때문이다. 2010년 패션위크 기간 중 Calvin Klein의 runway show를 관람하는 데는 표가 필요 없었다. Calvin Klein과 Marc Jacobs는 자신들의 쇼를 실시간으로 인터넷으로 중개했던 것이다. 몇몇 디자이너들은 소셜미디어를 활용해 패션위크 기간 중 소비자들과 소통하였다. Tommy Hilfiger는 페이스북을 통해 자신의 쇼영상을 공개하고 소비자들이 질문을 올리면 그 다음날 답변을 달았다. 블로거들도 패션쇼 소식을 전하기 위해 패션위크에 참가한다. 잘 알려진 블로깅 사이트인 Tumblr는 지명도 있는 24명의 블로거들을 뉴욕패션위크에 참석시켰다. Kate Spade와 Oscar de la Renta 같은 브랜드는 소비자들과 교감하기 위해 Tumblr를 활용하고 있다.

Runway show 대신 보다 적은 비용이 드는 발표방식이나 인터넷 중계의 선택 여부는 runway show에 들어가는 비용과 직접적으로 연결되어 있다. 그러나 runway show는 분명히 디자이너와 브랜드에 있어서 효과적인 마케팅 수단이라는 것을 잊어서는 안 될 것이다. Runway show의 규모가 다른 쇼들에 비해 상대적으로 축소되거나 다른 형태의 것으로 전환될 경우 언론이 그 쇼에 대해 다루는 비중이나 보도하는 양에는 현저한 차이가 발생한다. 어쨌든 runway show는 바이어, 기자, 블로거와 유명인사들에게 인기가 높다. 디자이너들과 브랜드들은 runway show의 비용을 고려할 때 보다 큰 그림을 본다. 만약 runway show를 통한 홍보효과로 인해 해외 판매가 늘어나고, 새로운 판매 경로를 확보하거나 온라인 판매가 확대된다면 쇼에 들인 비용이 결코 아깝지 않다고 할 수 있을 것이다. 대부분의 디자이너들은 runway show를 하나의 투자로 간주하고 브랜드 인지도 제고를 통해 투자 회수가 이루어진다고 생각하는데, 이는 장기적으로 runway show를 통해 판매가 늘고 결과적으로 수익도 증대된다고 보는 것이다.

패션센터들은 패션위크 기간 중 패션쇼들을 개최한다. 쇼 일정은 최대한 많은 바이어, 언론과 유명인사들이 참석할 수 있도록 신중하게 짜여진다. 다음에서는 패션센터와 전 세계 패션산업에 미치는 패션위크의 경제적 영향력에 대해 살펴본다.

패션위크

'패션위크'는 전 세계 곳곳에서 매년 두 차례씩 열리는 패션쇼들의 또 다른 이름이다. 고급 디자이너들은 다음 시즌을 위한 자신들의 컬렉션을 이런 패션위크 기간 중에 선보인다. 패션위크 기간 중에는 디자이너, 고급 브랜드, 주요 소매업체들을 대리하는 바이어, 고가품 전문점, 유명인사들과 언론사들이 몰려든다. 패션위크를 취재하는 주류 언론사로는 *Women's Wear Daily*, *Vogue*, *Good Housekeeping*, *USA Today*와 *Wall Street Journal* 등을 들 수 있다. 디지털 세대로 접어든 이후 블로거들과 인터넷 저널의 패션 잡지 편집자들도 패션위크를 취재하고 있다.

TV를 통해 패션을 보다 쉽게 접하게 되면서 패션에 대한 관심이 폭발적으로 증가했다. 패션 디자이너들과 모델들 또한 유명인사의 반열에 들면서 각종 언론이 인쇄매체, TV, 인터넷을 통해 패션쇼를 다루고 있다.

유럽의 사회학자들인 Joanne Entwistle과 Agnés Rocamora는 "패션위크는 패션이라는 분야가 현실에서 물질적으로 구현된 것"이라고 정의했다(Skov, 2006). 패션위크는 흥분, 기대, 탈진이라는 말로 정의할 수 있다. 2월 또는 9월의 뉴욕패션위크의 전형적인 모습은 링컨 센터에 고급 패션 브랜드들의 텐트가 들어서고, 사방에서 찾아온 바이어들이 브로드웨이, 세븐스 에비뉴와 34번가와 42번가 사이의 길거리를 누비고 다니는 것이다. 제조업체들은 자신들의 제품 라인을 쇼룸에 전시하고 모델들은 다음 시즌 상품을 걸치고 특유의 발걸음을 내딛는다. 오찬, 칵테일 파티, 만찬과 견본품이 바이어들과 유명인사들을 기다리고 판매상들은 이들에게 자신들의 제품을 팔기 위해 애를 쓴다. 바잉 오피스들은 판매상들을 면담하고 스타일과 컬러 트렌드를 논한다. 패션위크가 끝나면 텐트와 무대와 쇼룸들이 해체되고 가먼트 센터는 원래의 템포로 돌아간다.

1월과 7월에 10~30개의 오트 쿠튀르 라인과 40개의 남성복 컬렉션이 파리의 패션 무대를 장식한다. Runway show 비용이 상승하면서 오트 쿠튀르 쇼의 숫자는 1945년에 106개에 달하였던 것이 2005년에는 10개로 줄어들었다. 3월과 10월에 열리는 또 다른 패션위크 기간 중에는 8일간 150개의 여성용 기성복 라인이 소개된다. 업계 관계자, 패션 전문가와 유명인사들이 쇼를 보기 위해 파리로 몰려든다. 연맹이 짜는 패션위크의 일정은 2,000여 명의 프랑스 및 해외 언론인들과 바이어들에게 보내진다. 패션위크 기간 중 파리를 방문하는 사람들이 파리 전역에 산재한 다양한 장소에서 열리는 쇼를 최대한 많이 볼 수 있도록 하기 위해 큰 공을 들인다.

패션센터와 패션위크의 미래는 불확실하다. 패스트 패션과 인터넷은 기존의 룰만을 따라하지 않는다. Zara와 H&M은 runway show 등에 비용과 노력을 투입하지 않고도 원거리에 있는 자신들의 고객들을 상대로 생산, 유통 및 판매를 해낸다. 인터넷은 관람객이 최대한 편리하게 볼 수 있는 사이버 패션쇼를 가능케 하고 트렌드를 실시간으로 파악할 수 있게 해줘 오프라인 쇼를 대체할 수 있는 잠재력이 있다. 모든 종류의 패션쇼를 참관하지 않고는 갈수록 주요 트렌드의 개요를 파악하기 어려워진 것은 의심의 여지가 없다. 그러나 컷, 컬러, 드래이프와 핏 등에 관한 해석은 일차원적인 매체에서는 실종돼 버린다. 이러한 디지털 패션쇼의 약점에도 불구하고 뉴욕에서는 자리를 잡아가고 있다. 많은 디자이너들이 사이버 쇼를 활용해서 잠재적 고객 기반을 확대하고 있다. Michael Kors, Dolce & Gabbana와 Alexander McQueen을 비롯한 디자이너들이 자신들의 쇼를 인터넷으로 실시간 중계하고 있다. 패션쇼의 인터넷을 통한 실시간 중계 추이는 앞으로 보다 확산될 것으로 예상된다.

경제적 영향력

1943년에 시작된 뉴욕패션위크는 1993년 개최지를 브라이언트 파크로 옮겼다가 2010년에 다시 링컨 센터로 이전하였다. 연간 2회 개최되는 패션위크는 개최 도시에 경제적으로 큰 기여를 한다. 패션위크 기간 중 뉴욕을 방문하는 232,000명의 사람들은 패션위크 행사와 관련하여 4,600억 달러를 사용한다. 뉴욕 방문객의 절반은 체재 기간 중의 주요 활동으로 쇼핑을 꼽았다. 패션 도시에서의 쇼핑은 뿌리치기 힘든 것으로 주요 관광활동의 하나이다. 이와 같은 이유로 뉴욕 시의 관료들은 패션산업이 뉴욕의 미래와 경제에 있어서 매우 중요하다는 것을 인식하고 있다.

재정적인 측면에 더하여 뉴욕의 패션산업 및 연관산업은 175,000명을 고용함으로써 연간 100억 달러에 달하는 금액을 뉴욕 경제에 주입하고 있다. 뉴욕패션위크 기간 중 창출되는 사업 기회는 매우 중요하다. 지역 내 패션산업계가 벌어들이는 수익에 대한 세금 수입만도 16억 달러에 달한다. 2010년 패션위크가 브라이언트 파크에서 링컨 센터로 이전한 후 링컨 센터 주변 사업체들의 거래 규모가 급증했다.

전 세계 곳곳의 패션센터들은 패션위크의 경제적 영향력을 체감하고 있다. 런던의 경우 패션위크는 약 1억 파운드의 경제적 기여를 한다. 런던의 패션산업은 영국 경제에 있어서 210억 파운드의 가치가 있으며, 131만 명을 고용하고 있는데, 그중 8만 명의 일자리는 런던에 있다. British Council은 패션위크 참가자들이 2천만 파운드를 쓴 것으로 추산하고 있다. 패션위크는 27만 명을 고용하면서 180억 파운드 이상의 주문을 수주했다. 현재 패션산업이 세계 경제에 기여하는 비중은 약 2% 수준으로 계속 증가하고 있다.

summary
요약

본 장에서는 4대 패션센터들이 패션산업의 중심이 된 역사적 배경과 특징에 대해 살펴보았다. 뉴욕, 파리, 런던, 밀라노는 오랜 패션 전통을 보유하면서 변화하는 국제 패션 무대에서 혁신을 통해 계속 번영하고 있다. 각각의 패션센터는 고유의 패션위크를 개최하는데 수많은 참가자들이 최신 디자인, 트렌드와 패션과 관련된 특별한 무언가를 보기 위해 모여든다. 패션쇼 무대가 패션위크의 핵심인 것은 분명하며, 경제적 영향은 단순히 의류와 액세서리 등의 수요를 창출하는 데 그치지 않는다. 패션위크는 스필오버 효과를 통해서도 지역 사회와 더 나아가서는 세계 경제에 경제적 영향력을 행사한다.

terms
핵심용어

뉴욕드레스협회(New York Dress Institute)

립스틱이론(lipstick theory)

마네킹(mannequins)

맞춤복(bespoke)

발표방식(presentations)

슈퍼모델(supermodel)

스필오버(spillover)

이탈리아의 기적(Italian miracle)

파리의상조합(Chambre Syndicate)

패션센터(fashion center)

패션위크(fashion week)

프랑스 재단, 고급 기성복, 양장 재단사와 패션 디자이너 연맹 (Fédération Française de la Couture du Prêt-à-Porter des Couturiers & des Créateurs de Mode)

프레타포르테(Prêt-à-Porter)

헴라인 지수(hemline index)

Formal runway shows

Informal shows

Multimedia production shows

Production shows

Savile Row

questions
복습문제

1. 뉴욕의 패션센터로서의 역사 속에서 LaGuardia 시장이 한 역할은 무엇인가? 패션센터로서의 뉴욕의 미래를 위해 Michael Bloomberg 시장이 취한 조치는 무엇인가?

2. 파리의상조합의 책임과 기능은 무엇인가?

3. 런던의 패션 현장은 뉴욕, 파리, 밀라노와 어떻게 다른가?

4. 밀라노가 패션센터로 부상하는 데 기여한 것은 무엇인가?

5. Charles Frederick Worth는 패션쇼에 어떠한 기여를 했는가?

6. 1950년대에 패션쇼가 증가한 이유는 무엇인가?

7. 헴라인 지수이론을 주창한 사람은 누구인가? 이 이론의 두 가지 사례를 들어 보라.

8. 립스틱이론을 주창한 사람은 누구인가? 경제와 관련하여 이 이론의 의의를 설명하라.

9. 패션쇼의 구성요소는 무엇이고 이러한 구성요소와 관련된 예상비용은 얼마나 되는가?

10. 패션위크가 개최 도시에게 있어서 경제적 자산인 이유는 무엇인가?

thinking
비판적 사고

1. 본 장에서 언급되었듯이 일부 디자이너들은 runway show를 포기하고 대신 인터넷이나 다른 매체를 선택하고 있다. Runway show의 장점과 단점은 무엇인가? 다른 매체들의 장점과 단점은 무엇인가? 개인적으로 인터넷이 결국 runway show를 대체할 것으로 보는가? 이에 대해 설명하라.

2. 본 장에서 거론된 4대 패션센터 이외에 3개의 떠오르는 패션센터를 거명하고, 이들 도시에서의 패션위크의 경제적 영향에 대해 논하라.

activities
인터넷 활동

1. Tommy Hilfiger 웹사이트(usa.tommy.com)를 방문해 최신 runway show를 보라. 시청 후 전체적인 주제와 실루엣, 색상, 원단, 음악 등에 대한 후기를 작성하라.

2. 디자이너 3명을 선택하고 그들의 온라인 패션쇼(모두 같은 시즌 것으로)를 평가하라. 색상, 실루엣 원단 등을 통해 각각의 쇼에서 보인 트렌드에 유념하고 각 쇼를 서로 비교 및 대조하라.

bibliography
참고문헌

Breward, C. (2010, September). Fashion cities. In *Berg Encyclopedia of World Dress and Fashion*, Volume 10, Global Perspectives. Retrieved April 28, 2011, from http://www.bergfashionlibrary.com/view/bewdf/BEWDF-v10/EDch10030.xm

Breward, C., & Gilbert, D. (eds.) (2006). *Fashion world cities*, 1st ed. New York: Berg.

Burkitt, L. (April 14, 2011). *To lure young, burberry goes high-tech*. WSJ, http://blogs.wsj.com/chinarealtime/2011/04/14/to-lure-young-burberry-goes-high-tech/?KEYWORDS=fashion+show

Conti, S. (2010, September 16). *British fashion industry worth over $30b*. WWD, http://www.wwd.com/markets-news/british-fashion-industry-worth-over-30b-3277671

Craik, L. (2009). *Evening Standard*. Retrieved from Dow Jones Factiva, http://global.factiva.com.proxy.library.vcu.edu/ha/?default.aspx

Deprez, E. E. (2010, September 8). *NYC's biggest fashion week ever to generate $385 million for city economy*. Bloomberg, http://www.bloomberg.com/news/2010-09-08/new-york-s-biggest-fashion-week-to-bring-385-million-to-city mayor-says.html

Ehrman, E. (2010, September). London as a fashion city. In *Berg Encyclopedia of World Dress and Fashion*, Volume 8, West Europe. Retrieved April 29, 2011, from http://www. bergfashionlibrary.com/view/bewdf/BEWDF-v8/EDch8048.xml

Elzingre, M., & Hodgson, P. (September, 2010). Paris as a fashion city. In *Berg Encyclopedia of World Dress and Fashion*, Volume 8, West Europe. Retrieved April 28, 2011, from http://www.bergfashionlibrary.com/view/bewdf/BEWDF-v8/EDch8037.xml

Evans, C. (2001). The enchanted spectacle fashion theory. *The Journal of Dress, Body, & Culture*, http://www.bergfashionlibrary.com.proxy.library.vcu.edu/view/nlm-j/FT_5-3/136270401778960865.xml

Feitelberg, R. (2010). *Garment center study looks to the*

future, June 2, WWD, http://www.wwd.com/markets-news/garment-center-study-looks-to-the-future-3094065 http://books.google.com http://proxy.library. vcu.edu/login?url=http://search. ebscohost.com/.aspx?direct=true&AuthType=ip,url,cookie,uid&db=oih&AN=58693483&site=ehost-live&scope=site http://www.bergfashionlibrary.com/view/bazf/bazf00232.xml

Feitelberg, R. (2010, September 9). *Mayor Bloomberg on fashion and shopping.* WWD, http://www.wwd.com/business-news/mayor-bloomberg-on-fashion-and-shopping-3242454

Feitelberg, R. (2010, November 2). *NYC rolls out plan to boost fashion industry.* WWD, http://www.wwd.com/markets-news/nyc-rolls-out-plan-to-boost-fashion-industry-3368899

Feitelberg, R. (2010, November 3). *City hall makes fashion a priority.* WWD, http://www.wwd.com/fashion-news/city-hall-makes-fashion-a-priority-3370772

Finamore, M. (2005). Fashion shows. In *A-Z of fashion.* Retrieved April 29, 2011, from http://www. bergfashionlibrary.com.proxy.library.vcu.edu/view/bazf/bazf00232.xml?q=finamore fashion shows& isfuzzy=no#highlightAnchor

Kazakina, K. (2010). *At fashion week hemlines are up and down, just like markets*, September 13. Bloomberg, http://www.bloomberg.com/news/2010-09-13/at-fashion-week-hemlines-are-up-and-down-just-like-the-markets.html

Laudurantaye, S. (2011, June 7). *Lipstick theory bodes Ill for U.S. retail.* Retrieved from http://license. icopyright.net/user/viewFeedUse.act?fuid=MTMxMjg0ODI%3D

LFW (2011, February 24). *£100 million to London's economy,* http://www.fashionunited.com/fashion-news/fashion/lfw:-l100-million-to-londons-

economy-20112402486874

Lolley, S. (2010, August 31). *New York fashion week makeover.* Pittsburgh Post Gazette, http://www.post-gazette.com/pg/10243/1083823-314.stm?cmpid=lifestyle.xml

Milano Fashion Institute website, http://www. milanofashioninstitute.it/en/formazione/milano_moda.php

Mode à Paris Fédération Française de la Couture du Prêt-à-Porter des Couturiers et des Créateurs de Mode Paris Fashion Week, http://www.modeaparis.com/spip.php?rubrique6#toppage6

Montero, G. (2008). *A stitch in time.* New York: Fashion Center Business Improvement District, http://www. fashioncenter.com/about/publications/district-history

Pasquarelli, A. (2010, April 29). *Fashion week to add more show space*, CrainsNewYork.com, http://www. crainsnewyork.com/article/20100429/SMALLBIZ/100429795

Prabhakar, H. (2007). Cost of producing a fashion show. Forbes Magazine, http://www.forbes.com/2007/08/30/style-fashion-backstage-forbeslife-cx_hp_0831fashionpak.html

Prabhakar, H. (2007, February 2). Price of admission. *Forbes,* http://www.forbes.com/2007/02/01/price-of-admission-forbeslife-cx_hp_0202price.html

Puente, M. (2008, September 6). *Fashion week meets the weak* economy. Retrieved from http://abcnews.go. com/Business/?story?id=5737974&page=1

Reinach, S. (May). Milan as a fashion city. In *Berg Encyclopedia of World Dress and Fashion*, Volume 8, West Europe. Retrieved April 28, 2011, from http://www.bergfashionlibrary.com/view/bewdf/BEWDF-v8/EDch8044.xml

Relaxnews International. (2011). Retrieved from Dow Jones Factiva, http://global.factiva.com.proxy.library.

vcu.edu/ha/default.aspx

Schnurnberger, L. (1991). *40,000 years of fashion. Let there be clothes.* New York: Workman Publishing.

Siegel, M. (n.d.). *Berg fashion library, A-Z of fashion,* http://www.bergfashionlibrary.com.proxy.library.vcu.edu/view/bazf/bazf00509.xml?isfuzzy=no#highlightAnchor

Sherman, L. (2009, Novermber 2). Fashion sees the end of the runway. Forbes, http://www.forbes.com/2009/02/11/fashion-week-downturn-lifestyle-style_0211_runway.html

Skov, L. (2006). *Snapshot: Fashion* Week, http://www.bergfashionlibrary.com.proxy.library.vcu.edu/view/bewdf/BEWDF-v10/EDch10031.xml?isfuzzy=no#highlightAnchor

Tan, C. (2008, December 2). *Lunchtime snap: Will fashion shows survive the economy?* WSJ, http://blogs.wsj.com/runway/2008/12/02/lunchtime-snap-will-fashion-shows-survive-the-economy/

"Top-dollar time at NYC Fashion Week", *USA Today*

Section: Life, p. 01d, http://web.ebscohost.com.proxy.library.vcu.edu/ehost/detailvid=4&hid=13&sid=21f79b62-ae17-41f7-9652-28c96e2795c8%40sessionmgr14&bdata=JkF1dGhUeXBlPWlwLHVybCxjb29raWUsdWlkJnNpdGU9ZWhvc3QtbGl2ZSZzY29wZT1zaXRl#db=a9h&AN=J0E091777698408

Value of Fashion Report (2010, September 16). *London fashion week*, http://www.londonfashionweek.co.uk/news_details.aspx?ID=229

Weston, N. (2007, February 5). *The real cost of an NYC runway show.* Luxist, http://www.luxist.com/2007/02/05/the-real-cost-of-an-nyc-runway-show/

What's Up at the Milan 2011 Fashion Week. (2010, June 20). Reuters, http://economictimes.indiatimes.com/Backpage//articleshow/6069360.cms

Zargani, L. (2011). Growth stokes mood in Milan. WWD: Women's Wear Daily, 201(39): 8. Retrieved from EBSCOhost.

세계 패션 경제

학습 목표

- 패션산업의 국제적 조직을 이해한다.
- 국가 경제 성장 대비 패션산업 성장에 관한 지식을 습득한다.
- 공정무역과 자유무역 간의 차이를 이해한다.
- 지적재산권의 의미와 영향에 대한 지식을 습득한다.
- 외환시장에 대해 이해한다.
- 해외 패션시장에 대한 기본을 이해한다.
- 무역협정에 관해 이해한다.
- 무역수혜 프로그램을 검토한다.
- 무역지원 프로그램과 대행사를 안다.

국제화에 대하여 논쟁하는 것은 중력의 법칙을 반박하는 것과 같다.
-Kofi Annan(가나 외교관, 7대 유엔사무총장, 2001년 노벨평화 상 수상)

파리에서 뉴욕 그리고 그 사이에 있는 도시에 이르기까지 패션의 세계는 글로벌 규모이다. 세계화가 패션을 국제적인 비즈니스로 만들었다. 세계화는 문화를 가로질러 어떻게 작업할 것인가를 토론하는 비즈니스에서든 또는 브랜드를 세계화하는 데 생기는 충격을 토론하는 회사에서든 오늘날 최고의 토픽거리 중 하나이다. 세계은행에 의하면, 세계화는 자본주의 또는 시장경제에 대한 또 다른 이름으로, 때로는 훨씬 더 광범위한 경제적 의미로 쓰인다.

패션 세계에 있어서 시장에 제품을 제공하기 위한 공급망에는 많은 회사가 포함된다. 자유시장은 국가의 고용에 공헌할 뿐만 아니라 의류와 텍스타일 비즈니스의 발달을 가져오기 때문에 중요하다. 제9장에서 본 바와 같이, 의류에 대한 대부분의 수요는 미국과 유럽에서 비롯된다. 패션 라인 개발에 있어서 대부분의 회사들은 라인의 확장으로 성과를 올리기 위해 세계 전역에 배치되어 있다. 예를 들면, 제품은 뉴욕에서 디자인되고, 인도에서 생산되며 스페인에 있는 부티크에서 소비자에게 판매된다. 패션위크가 주요 도시에서 주최되는 것과 같이 디자인, 생산, 유통 또는 판촉활동을 통해 많은 국가들이 생산 과정에 참여한다.

오늘날 많은 도소매점들은 그들 고국의 외부 유통을 통해 자신들의 브랜드를 형성할 방안을 찾고 있다. 예를 들면, 스페인에 기반을 둔 Zara는 "국제적 입지가 2011년까지 연 8~10% 성장하기를 기대했다." 비록 Zara가 인도시장에서의 성장에 초점을 두고 있지만, 그럼에도 불구하고 그것은 미국과 유럽에 있는 온라인 시장을 차지하기 위함으로 보인다(Stoval & Bjork, 2010). 패션산업은 국가가 패션을 생산하는 과정에서 특정 부분을 특화함으로써 사실상 상호의존적인 비즈니스이다. 특화에는 재단, 바느질과 패킹, 염색, 프린팅 그리고 직물 제직 등이 포함된다. 패션 비즈니스는 전 세계를 통해 주 7일, 하루 24시간 발생한다. 무역협정의 이행을 통해 세계화를 할 경우, 외국에서의 사업 수행이 쉬워지며 파리, 밀라노, 런던, 뉴욕 이외의 기타 도시들이 패션 도시로 명성을 얻고 있다. 새로운 기술 시스템을 지닌 생산시설을 사용하고, 외국 소비자에게 패션을 판매하고 보다 낮은 노동비용을 적용함으로써 소비자에게 낮은 비용과 효율을 증가시키기 위한 방법이 20년 전보다는 훨씬 쉬워졌다. 세계화의 시기는 수천년 전 아시아, 중국 그리고 유럽 간의 무역을 위해 사용되었던 경로인 '실크 로드'로 거슬러 올라간다. 경로 간에 거래되었던 물품의 예로는 차, 실크, 금 그리고 상아 등이었다. 무역 이외에 예술, 철학 그리고 새로이 개발된 혁신에 관한 대화가 그 경로에서 이루어졌다. [그림 11.1]은 유럽과 아시아 전역을 연결시킨 무역노선을 나타낸 것이다. 이러한 유형의 무역은 국가들이 그들의 **사회기반시설**(infrastructure)을 세울 때까지 계속되었으며 경제적으로 더 독립적이 되었다.

국가들은 격려되었으며 제1·2차 세계대전이 국가 간 무역의 발달과 성장을 저해시켰다. 제2차 세계대전 후 무역은 패션의 제조가 Richard Nixon 대통령 때문에 해외로 이동하기 시작했을 때 한층 빠른 속도로 재개되었다. 1972년 Richard Nixon 대통령의

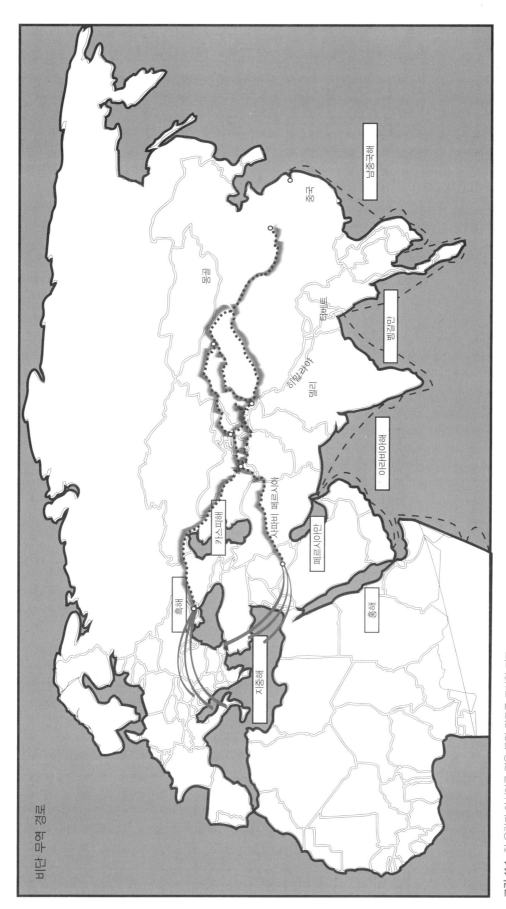

그림 11.1 전 유럽과 아시아를 잇는 무역 경로를 묘사한 지도
출처 : Hawa Stwodah

중국 방문이 미국과 중국인민공화국 간의 25년간 고립을 끝냈으며, 1979년에 양 국가 간의 외교 관계 수립이 성립되었다(Nixon Library). 협정 시기에 중국에서 생산된 제품은 저가의 저품질로 평가된 반면, 유럽으로부터 수입된 패션은 뛰어난 품질과 등급이 높은 패션으로 평가되었다. 패션이 대량생산되기 시작할 때, 미국은 생산비용을 낮추는 방법을 찾았으며, 그 결과 오늘날 전 세계 여러 국가에서 생산되고 있다. 중국이 해외 생산의 선도자이며 다음이 인도이다. 텍스타일과 의류의 생산과 분배에 참여한 국가를 묘사한 지도를 보려면 앞표지 뒷면을 보라.

2009년에 모든 의류의 97%가 미국으로 수입되었다(미국 의류 및 신발협회의 무역 전문가, Nate Herman의 개인 서신). 미국은 옷에 레이블을 부착할 것을 요구한다. 원산지 규격과 규정은 레이블에 '섬유 조성 성분, 국가 또는 원산지, 생산자 또는 중개상 신분 그리고 관리 방법'(OTEXA)과 같은 정보를 요구한다. 오늘날 원산지는 대부분의 패션 소비자에게 중요 사안이 아니다. 다만 미국산 제품을 사려는 소비자들이 여전히 있을 뿐이다.

세계는 국가 간 경계가 없다고 믿는 하나의 **지구촌**(global village)처럼 생산, 마케팅 그리고 제품과 서비스의 소매가 세계적인 규모로 이루어지고 있다. 이것은 제품과 서비스의 적응과 함께 회사들이 가끔씩 문화적 갈등을 야기시키는 생산자와 소비자를 연결시키기 위하여 경계를 가로지르는 것을 의미하며, 효율적인 문제와 의사소통을 의미한다. 모두가 세계적인 경제 성장의 장애물이다.

더욱이, 이 단원은 무역협정과 무역수혜 프로그램의 중요성을 다루고 있다. 미국은 무역장해를 무너뜨리고 국가 간 무역을 장려하기 위하여 무역협정을 협상하고 있다. 2009년부터 2010년까지 세계의 나머지 국가로 수출된 23%와 20%보다 빠르게 성장하고 있는 이들 국가로의 수출품과 함께 미국 제품 수출의 41%가 2010년 FTA 파트너 국가로 수출되었다(Export.gov). 부수적으로 본 단원은 미국과 전 세계에 있는 수출입업자를 돕는 방안에 대하여 토의하고 있다.

국가의 경제 성장

각국의 경제 성장은 공급요인, 수요요인 그리고 효율에 의존된다. 소비자의 수요 확대는 단지 그 국가가 자국의 자원, 자본재, 그리고 기술을 조화롭게 사용함으로써 생산량을 증가시킬 능력을 지니고 있을 때만 충족될 수 있다. 결국 수요요인은 수요를 충족시키기 위해 사용된 공급요인을 증가시킨다.

세계은행에 의하면, "개발도상국의 생산량과 무역 ― 그리고 세계 생산과 무역의 점유 ― 의 성장은 지난 5년 동안 가속화되었다."고 한다. 전 세계적으로 텍스타일과 의복 수출은 세계 수출의 3,160억 달러에 해당하는 2.6%를 차지한다(WTO).

1990년대 동안 의류 생산업자들은 노동 임금이 싼 국가로 생산기지를 옮겼다. '의류

1	중국
2	유럽연합
3	방글라데시
4	터키
5	인도
6	베트남
7	인도네시아
8	미국
9	멕시코
10	태국

그림 11.2 의류 수출 상위 10위 국가

와 텍스타일 가치 체인의 변화된 국제적 동력과 사하라 사막 이남의 아프리카에 미치는 영향인, 세계화' 라는 유엔의 보고에 의하면, Gereffi and Memedovic (2003, Barnes and Morris, 2008에 의해 인용됨)는 다음과 같이 공표하였다.

> 1950년대와 60년대에 일본에서 시작된 이 운동은 1970년과 80년에 동아시아 타이거(대만, 한국, 홍콩)로 이어졌으며, 1990년대는 가장 거대한 운동을 펼친 중국과 함께 동남아시아로 이어졌다. 기타 인도, 말레이시아, 필리핀, 인도네시아 그리고 스리랑카를 포함하는 제2의 공급자들이 출현하였다.

[그림 11.2]는 2009년 상위 10위의 의류 수출국에 관한 세계무역기구(World Trade Organization, WTO)의 목록이다. 이 교재에 쓰인 것처럼 WTO에 의하면, 세계 무역은 11% 하락했던 2007년부터 2009년 사이의 세계 침체를 벗어나서 회복세에 있으나, 감소 추세는 29.4% 하락과 함께 2009년 3분기까지 계속되었다.

WTO는 비록 측정은 어렵지만, 전 세계의 수출이 하락하고 있다는 데 주목하고 있다. 2010년에는 세계적인 회복이 두드러졌다. 가장 빠르게 성장하고 있는 수출시장의 개요는 [그림 11.3]을 참조하라.

국가 경제 성장에 있어서 또 다른 중요한 요인은 도로, 의사소통 시스템, 전자 시스템, 그리고 하수와 같은 물리적인 구조인 사회공공기반시설이 개선됨에 따라 회사들은 국가의 자원을 이용하여 생산량을 증가시키고 있다. 베트남, 과테말라, 인도와 같은 국가의 사회공공기반시설의 개선은 패션산업의 세계화를 가능하게 했으며, 또한 세계시장에서 경쟁적 우위를 제공하였다. 세계적인 경쟁은 도매와 소매가격의 급격한 상승을 저지하기 위함이다.

브랜드의 세계화

회사들은 이익 창출을 위하여 브랜드를 세계화하고 있다. 그러나 성공 여부는 그 제품

국가	2010	2011	YTDᵃ 1/2011	YTD 1/2012	성장률(%)	YEᵇ 1/2011	YE 1/2012	성장률(%)	점유율(%)
콜롬비아	123,748	165,252	12,278	13,658	11.24	128,884	166,631	29.29	0.74
아르헨티나	56,013	67,936	3,576	9,564	167.45	56,273	73,924	31.37	0.33
대만	93,522	126,083	9,061	8,782	−3.08	96,623	125,804	30.20	0.56
남아프리카	43,644	54,814	3,475	4,405	26.77	44,477	55,744	25.33	0.25
폴란드	25,805	32,479	2,302	3,941	71.21	26,243	34,119	30.01	0.15
에콰도르	27,918	34,753	2,332	3,931	68.58	28,464	36,352	27.71	0.16
앙골라	26,054	36,059	2,130	2,883	35.35	26,809	36,812	37.31	0.16
스웨덴	33,115	47,008	2,336	2,636	12.83	32,971	47,308	43.48	0.21
스리랑카	21,146	29,160	2,316	2,005	−13.43	21,134	28,849	36.51	0.13
우루과이	9,246	15,194	660	1,868	183.13	9,013	16,402	81.99	0.07

ᵃ YTD−연초 대비, ᵇ YE−연말

그림 11.3 이 차트는 텍스타일과 의류 사무실로부터 제공되었으며, 멕시코와 카리브해 제도 국가들을 제외한 상위 10개국의 수출액(달러)의 성장을 보여준다. 이 국가들은 적어도 25% 이상의 텍스타일과 의류 수출 성장을 보이고 있다.

출처 : http://otxa.ita.doc.gov/exports/fastgrow.htm.

이 외국 소비자에 기반을 두고 있느냐에 달려 있다. 그것은 국내에서와 국외에서 모두 수요를 충족시키기 위하여 보다 열심히 그리고 보다 빠르게 일하는 것을 의미한다. 국가의 사회공공기반시설의 개선을 통한 기술의 진보는 의류 가공공장이 생산할 수 있는 속도를 증가시키도록 돕는다. 임금이 개발도상국가와 미개발국가를 통틀어 낮게 유지되는 동안, 숙련도는 1970년대 이후 개선되었다. 중국과 같은 일부 국가들은 개발된 사회공공기반시설 때문에 다른 국가들보다 유리하다.

자유무역 대 공정무역

자유무역(free trade) 지지자들은 국가 간에 무역을 거래하고 관계를 형성하는 시스템이 가난을 줄일 수 있다고 믿는다. 이 논쟁은 미개발국가들이 충분한 사회기반시설을 갖추고 있지 못하기 때문에 다른 국가 참가자들, 다시 말해 **개발국**(developed countries)과 대항할 수 없다는 것이다. 무엇이 국가 간의 정확한 자유무역인가에 관한 논쟁은 계속되고 있다. 자유무역은 정부의 조정, 의무 또는 관세와 같은 어떤 규제 없이 국가 간에 이루어지는 무역을 말한다. 많은 연구들이 국가의 부와 경제적 발달에 공헌하면서 국가 간의 경제적 성장을 촉진하고 있음을 보여주었다. **공정무역**(fair trade)은 국가 간의 무역이 각국 정부에 의해서 수립된 협정에 규제되었던 것을 보장하기 위하여, 정부에 의해서 재정된 무역협정과 무역거래법에 따라 상호거래하는 것이다.

상대적 · 절대적 강점

세계적으로 경쟁력 있는 국가들은 **상대적**(comparative) 또는 **절대적**(absolute) **강점**(advantage)을 지니고 있다. 중국과 기타 아시아 국가들의 상대적 강점의 예로는 저임금, 기술, 숙련된 노동 그리고 짧은 리드타임 등을 들 수 있다. 만약 한 국가가 이들 영역 중 하나 또는 그 이상에서 성공적으로 경쟁하려면, 그것은 또 다른 나라에 비해 상대적인 강점을 가지고 있어야 한다. 예를 들어, 생산을 위해 해외로부터 부품을 구매할 때, 바이어는 경쟁자 보다 빠르게 그 제품을 받기 위해 리드타임이 가장 짧은 나라를 선택할 수 있다.

어떤 국가는 생산 속도와 같은 특정 분야에서의 특화를 희망할 수 있다. 이것이 결국 생산량을 증가시키기 때문이다. 생산이 빨라지면 빨라질수록 그 나라와 전 세계의 전반적인 경제에 이바지하게 될 것이다. 불리한 면은 특수성을 위한 한때의 요구가 더 이상 존재하지 않는다는 점이며, 그 나라는 노동자들을 재훈련시킬 시간을 가져야만 한다. 아마도 경쟁을 위한 새로운 방법들을 추구해야 하는 것처럼 특화를 멈추거나 속도를 늦추면서라도 새로운 기술에 투자해야 할 것이다.

한 국가가 다른 국가보다 생산에 있어서 낮은 기회비용을 가지고 있다면, 그것은 상대적 강점을 지니고 있는 것이다. 예를 들어, 인도는 코트 또는 후드제품을 생산할 수 있다. 그러나 그 생산은 200벌 후드제품을 생산하나 200벌의 코트를 생산하나 임금은 동일하다. 만약 인도가 100벌 이상의 코트를 생산하기로 결정하였다면, 그것은 100벌의 후드제품 생산을 포기해야만 한다. 100벌의 후드제품 생산은 인도에게는 기회비용이다. 오늘날 이 시나리오는 미국에서도 마찬가지이다. 왜 미국 패션회사들이 미국에서 제품을 생산할 수 있음에도 불구하고 인도에서 생산할 곳을 찾아야만 하는가? 그 답은 인도에서의 생산비용이 싸기 때문이다. 그러므로 인도는 상대적 강점을 가지고 있는 것이다. 국내 기회비용에 있어서의 차이는 각국의 상대적 강점에 따른 특화를 필요로 한다. 각 나라는 자원의 증가된 생산량을 성취할 수 있으며, 여러 나라가 함께 보다 효율적으로 그들의 부족한 자원을 사용할 수 있다. 상대적 강점은 만약 그 나라가 가장 저렴한 비용으로 효율적으로 생산할 수 없다면 무의미하다. 절대적 강점은 가끔 상대적 강점과 혼돈된다. 절대적 강점은 한 나라가 가장 적은 양의 자원을 사용하면서 보다 낮은 가격으로 제품을 생산할 때를 말한다. 베트남이 패션산업체에 그러했듯이, 외국 정부가 산업체에 보조금을 줄 경우, 그 나라가 진짜 상대적 또는 절대적 강점을 제공하는지 아닌지를 평가하기는 어렵다. 미국과 사업을 추구하기 위하여 외국이 찾는 이점은 생산의 속도이다. 패션 소매상들이 낮은 재고 수준으로 가동할 때, 그 속도와 시의 적절한 배송은 매우 중요하다.

국가들은 패션 공급 사슬 중 특정 영역의 생산에 특화되어 있다. 그러므로 경제적인 면에서 각 나라는 관련된 양국 간의 이익을 위해 생산과 서비스를 판매하고 있다고 할 수 있다. 경제학자들은 한 국가가 특정 분야의 생산에 특화되어 있을 때, 노동자들은 기술이 특화되기 때문에 이익을 보며, 소비자들은 결국 가치가 부가된 제품을 소유하기 때문에 이익을 본다는 것에 주목한다.

자유무역의 장벽

수입할당제(import quotas, 수입쿼터)는 한 국가의 국내산업을 보호한다. 쿼터는 특정 기간, 보통 1년 동안 그 나라로 유입되도록 허용된 특정 제품의 수를 제한하기 위하여 한계를 정하는 것이다. 어떤 쿼터는 전 세계적으로 적용되고 또 다른 것들은 특정 외국에만 적용되기도 한다. 예를 들어, 북미자유무역협정(North American Free Trade Agreement)은 면 또는 인조모섬유 의류, 모직의류, 섬유직물과 기타 제조물(made-ups), 그리고 면 또는 인조섬유로 만든 실에 적용된다(HTS Section XI Additional U.S NOTES). 대통령 선언 또는 법률 제정에 의해서 승인된 쿼터는 **절대적**(absolute) 또는 **관세율**(tariff-rate) 중 하나이다. 절대적 쿼터는 미국으로 들어오도록 허용된 제품의 수량을 제한한다. 한계에 이른다는 것은 그 유형의 추가 제품이 쿼터 기간이 끝날 때까지 그 나라에 반입될 수 없음을 의미한다. 예를 들면, 2002년도에 중국에서 생산된 100% 면과 면 혼방 데님 진에 쿼터가 적용되었다. 매우 중요한 신학기 판매 기간 전에, 대부분의 생산자들은 그들의 면 데님 쿼터에 다다랐다. 그래서 소매상인들에 의해 주문된 많은 진들은 신학기 판매를 위해 진 코너에 충분히 들여놓지 못한 채 세관에 압류되어 있다.

관세율 쿼터는 쿼터 기간 동안 절감된 관세율로 자국에 들여올 수 있는 제품의 수량에 제한을 둔다. 들여올 수 있는 제품의 양은 제한되어 있다. 그러나 쿼터 제한을 초과하는 양들은 높은 세금의 대상이다. 다시 말해서 일부 제품은 세관이 추가제품에 세율을 높이기 전에 낮은 세율로 들여올 수 있다. 관세율 쿼터는 생산자가 제품의 도매가에 관세를 부가함으로써 관세의 비용을 회수하는 것만큼 시장에서 가격을 올린다. 대통령은 통상협정법(www.customs.gov)에 의해 협상된 협약대로 대부분의 관세율 쿼터를 공시한다.

관세(tariff) 또는 **세금**(duty)은 제한하기를 원하는 특정 수입제품에 정부가 세금을 부과함으로써 자국제품의 경쟁력을 촉진시킨다. 관세는 수입된 유사제품보다 지역에서 생산된 제품에 가격적 혜택을 주어서 정부에 수익을 올려준다. 두서너 가지 예만 들면 가죽, 진짜 모피, 여우털, 오버코트, 잠옷, 스커트와 바지와 같은 많은 패션제품들은 그 제품에 사용된 가죽, 실 그리고 직물을 기준으로 세금이 부과된다. 관세의 양은 서로 다르다. 그러나 그것은 보통 원가의 백분의 일이다. **원가**(first cost)는 원산지에서 상품의 도매가이다.

지적재산권

지적재산(intellectual property)은 정신적 창조, 즉 문학과 예술작품, 상징, 이름, 이미지, 그리고 상업에 사용된 디자인을 말한다. **미국 이민집행기관**(Immigration and Customs Enforcement, ICE)에 의하면, **지적재산권**(intellectual property rights, IPR) 침해는 상표, 상표명 그리고 저작권에 대한 비합법적인 사용을 포함한다. 디자인을

표 11.1		
이것은 미국 관세국경보호처에 의해 몰수된 최고의 상품들이다. 이 표는 매년 화폐가치를 비교하는 통계적 정보를 보여주고 있다. 신발이 달러와 백분율에 기반을 둔 가장 높은 가치를 지니고 있음에 주목하라.		
	FYª 2010	FY 2011
수	19,959	24,792
국내 가치(백만 달러)	188.1	178.3
MSRP(백만 달러)	1,413	1,110

출처 : http://www.cbp.gov/linkhandler/cgov/trade/priority_trade/ipr/ipr_communicatons/seizure/ipr_seizures_fy2011.ctt/ipr_seizure-fy2011.pdf)

ª FY(fiscal year) : 회계년도

복제해서 이익을 위해 판매하는 스타일 불법복제는 패션산업에서 흔하다. 패션산업에서의 창의성과 혁신의 과시는 도용한 디자인을 팔아서 이익을 창출하는 지역 사회에 그 회사의 자산을 더하는 것이다. **스타일 불법복제**(style piracy)로 알려진, 원작을 복제하는 것은 국제적인 문제이다. 다음은 국제 불법복제방지연합에서 제공한 사실들이다.

● 불법복제비용은 연 2천 억~2천 5백 억 달러이다.

● 불법복제상품은 75만 이상의 미국인 실업에 직접적인 책임이 있다.

● 1982년 이후, 불법제품의 세계적인 거래는 연 55억 달러에서 거의 6천 억 달러까지 증가하고 있다.

● 미국 회사들은 국제적인 저작권 도용으로 90억 달러의 무역 손실을 보고 있다.

● 불법복제행위는 세계적인 건강과 안전에 위협을 제기하고 있다.

복제를 통제하고 재산을 몰수하는 것에 대한 논의가 자주 일고 있다. 해적행위를 고소하는 것은 세계 각처의 다양한 법 때문에 균등하지 않다. 분명한 한 가지 사실은 복제가 불법이며 매년 수십 억의 경제적 비용이 들어간다는 것이다. [표 11.1]은 2010년과 2011년에 몰수된 상위 물품의 비교를 보여주고 있다. 이민집행기관(ICE)이 2010년에 보고한 19,959가지 압류품은 위조 및 불법복제품으로 1억 8,810만 달러 이상으로 집계되었으며, 2009년 14,841가지 압류품에 비해 34% 증가되었다. 전체 수입과 IPR 압류품의 그래픽 비교는 [그림 11.4]를 참조하기 바란다.

2010년 총 압류품의 66%가 중국 제품이다. [표 11.2]에 압류품의 수에 대한 미국 무역 상대국의 기여도가 자세히 나타나 있다. 목록에는 신발, 의류, 핸드백/지갑/백팩 등과 같은 다양한 패션 카테고리가 포함되어 있다. 신발은 불법제품 총액의 24%를 차지하며, 국내 가치로 4,670만 달러의 가치를 지니며, 2010년도에 압수된 최고의 상품이었다.

위조무역은 급속히 성장하고 있으며, 핸드백은 오래전부터 인기 있는 위조항목이 었다. 1,500달러 이상의 Louis Vuitton 가방을 500달러에 소유하려는 생각은 Louis

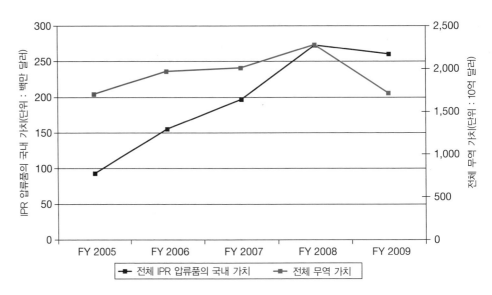

그림 11.4 전체 수입품 대비 지적재산권 압류품의 비교
출처 : Public Domain from U.S Customs and Border Protection

Vuitton 가방을 소유하기를 원하지만 지불 능력이 없는 소비자에게 매력적이다. 가처분 소득이 적은 소비자들은 싸게 사는 물건으로 위조품을 보며 저가로 저품질의 제품을 기꺼이 받아들인다.

[그림 11.5]는 두 개의 Louis Vuitton 가방을 보여주는데, 그중 하나는 진품(그림 11.5a)이고, 다른 하나는 위조품(그림 11.5b)이다. 가짜와 진품을 분간하기는 쉽지 않다. 가짜 Louis Vuitton 가방의 판매 기록은 없으나, 그 백의 판매 추산액은 거의 10억 달러이다. Louis Vuitton에 더하여, 기타 인기 있는 브랜드인 Nike, The Northface, Chanel, Burberry, Dooney & Bourke 등이 자주 위조상품에 포함된다. 때로는 유명 소매상들이 저명한 디자이너의 제품과 디자인을 복제한 혐의로 다툰다. 개성 있고 값싼 소매상으로 유명한 Forever 21은 이러한 고발로 법정 투쟁에 자주 말려든다. *Women's Wear Daily*는 Forever 21의 공동 창립자인 장진숙이 Forever 21이 Trovata의 디자인을 복제하였다고 하는 Trovata에 의한 고발에 대해 법정에서 증언하였다고 2009년 5월에 보고하였다. 유사한 일들이 일어나는 동안, 장 씨는 의문의 스웨터 디자인이 Trovata

표 11.2		
압류품의 국내 가치에 대한 미국 무역 대상국의 기여 정도		
국가	2011년	2010년
중국	62%	66%
홍콩	18%	14%
인도	3%	4%
기타	17%	16%
출처 : Public Domain form U.S. Customs and Boder Protection		

에게만 독특한 것이 아니었다고 완강히 버티었다. 이는 Diane von Furstenberg, Anna Sui, Anthropologie, Bebe 등과 같은 회사들에 의해 지난 3년 반동안 Forever 21을 고발한 50여 건 이상의 사례 중 하나이다. 법정 밖에서의 화해로 대부분의 경우가 끝났다(Brown, 2009).

디자이너와 브랜드들은 그들의 상표를 중요하게 여긴다. 그들의 명칭을 비승인 상태로 그리고 부적절한 방법으로 사용하는 것은 불법이며 인정받지 못한다. 2009년 6월 15일 Chanel은 그들이 Chanel 이름의 '남용자'라고 했던 것을 응징하면서 *Women's Wear Daily*에 전면 광고를 내보냈다. 그 광고는 '과거와 현재'의 Chanel을 묘사하고 있다. 다른 디자이너들은 그들이 일으키기 위해 끊임없이 일해 온 그 브랜드를 지키고 대중들에게 알리기 위하여 유사한 행동을 보였다.

외환시장

모든 국제 비즈니스처럼 패션산업도 세계 경제 속에서 자금의 기능이 우선되어야 한다. 주요 사안은 금융권에서 제품과 서비스를 위해 돈을 지불하고, 제품과 서비스를 위해 받은 돈은 끊임없이 변한다는 것이다. 이것은 적어도 한 국가가 국제적인 거래에서 그들의 화폐를 다루지 않기 때문에 발생하며 위험 요소는 국내 거래에서 발생하지 않는다. 그러므로 외환율은 다른 나라에서 사업할 때 위험 요소가 될 수 있으며 위험

그림 11.5 Louis Vuitton 가방
출처 : Alamy

관리와 완화 측면이 검토된다. **외환율**(foreign exchange rate)은 다른 말로 하면 단위 통화에 대한 가격이다. 만약 미국 달러와 유로 간 환율이 1.36달러라면, 구매한 모든 유로는 1.36달러이다. 환율에는 다른 교부일이 있다. **현물환율**(spot exchange rate)은 즉각 이루어진다. **선물시세**(forward rates)는 90~180일 내에서 이루어지는 거래의 비율이다. 90일 내에 바이어는 유로를 전달할 의무가 있으며, 유로의 시세율과는 상관없이 협정률로 지불해야 한다. 현물환율과 선물환율 간 차이는 그 나라의 이율과 관계 있다. 90일 내에 만약 유로가 높다면, 바이어는 이익을 보지만, 반대로 유로가 낮다면 바이어는 손실을 보게 된다.

외국환의 가치 상승과 하락은 세계적인 기업의 경쟁력에 영향을 미친다. 통화 가치가 오를 때, 그 통화로 가격이 매겨진 제품을 사는 것은 좀 더 비싸다. 그리고 그와 반대 또한 같다. 왜냐하면 패션산업은 오늘 오더를 하지만 미래에 인수하는 식으로 가동되는 비즈니스이기 때문에, 환율을 이해하는 것은 진정한 원가를 이해하는 데 필수다. 이것은 반대의 관계이다. 패션 비즈니스는 해외로부터 제품을 구매하고, 해외로 제품을

판매하기 때문에 배달 기간이 얼마나 걸리느냐가 배로 중요하다.

예를 들면, 남성 신발 체인점의 바이어는 90일 이내에 배달하기로 하고 이탈리아에 있는 한 회사로부터 이탈리아 가죽 신발을 구매하였다. 지금 그 신발의 바이어는 두 가지 선택을 할 수 있다. 즉, 지불시기 마감에 현물환율을 택하든지 또는 90일 선물시세로 묶어둘 수도 있다. 그 바이어는 90일 선물로 묶어두기로 결정한다. 신발 배달은 약속된 기간 내에 이루어지며 이탈리아 생산자는 매장으로 신발에 관한 서류를 보낸다. 소매상인은 이탈리아 화폐로 생산자에게 지불하고, 그 생산자의 은행이 외환율에 따라 달러를 유로로 바꾼다. 만약 환율이 선물시세보다 높다면, 그 바이어는 선물시세로 유로를 유보하는 것이 현명한 결정이 될 수 있다. 그러나 만약 비율이 환율보다 낮다면, 바이어는 신발에 의도했던 비용보다 더 지불을 해야 한다. 이때 현물환율에 따라 그 신발의 소매가는 재평가를 요구할 수 있다.

미국 달러가 세계에서 가장 넓게 거래되는 통화이다. 미국 통화는 미국의 경제적 파워 때문에 대부분의 국가에서 통화의 기준이 된다. 그러므로 미달러의 공급이 증가할 때, 그 '가격'은 외화의 수요에 근거하여 전 세계적으로 떨어지고, 반대로 미달러의 공급이 감소할 때, '가격'은 외화의 수요에 근거하여 전 세계적으로 올라간다. 수요와 공급에 따라서 달러의 공급 이동이 외환에 영향을 미친다(그림 11.6).

세계화

패션회사는 소비자의 욕구를 창출하는 제품을 제공하기 위해 확장할 수 있으며, 이들 제품을 위해 경쟁한다. **시장포화**(market saturation)는 시장에서 필요로 하는 제품의 수량에 다다르는 시점 또는 최고점에 이르는 시점이며 향후 성장을 위해서 제품의 개선이 요구되며, 시장을 점유하거나 전반적인 소비자 수요에 있어서 증가를 볼 수 있다. 시장포화는 제품의 종말을 의미할 수 있으며, 시장포화가 일어나면 회사들은 신제품을 내놓기 위하여 새로이 나아갈 방안을 찾는다. 많은 패션회사들은 제품을 국제적으로 판매함으로써 한 아이템의 라이프사이클을 확장한다. 고객, 문화 그리고 통화를 세계시장으로 확장하는 것은 내수 비즈니스를 수행하는 것보다 훨씬 어렵다. 그러나 국제적인 투자에는 많은 긍정적인 이유가 있다.

패션회사들은 해외와 경쟁하기 위하여 경쟁적 우위를 창출해야만 한다. 경쟁적 우위에는 규모의 경제, 우수한 지식이나 기술적 전문성, 비용 절감, 해외 자회사, 그리고 자산의 다양성 등이 포함된다. 규모의 경제에 의해 특화된 회사는 저비용 구조로 보다 효과적으로 운영할 수 있다. 이것이 바로 단위당 비용이 높은 소기업에 비해 그 회사에 이익을 가져다주기 때문이다. 게다가 시장에 제품을 내놓을 경우, 무역장해 때문에 때로는 지역 제품에 의존하기도 한다. 우수한 지식이나 기술적 전문성은 R&D 또는 시장기술에서의 회사의 효율성을 의미한다.

생산과 마케팅 능력은 해외 경영에 투자되는 비용을 상쇄할 수 있으며, 비록 비용 구

2011년 8월, 1달러는
0.74유로와 같았다.

2011년 8월, 1유로는
1.34달러와 같았다.

그림 11.6 미달러로 환산한 나라별 의류 가치

조가 높을지라도 이익이 발생하는 점을 감안할 때 경쟁적 우위를 제공할 수 있다. 회사의 세계화는 원자재와 노동비용 절감의 결과를 또한 가져올 수 있다. 어떤 회사의 경우 세계적인 확장은 생산을 위한 필수 원자재 수급을 위해 중요하다.

해외 확장은 무엇보다 저임금 때문에 발생한다. 앞에서 언급한 바와 마찬가지로 패션 산업에서 중국은 저임금으로 인해 패션 관련제품의 선두적 제작자가 되었다. 특별세, 보호관세와 같은 보조금, 또는 낮은 시세의 자금조달이 회사들을 해외로 투자하도록 유인한다. 해외 국가들은 자주 기술과 일자리 그리고 외화를 유인하기 위하여 보조금을 제공한다. 회사 포트폴리오를 다양화하는 것은 국내에서 그렇게 하는 것만큼이나 해외에서도 큰 이익이 된다(Burner et al., 2003).

모든 위험을 분석하는 것은 해외 비즈니스에 투자하기 전에 중요하다. 회사가 국내적인지 또는 세계적인지를 결정하는 첫 번째 요인은 고객이다. 제품은 외국 고객에게 매력적이지 않을 수도 있으며, 시장에 제품을 가져오기 전에 각색이 요구될 수도 있다. 두 번째 요인은 그 나라의 문화와 비즈니스 관례이다. **문화**(culture)는 개인의 욕구와 행동의 기본적인 결정요인이다. 미국 문화에서 평범한 부분인 관례가 타국에서는 모욕적일 수 있다. 게다가 외국 규정에 대한 이해 부족은 예상치 못했던 비용을 초래할 것이며, 시장에 제품 출시를 늦추기도 할 정도의 위험 요소이다. 더욱이 국제적인 경험을 가지고 있는 재능 있는 매니저를 발견하는 것은 어려우며, 경험 없는 매니저를 배치하는 것은 비용이 많이 들며 모험일 수 있다. 마지막으로, 해외 비즈니스는 혁명, 해외자산의 몰수, 통화의 평가절하 그리고 법의 변화 등과 같은 정치적 위험이 따른다. 그러한 위험을 평가한 후에, 그 제품을 어떻게 시장에 전개할 것인가를 생각하라.

마케팅은 소비자로부터 시작되며, 대상 국가에 있는 소비자의 시각으로 주의 깊고 철저하게 제품을 평가하는 것이 중요하다. 그 제품이 특정 국가와 어떤 문화의 타깃 고객에게 어떻게 소구되는가를 확인하기 위하여 색상, 사이즈 또는 스타일면에서 그 제품의 수용 또는 수정이 필수적이다. 세계화로 많은 대도시에서 입는 옷은 미국에서 입는 것과 크게 다르지 않다. 그러나 차이점은 존재한다. 예를 들면, 인도의 웨딩드레스는 전통적으로 빨강이다. 그러나 미국의 웨딩드레스는 흰색이거나 흰색계통이다. 그러므로 색상의 문화적 수용은 전 세계적으로 확장을 기대하는 미국 의류 생산자에게 중요한 설계이다. 수용과 수정이 이루어진 후, 다음 단계는 가격을 결정하는 것이다.

표적 국가의 통화로 가격이 정해지나, 조사와 주의 깊은 계획이 없어서는 안 된다. 가격은 그 제품이 수용될 것인지 아닌지를 결정하는 중요한 요인이며, 가능한 한 한 품목으로부터 많은 이익을 내는 것과 표적 고객이 기대하는 품목에 적정 가격을 유지해야 하는 것 사이의 미묘한 균형을 이루어야 한다. 소비자에 의해 제품에 주어진 가치는 세계적으로 일정하지는 않다. 그러므로 시장의 어떤 점이 새로운 시장에 출시된 제품과 관련이 있는가를 아는 것은 아무리 강조해도 지나치지 않다. 유통은 수용 가능한 가격점이 설정된 후에 결정된다.

그 제품을 위한 가장 효율적인 유통 채널은 무엇인가? 점포가 필요한가? 이것은 인터 넷 비즈니스인가? 마케팅 계획에 라이선스 또는 프랜차이즈가 있는가? 이들 질문은 복 잡하고 대답하기 어려우며, 많은 조사와 계획이 요구되고 있다. Ralph Lauren, Nike, 그리고 Coach와 같은 패션 회사들은 세계 각국에 소매점을 운영하고 있는 반면 상품 구 매가 가능한 웹사이트를 유지하고 있다. Zara 또한 세계 각국에 매장을 가지고 있으며 웹사이트 역시 가지고 있다. Zara의 웹사이트는 사용상 유용하다. Benetton과 같은 일 부 회사는 프랜차이즈이다. 이들 회사는 세계적인 환경에서 어떻게 비즈니스를 수행할 것인가에 관해 결정을 내린다. 모두에 의해 공유되는 공통성이 강한 브랜드이다.

A. T. Kearney의 *The Apparel Wars*에 의하면, 라벨에서부터 진짜 브랜드에 이르는 전환을 소매 환경에서는 일반적으로 존재하지 않는 상품기획과 마케팅 기술이라고 부른 다. 그러나 이러한 능력을 구축하는 것은 교육과 함께 시작하면서 그리고 결국 전면적인 브랜드 구축을 이끌게 될 PB제품을 위한 과정을 개발하면서 주에서 관리될 수 있다. 제 품을 브랜딩하는 것은 제품이 세계로 나가기 전에 중요한 단계이다. 미국 마케팅협회는 **브랜드**(brand)를 "한 명의 판매자 또는 판매자 그룹의 제품이나 서비스를 식별하기 위하 여, 그리고 경쟁자의 제품이나 서비스로부터 그들을 차별화하기 위하여 의도된 이름, 용 어, 표시, 상징, 또는 디자인 또는 이들의 조합"이라고 정의하고 있다. 브랜드는 제품의 근원을 식별하며 소비자로 하여금 이들 브랜드와 특정 생산자와의 관계를 구축하도록 허용한다. 소비자에게 브랜드는 품질과 신뢰성을 의미한다. 브랜드는 필요와 욕구를 만 족시킬 능력을 가지고 있으며, 그 또는 그녀가 수준 이하라고 생각할 제품을 구매하게 될 위험을 감소시키는 능력을 가지고 있다. 브랜딩은 그 제품이 식별되더라도 한 제품과 다른 제품 간의 차이를 창조하는 것에 관한 모든 것이다.

국제적인 회사의 마케팅 프로그램은 표준화되고 저렴한 것에서부터 많이 개조되고, 각 지역 시장에 맞게 조정된 비싼 것까지 다양하다. 대부분의 회사들은 이들 양극 사이 에 있는 마케팅 프로그램을 발견한다. 분명한 것은 미국시장에서 작동하는 모든 마케팅 계획이 모든 해외시장에 적합한 것은 아니다. 회사들은 때로 고생하면서 마케팅 교훈을 학습하며 Nike가 유럽에서 해야만 했던 것처럼, 그들이 그래 왔듯이 조정을 한다. Nike 의 가장 성공한 광고 캠페인 중 하나인, 'Just Do It'은 보통 사람을 스타나 운동선수의 꿈을 좇도록 격려하였다. Nike 광고는 미국시장에 완벽했으며 소비자들은 자기역량 강 화 메시지와 모든 미국인은 '할 수 있다'라는 태도로 반응하였다. Nike가 광고 메시지 를 유럽에 홍보했을 때, 유럽인들은 광고가 공격적이라고 생각했으며, 스포츠 의류회사 로 Nike를 보기보다는 패션 회사로 보았다. Nike는 새로운 접근을 시도하고 신발을 1994년 월드컵에서 승리한 브라질 축구팀과 같이 유럽 소비자에게 유명한 운동선수와 연계시키기 시작했다. 2003년경, Nike의 해외 이익이 처음으로 미국 이익을 초과하였 다(Kotler and Keller, 2008).

세계 패션시장

시장은 제품이 생산되어서 도매상에서 팔리는 곳이다. 패션 바이어들은 소매점 제품을 구매하기 위해 시장에 간다. 시장에는 두 종류의 시장이 있다. **국내시장**(domestic markets)은 그들 자신의 나라에 있는 시장이고, **해외시장**(foreign markets)은 그들 나라 밖의 시장이다. 프랑스는 한때 유일한 해외 패션시장이었으며 모든 패션 중 가장 으뜸인 프랑스 오트 쿠튀르 디자인을 강조하였다. 그러나 오늘날 시장은 전 세계에서 보인다. 1960년대, 기성복 시장이 이탈리아와 프랑스에 선보였다. 오늘날 패션시장은 몇 개만 예를 들자면, 영국, 이탈리아, 독일, 스칸디나비아, 캐나다, 멕시코, 중국 그리고 일본에서 볼 수 있다. 많은 소매 패션 바이어들은 세계 트렌드에 뒤지지 않는 새로운 아이템을 찾기 위해, 그리고 유망한 디자이너를 찾기 위해 1년에 두 번씩 해외시장을 방문한다. 해외시장은 소매상의 품목에 고급스러운 요소를 부가하는 국내에서는 불가능한 벤더들로부터 제품을 제공받음으로써 소매상들에게 경쟁적 혜택을 주고 있다. 각 나라의 시장은 그 나라별로 독특하다. 예를 들면, 프랑스는 최신 패션을 의미하며, 이탈리아는 거의 틀림없이 니트, 가죽 그리고 액세서리로 우월하며, 영국은 초창기 남성복으로 유명했으나, 오늘날은 획기적이며 최첨단 디자인으로 유명하다. 세계화의 또 다른 면은 패션 무대에서 중요시되고 있는, 특히 원자재와 책임 생산을 제공하는 개발도상국이다.

미국 텍스타일과 의류 자유무역협정

관세 및 무역에 관한 일반협정(General Agreement on Tariffs and Trade, GATT)은 무역협정 가능성을 협상한다(WTO). GATT는 무역을 감시하고 무역분쟁을 해결하며 무역 규칙의 시스템을 작동시킬 목적으로 제2차 세계대전 이후 **세계무역기구**(World Trade Oraganization, WTO)로 설립되었다. WTO의 형성과 함께 무역은 '1950년 이래 22배'로 성장하였다(WTO). WTO의 주요 기능은 국가 간 중단 없이 제품의 흐름을 용이하게 하는 것이다. WTO는 국가 간 공정한 무역 관례의 해결을 위한 연락을 담당하고 있다. 이것은 국제무역에 관련된 소비자, 사업체 그리고 국가들을 돕도록 디자인된 보호 단체이다. 현재 153개국이 WTO에 소속되어 있다. 미 상무부 국제무역청(International Trade Administration)에 의해 매월 발행되는 무역 통계는 전 세계 국가로부터의 수출입을 보여주고 있다. 국가 간의 경계가 없어짐에 따라 무역협정과 무역 선호 프로그램이 국가들과 그들의 무역 파트너 간의 공정무역을 보장하며 이것이 또 다른 나라와의 무역을 장려한다.

무역협정이 성사되면 일반적으로 관세 또는 업무가 적어진다. 때로는 의무적으로 최고의 출하량을 요구하지만, 단 한 번의 요구로 이행되며 의무는 감소된다. 이것은 모든 관련 당사자를 위함이다. [그림 11.7]은 국가별 의류 가치의 백분율을 보여주고 있다.

다음은 **북미 자유무역협정**(NAFTA)과 도미니카공화국-중앙아메리카(CAFTA-

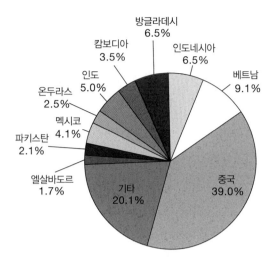

그림 11.7 국가별 의류산업의 가치를 보여주는 원그래프

DR), 페루, 칠레, 오스트레일리아, 싱가포르(USSFTA), 오만, 바레인, 이스라엘, 요르단, 모로코와의 협정을 포함하는 최근 미국 텍스타일과 의류 자유무역협정을 검토하고 있다. 여러분이 각 무역협정에 관해 읽음으로써, 앞표지 뒷면에 있는 지도상에 무역협정과 관련 있는 나라들을 발견하게 될 것이다.

북미 자유무역협정

북미 자유무역협정 또는 NAFTA는 텍스타일과 의류에 한정하여, 이들이 캐나다와 멕시코로 수출될 때 면세로 분류된다고 명시하고 있다. 면세 자격을 얻기 위해서, 이들 제품은 전적으로 NAFTA 제품이든지 또는 미국 내에서 충분한 분량이 공정된 외국제품과 함께 우선 미국에서 생산되어야만 한다. 일부 예외로는 **관세특혜수준**(tariff preference levels, TPLs)이 있다. TPLs는 실, 직물, 의류 그리고 면세되지 않는 텍스타일 완성 전 제품과 같은 명시된 비창작제품을 감안해서 만든 것이지만, 그 제품과 NAFTA 파트너에 따른 특별세 요구 조건을 충족시킨다.

도미니카공화국-중앙아메리카 자유무역협정

도미니카공화국-중앙아메리카 자유무역협정 또는 CAFTA-DR에는 미국, 코스타리카, 도미니카공화국, 엘살바도르, 과테말라, 온두라스, 니카라과 등 7개 국가를 포함한다. CAFTA-DR은 CAFTA-DR 시장 내에서의 향후 무역과 사업 기회를 허용함으로써 카리브 연안국 무역협력법(Caribbean Basin Trade Partnership Act, CBTPA)을 능가하고 있다.

미국 텍스타일이 의류제품으로 한정하는 것은 일반적으로 **얀포워드기준**(yarn-forward standard)으로 알려진 원래의 텍스타일과 의류 규격의 요구사항을 충족시킴으로써 CAFTA-DR 지역으로 수출할 때 면세로 분류된다. 이 기준은 실 생산과 직물 생산에서부터 의류 공정에 이르는 모든 작업이 미국 또는 CAFTA-DR 지역에서 이루어져야만 한다고 요구하고 있다. 직물이 재단되어서 CAFTA-DR 국가의 한 나라 이상에서 제조되는 한 일부 실과 직물은 CAFTA-DR 지역 외의 나라에서 생산될 수 있다고 설명하는 '**재단과 편성 원산지 규정**(Cut and Assemble Rule of Origin)'과 같은 원산지의 얀포워드기준에도 일부 예외가 있다.

페루 무역진흥협정

페루 무역진흥협정(Peru Trade Promotion Agreement)에 따라 미국 섬유, 실 그리고 의류제품에 한하여 면세로 페루에 수출될 수 있다. 얀포워드기준은 사실상 면세로 미국 시장에 들어오는 것을 의미하며, 텍스타일과 제품들은 미국과 페루 지역의 실을 사용해 만들어져야만 한다. 얀포워드기준에는 면세 자격을 주기 위하여 지역 공급업자로부터 납품되는 모든 탄성중합체 소재에 요구되는 **지역탄성중합체요구**(regional elastomeric requirement)와 같은 얀포워드기준에 예외가 있다.

면세 진입이라 명명되는 기타 예외로는 생산은 요구되지만, 그 지역에서 상업적으로 접근할 수 없는 제품으로 구성되어야 한다. 만약 수입의 급증이 국내산업의 심각한 손실 또는 소송 위협의 원인이라며, **최혜국**(most-favored-nation, MFN) 금리의 대상이 된 곳에는 특별 텍스타일 보호장치가 있다.

칠레 자유무역협정

칠레 자유무역협정(Chile Free Trade Agreement)에 따라 칠레로부터 수입되는 텍스타일, 의류, 신발 그리고 여행용품에 세금이 면제된다. 면세 자격을 위해 이들 제품은 원산지인 미국 또는 칠레에서 공정되거나 또는 미국이나 칠레에서 처음에 공정된 특정 양의 재료로 만들어져야만 한다.

오로지 미국 또는 칠레산 원자재로 만들어진 모든 제품은 자동적으로 면세 자격을 얻는다. 그러나 다른 국가 원자재를 포함하고 있는 제품이 얀포워드기준과 같이 특정 기준을 충족시키면 자격을 얻는다.

얀포워드기준은 실 생산과 제품의 완성을 위해 진행되는 모든 공정이 미국 또는 칠레에서 이루어져야 한다. 그러나 **섬유포워드기준** 또는 **직물포워드기준**(fiber-forward or fabric-forward standards)을 요구하는 예외조항이 없다면 섬유는 어떤 나라 원자재라도 가능하다.

만약 품목들이 얀포워드기준을 충족시키지 못한다면, 만약 모든 비원산지 섬유와 실이 그 제품 총중량의 7% 이하, 즉 **면세최소기준**(de minimis)에 들면 면세받을 수 있다. 이러한 특칙은 소매업을 위한 텍스타일과 의류제품에도 또한 적용할 수 있다.

오스트레일리아 자유무역협정

오스트레일리아 자유무역협정(Australia Free Trade Agreement)에 따라 오스트레일리아로 수입된 텍스타일과 의류제품에 붙는 세금이 면제된다. 고무/직물, 플라스틱/보호용 신발 17개 특정 아이템을 제외하고 오스트레일리아로부터 수출된 여행용품과 신발은 면세가 된다. 제외된 17개 품목은 또한 2014년 1월 1일에 면세 진입의 자격이 주어진다.

면세 자격을 얻기 위해서 모든 제품은 일정량이 미국 또는 오스트레일리아산 원자재로 만들어져야만 하거나, 그 나라에서 공정되어야만 한다. 미국 또는 오스트레일리아산 원자재로만 만들어진 모든 제품은 자동적으로 면세 진입의 자격이 주어진다. 그러나 타국의 재료를 포함하는 제품은 실 생산과 제품을 완성하기 위한 모든 공정이 미국이나

Vivian Chan Show

세계의 안목 있는 여성이 입는 오스트레일리아 상표 Vivian Chan Show는 수제품 여성 니트로 특화되어 있다. Harpes Bazaar가 '오스트레일리아 니트웨어의 여왕'이라 칭했던 Vivian Chan Show는 미끈하게 처지고 부드러우며, 갈라 오픈 파티에 착용할 수 있도록 쉽고 광범위하게 분류해서 투피스로 입을 수 있는 디자인을 창조하고 있다.

{ *"Missinis의 라이벌일 수 있는 니트의 달인"*
출처 : Sportswear international

모든 의복은 오스트레일리아에서 수작업으로 짜여지며, 재단 봉제를 하지 않고 각 디자인이 옷의 형태로 짜여진다. 그러므로 각 의복은 진정으로 개별용이다.(미소니와 요지가 결합한 트위스트라고 생각하라.)

상표는 Vivian Chan Shaw라는 디자이너에 의해 1972년 시작되었으며, 오늘날 그 회사는 모녀인 Vivian과 Claudia Chan Shaw에 의해 운영되고 있다. 오늘날 Vivian과 Claudia는 디자인 임무를 공유하고 있다.

초기 패션 전문가를 능가하는 오스트레일리아 대표 브랜드 중 하나이며, 시드니의 Queen Victoria 빌딩에 플래그십 매장을 가지고 있는 Vivian Chan Shaw 브랜드는 오스트레일리아 주변에서 판매되며, 수년간 미국, 독일, 스위스, 영국 그리고 뉴질랜드로 수출되고 있다.

Chelsea Clinton이 Vivian Chan Shaw 매장에 다녀간 적이 있으며 Sally Jessy Raphael은 팬이다. Randy Crawford는 시내에 있을 때 잠시 들른 적이 있다.

수직기는 상업적 니트에서는 표현할 수 없는 흐르듯이 유연한 형태의 니트를 Vivian Chan Shaw가 자유로이 창조하도록 하였다. 그 결과는 양모, 면, 실크, 모헤어 그리고 인조섬유와 혼방을 포함하는 섬유인 가볍고 섬세한 니트, 즉 옷 가방에 동그랗게 말아서 넣어도 어디 하나 구김 없이 도착할 수 있는 완벽한 여행 동반자가 되었다. 사용된 실은 Vivian Chan Shaw 시방서대로 염색되어졌으며 정교하게 혼방되었다.

Vivian Chan Shaw는 니트의 달인으로 전세계적으로 알려져 있다. 흐르는 듯 유연한 선으로 된 레이블의 사인이 독특하고 독창적이다.

세월이 흘러도 변치 않는 레이블인 Vivian Chan Shaw는 시드니에 있는 발전소 박물관의 영구 소장품으로 전시되어 있다.

그 수공예품은 전 세계에서 인기를 얻었으며, 디자인이 진짜 독특하다는 명성을 얻고 있다. Vivian Chan Shaw 디자인을 보면 이 주장이 참으로 진실이라는 것을 인식하게 될 것이다.

주 : 정교한 세트의 모조 장신구가 Vivian Chan Show 컬렉션에 첨가되었다. 특색 있는 원석, 흑옥, 베네치아 유리 구슬, 그리고 진사(적색 황화수은) 디자인은 모두 그 디자이너에 의해 몸소 창조된 것들이다. 컬렉션에 있는 모든 귀걸이와 목걸이가 수공예품이라는 것은 놀라운 일이 아니다.

오스트레일리아에서 이루어져야만 한다는 얀포워드기준과 같이 특정 기준을 여전히 충족시켜야 한다. 그러나 만약 섬유포워드기준 또는 직물포워드기준을 요구하는 예외가 없다면, 섬유는 그 어떤 나라 원자재여도 상관없다.

만약 제품이 얀포워드기준을 충족시키지 못한다면, 비원산지 국가의 섬유와 실이 그 제품 총중량의 7% 미만이라면 그 또한 면세 혜택을 얻을 수 있다. 특칙이 또한 소매 판매를 위한 텍스타일과 의류제품에 적용될 수 있다. 346쪽 상자글 'Vivian Chan Shaw'는 시장의 틈새를 공략하는 오스트레일리아 회사인 Claudia Chan Shaw 니트웨어에 관한 홍보자료이다. 면세 자격을 얻고자 하는 회사는 해외 진출 방법을 찾아야만 한다.

싱가포르 자유무역협정

싱가포르 자유무역협정(Singapore Free Trade Agreement, USSFTA)에 따르면 미국으로부터 싱가포르로 수입된 모든 적합한 텍스타일, 의류, 신발, 그리고 여행용품은 면세 자격을 얻게 될 것이다. 싱가포르에서 미국으로 들어오는 텍스타일과 의류도 마찬가지로 면세 혜택을 받을 수 있다. 면세 자격이 되기 위해서 모든 제품은 원자재의 일정량이 미국 또는 싱가포르산이어야 하거나 원산지에서 공정되어야 한다.

미국 또는 싱가포르산 원자재로 만들어진 모든 제품은 면세의 자격을 자동적으로 획득하게 될 것이다. 그러나 타국산 원자재를 포함하고 있는 제품은 실 생산과 제품 완성이 미국 또는 싱가포르에서 이루어져야 하는 공정을 요구하는 얀포워드기준과 같은 특별한 기준을 충족시킨다면 여전히 자격을 획득할 수 있다. 그러나 섬유포워드기준 또는 직물포워드기준을 요구하는 예외사항이 있지 않다면 그 섬유는 어떤 나라 산이라도 괜찮다. 얀포워드기준의 일부 예외에는 미국 또는 싱가포르에서 재단, 편성, 재봉 그리고 가공된 직물로 만든 실크와 마 의류제품과 더불어 브래지어와 같은 제품이 포함된다. 만약 얀포워드기준을 충족시키지 못하는 품목이 있다면, 비원산지 섬유와 실이 그 제품 총중량의 7% 미만으로 만들어졌다면 면세 자격을 획득할 수 있다.

오만 자유무역협정

오만 자유무역협정(Oman Free Trade Agreement)에 의하면, 오만으로 수입된 신발과 여행용품의 세금은 제외된다. 게다가 얀포워드기준을 충족시키지 못하는 의류제품의 일정량은 **특혜 관세율**(preferential tariff rate)을 받는다. 의류에 관한 특혜 관세율 또는 관세 특혜 수준(tariff preference level, TPL)은 의류제품 생산에 사용되는 면과 인조섬유 5천만 m²로 한정되어 있다. TPL을 초과하는 의류제품은 MFN 면세율 적용 대상이 될 것이다. TPL 만료 후, 오만으로 수입된 모든 나머지 제품은 실 생산과 제품 완성 공정이 미국 또는 오만에서 이루어져야만 하는 것을 요구하는 얀포워드기준을 고수하여야 한다.

만약 제품이 얀포워드기준을 충족시키지 못한다면, 모든 비원산지 섬유와 실이 그 제품의 총중량의 7% 미만이면 면세의 자격을 획득할 수 있다. 특별 조항은 소매를 위한 텍스타일과 의류제품에도 적용된다.

바레인 자유무역협정

바레인 자유무역협정(Bahrain Free Trade Agreement)에서 제기한 규정에 의하면, 미국으로부터 바레인에 수입된 모든 자격 요건을 갖춘 텍스타일, 의류 그리고 신발과 여행용품은 세금으로부터 면제될 것이다. 면세의 자격을 획득하기 위하여 이들 제품은 미국이나 바레인산 원자재로 만들어졌거나 공정되어야 한다.

미국 또는 바레인산 원자재로 만들어진 제품은 자동적으로 면세 자격을 얻게 된다. 그러나 타국산 원자재를 포함하는 제품은 만약 그들이 얀포워드기준과 같은 특정 기준을 충족시킨다면 면세의 자격을 획득하게 될 것이다. 얀포워드기준은 실 생산과 제품을 완성하는 모든 공정이 미국 또는 바레인에서 이루어져야 함을 요구한다. 그러나 섬유는 타국산일 수도 있다.

그 협정은 또한 얀포워드기준을 충족시키지 못하는 면 또는 인조섬유 텍스타일로 만든 제품의 일정량은 특혜 관세율을 받을 것이라고 서술하고 있다. TPL로 알려져 있는 의류에 대한 이들 특혜 관세율은 6,500만 m²이다. TPL을 초과하는 제품은 최혜국 면세율의 대상이 된다. TPL은 또한 바레인이 미국으로 수출하는 데 적용할 수 있다.

이스라엘 자유무역협정

이스라엘 자유무역협정(Israel Free Trade Agreement)에 의하면 이스라엘로 수입된 텍스타일, 의류, 신발 그리고 여행용품에 적용되는 세금은 제외된다. 일부 예외는 여전히 관세 수수료와 세금의 대상이 될 것이며, 그 협정은 서부은행 또는 가자지구로의 수출에는 적용되지 않는다.

면세를 위하여 이스라엘로 들어오는 모든 제품은 전적으로 미국에서 생산되거나 공정되어야만 한다. 만약 제품이 미국에서 만들어지거나 생산되지 않았을 경우, 원산지가 합의 조건에 적합한 미국 또는 이스라엘 원자재를 포함하고 있다면 여전히 면세될 것이다. 협정에 의하면 부가가치 요건은 35%이며, 의복은 부분 또는 전적으로 이스라엘에서 수합되어 가공되도록 요구되고 있다.

요르단 자유무역협정

요르단 자유무역협정(Jordan Free Trade Agreement)에 의하면 대부분의 텍스타일, 의류, 신발 그리고 여행용품의 관세가 단계적으로 폐지되었으며, 대부분의 자격을 획득한 제품들은 오늘날 면세로 입국이 가능하다.

면세를 위해서 제품은 미국에서 직접 요르단으로 수입되어야만 하고, 적어도 35%가 미국 원자재로 만들어져야 한다. 만약 그 제품이 요르단산 원자재를 포함하고 있다면,

그 원자재의 15%까지는 35% (부가가치) 요구 조건에 따라 계산될 수 있다.

미국산 원자재로 만들어진 모든 제품은 자동적으로 면세의 자격을 갖는다. 그러나 타국산 원자재를 포함하고 있는 제품은 만약 미국에서의 생산 또는 공정이 타국산 원자재의 대부분을 변형시킬 경우에는 여전히 자격이 있을 수 있다.

모로코 자유무역협정

모로코 자유무역협정(Morocco Free Trade Agreement)에 따르면 모로코로 수입된 대부분의 텍스타일과 의류제품에 부과되는 세금은 면제되며, 모든 자격을 갖춘 제품의 나머지는 2015년 1월 1일까지는 면세가 된다.

그 협정은 미국과 모로코 제조업체들이 최빈개발도상국인 사하라 사막 이남 아프리카 국가산 면섬유를 사용하도록 특별조치를 포함한다. 실 생산과 그 제품이 미국 또는 모로코에서 시작되어 완성되는 일련의 과정을 요구하는 얀포워드기준을 충족시키지 못하는 모든 의류제품은 특혜 관세율을 받게 될 것이다. TPS라고 하는 의류에 대한 이들 특혜 관세율은 의류제품을 생산하는 데 사용되는 실과 직물 3천만 m^2로 한정되어 있다. TPS를 초과하는 일부 의류제품은 세금의 MFN율이 적용될 것이다.

만약 제품이 얀포워드기준에 충족되지 않는다면, 만약 모든 비원산지 섬유와 실이 제품 총중량의 7%를 초과하지 않으면 여전히 면세 자격을 얻을 수 있을 것이다. 특별 공

국가	백만 달러	백만 SME[a]	달러 환전(%)	SME 환전(%)
세계	6,109	1,983	22.4	17
중국	2,385	8.5	20.9	10.4
베트남	557	185	19.8	21.7
방글라데시	396	149	54.1	49
인도네시아	399	120	16.3	22.4
캄보디아	211	86	40.7	36.5
인디아	303	85	22.2	7.6
온두라스	150	77	23	18.5
멕시코	248	68	8.3	9.7
파키스탄	127	54	36.6	25.6
엘살바도르	103	51	22.6	18.6
기타	1,230	303	19.8	16.1
CBI	481	205	24.6	24.2
CAFTA-DR	449	190	18.2	17.3
남 아시아	946	318	34.4	26.7
아세안	1,418	470	21.6	23.7
OECD	201	20	19.6	11.1

그림 11.8 의류 수입 : YTD 2011년 1월(단위 : 백만 달러)

[a] SME(square meter equivalent) : 제곱미터로 환산한 섬유제품 계산단위

급 또한 소매 판매를 위한 텍스타일과 의류제품에 적용된다. [그림 11.8]은 2011년 말 의류 수입을 보여준다.

무역수혜 프로그램

이번에는 아프리카 성장기회법(African Growth and Opportunity Act, AGOA), 안데스 관세특혜 및 마약퇴치법(Andean Trade Promotion and Drug Eradication Act, ATPDEA), 카리브 연안국 무역협력법(Caribbean Basin Trade Partnership Act, CBTPA), 그리고 파트너십 촉진을 통한 아이티 반구 기회법안(Haitian Hemispheric Oppotunity through Partnership Encouragement Act, HOPE)으로 구성된 최근 무역수혜 프로그램에 관하여 다루어 본다.

아프리카 성장기회법

아프리카 성장기회법(The African Growth and Opportunity Act, AGOA)은 미국과 사하라 사막 아프리카 국가 간 의류, 텍스타일, 신발 그리고 여행용품의 면세 무역을 허용한다. [그림 11.9]는 2011년 1월 동안 각 나라로 수입되는 의류의 거래량을 보여주는 국가와 무역수혜 프로그램 목록이다.

이 협정에 따른 자격을 얻기 위하여 의류는 미국, 사하라 사막 이남 아프리카 국가산, 하나 또는 그 이상의 지정된 미개발국가산 실과 직물로 구성할 것을 요구한다. 게다가 손으로 짜거나 수작업하거나 또는 민속품과 에스닉 프린트된 직물뿐만 아니라 캐시미어와 메리노 양모 스웨터도 면세 무역이 가능하다. 미개발 혜택국가들은 또한 세계 어느 곳에서 생산된 직물로 만든 의류에 면세 적용 자격을 얻게 될 것이다.

사하라 사막 이남 아프리카에서 미국으로 수입된 의류제품의 양에 대한 제한은 SME(square meter equivalents : 섬유제품의 계산단위를 제곱미터로 환산한 단위)로 측정된다. 오늘날 이 양은 7%를 초과할 수 없다. 미개발 혜택국가로부터 들여온 이 제품들은 미국으로 수입된 의류제품 총량의 3.5%를 초과할 수 없다.

그 제품 평가액의 적어도 35%에 해당하는 현지 가격의 내용물을 포함해야만 한다는 원산지 결정기준을 충족시키는 한 AGOA 국가로부터 들여온 모든 신발과 비섬유 여행용품은 면세가 된다. 이 백분율은 다른 AGOA 국가들로부터 조달된 조합물로 구성될 수 있으며, 전체 가격의 15% 이내가 미국산일 수 있다.

미국이나 사하라 사막 이남 아프리카 수혜국가들에서 전적으로 생성되지 않은 일부 섬유나 실을 포함하고 있는 사하라 사막 이남 아프리카로 수합된 의류제품들은 모든 외국산 섬유와 실의 총중량이 그 제품 총중량의 10%를 초과하지 않는 한, 면세 적용은 여전히 가능할 것이다.

원산지 인증이 각 적하물에 요구된다. 각국이 자격을 획득하기 위해서는 불법화물과 유가 변동과 통화 변화의 결과, 미국 수입 성장의 가장 중요한 동인은 회복되고 있는 경제에 의한 제품과 서비스에 대한 막대한 수요이다.

미국 총수입과 수출 유가급등이 수입을 23.4%까지 올려 1월에 예상 밖으로 168조에 다다랐다. 기타 주요 수입 내역으로는 자동차, 식품, 자본재, 산업용품 등이 있다. 수출은 기계, 기술, 에너지제품, 자동차로 인해 111조에 이르렀으며 21% 증가했다. 수입이 수출보다 커진 이래 적자는 믿기 어려울 정도인 570억으로, 28% 증가하였다.

세계 무역 통계	변화율(%)	1월	12월	1월
$MM-% Chng from PY	vs LY	2011	2010	2010
미국 총수입	23.4	168,504	168,544	136,509
미국 총수출	21.3	111,401	118,013	91,862
미국 총 적자	27.9	57,103	50,531	44,647
의류 수입	27.1	7,000	6,050	5,506
의류 수출	17.2	365	369	312
의류 적자	27.7	6,635	5,681	5,194
섬유 수입	15.8	1,857	1,744	1,604
섬유 수출	19.2	969	897	813
섬유 적자	12.3	888	847	791
총적자 대비 의류와 섬유 적자		13.2	12.9	13.4

의류 수입과 수출 수입은 지난 1월과 비교해 단위기조로 7%, 달러로 22% 급등하였다. 생산자들이 미국 도소매 고객에게 일부 부가한 원자재와 임금 인상으로 단위비용이 올랐다. 의류 부문은 달러와 단위 모두 성장하였다. 여성과 남성 상의는 가장 큰 수입 부문이지만, 스웨터, 남성 상의 그리고 여성 란제리는 가장 빠르게 성장하고 있다. 수출은 3억 6,500만 달러로 17% 상승했으며, 미국 의류 수출의 1/3 이상을 소비하는 캐나다와의 무역에 의해 유지되었으며, 멕시코, 영국, 벨기에, 엘살바도르로의 수출은 성장하였다.

그림 11.9 2011년 1월 동안 수입된 액수와 무역수혜 프로그램과 국가들
출처 : Apparel Strategist

위조 서류 사용을 방지하기 위하여 장소의 확인 절차와 효율적인 강제 비자 시스템을 우선 갖추어야 할 것이다.

안데스 관세특혜 및 마약퇴치법

안데스 관세특혜 및 마약퇴치법(Andean Trade Promotion and Drug Eradication Act, ATPDEA)은 일부 의류, 섬유 그리고 콜롬비아와 에콰도르에서 생산된 신발제품에 대하여 미국과 볼리비아, 콜롬비아, 에콰도르, 페루 간 면세무역을 제공한다.

이 법에 따르면 면세 자격을 얻기 위하여 의류는 콜롬비아, 에콰도르 또는 미국에서 봉재되거나 수합되어야만 하고, 바느질 실, 갈고리 단추, 스냅, 단추, 장식 레이스, 고무 밴드, 그리고 지퍼와 같은 외국산 원자재와 트리밍은 그 제품비용의 25%까지 사용될 수 있다. 미국, 콜롬비아 또는 에콰도르에서 전적으로 생산된 실로 미국에서 만들어지거나 짜여진 직물 또는 직물 조성물은 만약 그 직물의 염색, 프린팅 그리고 가공 모두가 미국에서 이루어졌다면 면세 자격을 얻을 수 있을 것이다.

콜롬비아와 에콰도르에서 수합된 신발은 면세를 받기 위해서는 미국 또는 콜롬비아와 에콰도르산의 35%에 해당하는 현지가격의 내용물을 포함하여야만 한다.

미국, 콜롬비아 또는 에콰도르에서 전적으로 생성되지 않은 의류와 텍스타일 제품은 만약 외국산 섬유 또는 실의 총중량이 그 제품의 총중량의 7%를 초과하지 않는다면 여전히 면세의 자격을 얻을 수 있다. ATPDEA에 따른 면세 자격을 얻기 위해서는 의류와 텍스타일의 각 수송에 원산지 증명서(certificate of origin)가 요구된다.

카리브 연안국 무역협력법

카리브 연안국 무역협력법(Caribbean Basin Trade Partnership Act, CBTPA)은 2000년 10월 1일에 공식적으로 출범하였으며, 2020년 9월 30일까지 효력이 있다. 이 법에 따르면 앤티가바부다, 아루바, 바하마, 바베이도스, 벨리즈, 코스타리카, 도미니카, 그레나다, 가이아나, 아이티, 자메이카, 몬세라트, 네덜란드령 앤틸리스제도, 파나마, 세인트키츠네비스연방, 세인트루시아, 세인트빈센트그레나딘, 트리니다드토바고, 영국령 버진아일랜드 등은 자격이 주어진 의류, 텍스타일, 그리고 신발제품에 면세의 혜택을 받는다.

자격을 얻기 위하여 그 제품은 미국에서 전적으로 만들어져서 재단되고 카리브해 지역에 있는 한 개 또는 그 이상의 수혜국가로 수합되는 실과 직물을 포함해야만 한다. 자수, 스톤 워싱, 효소 워싱, 산 워싱, 퍼머 프레싱, 오븐 베이킹, 표백, 의복 염색 또는 스크린 프린팅과 같은 추가 공정을 거치는 의류는 또한 면세의 자격이 주어진다.

바느질 실, 호크 단추, 스냅, 단추 그리고 장식용 레이스와 같은 외국산 섬유, 실, 그리고 재료와 장식용품은 섬유와 실의 전체 무게가 그 제품 총중량의 7%를 넘지 않고, 재료와 장식이 그 제품비용의 25%를 초과하지 않는 한 사용될 수 있다. 그러나 만약 그 직물이 전적으로 미국산이고, CBTPA 수혜국가에서 재단돼서 바느질되었다면, 미국 실이 바느질에 사용되어야만 한다.

카리브해 지역에 수합된 신발은 면세의 자격을 얻기 위해서 전적으로 미국, 또는 카리브해 지역 수혜국가 또는 이들의 조합 국가산으로 55%의 현지 가치를 지닌 내용물을 포함하여야 한다. CBTPA에 의해서 면세의 자격을 얻기 위해서는 의류와 텍스타일 각각을 수송할 때 원산지 인증이 요구된다.

파트너십 촉진을 통한 아이티 반구 기회법안

CBTPA뿐만 아니라 **파트너십 촉진을 통한 아이티 반구 기회법안**(Haitian Hemispheric Opportunity through Partnership Encouragement Act, HOPE)은 아이티 생산 텍스타일과 의류제품에 부가적인 면세기 가능하도록 보증한다.

HOPE와 HOPE II하에서 의류가 부가적인 대우를 받기 위해서, 그 의류는 아이티에서 전적으로 수합되거나 편성되어야만 하며, 아이티 또는 도미니카공화국으로부터 직접 수입되어야만 한다.

도미니카공화국 또는 아이티로부터 미국으로 수입된 의류제품 수량의 제한은 SME로 측정되며, 총수량이 전년도 총무역의 1.25%를 초과하지 말아야 한다. 일부 의류는 1년 간 적용할 수 있는 것에 따라 50~60%까지 해당되는 부가가치 요구사항을 충족시켜야 만 한다. 아이티 정부로부터 발행된 정당한 원본 텍스타일 비자가 면세 자격을 얻기 위한 의류와 텍스타일의 각 수송에 요구된다.

수출업자에게 유용한 자원

섬유의류국(Office of Textile and Apparel, OTEXA)은 미 상무부 국제무역청의 산하 기관이다. OTEXA는 수입, 수출, 규정, 제품의 분류 또는 보다 복잡해질 수 있는 기타 문제들과 관계되어 발생될 수 있는 문제를 해결하기 위하여 텍스타일, 의류 그리고 신발산업에서 일하는 사람들을 돕는 데 전념한다.

Export.gov는 그들의 제품을 수출하는 미국 회사들을 돕도록 설계되었다. 그들은 (1) 수출 지원, (2) 무역 데이터와 분석, (3) 관련 있는 온라인 회의와 산업 서류, (4) 산업시장 인도를 위한 지원을 제공한다.

국제통화기금(IMF)은 187개국으로 구성되어 있다. IMF의 목적은 세계 경제의 도움이 요구될 때 원조를 제공하기 위함이다. IMF는 한 국가의 경제, 세계 경제, 세계무역에 관한 통계적 정보, 그리고 세계 경제 전망에 관한 정보를 제공한다.

미국 수출입은행(Export-Import Bank of the United States)은 그들의 제품과 서비스를 국제시장으로 진입하기를 원하는 회사와 사람들을 위한 '공식적인 수출신용기관'으로 설립되었다. 70년이 넘도록 존재하면서 그들은 자본금, 대출, 특별 계획, 보험 그리고 차용 담보를 포함하는 많은 서비스를 제공하고 있다. 수출입은행은 다양한 국제시장(수출-수입)에서의 미국 수출품에 4억 달러 이상의 서비스를 제공해 오고 있다.

미국 관세 및 국경보호청(U.S Customs and Border Protection)은 국토안보부의 한 부서이다. 보호청의 주안점은 규칙, 규정, 정책, 법을 강행함으로써 국경 간에 무역, 여행, 수입 그리고 제품의 수출을 원활하게 진행시키는 동안 미국의 국경을 보호하는 것이다. 그들은 '테러리스트와 그들의 무기'로부터 국경을 지킨다. 2011년에 미 세관은 통상문제와 관련 있는 모든 정부기관과 함께 일하는 동안 2조 이상의 합법적인 무

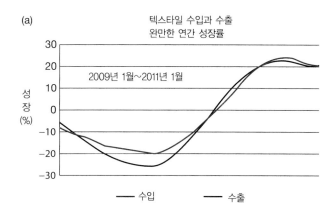

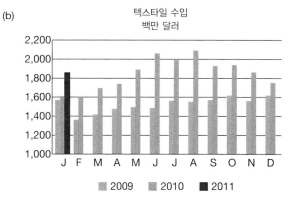

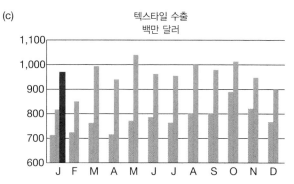

그림 11.10 달러와 백분율로 나타낸 텍스타일 수입과 수출 성장
출처 : Apparel Strategist

역을 도왔다(미 관세청). [그림 11.10]은 텍스타일 수입과 수출 성장을 달러와 백분율로 보여주고 있다.

요약 summary

본 장에서는 각국의 경제 성장과 브랜드의 세계화에 대하여 토론하고, 세계 패션 비즈니스에 관하여 탐구하였다. 자유무역과 공정무역의 차이가 상대적·절대적 강점에 따라 검토되었다. 우리는 외국에서 그리고 다른 국가들과 함께하는 비즈니스의 일부에 쿼터, 관세, 세금 그리고 무역협정 등이 포함된다는 것을 학습하였다. 지적재산과 위조에 관한 연구를 통하여, 우리는 그 문제와 위조의 악영향이 지방, 국가, 세계 경제에 미치는 심각성을 알아보았다. 해외 비즈니스 전개의 영향에 대한 광범위한 이해를 얻기 위하여 해외시장과 환율을 살펴보았다. 마지막으로 무역 과정에서 도움이 되는 무역협정, 무역수혜 프로그램, 그리고 대행사에 대해 살펴보았다.

핵심용어 terms

강점(advantage)
개발국(developed countries)
공정무역(Fair trade)
관세(tariff)
관세율(tariff-rate)
관세특혜수준(tariff preference levels, TPLs)
국내시장(domestic markets)
국제통화기금(IMF)
모로코 자유무역협정(Morocco Free Trade Agreement)
문화(culture)
미국 관세 및 국경보호청(U.S Customs and Border Protection)
미국 수출입은행(Export-Import Bank of the United States)
미국 이민집행기관(Immigration and Customs Enforcement, ICE)
북미 자유무역협정(NAFTA)
브랜드(brand)
사회기반시설(infrastructure)
상대적(comparative)
선물시세(forward rates)
섬유의류국(Office of Textile and Apparel, OTEXA)
섬유포워드(fiber forward)
세계무역기구(World Trade Oraganization, WTO)
세금(duty)
수입할당제/쿼터(import quota)
스타일 불법복제(style piracy)
시장포화(market saturation)
싱가포르 자유무역협정(Singapore Free Trade Agreement, USSFTA)
아프리카 성장기회법(The African Growth and Opportunity Act, AGOA)
안데스 관세특혜 및 마약퇴치법(Andean Trade Promotion and Drug Eradication Act, ATPDEA)
얀포워드기준(yarn-forward standard)
오만 자유무역협정(Oman Free Trade Agreement)
오스트레일리아 자유무역협정(Australia Free Trade Agreement)
외환율(foreign exchange rate)
원가(first cost)
이스라엘 자유무역협정(Israel Free Trade Agreement)

자유무역(free trade)

재단과 편성 원산지 규정(Cut and
  Assemble Rule of Origin)

절대적 강점(absolute advantage)

절대적 할당/쿼터(absolute quota)

지구촌(global village)

지역탄성중합체요구(regional
  elastomeric requirement)

지적재산(intellectual property)

지적재산권(intellectual property
  rights, IPR)

직물포워드(fabric forward)

최혜국(most‑favored‑nation,
  MFN)

칠레 자유무역협정(Chile Free
  Trade Agreement)

카리브 연안국 무역협력법
  (Caribbean Basin Trade
  Partnership Act, CBTPA)

특혜 관세율(preferential tariff
  rate)

파트너십 촉진을 통한 아이티 반구
  기회법안(Haitian Hemispheric
  Opportunity through
  Partnership Encouragement
  Act, HOPE)

페루 무역진흥협정(Peru Trade
  Promotion Agreement)

해외시장(foreign markets)

현물환율(spot exchange rate)

questions **복습문제**

1. 왜 세계화는 그렇게 많은 의미를 가지고 있을까? 패션 경제 개념에서 세계화의 의미는 무엇인가?

2. 어떻게 무역이 제한될 수 있을까? 일부 사람은 왜 제한적 무역을 원하는가?

3. Richard Nixon 대통령의 중국 방문이 세계무역에 어떤 영향을 미쳤는지 설명하라.

4. 국가들의 경제적 성장을 논의해 보라. 경제 성장은 어떻게 측정되는가?

5. Thomas Friedman의 세계는 평편하다에서 속담을 읽어 보자. 패션산업과 속담과의 관계는 무엇인가?

6. 자유무역과 공정무역 간 차이는 무엇인가? 그것이 패션산업에 어떻게 영향을 미치는가?

7. 자유무역협정 2개를 설명하라. 무역수혜 프로그램 2개를 설명하라.

8. 왜 지적재산권이 각국에 경제적 위협이 되는가?

9. 무역협정과 무역수혜 프로그램 간의 차이는 무엇인가?

10. 세계무역기구의 목표를 설명하라.

11. NAFTA에 속해 있는 3개국은 어디인가? NAFTA는 무엇을 의미하는가?

12. 얀포워드기준을 설명하라.

13. 얀포워드기준의 예외사항은 무엇인가?

14. 칠레 자유무역협정과 오스트레일리아 자유무역협정 간의 차이를 설명하라.

15. 왜 싱가포르로 수입되는 모든 제품이 면세가 가능한지를 설명하라. 어떻게 이스라엘로의 수입이 면세의 자격을 갖출 수 있을까?

16. 무역수혜 프로그램 중 아프리카 성장기회법을 설명하라.

17. 안데스 관세특혜 및 마약퇴치법(ATPDEA)과 카리브 연안국 무역협력법(CBTPA) 간의 차이는 무엇인가?

18. OTEXA의 의미는 무엇인가? 왜 그것이 중요한가?

19. 수출업자를 위한 2개의 자원을 서술하고 그들이 무엇을 할 수 있는지를 설명하라.

비판적 사고

1. 여러분이 Guess 진의 제품개발자이며 회사를 위해 신 데님 라인을 소싱한 후, 그 진을 어디서 생산할지를 결정해야만 한다. 여러분은 중국과 인도 2개국으로 선택의 폭을 좁혔다. 중국의 노동력은 낮지만, 오늘날 중국 노동자들에게 직면한 인권문제가 걱정이다. 여러분은 공장이 깨끗하고 최종 생산이 뛰어나다는 것을 알지만 미성년 노동이 사용되고 있다는 것을 안다. 만약 여러분이 생산을 위해 인도에 있는 공장으로 간다면, 거기에는 미성년 노동은 없으며 품질은 중국 공장과 동등하지만 생산비용이 더 높다. 여러분은 생산을 위해 어느 국가를 선호하겠는가? 여러분의 결정과 이와 같은 결정이 한 국가의 경제를 돕는다.

2. 만약 운영 중인 세금 또는 수입할당제가 없다면 세계 경제에 어떠한 일이 일어날 수 있다고 생각하는지 설명하라.

3. 여러분이 사업을 하기로 결정하고 모조 보석류(costume jewelry) 라인을 시작한다. 여러분이 소매점을 오픈할 수 없어서 미국과 하나의 타국에 도매로 판매를 하려고 한다. 어떠한 자원을 어느 나라에 팔기로 결정할 것인가?

4. 여러분이 미국보다는 타국에 여러분의 주얼리 라인을 판매하기로 결정한 지금, 안전하게 갈 단계를 적고, 본 장에서 토론했던 자원을 사용하여 주얼리의 가능한 물류 안내를 찾아보자. 여러분은 업계 선두에 있는 선두주자를 찾기 위하여 웹사이트 http://fibre2fashion.com 을 이용할 수 있다.

인터넷 활동

1. OTEXA 웹사이트를 방문하여 다음 질문에 답하라. (1) 왜 베트남으로부터 수입이 세계무역기구에서 평가할 때 추적 관찰되는가? 어떤 정보가 OTEXA 정보를 찾는 바이어에게 유용할 수 있는지 설명하라.

2. 본 장에 기록된 나라들 중 하나를 선택하라. 그 나라가 패션과 관련 있는 어떤 비즈니스를 수행하기에 적합한지, 무엇을 생산하는지, 소매유통을 하는지, 제품을 수입하는지 등을 결정하기 위하여 그 나라의 프로필을 작성하라. 다음 정보를 조사한 후 학급에서 여러분이 찾은 것을 보고하라. 즉 인구, 자유재량에 의한 평균소득, 위치, 소비자의 평균연령, 그 나라에 팔리는 세계 패션 제품, 인터넷 접속, 그리고 그 나라 경제 상황에 관한 최근 기사 등. 학우 또는 강사가 칠판에 차트를 만들고, 여러분이 수집한 다양한 나라에 관한 정보를 채워라. 조사에 기반하여 어느 나라가 비즈니스를 가장 잘 수행하겠는가? 그 이유는?

3. OTEXA 웹사이트에 접속하라. 여러분은 무역에 관한 웹사이트 통계를 발견할 수 있을 것이다. 미국에게 가장 높은 달러 수입을 하는 5개국은? 이들 나라는 어떤 경제를 이루고 있는가? 그 데이터를 기반으로 했을 때 그 나라들의 경제가 수입으로부터 미국의 혜택을 받고 있다고 생각하는가? 왜 그런가 또는 왜 그렇지 않은가? 마지막으로, 이 보고를 기반으로 했을 때 여러분은 미국으로 들어오는 수입의 균형이 공정무역 또는 자유무역이라고 생각하는가? 그 이유는?

참고문헌

About the IMF. (2011). 11 April 2011. Retrieved from http://www.imf.org/external/about.htm

Barbour, E. (2010, June 29). [Web log message]. Retrieved from http://international-trade-reports. blogspot. com/2010/07/trade-law-introduction-to-selected. html

Barnes, J., & Morris, M.(2008). *Globalization, the changed global dynamics of the clothing and textile value chains and the impact on Sub-Saharan Africa.* Vienna, Austria: Vienna International Centre, United Nations Industrial Development Organization.

Brown, R., & riley-Karz, A.(2009, May 27). Mistrial in trovata, Forever 21 copying case. *Women's Wear Daily.*

Bruner, F., Eaker, M., Freeman, R., Spekman, R. R., Teisberg, E., & Venkataraman, S. (2003). *The portable MBA*, 4th ed. Hoboken, NJ: Johm Wiley & Sons.

Export-Import Bank of the United states. (2011). 11 April 2011. Retrieved from www.exim.gov

http://www.ice. gov/news/releases/1103/110316 washingtondc.htm

http://www.ice.gov/doclib/news/releases/2011/ 110316washington.pdf

Kotler, P., & Keller, K.(2008). *A framework for marketing management*, 4th ed. Upper Saddle River, NJ: Prentice Hall.

Office of Textile and Apparel. (OTEXA). (2011, April 11). Trade preference programs. Retrieved from http://www.otexa.ita.gov

Office of Textile and Apparel. (OTEXA). (2011, April 11). Trade Agreements. Retrieved from http://www. otexa.ita.gov

Stovall, S., & Bjork, C.(2010, March 17). [Web log message]. Retrieved from http://blogs.wsj.com/ source/tag/pablo-isla/

United States Eport.gov.(2011, 11). Retrived from http://www.export.gov/

U.S. Customs and Border Protection. (2011). Department of Homeland Security, April 11, 2011. Retrieved from http://www.cbp.gov

World Trade Organization. (2011). *The multilateral trading system—past*, present and future. Retrieved from http://www.sto.ort/english/thewto_e/ whatis_e/inbrief_e/inbr01_e.htm

패셔노믹스 트렌드

학습 목표

- 경제 트렌드가 무엇이며 어떻게 진전되는가에 대해 이해한다.
- 패션산업에 있어서의 경제 트렌드의 영향을 검토한다.
- 최근 경제 트렌드와 패션산업의 미래 영향에 대해 평가한다.

경제 상황은 젊은 문화산업에 큰 타격을 주는 동시에 조직적으로 배양되었으며 새로운 시장 기회의 정맥을 창조했다.
−Tom Wallace(Label Networks 회장)

12

본 교재의 공통된 맥락은 패션경제와 자본 환경과 패션산업 간의 관련성에 초점을 맞추었다는 점이다. 그것이 패션 소비자든, 패션 디자이너든, 또는 패션 유통이든, 산업의 경제를 이해하는 것은 각각의 입장에서 이익을 창출할 수 있도록 하기 위한 동기화 창출에 필수적이다. 그러므로 본 교재의 시작에서 토론되었던 세 가지 경제 기본 질문에 패션산업이 답할 수 있는 트렌드를 검토하는 것은 필수적이다. 즉, 무엇을 생산할 것인가? 어떻게 생산할 것인가? 어디에서 생산할 것인가? 본 장을 통해 미래 트렌드가 이들 기본 경제 질문과 관련하여 다방면으로 토론되었다.

이제 여러분은 패션이 하나의 비즈니스이며 오늘날 세계 경제를 움직이고 있다는 것을 인식할 것이다. 그것은 소비자의 필요와 욕구로 시작되고 끝나며, 그 힘은 패션산업이 소비자의 필요와 욕구를 충족시키는 제품을 생산하기 위하여 빠른 속도로 일할 수 있도록 할 것이다. 본 장은 경제 트렌드를 검토하고 그 질문에 답하는 것에 초점을 맞추었다. 즉, 트렌드는 어디에서 시작되는가? 그리고 기본 트렌드의 원천은 무엇인가?

토론은 오늘날 패션산업에 영향을 미치는 톱 트렌드, 즉 **세계화**(globalization), 소셜 미디어, 기술, 무선 주파수 식별기(RFID), 스포츠웨어와 기술, 브랜드의 **크로스 머천다이징**(cross merchandising), 명품시장의 성장, 인구통계적 변화, 미국인의 체형 변화, 그린 운동, 의류 매장에서의 패션 디자이너와 셀러브리티의 영향, 그리고 보수적인 소비자 등에 관하여 논의할 것이다.

경제 트렌드와 패션산업에서의 영향

경제 트렌드(economic trend)는 비즈니스 상황의 일반적인 지침이다. 경제 트렌드의 영향은 확장을 위한 적정 시기 또는 공급망의 비용을 절감하기 위하여 고려되는 수직적 통합, 또는 폐쇄되어야 할 실적 부진 매장의 경우처럼 비즈니스의 의사결정에 영향을 미친다. 경제 트렌드는 패션 트렌드에 도미노 효과를 미치며, 비즈니스 결정에 영향을 미친다. 경제 트렌드는 시간에 따른 재정 상태의 결과에 대한 시각적 표현이다.

간단히 말해서 그것은 한 시기에서 다음 시기에 이르기까지 한 국가의 경제에 대한 팽창과 수축으로서 보통 3개월, 1년, 10년 단위로 나타난다.

패션산업은 의류, 착용 가능 액세서리, 또는 홈패션 제품을 포함한다. Christopher, Lowson, Peck(2009)에 의하면 패션산업은 전형적으로 제품, 서비스 또는 시장을 포함하는데, 시장에는 만약 트렌드에 따라 계속 변하지 않으면 오래가지 못하는 스타일과 형태의 요소가 있다.

패션은 특성상, 한 시즌에서 다음 시즌으로 매년 변화하는 끊임없는 흐름의 상태이기 때문에, 패션산업의 상업적인 성공과 실패는 조직의 마케팅 전략과 같은 내부적 요인에 의해서뿐만 아니라 세계 경제와 같은 외부적 요인에 의해서 결정된다. 예를 들어, 2007년의 경제침체기 동안 소비자들은 새로운 패션 아이템 구매를 삼가거나 저가로 알려진 장소에서 쇼핑을 시작했다. 2010년의 1/4분기 시작 때, 패션 아이템의 판매는 바닥을 쳤으며, 4분기 말의 미미한 증가는 봄 신상품에 의해 이루어졌다. 구매는 2/4분기와 3/4분기에 다시 떨어졌으며, 학기 소비로 4/4 분기에 다시 한 번 올랐다. 여러 계절의 제지를 겪은 후에, 결국 소매산업은 2010년 마지막 두 달동 안 7% 판매 증가를 보였다.

성장에 관한 최근 경제 트렌드의 사례는 개발국에 있는 사람들의 국민 생활수준의 향상과 함께 19세기 말 이래 변하고 있다. 북미, 서유럽, 일본은 국내총생산(GDP)과 국민 1인당 국내총생산(per capita GDP)에 있어서 점진적인 성장을 보이고 있다. 반대되는 경제 트렌드 사례는, 2007년 말에 발생한 세계 불황이다. 미 금융기관의 무모한 대출관행과 부동산 저당의 금융증권화에 대한 성장 추세와 관련 있는 2007년 세계 불황은 '경제 대공항(great recession)'이라는 별명을 얻었다. 아래 서술한 주요 트렌드들이 마케팅, 비즈니스 관습, 재고 관리, 생산 그리고 상품 구색 계획을 통해 패션산업에 영향을 미치고 있다.

이들 트렌드를 이해하는 것은 패션산업에 있는 회사들로 하여금 최근 현황에 대응하고, 그들의 사업 계획을 적절히 유지시키며, 미래를 계획하도록 할 것이다.

트렌드 1 : 세계화

비록 세계화가 이 교재에서 여러 번 언급되었지만, 그것은 특히 50년 동안 패션산업에서 일어나고 있는 진행 중인 트렌드이다. 세계화는 세계가 새로운 시장을 열고, 자원을 공유하며, 국가와 사람들을 연결하고 관계를 형성하도록 하였다. 보다 싼 제품에 대한 세계적인 수요는 세계 여러 국가에서 엄청난 성장을 위한 생산을 필요로 하면서 패션산업이 세계화로 성장하는 데 원동력이 되었다. 세계화에는 긍정적인 면과 부정적인 면이 있다. 세계화는 미국 남부의 주들이 어려워지면서 미국에 있는 텍스타일과 의류산업을 완전히 파괴시켰다. Burlington Industries, Malden Mills 그리고 Guilford Mills과 같은 미국 남부에 있는 유명한 텍스타일 공장들이 파산 신청을 하였다. Fieldcrest, Cannon, Charisma와 같은 침대시트와 Royal Velvet, 타월을 생산하는 Pillowtex Corporation도 폐업하였다.

세계화에 있어서 또한 중요한 것은 전 세계 여러 나라에 있는 소비자 시장을 발전시키는 것이다. 패션에 소비할 보다 많은 가처분과 재량 소득이 가능하며, 소비자들은 이러한 시장으로의 이동을 간절히 바라고 있다. 소매상들은 소매점포와 함께 또는 글로벌 파트너와의 라이선싱과 프랜차이징으로 보다 영구적으로 움직이기 전에 팝업 스토어, 인터넷 그리고 카탈로그를 통해 먼저 테스팅해 보고 세계시장에 진입하게 될 것이다.

경제는 미국 경제와 기타 국가들의 경제가 뒤얽혀서 흘러간다. 또한 무역 흐름으로 알려져 있는 **제품과 서비스 흐름**(goods and services folw)은 미국이 다른 나라로 제품과 서비스를 수출하고 그들 나라로부터 제품과 서비스를 수입함으로써 받아들여지는 과정이다. **자본금과 노동 흐름**(capital and laber flows) 또는 자원 흐름은 미국이 해외에서 생산시설을 설립하거나 미국에서 생산시설을 설립하는 해외 회사를 말한다. 그 결과, 외국인들이 일하기 위하여 미국으로 이민을 오고, 미국인들이 일하기 위하여 다른 나라로 이동할 때 노동 또한 국가 간 이동을 하게 된다.

정보와 기술의 흐름(information and technology flow)은 미국 제품, 가격, 이율 그리고 투자 기회에 관하여 미국으로부터 다른 국가로 정보가 전달되는 것을 포함한다. 역으로 동일 정보가 다른 국가로부터 미국으로 환류되기도 한다. 게다가 타국의 회사들이 미국에서 개발된 기술을 사용하기도 하고, 미국 회사가 해외에서 개발된 기술을 사용하기도 한다. **재정의 흐름**(financial flows)은 수입, 외화자산 구매, 부채에 대한 이자 지급, 그리고 대외 원조 제공을 위한 지급 목적으로 미국과 다른 국가들 간에 자금의 이동을 발생시킨다(McConnell and Brue, 2008).

국제화를 통해 인터넷은 웹사이트, 페이스북상에서의 패션쇼 생중계와 광고 또는 신제품에 관한 간단한 트위팅을 통해 브랜드를 사람들에게 알릴 수 있는 능력을 지니고 있다.

트렌드 2 : 소셜 미디어

소셜 미디어(social media)는 페이스북(facebook), 트위터(twitter) 그리고 마이스페이스(MySpace)와 같은 유명 웹사이트와 함께 시작 단계에 들어섰다. 전형적으로 친구와의 관계에 사용되었던 이들 소셜 네트워킹 사이트는 오늘날 소비자와 패션 회사를 연결하고 있다. 유명한 패션 회사의 홈페이지인 'liking' 또는 'friending' 이라는 회사에 의해서, 기업들은 이들 인기 있는 소셜 플랫폼을 통해 소비자와 상호 교감을 한다. 회사들은 '고객 충성도, 브랜드 인지도 제고, 광고 메시지 전파, 온라인 커뮤니티 생성, 고객과의 직접적인 의사소통, 그리고 많은 경우 판매촉진(driving sale)'을 이끌어 낸다(Apparel).

소셜 네트워킹은 소비자들의 쇼핑 습관과 오늘날 회사와 소비자와의 의사소통 방식을 변화시켰다. 비록 소비자가 읽고 온라인 리뷰에 참여하는 것이 분명하지만, 소비자의 반응이 긍정적인지 부정적인지는 미결로 남아 있다. 쇼핑객의 49%가 리뷰를 읽지만, 리뷰를 쓰지는 않는다. 21%만이 리뷰를 읽고 리뷰에 공헌한다고 NRF의 선임 관제자인 Sarah Rand는 말한다. Forrester Survey에 의하면, 62%가 투자수익이 어떤지 명확하지는 않을지라도 소매상인들은 소셜 미디어에 투자하려고 보다 많은 노력을 하고 있다(Retailer). 잠재적 인터넷 소비자는 항상 보여지는 것이 아니기 때문에, 소셜 미디어의 투자수익률을 측정하기란 어려울 것이다.

트렌드 3 : 기술

기술의 발달은 다양한 방법으로 일상생활과 접촉한다. 우리는 때마침 뉴스를 보고, 전자카드로 제품과 서비스에 대해 지불하고, 출연 24시간 이내에 최근 쇼무대 창작품

(runway creations) 또는 레드 카펫 스타일(red carpet styles)을 구매할 수 있으며, 클릭 한 번으로 사실상 무엇이든 살 수 있다. 기술은 원자재에서부터 금전 등록기에 이르기까지 패션산업의 모든 분야와 접촉하고 있다.

CAD(computer aided design)는 디자이너로 하여금 디자인을 쉽게 다룰 수 있도록 하는 컴퓨터 프로그램이다. 스케치북과 연필은 여전히 캐드와 함께 중요한 도구이며, 디자이너는 샘플 없이도 색상 결정을 할 수 있다. CAD는 3차원적으로 만들어진 의복이 적절하게 드레이핑지도록 하기 위하여 접힘, 텍스처, 주름을 시뮬레이션함으로써 사물의 테스팅과 3차원적인 외형 형성을 가능하게 한다. 패턴 메이킹은 디자인이 완성된 후 작업이 된다. 그 공정이 생산에 많은 비용이 드는 샘플의 수를 감소시킨다.

CIM(computer-intergrated manufacturing)은 생산회사 내에 있는 컴퓨터에 연결되어 있어 디자인에서부터 생산공정에 이르는 모든 정보를 볼 수 있는 프로그램이다. 한 번 연결되면 이들 컴퓨터는 공급업자뿐만 아니라 전국과 세계의 소매상에게까지 내부적으로 정보를 제공한다.

제품개발의 소비자 방식으로 전형적인 콘셉트를 뒤집은, **제품 라이프사이클 관리**(Product Lifecycle Management, PLM), **프로그램 가능논리제어기**(Programmable Logic Controller, PLC)와 같은 최첨단 기술이 사용된다. PLM은 디자인과 생산을 통한 콘셉트에서부터 사용과 폐기에 이르기까지 제품의 전체 라이프 사이클을 다룬다. 기술기반 플랫폼(technology-based platform)은 패션 공급망에 있는 모든 공급자로 하여금 세계 어느 곳에 있는 PLM 플랫폼으로부터 제한권을 통해 접근하도록 되어 있다. 즉, 비즈니스 수행을 위한 해결책이다. 패션 회사들은 설비 관련비용과 시간 때문에 이러한 최첨단 기술을 받아들이는 데 시간이 걸렸다. 패션 회사가 인지하지 못한 것은 PLM이 하나의 만능 비즈니스 모델이 아니라는 것이다. 즉, 그것은 모든 유형의 회사에 적용 가능하다. 향후, 회사들이 수직통합을 통한 그들만의 공급망을 관리하기 시작함으로써, 그것은 제품 생산 과정의 트랙을 유지하기 위한 중요한 도구가 될 것이다. PLM의 두 대표 브랜드인 Gerber와 Lectra는 회사를 보다 효율적으로 그리고 그들의 플랫폼(사용 기반이 되는 컴퓨터 시스템, 소프트웨어)을 통해 보다 생산적으로 만들고 있는 한편, 동시에 플랫폼으로 관리하기 위한 소프트웨어를 개발하고 있다.

PLC는 자동화를 위해 상용된 디지털 컴퓨터이다. PLC는 소프트웨어가 소재의 효율적인 재단을 위해 플로팅과 마커 조합을 조절함으로써 사용 원단과 비용을 절감하도록 돕는 플로팅과 커팅룸에 많은 양상을 지니고 있다.

게다가, Lectra와 Gerber는 디자인의 효율을 개선한 소프트웨어를 개발했다. 최근 Lectra라는 Easy Grading과 Modaris 3D Fit라는 소프트웨어 프로그램을 개발하였으며, 이들 프로그램은 사용 편리성과 효율성으로 산업 표준으로 받아들여졌다. Easy Grading 소프트웨어는 생산성 증가, 간편한 그레이딩 그리고 고품질의 결과를 보장한다. Modaris 3D 소프트웨어는 CAD 기술에 혁신적이고 중요한 개선을 이룩했다. 패션

그림 12.1 TC2 신체 스캐너는 고객 맞춤 의류를 소비자에게 제공한다.
출처 : TC2, Cary, NC-www.tc2.com.

디자이너, 패턴 디자이너, 패턴 메이커, 패턴 그레이더, 제품개발자, 제품 매니저 그리고 마케팅 팀을 통과하는 2D 정보는 복잡하고 오류가 나기 쉬웠다(White paper, Lectra). Modaris 3D 소프트웨어는 다양한 사람들이 수천 마일 떨어진 곳에서조차 함께 일할 수 있도록 하여 효율을 증대시킨다. 이런 협업이 새 스타일에 필요한 원형의 수를 줄여준다. 소비자 방식으로 콘셉트를 바꿈으로써, 신체 스캐너를 통과한 소비자는 생산자 또는 디자이너와 함께 그들 자신의 측정치를 파일에 가지고 있으며, 소비자 맞춤을 위한 특별 주문 상품을 제공할 수 있다. 시장에 있는 신체 스캐너의 개발자인 TC2(그림 12.1)는 신체 스캐너의 숨은 의도는 싸고 빠르게 배달된 고객맞춤 의복을 기대하도록 소비자를 길들이기 위함이며, 미국 패션 트렌드에 빠르게 대응할 준비가 덜된 해외 생산자들보다 미국에 기반을 둔 의류 생산자들을 더 경쟁적으로 만들 수 있는 아이디어라고 설명한다(TC2).

옵티텍(OptiTex™)은 Adam과 Jamie라고 하는 3D 모델을 만들었다. OptiTex 3D 런웨이 패션 소프트웨어의 독특한 능력은 정확한 CAD 패턴과 실제 직물 특성에 기반한 실질적인 의류 시뮬레이션 또는 의류 모델링 소프트웨어 시스템이다. OptiTex 3D Garment Draping과 3D Visualization 소프트웨어를 사용함으로써, 디자이너, 패턴 메이커 그리고 소매상들은 즉각적인 패턴 수정을 볼 수 있다.

기타 괄목할 만한 기술발달은 회사들이 거주자에 의해 만들어지는 인터넷상의 가상 세계인 **세컨드 라이프**(Second Life)와 같이 제품을 테스트하는 방식이다. 창조된 개인은 **아바타**(avatar)이다. 밀라노에 있는 그의 플래그십을 모형으로 최근에 세컨드 라이프에 매장을 오픈한 Giorgio Armani는 그의 아바타를 가지고 있다. 다른 패션 디자이너들도 마찬가지로 세컨드 라이프에서 제품을 판매하고 있다. 일부 디자이너들은 신상품 런칭을 위해 사전 시험장으로 세컨드 라이프를 이용하기도 한다.

PC는 주머니에 들어가며 사용자로 하여금 단말기로 거의 모든 것을 할 수 있도록 한다. 스마트폰과 태블릿 컴퓨터는 연락과 쇼핑에 관하여 사회가 생각하는 방식으로 변하고 있다. 이들 장치에 의해 제공되는 신기술은 또 다른 아이디어이며 의견이고, 소매상을 위한 대안이다. 패션 회사는 기술이 소비자의 편리함과 상품의 마케팅과 촉진에 이로운가를 결정해야만 한다. 그들이 더 잘 아는 어플리케이션 또는 '앱'은 소프트웨어 프로그램이다. 스마트폰 위 여러분의 손끝에서 소비자는 최근에 있었던 세일이 어디인가를 찾기 위한 앱 또는 그/그녀가 좋아하는 매장으로부터 앱을 열거나 폰에 있는 스캐너를 사용하여 제품의 가격까지도 체크할 수 있다(그림 12.2). "거기에 그것을 위한 앱이 있다."라는 구절은 거의 모든 사람이 생각할 수 있는 진실이다.

패션의 변화 속도와 함께 패션의 공급망은 바코드, 스캐너 그리고 부호 배치(symbol placement)를 포함하면서 수년에 걸쳐 다양한 기술을 도입하였다. 전 세계적인 기술 시스템이 모든 공급망을 함께 연결하는 중심에 있어서 시간과 돈을 절약하고 있다. Uniform Code Council이 http://www.allbarcodesystems.com/pdf/uccbarcodeguide.pdf에서 찾을 수 있는 *UCC Placement Guidelines*이라는 제목의 핸드북을 발행하였다. 이 핸드북은 제품의 내용물과 그 제품을 스캔하는 데 중요한 부품의 레이블 배치에 관한 정보를 상세히 알려 준다. 패션 전공 학생에게 보다 더 중요한 가이드라인은 바코드 시스템을 이해하기 위한 좋은 출발점이다.

바코드에 있는 줄들은 하나의 구역이다. 바코드는 행택과 함께 그 제품에 또는 레이블에 박혀서 택의 형태로 나타난다. 그 핸드북은 보다 효율적인 스캔을 위해 제대로 매달려 있는 택의 사례를 보여준다. 이 기술의 효율성에 있어서의 주요 요인은 생산자로부터 소비자에게 이르기까지 빠르게 대응하기 위한 제품 스캔 관련 부품의 속도이다. 제품을 스캔하는 것과 관련 있는 부품의 속도이다.

회사들이 국경을 넘어 일하기 위하여 노력할 때, 기술은 낮은 재고, 재주문, 소비자 수요 그리고 대체품과 같은 문제들에 대한 해결책을 간소화해 준다.

짧아진 리드타임이 경쟁적 강점이 된 이래, 기술은 하루 또는 수 시간 만에 소비자 수요를 고심하는 해결책을 제공한다. 기술은 비즈니스 모델의 미래이다. [그림 12.3]은 기술 트렌드를 보여주고 있다.

그림 12.2 소비자에게 새로운 쇼핑 옵션을 제공하는 iPhones과 같은 스마트 폰
출처 : Hawa Stwodah

트렌드 4 : 무선 주파수 식별기

무선 주파수 식별기(Radio frequency identification, RFID)는 전파를 사용하여 제품을 추적하는 독특한 자동 인증 시스템이며, 연방통신위원회(Federal Comunications Commission, FCC)에 의해 관리된다. RFID는 안테나, 휴대용 무선기 또는 판독기, 택, 때로는 스마트 택이라고 하는 응답기가 필요하다. 데이터를 포함하고 있는 마이크로 칩은 상품 추적을 용이하게 한다. 그러나 거기에는 다양한 수준의 기술과 유형이 있으며, 모든 패션 회사가 모험하기를 원하거나 그렇게 할 **자본**(capital)을 갖추고 있는 것

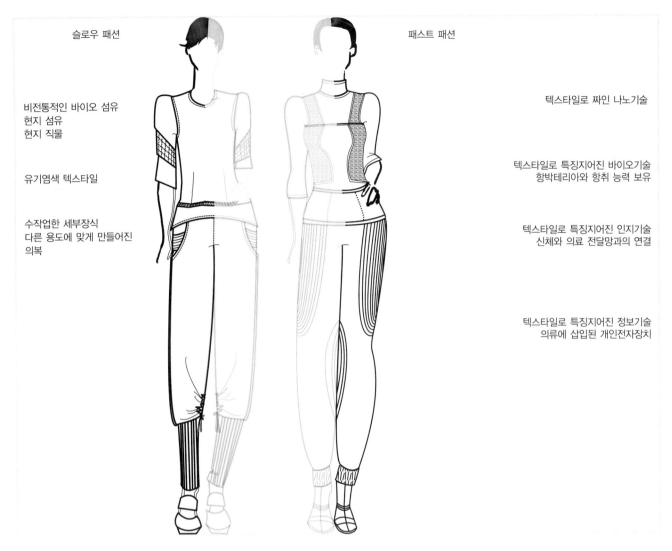

슬로우 패션

비전통적인 바이오 섬유
현지 섬유
현지 직물

유기염색 텍스타일

수작업한 세부장식
다른 용도에 맞게 만들어진
의복

패스트 패션

텍스타일로 짜인 나노기술

텍스타일로 특징지어진 바이오기술
항박테리아와 항취 능력 보유

텍스타일로 특징지어진 인지기술
신체와 의료 전달망과의 연결

텍스타일로 특징지어진 정보기술
의류에 삽입된 개인전자장치

그림 12.3 미래의 패션
출처 : Hawa Stwodah

은 아니다.

RFID 시스템을 시행해 온 회사들은 비용의 절감, 특히 재고의 감소를 경험했다. 그들이 공급망에 입고된다는 정보와 함께 새 품목을 위한 택을 업그레이드하는 것은 용이하다. RFID의 부정적인 면은 다른 소매상이 그 정보를 가로챌 수 있다는 것이다. RFID를 규제하는 기준과 정책이 없기 때문에, B회사가 의류에 부착한 유일한 택을 가지고 있는 A회사에 관한 정보에 접속할 수 있다는 것이다.

주요 소매상들은 RFID의 사용이 접근 용이와 재고문제를 해결하는 데 도움이 될 때 시행하기 시작할 것이다. 이는 유통에서 아무것도 잃어버리지 않는다는 것을 확신하기 위하여 상품의 박스나 모든 상품에 RFID를 부착하겠다는 것이다. 추적 시스템으로서 RFID는 제위치에 있을 때 매우 정확하다. 대부분의 소매상과 공급회사들은 작은 영역에서 시작하여, 충족되었을 때 더 확대한다. 영국의 Marks & Spencer와 같은 일부 유럽 패션 회사는 RFID와 함께 큰 성공을 거두었다. 판매가 10~20%까지 증가하였다.

아칸소대학교의 연구에 의하면, RFID는 다음과 같은 결과와 함께 소매점에 RFID 채택을 안내하기 위하여 2010년 11월에 소개되었다.

- 재고 정확도가 평균 62%에서 95% 이상 개선됨
- 바코드로 1시간에 200항목을 셀 수 있었던 것이 RFID를 사용하여 5,000항목 이상을 셀 수 있게 되었으며 96%의 시간이 절약됨
- 개선된 고객 만족과 판매 증가를 이끌면서 50%까지 증가된 품절 감소
- 공급망을 통한 강화된 안전과 조정력

"초기에 참석한 소매상으로는 Macy's, Dillard's, Kohl's, Walmart, JC Penny, Conair, Jones Apparel Group Inc., Li & Fung, VF Corp., Jockey and Levi Strauss & Co." 등이 있다(Corcoran). "의류에 RFID를 부착하는 것이 오늘날 소매업에서 가장 크고 빠르게 성장하는 RFID의 활용이다."(Apparel RFID 2011~2021). 패스트 패션과 소비자 수요에 의해 더 많은 회사들이 RFID를 사용하는 장기적인 혜택을 인식하게 될 것이다.

트렌드 5 : 수직통합과 투자조합

수직통합(vertical intergration)은 생산공정의 여러 단계에서 다양한 기능을 수행하는 공장을 소유하고 있는 회사에서 관리 조절하는 스타일로서, 소매상이 그들이 판매하는 제품을 생산하는 경우가 수직통합의 한 예이다. 스페인 기업 Zara가 이러한 소매상이다. 수직통합은 전방 또는 후방이 가능하다. 후방통합(backward intergration)의 장점은 유리한 가격책정, 개선된 품질, 공급능력 그리고 공급과 소비의 조화에 의해 이룩된 효율 등이 포함된다. **전방통합**(forward intergration)은 핵심산업과 바이어들과의 결합이다. 전방통합의 장점은 경쟁 공급자를 선별하고, 최종 소비자에게 개선된 기량을 제공하고, 최종 소비자에 관한 더 나은 정보를 제공하는 것을 포함한다. 이것은 1990년대에 번성하였으며, 계속 성장하고 있다. Kellwood, Jones Apparel Group 그리고 Liz Claiborne과 같은 회사들은 그들의 브랜드와 제품 믹스를 계속해서 작업하고 재작업하고 있다.

트렌드 6 : 스포츠웨어와 기술

최첨단 스포츠웨어는 멋을 찾는 소비자를 지속적으로 유지하려는 연출뿐만 아니라 건강을 위해 여러분의 신체를 모니터하기 위한 기술을 제공한다. 혁신은 편안함, 안성맞춤, 기후 탄력성 그리고 성능 강화를 통해 운동선수와의 조화를 이루기 위한 방법을 찾기 위해 지속되고 있다.

최첨단 스포츠웨어의 선두주자 중 하나인 Textronics는 전자 텍스타일(electro

textiles)을 개발한 회사이다. 직물은 전기 회로망, 센서 그리고 휴대전화 같은 전자장치가 가능하게 하고, 착용자에게 열을 제공하거나 기후 변화와 같은 외부 변화를 감지할 수 있는 물질을 제공하도록 짜여진 기능적 요소를 가지고 있다. Textronics는 최근 착용자의 심박동수를 모니터해서 손목 모니터로 데이터를 전달하는 센서가 부착된 스포츠 브라, NuMetrex 브랜드를 생산하고 있다(그림 12.4). 이 스포츠 브라는 약 99달러(손목 모니터/시계와의 조합물 포함)에 팔리고 있으며, 따로 심장 모니터를 착용할 필요가 없다(Plunkett, 2008).

2006년 7월 Nike는 속도, 거리 그리고 소모 칼로리에 관해서 주자에게 전달해 주는 정보 도구인, Nike iPod Sports Kit를 출시하였다. 그것은 Apple's iPod 포터블 플레이어의 보상이었다. 사용자는 Nike 신발에 센서를 넣고 iPod에 연결된 이어폰을 착용한다.

생산업체는 개인 전자장치를 의복에 설치하기 위하여 노력하고 있다. 노트북 컴퓨터, 휴대전화, MP3 플레이어 그리고 기타 도구들이 의복의 디자인과 생산에 고려되고 있다(Global Foresigh, Inc., 2006).

기술은 텍스타일 산업 분야에서도 눈에 띤다. 새로운 직물은 **나노기술**(nanotechnology), 바이오기술, 인지기술 그리고 정보기술을 포함한다. 이들 직물은 사람의 신체를 메디컬과 커뮤니케이션 네트워크에 연결시키는 특성을 지니고 있다. 또한 항균과 항취 성능이 있다(Global Foresight, Inc., 2006).

이러한 기술의 미래는 의복에 접목된 보다 사적인 전자장치와 함께 전망이 밝다. 2015년경에는 세탁기와 드라이어가 의복에 삽입된 칩의 정보를 읽고 관리할 수 있을 것이라고 예측된다(Global Foresight, Inc., 2006).

'나노기술' 은 오늘날 세계의 다양한 산업에 적용되는 많은 작은 기술을 설명하는 데 사용된 용어이다. 나노기술이라는 명칭은 마이크로기술보다 더 작은 것이라는 개념에서 유래한다. 패션산업은 섬유와 텍스타일 산업에서 나노기술을 사용하면서, 나노 사이즈의 구조와 기술을 사용하는 텍스타일 가공 생산을 실험하고 있다.

오염방지와 주름방지 의복은 Levi Strauss & Co.' s Dockers 브랜드와 Liz Claiborne, Inc., 와 같은 회사에 의해 개발되었으며, Walmart 매장과 같은 대중시장 체인으로부터 Paul Stuart 와 같은 부자 무역상에 이르기까지 점점 많은 소매상에 소개되고 있다. 2004년 트렌드의 시작은 Eddie Bauer, Gap, Old Navy 그리고 Perry Ellis와 같은 소비자를 갖고 있는 Greensboro, N.C.-based Nano-Tex, LLC와 같은 회사들로부터 직물 기술과 함께 시작되었다(nanotech-now.com).

그림 12.4 내장 심장 모니터가 포함된 NuMetrex에 의해 생산된 스포츠 브라
출처 : NuMetrex/Adidas

거기에는 부드러움과 같은 속성을 지니고 있지만 습기를 빨아들여서 5배 빨리 건조시키는 **대전면**(Charged Cotton)을 개발한 Cotton, Inc.와 같은 갑옷과의 파트너십처럼 많은 진보가 있었다. 체온, 혈압과 심장박동 수를 측정하는 '**허그 셔츠**(Hug Shirt)'는 CuteCircuit에 의해 개발되었다.

CuteCircuit의 크리에이티브 디렉터인 Francesca Rosella에 의하면, "착용자들이 서로 껴안은 다음 블루투스 기술과 그들의 휴대전화를 사용하면 허그 셔츠를 착용하고 있는 다른 사람에게 마치 껴안은 것 같은 느낌을 보낼 수 있다."고 한다(Voigt).

트렌드 7 : 브랜드 또는 브랜드 확장의 크로스 머천다이징

브랜드의 크로스 머천다이징은 그들의 브랜드를 형성하기 위하여 패션 회사들에 의해 사용된 하나의 비즈니스 전략이다. 오늘날 대부분의 패션 회사들은 이익이 있을 경우 라이선스 협약 갱신을 통해 크로스 머천다이징을 사용한다. 라이선싱의 트렌드는 목욕과 신체를 위한 사적인 용품과 가정을 위한 제품들을 통해 홈패션으로 이동하고 있으며, 소매상들은 판매 증대를 위해 시장을 형성할 수 있는 의복 외의 폭넓은 제품을 창출하고 있다.

브랜드의 형성은 제품 그 이상이다. 그것은 라이프스타일의 창조이다. 예를 들면, Ralph Lauren은 단지 진류, 타월, 신발 또는 명품 그 이상이다. Ralph Lauren은 전통과 세련된 아메리칸 라이프스타일을 상징하며, 판매 촉진은 Ralph Lauren의 이미지와 상징적 스타일을 반영한다. Martha Stewart는 라이프스타일 브랜드의 또 다른 사례이다. "Martha Stewart Living Omnimedia Inc.(MSLO)는 독특한 라이프스타일 내용과 아름답게 디자인된 고품격 제품으로 소비자를 자극적이고 매력적으로 만드는 초기 입문 정보(original how-to information)의 중요한 공급원이다."(MarthaStewart.com)

Martha Stewart 브랜드의 초점은 가정이며 그녀의 제품은 가사와 품위 있고 우아한 삶을 사는 것이다(그림 12.5).

Walt Disney는 신데렐라, 잠자는 숲속의 미녀, 인어공주, 미녀와 야수, 알라딘 그리고 백설공주를 포함하는 디즈니 공주에 의해 영감을 받은 웨딩 드레스 및 액세서리 라인과 함께 신부 비즈니스로 이동하고 있다. [그림 12.6]은 Walt Disney 웨딩 드레스의 사진이다. 10여 년 동안 웨딩 드레스를 디자인한 디자이너 Kirstie Kelly는 2007년 4월

그림 12.5 라이프스타일 브랜드들의 콘셉트를 개척한 Martha Stewart
출처 : AP Wideworld Photos

그림 12.6 Walt Disney 컬렉션의 웨딩 드레스 사진
출처 : AP Wideworld Photos

에 1,500~3,000달러의 가격대로 드레스를 선보였다(DisneyBridal.com).

트렌드 8 : 명품시장의 성장

미국에 있는 명품시장은 여러 해 동안 탄탄하였으며 계속적인 성장이 예측된다. 주요 명품 범주는 홈, 개인(패션이 포함된) 그리고 경험이 포함된다. 패션 회사가 그들의 명품 범주를 증대시키고 미국 소비자뿐만 아니라 전 세계 소비자에게 보다 고가로 주력하기 위한 기회가 존재한다. 이것은 개인 소득이 증가하고 있는 중국과 인도 소비자에게 특히 현실적이다.

명품시장이 온라인으로 확장되고 있다. 다양한 브랜드의 의류와 액세서리로 특징지어지는 하이 패션 인터넷 사이트가 번창하고 있다. YOOXSpA(www.yoox.com)은 Chloe, Dolce & Gabbana, Jean Paul Gaultier 그리고 Prada로부터 25만 개 이상의 아이템을 제공받는 이탈리아 사이트이다. 또 하나의 오트 쿠튀르 사이트는 2000년에 런칭해서 온라인에 120개 브랜드를 제공하는 Net-A-Porter.com이다 (Plunkett, 2008).

Dior, Louis Vuitton, 그리고 Bottega Veneta와 같은 오트 쿠튀르 회사들은 이익이 될 것으로 입증되는 웹사이트를 또한 운영하고 있다. Dior의 웹사이트(www.dior.com)는 가장 빠르게 성장하고 있는 매장 중 하나이다. 웹사이트는 낮은 임차료, 저임금, 화려하지 않은 매장 디자인, 그리고 비소비자 특전 등으로 비용을 절감시켜 준다(Plunkett, 2008).

트렌드 9 : 인구통계적 변화

1946년과 1964년 사이에 태어나고, 55세 또는 그 이상의 연령 집단에 속하는 베이비부머들이 미국에서 가장 빠르게 성장하고 있는 인구통계적 집단이다(Plunkett, 2008). 이 인구통계 집단인 베이비부머들은 7초마다 50세가 되면서 매우 빠르게 성장하고 있다. 그것은 거의 10,000명의 부머들이 연 365일, 즉 매일 50세가 되고 있다는 의미이다. 50세가 넘은 부머 소비자들은 제품과 서비스에 기꺼이 소비할 수 있는 어마어마한 가처분 소득을 지닌 새로운 인구통계적 집단이다(Thornhill and Marthin, 2007).

부머 현상은 새롭지 않다. 그들은 1970년대 성년이 된 이래 경제적 구동력이 되었다. 이때가 대부분 18~49세가 되었던 시기이며, 그 이후 사실상 모든 마케팅과 광고의 중심이 되었다. 1996년은 절반 이상이 50세가 되는 변화가 있었다. 이들의 연소득은 최고점에 달해 있으며, 다른 인구통계 집단보다 거의 4억 달러 많은 연 2조 3천 억 달러로, 그 어느 세대보다 소비자 제품과 서비스에 보다 많은 돈을 소비하고 있다. 부머들은 패션산업에서 절대 간과해서는 안 될 인구통계집단이다(Thornhill and Martin, 2007).

트렌드 10 : 미국인 체형 변화

일반적으로 플러스 사이즈 시장은 여성 사이즈 14 이상을 일컫는다. 거기에는 또한 보다 큰 사이즈, 13W에서 24W도 있다. W는 '여성'을 의미하며, 사이즈는 24W에서 34W까지 더 확장된다. 이는 2009년에 거의 300억 달러에 달하는 미국 내 판매를 지닌 강력한 시장이다. 리서치 회사 Mintel에 의하면, 판매 예상은 그 세분시장이 2010년경 330억 달러까지 성장하게 될 것이라고 한다. 체중 증가는 여성, 남성, 어린이들을 막론하고 전체 미국인에게 영향을 미치고 있다. 미국 성인의 대략 2/3가 과체중 또는 비만이다(Flegal). 그러나 이 범주는 소매상들에게 성공이 확실하지 못하다. 이 상품은 생산하는 데 더 많은 비용이 든다. 즉, 직물과 실의 비용에서부터 용품 교환, 새 패턴 제작, 그리고 종업원 교육비용이 추가되기 때문이다.

소매상들은 해결책을 찾아서 어떻게 하면 이들 소비자에게 효과적으로 상품을 소개할 것인가를 생각해 내야 한다. 제품 배치, 매장 레이아웃, 플러스 사이즈를 위한 절대적 부서, 큰 피팅룸, 그리고 유혹적인 환경이 이 중요한 세분시장에 어필되어야 할 것이다. 매장 디자인과 레이아웃만이 문제인 것은 아니다. 스타일과 피트 또한 중요하다. J. Crew와 Ann Taylor와 같은 많은 매장들이 온라인에서 플러스 사이즈를 판매한다. Sacks Fifth Avenue는 2010년 가을에 디자이너 라인의 일부에 요청하여 16과 18까지의 사이즈를 제공하였다(Marsh).

플러스 사이즈 소비자는 스타일을 위해 맞음새를 포기하지 않거나 또는 그 반대일 것이다. 이들 소비자는 젊어 보이는 6 사이즈 정도와 멋진 드레스 착용을 원한다. 소비자는 하와이 여성복인 무무와 텐츠 그리고 사이즈 때문에 특별한 방법으로 옷을 차려입을 수 없다는 소리를 듣는 것에 넌더리가 난다. 그러나 풀 사이즈 의복에 모든 디자인과 구성 작업을 하는 것이 가능하지는 않지만, 디자이너들은 이들 소비자들에게 흥미롭고 패셔너블하며 아주 잘 맞는 의복을 만드는 작업을 해야만 한다.

보다 많은 미국인들이 '과체중' 범주(여성 12에서 16, 남성 40에서 46 사이즈)로 이동하고 있기 때문에, 생산자들은 배니티 사이징(vanity sizing: 치수를 의도적으로 작게 표기해서 기분 좋게 하는 기법)을 받아들이고 있다. 한때 여성 사이즈 10이었던 것이 지금은 6이다. 32 사이즈의 남성 바지는 사실상 허리가 33인치이다. 많은 의류 회사들이 SizeUSA 연구에 기반하여 의류의 맞음새를 조정하고 있다. Jockey는 브라의 맞음새를 갱신하였으며, Liz Claiborne은 브랜드의 모든 42 사이즈를 변경했다. Victoria's Secret와 Gap은 다른 신체 유형에 적합한 스타일을 제공하고 있다.

트렌드 11 : 그린 운동

환경에 대한 인식이 커지고 제품을 소비하고 폐기하는 것이 어떻게 경제에 영향을 미치는가 하는 증거가 패션 세계에 영향을 미치고 있다. 보다 많은 소비자가 구매를 통해 환경을 관리하기 위한 의도적인 결정을 내리는 것처럼, 보다 많은 패션 회사들이 유기적이고 지속 가능한 재료를 사용하는 의류를 만들기 시작하였다.

　　Levi's, Mavi, Lomstate, J. Jill, H&M 그리고 Topshop과 같은 브랜드들은 유기 제품을 생산하는 몇 안 되는 브랜드이다.

　　유기 운동이 조직화되고 있으며 Organic Exchange는 유기면에 관심이 있는 소비자와 회사를 위한 자원의 한 예이다. 비영리 웹사이트인 Organic Exchange는 유기면 패션을 생산하거나 판매하는 브랜드와 의류 회사들의 목록을 작성한다. Nike, Timberland, Patagonia, Elieen Fisher 그리고 Levi Strauss 와 같은 회사들은 의류 제품의 일부를 모두 유기면을 사용하고 있다.

　　"2010년 5월에 Organic Exchange에 의해 발표된, 2009년 Organic Cotton Market 보고에 의하면, 유기면 의류와 홈 텍스타일 제품의 전세계적인 판매는 2009년에 43억 달러로 추측된다. 이것은 2008년 기록된 32억 달러 시장보다 35% 증가된 것이다."("Organic Trade Association"n.d)

　　지속가능기술교육 프로젝트(Sustainable Technology Education Project, STEP)는 '에코-패션' 의 중요성에 관하여 디자이너와 학생들을 교육한다.

　　STEP은 다음과 같이 '에코-패션' 을 정의한다.

- 에코-패션은 환경, 소비자 건강 그리고 패션산업에 있는 사람들의 작업 환경을 고려하면서 옷을 만드는 것이다.
- 에코-의류는 살충제 없이 성장한 면과 유기 나무를 먹은 누에고치가 만들어 내는 실크와 같은 유기 생재료를 사용하여 만들어진다.
- 에코-의류는 해로운 화학약품과 컬러 직물을 표백한 것을 포함하지 않는다.
- 에코-의류는 흔히 재활용되거나 재사용된 텍스타일로 만들어진다. 고품질 의류는 중고의류와 재활용된 플라스틱 병으로 만들어질 수 있다.
- 에코-의류는 사람들이 오랜 기간 동안 의류품을 소유하도록 견고하게 만들어진다.
- 모든 재료가 공정무역이어야 한다. 즉, 제대로 된 작업 환경에서 일하는 사람이 공정한 가격을 받고 제품을 만들어야 한다.

트렌드 12 : 의류 매장에서 패션 디자이너와 셀러브리티의 영향

레드 카펫이 디자이너들을 위한 패션무대라는 것은 비밀이 아니다. 레드 카펫은 디자이너들이 그들의 옷을 입고, 알리고, 패션에 관하여 이야기하기 위한 장소이다. 시상식을 위해 의류 선택에 퍼붓는 셀러브리티들은 최고 중에 최고로 뽑히는 사치를 즐긴다. 레드 카펫에 있는 동안 셀러브리티들은 그들의 의상과 보석에 관한 질문을 받아 넘기며 TV 인터뷰에 등장한다(그림 12.7). 다음날 레드 카펫의 최고에 대한 모조품이 할인된 가격으로 온라인과 여러 매장에 등장한다. People StyleWatch에 의해 수행된 2,000명 여성에 대한 연구에서, 74%가 셀러브리티들이 스타일 아이디어를 그들에게 준다고 대답하였으나, 때로 그들은 그것을 인식하지 못하였다. 즉, 76%는 셀러브리티들이 그 어떤 때보다 오늘날 패션에 더 영향을 미친다고 말했다. 그리고 61%는 모델보다는 스타일을 위해 셀러브리티를 본다고 응답하였다(Lockwood).

일부 셀러브리티들은 생산 라인에 라이선스 협약을 하기도 하며 다른 셀러브리티들은 그들 자신의 컬렉션을 갖는다.

Victoria Beckham은 Saks Fifth Avenue와 Henri Bendel에서 판매하는 고급 데님과 선글라스 라인을 가지고 있다. Madonna는 2007년 3월에 데뷔한 H&M에서 크게 성공을 거두었으며, Madonna 자신에 의해 영감을 받은 글래머러스한 의류로 특징지어지고 있다. 스페인 패션 체인인 Mango는 2007년 9월 동안 25벌 의복 라인을 만들기 위하여 Penelope와 Monica Cruz와 파트너를 맺었다. 그들 자신의 라인으로 성공한 기타 셀러브리티로는 Jessica Simpson, Jennifer Lopez, 그리고 Kohl's 를 위해 패션 라이프스타일 브랜드를 만든 Mac Anthony가 포함된다. Beyonce Knowles, Mary Kate, Ashley Olsen, Sarah Jessica Parker, Gwen Stefani는 최근에 의류 라인을 디자인하고 생산하였다.

Sean Diddy, Russell Simmons 그리고 Jay-Z와 같은 예술가를 알리는 힙합은 그들의 취향과 라이프스타일을 반영하는 의류 라인을 만들었다. 패션에서 힙합의 영향은 1980년대 중반에 시작되었다. 힙합은 미국에서 발생한 가장 영향력 있는 문화적 운동 중 하나이며, 힙 아메리칸 패션이 젊음의 입지를 잃을 징후는 보이지 않는다.

트렌드 13 : 보수적인 소비자

2007년의 경기침체는 실업, 신용 제한, 노숙자, 재량소득 감소를 야기시켰으며, 일반적으로 소비자 필요(needs)를 지향하고, 제품과 서비스에 관한 욕구(wants)는 지양되는 방향으로 이동되었다. 쇼핑 방법이

그림 12.7 셀러브리티가 레드 카펫을 걷는 동안 통상적으로 의상과 보석에 관하여 질문을 받는다.
출처 : Shutterstock

고객의 욕구에 대응하여 변화되었다. 일부 소매상들은 살아남았으며, 일부는 그렇지 않았다.

　2007년 경기침체 때문에 패션 소비자들의 쇼핑 방식과 구매가 보수적이 되었다. 그들은 휘발유 가격과 소일거리 쇼핑에 관심을 보이며 인터넷을 매력적인 쇼핑 장소로 만들고 있다. 2007년 경기침체로 소비자는 중고품 할인점에서 디자이너 드레스와 재킷 같은 보물을 찾으며 쇼핑하는 것을 부끄러워하지 않았다. 소비자들은 패션이 하나의 투자라고 믿기 시작하였으며, 그들은 한 시즌 가는 5벌의 의복이 아닌 5년 가는 한 벌의 좋은 의류의 가치를 이해하기 시작하였다. 바겐 쇼핑이 구식이 되어 가지는 않지만, 그들은 카키색 바지 또는 흰색 셔츠와 같은 그들의 옷장에 이미 있는 것을 바꾸는 데 망설인다. 소매상들은 현명해서 소비자가 이미 소유하고 있지 않은 고가의 제품을 소비자가 다시 구매하게 될 2007년 경기침체기 이후를 만들 것이다.

요약 summary

패셔노믹스에 관한 여러분의 학습은 트렌드가 의류 생산과 소매업에 미치는 영향뿐만 아니라 경제 트렌드를 해석하는 방법을 이해하는 것으로 끝난다.

여러분은 미래 패션에 영향을 미치는 13가지 대표 트렌드에 관한 지식을 얻었다. 여러분은 세계화에 관하여 읽기 시작하여 보수적 소비자의 트렌드에 관한 지식으로 끝냈다. 그 사이 여러분은 소비자의 환경보호에 관하여 읽었으며, 기술이 스포츠웨어와 의류에 미치는 영향에 관하여 읽었다.

핵심용어 terms

CAD(computer aided design)

CIM(computer-intergrated manufacturing)

경제 대공항(great recession)

경제 트렌드(economic trend)

나노기술(nanotechnology)

대전면(Charged Cotton)

무선 주파수 식별기(Radio frequency identification, RFID)

세계화(globalization)

세컨드 라이프(Second Life)

소셜 미디어(Social media)

수직통합(vertical intergration)

아바타(avatar)

옵티텍(OptiTex™)

자본(capital)

자본금과 노동 흐름(capital and laber flows)

재정의 흐름(financial flows)

전방통합(forward intergration)

정보와 기술의 흐름(information and technology flow)

제품 라이프사이클 관리(Product Lifecycle Management, PLM)

제품과 서비스 흐름(goods and services folw)

지속가능기술교육 프로젝트 (Sustainable Technology Education Project, STEP)

크로스 머천다이징(cross merchandising)

프로그램 가능논리제어기 (Programmable Logic Controller, PLC)

허그 셔츠(Hug Shirt)

복습문제

1. 왜 경제 트렌드가 패션산업에 중요한가?
2. 세계무역기구(WTO)는 무엇이며 그것은 어떻게 성립되었는가?
3. 중국이 WTO에 가입하였을 때 무엇을 얻었는가?
4. 세계화가 어떻게 쇼무대에 등장하게 되었는지 설명하라.
5. 두 경제 흐름을 적고 비교해 보자.
6. 세계 인플레이션을 몰고 가는 것은 무엇인가? 그것은 텍스타일과 의류산업에 어떤 영향을 미치는가?
7. 패션산업과 관련된 두 개의 기술 트렌드를 적고 정의해 보자.
8. 투자 파트너십이 왜 중요한가?
9. 크로스 머천다이징이 무엇인가? 왜 이 비즈니스 전략이 패션산업에 더 중요해지고 있는가?
10. "베이비부머가 경제력을 견인하고 있다."는 표현을 설명하라.

비판적 사고

미래의 패션 트렌드를 예측하라. 최근 경제와 패션 트렌드를 기반으로 해서 예측하라. 여러분의 예측을 지지할 다양한 자원을 이용하라. 여러분의 예측을 한쪽으로 요약해서 쓰고 수업에서 읽어 보라. 교수 인도하에 그 예견을 토의하고, 그들이 생각하기에 어느 예측이 일어날 것인가를 수업에서 투표하고 그 이유를 설명하라.

인터넷 활동

최근 패션에는 친환경, 그린 운동, 그리고 그린 의복 등과 같이 다양한 방식의 운동이 일고 있다. 그린 운동의 새로운 이름은 '슬로우 패션'이다. 인터넷에서 '슬로우 패션'을 찾아서 '슬로우 패션'의 어떤 움직임이 친환경 의복이라는 수단에 기반을 두고 있는지 설명하라.

참고문헌

Christopher, M., Lowson, R, & Peck, H.(2009). *Creating an agile supply chains in the fashion industry.* Retrieved December 11, 2009, from http://martin-christopher. info/wp-content/uploads/2009/12/creating-agile-supply-chains-in the-fashion-undustry.pdf

Corcoran, C. (2010, November 1). *RFID gets industry support.* Retrieve April 15, 2011, from http://www.wwd.com/business-news/rfid-gets-industry-support-3368849

2008 Corporate Fact Book. (2008). *The drive to differentiate.* Retrieved September 19, 2008, from http://www.mcysinc.com/investors/vote/2008_fact_book.pdf

Flegal, K. M., Carroll, M. D., Ogden, C. L., & Curtin, L. R. (2010). Prevalence and trends in obesity among US adults, 1999-2008. *JAMA*, pp. 235-241, http://jama.amaassn.org/content/303/3/235.full

Kirstie Kelley for Disney fairy tale weddings. Retrieved December 12, 2008, from http://www.disneybridal.com/about.html

Lipke, D. (2010, November 18). Jennifer Lopez and Marc Anthony to unveil Kohl's deal. *Women's Wear Daily*.

Lockwood, L.(2011, May 18). People StyleWatch: The celebrity link. *Women's Wear Daily*.

Marsh, L. (2010). Posts by Lisa Marsh. Stylelist. Retrieved July 28, 2011, from http://www.stylelist.com/

McConnell, C., & Brue, S. (2008). *Economics principles, problems, and policies*. New York: McGraw-Hill.

Organic Trade Association. (n.d.). "Organic cotton facts," n.p. Retrieved March 18, 2012, from http://www.ota.com/organic/mt/organic_cotton.html

Ozersky, J. (2011, May 18). Fine food and fat: Are chefs to blame for obesity? Retrieved June 10, 2011, from http://www.time.com/time/nation/article/0,8599,2072127,00.html

Plunkett, J.(2008). *Plunkett's apparel & textile industry almanac* 2008. Houston, TX: Plunkett Research, Ltd.

Reuters. (2007, July 18). *New York tops list of world's fashion cities*. Retrieved September 15, 2008, from http://ww.reuters.com/articlePrint?articled=USN1724237520070718

Stone, E. (2008). *The dynamics of fashion*. New York: Fairchild Books.

Thornhill, M., & Martin, J. (2007). Boomer consumer. Great Falls, VA: Linx.

Mintel. (n.d.). http://academic.mintel.com.proxy.library.vcu.edu/sinatra/oxygen_academic/search_results/show&display/id=393566/display/id=496289#hit1

Money Terms.(n.d.). Vertical intergration. Retrieved September 19, 2008, from http://moneyterms.co.uk/horizontal vertical-intergration/

Wiredberries. (2007, September 18). *High-fashion hippie?* Retrieved December 12, 2008, from http://www.com/organic_living/2007/09/highfashion_hippie/asp

찾아보기

역자 소개

유지헌
상명대학교 의류학과 교수
복식문화학회 부회장
상명대학교 의류학 전공(석사, 박사)
Purdue University, Consumer Science(수학)
이탈리아 도무스 아카데미 연수
패션 스토어 매니저(애틀랜타)

저서 및 역서 패션산업 인턴십: 분석 가이드(역), 디자인 CAD 활용: PRIMAVISION 5.X
(저), 패션디자인을 위한 TexPro master(공저), 텍스타일(공역), 텍스타일 핵심(공역)

신수연
서울여자대학교 의류학과 교수
복식문화학회 총무이사
의류학회 편집위원
이화여자대학교 경영학사, 이학석사
University of Missouri-Columbia 이학박사

박혜정
한국산업기술대학교 지식융합학부 부교수
이화여자대학교 경영학과 학사
이화여자대학교 디자인대학원 석사
한양대학교 의류학과 석사
University of Missouri-Columbia 박사
Oregon State University/San Francisco State University 연구원

임성경
상명대학교, 가천대학교 외 4개 대학 외래교수
상명대학교 사회과학연구소 연구원
F.I.T., Museum Studies: Costume and Textiles(석사)
상명대학교 의류학(박사)
이탈리아 도무스 아카데미 연수
컴퓨터패션디자인운용마스터지도사

저서 서양복식사

김민경
장안대학교 패션디자인과 조교수
서울대학교 의류학과 학사
서울대학교 대학원 의류학과 석사
연세대학교 대학원 의류환경학과 박사

저서 및 역서 패션 기업의 사회적 책임과 경영 성과(저), 텍스타일 핵심(공역)